Java 编程基础

陈国君 ◎ 编著

清華大学出版社
北 京

内 容 简 介

本书以Java基础程序设计、面向对象程序设计和事件处理为主线，利用简洁的语言和丰富的实例讲解Java面向对象程序设计的重点和难点。全书共17章，内容包括程序设计基础、面向对象程序设计、异常处理、输入输出与文件处理、泛型与容器类、内部类与Lambda表达式、图形界面设计、事件处理、绘图与动画程序设计、多线程程序设计、Java网络程序设计、Java数据库程序设计。

本书在结构上注重前后内容的连贯性，力求抓住重点、分解难点，体现"理论性、实用性、技术性"三者相结合的编写特色。对每个知识点不但能告诉读者怎样做，而且能告诉读者为什么这样做。

本书可作为应用型本科和高职院校计算机及其相关专业的教材，也可作为各校程序设计公共课的教学用书。

图书在版编目 (CIP) 数据

Java编程基础 / 陈国君编著 . —北京：清华大学出版社，2023.9
ISBN 978-7-302-64122-3

Ⅰ . ① J…　Ⅱ . ①陈…　Ⅲ . ① JAVA语言—程序设计　Ⅳ . ① TP312.8

中国国家版本馆CIP数据核字 (2023) 第128720号

责任编辑：刘向威　张爱华
封面设计：文　静
版式设计：文　静
责任校对：韩天竹
责任印制：沈　露

出版发行：清华大学出版社
网　　址：http://www.tup.com.cn，http://www.wqbook.com
地　　址：北京清华大学学研大厦A座　　**邮　　编：**100084
社 总 机：010-83470000　　**邮　　购：**010-62786544
投稿与读者服务：010-62776969，c-service@tup.tsinghua.edu.cn
质 量 反 馈：010-62772015，zhiliang@tup.tsinghua.edu.cn
课 件 下 载：http://www.tup.com.cn,010-83470236
印 装 者：三河市铭诚印务有限公司
经　　销：全国新华书店
开　　本：185mm×260mm　　**印　　张：**24.5　　**字　　数：**523千字
版　　次：2023年9月第1版　　**印　　次：**2023年9月第1次印刷
印　　数：1～1500
定　　价：69.00元

产品编号：102294-01

前言

本书是针对应用型本科和高职院校的教学需要，由编者主编的教材《Java 程序设计基础》(第 8 版) 精简而成。书中例题采用 Java 17 和 JavaFX17 技术编写，每个例题突出一个程序设计知识点，并保持由浅入深、循序渐进、突出重点、分解难点的编写特色。本书因其优化的知识体系、通俗易懂的讲解方式、对知识点的透彻分析和灵活实用的举例而深受读者的欢迎，使读者感到学习 Java 编程是一种乐趣，而乐趣又成为学习 Java 语言的动力，让读者在学习的乐趣中掌握 Java 的基本编程技巧。这种良性循环都归功于本书精选的内容和合理的结构，衷心希望本书能成为广大读者的良师益友。

本书的配套教材《Java 编程基础实验指导与习题解答》为本书的知识点提供了充分详细的讲解，因此认真地按照书中实验要求进行上机实践，能更好地理解书中的关键点，少走弯路，更好地掌握所学知识。

书中所有例题与实验指导中的代码可以在 Windows 7、JDK 11、JavaFX 15 以上版本环境运行。编者的运行环境是 Windows 11、JDK 17 及 JavaFX 17 版本。因为 Swing 已逐渐被 JavaFX 取代，所以本书使用 JavaFX 进行界面程序设计，但由于自 Java 11 开始，JDK 中不再包含 JavaFX，因此 JavaFX 需单独下载与安装。

如果读者想继续深入学习，更好地掌握 Java 技术，请阅读编者主编的教材《Java 程序设计基础》(第 8 版)，ISBN：978-7-302-63678-6。

本书的出版得到了清华大学出版社的大力支持，刘向威和张爱华编辑为本书的顺利出版付出了大量心血，在此，对所有提供支持、帮助的人和单位敬致谢忱。

编　者

2023 年 3 月

目录

第1章

Java 语言开发环境

本章主要内容

- ★ Java 虚拟机；
- ★ Java 源文件（.java）与 Java 字节码文件（.class）；
- ★ Java 开发工具的下载与安装；
- ★ Java 源文件的命名规则。

Java 语言是一种跨平台、适合于分布式计算环境的面向对象编程语言。它具有简单性、面向对象、分布式、可靠性、安全性、平台无关性、可移植性、高性能、多线程、编译与解释并存等特点。

1.1 Java 语言规范

Java 语言有严格的使用规范，Java 语言规范是对 Java 程序设计语言的语法和语义的技术定义。目前 Java 技术平台主要包括 Java SE、Java ME 和 Java EE。

Java SE（Java Platform Standard Edition）：Java 平台的标准版，用于开发客户端应用程序，应用程序可以独立运行。

Java ME（Java Platform Micro Edition）：Java 平台的精简版，用于开发移动设备的应用程序。不论是无线通信还是手机，均可采用 Java ME 作为开发工具及应用平台。

Java EE（Java Platform Enterprise Edition）：Java 平台的企业版，用于开发服务器端的应用。

由于 Java SE 是基础，因此其他 Java 技术都基于 Java SE，Java SE 17 对应的 Java 开发工具包称为 JDK 17，本书采用 JDK 17 介绍 Java 程序设计。

1.2 Java 虚拟机

大部分计算机语言程序都必须先经过编译（compile）或解释（interpret）操作后，才能在计算机上运行，然而 Java 程序（.java 文件）却比较特殊，它必须先经过编译的过程，然后再利用解释的方式来运行。通过编译器（compiler），Java 程序会被转换为与平台无关（platform-independent）的机器码，Java 称之为“字节码”（byte-codes），字节码是扩展名为 .class 的文件。通过 Java 的解释器（interpreter）便可解释并运行 Java 的字节码，Java 程序的执行过程如图 1.1 所示。

图 1.1　Java 程序的执行过程：先编译，后解释

说明： 平台指由操作系统和处理器所构成的运行环境，与平台无关指应用程序的运行不会因为操作系统或处理器的不同而无法运行或出错，即一个应用能够运行于各种不同的操作系统上。

字节码是 Java 虚拟机（Java Virtual Machine，JVM）的指令组，和 CPU 上的微指令码很相像。Java 程序编译成字节码后文件尺寸较小，便于网络传输。字节码最大的好处是可跨平台运行，即 Java 的字节码可以编写一次，到处运行。用户使用任何一种 Java 编译器将 Java 源程序（.java）编译成字节码文件（.class）后，无论使用哪种操作系统，都可以在含有 JVM 的平台上运行。

虚拟机不是物理机器，而是一个解释字节码的程序，所以任何一种可以运行 Java 字节码的软件均可看作 Java 虚拟机（JVM），如浏览器与 Java 开发工具等皆可视为一部 JVM。很自然地，可以把 Java 的字节码看成是 JVM 上所运行的机器码（machine code），即 JVM 负责将字节码解释成本地的机器码，所以说 JMV 就是解释器。从底层上看，JVM 就是以 Java 字节码为指令组的“软 CPU”。可以说 JVM 是可运行 Java 字节码的假想计算机。它的作用类似于 Windows 操作系统，只不过在 Windows 上运行的是 .exe 文件，而在 JVM 上运行的是 Java 字节码文件，即扩展名为 .class 的文件。JVM 其实就是一个字节码解释器。

1.3 Java 程序的结构

应用程序是从命令行运行的程序，它可以在 Java 平台上独立运行，通常称为 Java 应用程序。Java 应用程序是独立完整的程序，在命令行调用独立的解释器软件即可运行。另外，Java 应用程序的主类包含有一个定义为 public static void main(String[] args) 的主方法，这个方法是 Java 应用程序的标志，同时也是 Java 应用程序执行的入口点，在应用程序中包含有 main() 方法的类一定是主类，但主类并不一定要求是 public 类。

一个复杂的应用程序可以由一个或多个 Java 源文件构成，每个文件中可以有多个类定义。下面的程序是一个 Java 应用程序文件。

说明：为了便于对程序代码的解释，本书在每行代码之前加一行号，它们并不是程序代码的一部分。

```
1  package ch01;                                  // 定义该程序属于 ch01 包
2  import java.io.*;                              // 导入 java.io 类库中的所有类
3  public class App1_1{                           // 定义类：App1_1
4    public static void main(String[] args) {     // 定义主方法
5      char c= ' ';
6      System.out.print(" 请输入一个字符：");
7      try{
8        c=(char)System.in.read();
9      }
10     catch(IOException s){}
11     System.out.println(" 您输入的字符是："+c);
12   }
13 }
```

从这个程序可以看出，一般的 Java 源程序文件由以下三部分组成：

- package 语句(0 个或 1 个)；
- import 语句(0 个或多个)；
- 类定义(1 个或多个)。

package 语句表示该程序所属的包。它只能有一个或者没有。如果有，则必须放在最前面。如果没有，则表示本程序属于默认包。

import 语句表示引入其他类库中的类，以便使用。import 语句可以有 0 或多个，它必须放在类定义的前面。

类定义是 Java 源程序的主要部分，每个文件中可以定义若干类。

Java 程序中定义类使用关键字 class，每个类的定义由类头定义和类体定义两部分组成。在类体中通常有两种组成成分：一种是域，包括常量、变量、对象、数组等独立的实体；另一种是方法，方法类似于其他高级语言中的函数。这两种组成成分统称为类的成员。在上面的例子中，App1_1 类中只有一个成员，即第 4 ～ 12 行定义的方法 main()。方法名前面的 public 是用来说明这个方法属性的修饰符，其具体语法规定将在第 5 章中介绍。方法体部分由若干以分号“;”结尾的语句组成，并由一对花括号“{}”括起来，在方法体内部不能再定义其他方法。

类和方法中的所有语句应该用一对花括号括起来。即除 package 及 import 语句之外，其他执行具体操作的语句都只能存在于类的花括号之中。

比语句更小的语言单位是常量、变量、关键字和表达式等，Java 的语句就是由它们构成的。其中，声明常量与变量的关键字是Java语言语法规定的保留字，用户程序定义的常量和变量的取名不能与保留字相同。

Java源程序的书写格式比较自由，如语句之间可以换行，也可以不换行，但养成一种良好的书写习惯比较重要。

注意： Java是严格区分字母大小写的语言。书写时，大小写不能混淆。

一个应用程序中可以有多个类，但只能有一个类是主类。在Java应用程序中，这个主类是指包含main()方法的类，主类是Java程序执行的入口点。

1.4 Java开发工具

Java开发工具（Java SE Development Kit，JDK）是Java程序开发的重要工具。JDK是由Java API、Java运行环境和一组建立、测试工具的Java实用程序等组成。其核心是Java API，API（Application Programming Interface）是Java提供的标准类库，供编程人员使用，开发人员需要用这些类来实现Java语言的功能。

1.4.1 JDK的下载与安装

Oracle公司提供了Windows、macOS和Linux等多种操作系统下的JDK，用户可以根据自己的使用环境，从Oracle公司的网站上下载相应的JDK版本。本书使用的是JDK 17版本，操作系统使用的是Windows 11版本。

1. 下载JDK

进入Oracle公司Java SE 17的下载网页后，根据自己所用的操作系统（Windows、macOS、Linux）的不同进行选择。Oracle公司提供了jdk-17_windows-x64_bin.exe、jdk-17_windows-x64_bin.msi两种安装文件和jdk-17_windows-x64_bin.zip压缩安装包共三种安装方式。用户可以根据不同的需要选择不同的链接下载。本书的例子是在Windows系统的64位机器上开发的，下载的安装文件是jdk-17_windows-x64_bin.exe。

2. 安装JDK

下载得到JDK文件之后，双击JDK安装文件jdk-17_windows-x64_bin.exe即可进行安装，用户只需按JDK的安装步骤和提示进行安装即可，安装过程中用户可以选择欲安装的项目，但建议使用默认值。安装完毕后，将JDK安装到C:\Program Files\Java\jdk-17.0.1文件夹下，此文件夹称为JDK安装文件夹或安装路径。在该文件夹下有如下几个子文件夹：

bin：该文件夹存放的是JDK命令程序等。

conf：该文件夹存放的是一些可供开发者编辑的Java系统配置文件。

include：该文件夹存放支持本地代码编程与C语言程序相关的头文件。

jmods：该文件夹存放的是预编译的Java模块，相当于JDK 9之前的.jar文件。

legal：该文件夹存放的是有关Java每个模块的版权声明和许可协议等。

lib：该文件夹存放的是 Java 类库。

作为 JDK 的实用程序，工具库中的主要命令在 JDK 安装文件夹下 bin 子文件夹中，该子文件夹中包含了所有相关的可执行文件。下面是 bin 文件夹下的常用命令。

javac.exe：Java 编译器，将 Java 源文件转换为字节码文件。

java.exe：Java 解释器，执行 Java 程序的字节码文件。

javadoc.exe：根据 Java 源代码及注释语句生成 Java 程序的 HTML 格式的帮助文档。

javap.exe：把编译得到的字节码还原为源文件。

jdb.exe：Java 调试器，可以逐行执行程序、设置断点和检查变量。

jar.exe：创建扩展名为 .jar（Java Archive）的压缩文件，与 zip 压缩文件格式相同。

jmod.exe：创建扩展名为 .jmod 的压缩文件。

1.4.2 JDK 的操作环境

在使用 Java 编译与运行程序之前，必须先设置系统变量。所谓系统变量就是在操作系统中定义的变量，可供操作系统上的所有应用程序使用。若要使用 JDK17 的安装程序进行安装，则不需要人工设置路径 Path 和类路径 ClassPath 两个系统变量。但若要使用 JDK 压缩包 jdk-17_windows-x64_bin.zip 进行安装，就需要人工配置路径 Path 和类路径 ClassPath 两个系统变量。Path 系统变量的作用是设置供操作系统去寻找可执行文件（如 .exe、.com、.bat 等）路径的顺序，对 Java 而言即 Java 的安装路径，如果操作系统在当前文件夹下没有找到想要执行的程序或命令，操作系统就会按照 Path 系统变量指定的路径依次去查找，以最先找到的为准。Path 系统变量可以存放多个路径，路径与路径之间用分号“;”隔开。ClassPath 系统变量的作用与 Path 的作用相似，ClassPath 是 JVM 执行 Java 程序时搜索类文件（.class）的路径（类所在的文件夹）的顺序，以最先找到的为准。JVM 查找类的过程与 Windows 查找可执行文件的过程稍有不同，它默认不会在当前文件夹下查找，除非设置查找当前文件夹，否则只查找 ClassPath 系统变量指定的文件夹。即 JVM 除了在 ClassPath 系统变量指定的文件夹中查找要运行的类之外，是不会在其他文件夹下查找相应类的，由此可知 ClassPath 系统变量的作用就是告诉 Java 解释器在哪里找到 .class 文件及相关的库程序。因为本书使用的 JDK 17 是用安装文件进行安装的，安装程序默认将几个常用的开发工具（javac.exe、java.exe、javaw.exe 和 jshell.exe）自动复制到 C:\Program Files\Common Files\Oracle\Java\javapath 目录中，然后将该目录添加到系统变量 Path 中，所以不需配置路径 Path。同样也不用配置类路径系统变量 ClassPath，因为系统会自动找到 JRE 自带的 ClassPath，但若是使用第三方或用户自定义的类库，则还需要用户自己配置 ClassPath。所以不需配置路径 Path 和类路径 ClassPath 两个系统变量，Java 程序完全可以编译与运行。

1.4.3 JDK 帮助文档下载与安装

开发 Java 程序，除了需要 JDK 以外，拥有帮助工具也是很必要的。JDK 也提供了它的帮助文档，使用户在遇到问题时能快速得到解答，下面介绍 JDK 帮助文档的下载与安装操作。输入 Oracle 网站的网址 https://www.oracle.com/java/technologies/javase-jdk17-doc-downloads.html，即可进入 JDK 帮助文档下载页面进行下载。下载后得到 JDK17 帮助文档的压缩文件名为 jdk-17.0.1_doc-all.zip。可以将帮助文档 jdk-17.0.1_doc-all.zip 解压到先前安装 JDK 17 的文件夹中（也可以将其解压到其他文件夹中）。本书是解压到 C:\Program Files\Java\jdk-17.0.1 文件夹下。解压完成后，可以在该文件夹中看到 docs 子文件夹，打开它之后可看到 index.html 文件，双击即可打开帮助文档。

1.5 JDK 的使用

安装完 JDK 并设置好相应的系统变量后，就可以利用 JDK 来编译、运行 Java 程序了。下面介绍如何以最简单的方式来编写、编译与运行 Java 应用程序。在开始编写程序代码之前，先在硬盘 D 中创建一个名为 java 的文件夹，本书所有的例子均存储于 D:\java 文件夹下。

打开“文件资源管理器”窗口，在“此电脑”中选 D 盘的 java 文件夹，然后在下面的空白部分右击，在弹出的快捷菜单中选择“新建”选项，在弹出的二级菜单中选择“文本文档”选项。弹出如图 1.2（a）所示的询问打开该类文件所使用工具的对话框，在其中选择“记事本”选项，然后选中下方的“始终使用此应用打开 .txt 文件”的复选框。对于已经保存过的 .java 文件，若在其文件名上双击时会弹出如图 1.2（b）所示的窗格，同样选择“记事本”选项并勾选下边的“始终使用此应用打开 .java 文件”复选框即可，这样以后再以记事本打开 .java 文件时就不会再询问了。

（a）询问对话框

（b）选择工具

图 1.2　选择打开文件所使用的工具

说明：目前在 Java 领域有很多优秀的集成开发工具，如 Eclipse IDE、NetBeans IDE、JCreator IDE、JDeveloper IDE 等，但还是建议初学者直接使用 Java SE 提供的 JDK，因为无论哪种集成开发环境都将 JDK 作为其核心，而且 IDE 界面操作复杂，主要是它还会屏蔽掉一些知识点，不利于初学者掌握基础知识。所以本书用 JDK 在命令行方式下直接编译与运行 Java 程序。

【例 1.1】编写一个 Java 应用程序（文件名为 App1_1.java），其功能是在命令行窗口中显示“Hello Java!”字符串。程序源文件代码如下：

```
//FileName: App1_1.java          简单的 Java 应用程序
public class App1_1{                                  //定义 App1_1 类
  public static void main(String[] args){             //定义主方法
    System.out.println("Hello Java !");
  }
}
```

Java 应用程序源文件的命名规则：首先源文件的扩展名必须是 .java；如果源文件中有多个类，则最多只能有一个 public 类，如果有一个 public 类，那么源文件的名字必须与这个 public 类的名字相同（文件名字符的大小写可以与 public 类名的大小写不同）；如果源文件没有 public 类，那么源文件的名字由用户任意命名。

说明：

（1）当源文件中有 public 类时，在命名时虽然要求文件名与 public 类的名字相同，且可以不区分大小写，但良好的命名习惯应该是源文件名与 public 类名大小写完全相同。

（2）源文件名是由操作系统管理的，所以在使用 javac.exe 命令编译源文件时，文件名是不区分大小写的。

注意：包含有 main() 方法的类是 Java 应用程序的主类，主类无论是否是 public 类，但执行程序时必须输入主类名，即“java 主类名”，因为主类的 main() 方法是程序执行的起始点。

现在将源文件的内容输入记事本中，并把它存入 D:\java 文件夹内，根据 Java 对源文件命名规则的要求，必须将文件名命名为 App1_1.java，如图 1.3 所示。

在“另存为”对话框中文件名设为 App1_1.java，在“保存类型”下拉列表框内选择“所有文件”选项，如果此处选择“文本文件 (*.txt)”，将造成文件名称为 App1_1.java.txt，因而无法编译。在“编码”下拉列表框中选择 ANSI 选项。当单击“保存”按钮后弹出确认是否更改文件扩展名对话框，单击“是”按钮即可。

存好文件之后，接下来打开命令行窗口，并按下面的三个步骤来编译与运行 App1_1.java。

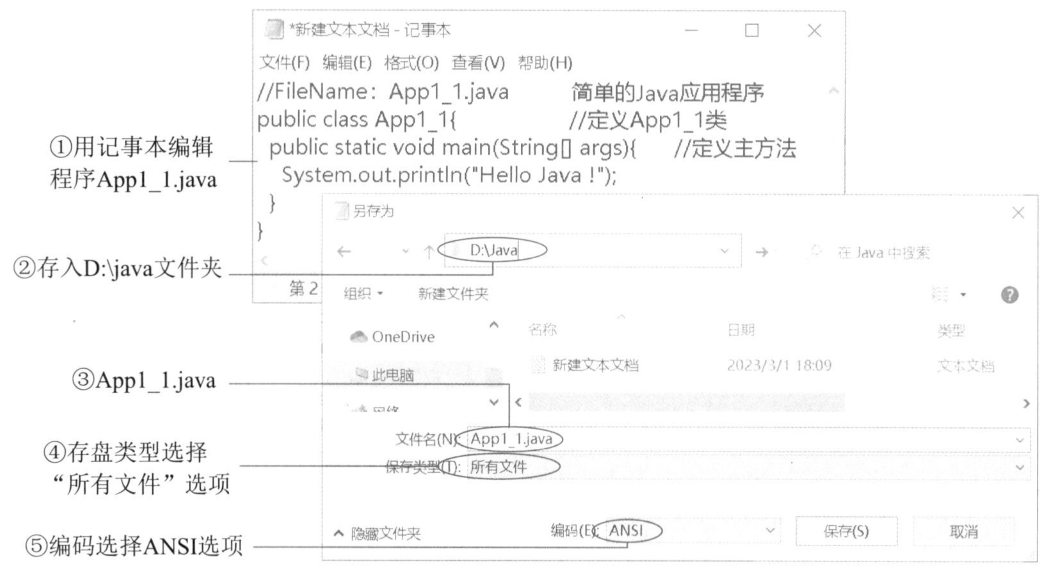

图 1.3 用记事本编写 Java 程序

（1）打开命令行窗口后，先将路径切换到保存 App1_1.java 的 D:\java 文件夹中，即在命令行窗口内输入：

```
d:
cd java
```

（2）切换好路径后，执行下面的命令来编译 App1_1.java。

```
D:\java > javac App1_1.java↙ // 带下画线的字符表示用户的输入，箭头表示按 Enter 键
```

在上面的命令中，javac 是用来编译其后给出的 Java 程序，编译好之后，在 D:\java 文件夹内发现一个与文件名 App1_1 相同但扩展名为 .class 的文件。这个文件也就是 byte-codes 文件，即字节码文件。

（3）编译好之后，执行下面的命令来运行字节码文件（即 App1_1.class）：

```
D:\java > java App1_1↙
```

则在命令提示符窗口输出

```
Hello Java!
```

注意：*在运行字节码文件时，只需输入“java 主类名”即可，此处的主类名是指字节码的文件名，但不能把“.class”也输进去，即不能输入“java App1_1.class”来运行程序，这样将会造成错误。*

如果源文件使用的编码字符集与运行环境命令行中的不同，则在编译源文件时需要在命令行中指定字符集选项。假设在图 1.3 中的第⑤步中选择的不是 ANSI 而是其他字符集，如 UTF-8，这时在命令行编译文件时需要在编译命令中给出字符集选项“-encoding UTF-8”，此时所使用的编译命令格式如下：

```
D:\java > javac -encoding UTF-8 App1_1.java↙
```

总之，当 .java 源文件所使用的字符集与命令行窗口的编码环境不一样时，在编译源文件时需要在编译命令中给出字符集选项“-encoding 字符集”，或者将源文件重新另存为与命令行窗口相同的字符集，即在图 1.3 中的第⑤步“编码”下拉列表中进行选择。

本章小结

1. JDK 的帮助文档（Java docs）与 Java 开发工具 JDK（Java Development Kit）同样是编写 Java 程序必备的工具。它们均可在 Oracle 公司的网站免费取得。

2. Java 应用程序源文件的命名规则：首先源文件的扩展名必须是 .java；如果源文件中有多个类，则最多只能有一个 public 类，如果有一个 public 类，那么源文件的名字必须与这个 public 类的名字相同（文件名字符的大小写可以与 public 类名的大小写不同）；如果源文件中没有 public 类，那么源文件的名字由用户任意命名。但需要注意的是，包含有 main() 方法的类是应用程序的主类，主类无论是否是 public 类，执行时必须输入主类名，即“java 主类名”，因为主类的 main() 方法是程序执行的入口点。

3. 因为 Java 程序是由类所组成的，所以在完整的 Java 程序中，至少要有一个类。

4. 当 .java 源文件所使用的字符集与命令行窗口的编码环境不一样时，在编译源文件时需要在编译命令中给出字符集选项“-encoding 字符集”。

习题

1.1 什么是 Java 虚拟机？

1.2 什么是平台无关性？ Java 语言怎样实现平台无关性？

1.3 Java 应用程序的结构包含哪几方面？

1.4 什么是 Java 应用程序的主类？应用程序的主类有何要求？

1.5 环境变量 Path 和 ClassPath 的作用是什么？

1.6 Java 应用程序源文件的命名有什么规定？

1.7 如何编译与命令行窗口字符集不同的 .java 源文件？

第2章 Java语言基础

本章主要内容

- ★ 数据类型及数据类型的转换规则；
- ★ 局部变量类型推断；
- ★ 从键盘输入数据的语句格式；
- ★ 运算符。

本章主要介绍编写Java程序必须掌握的若干语言基础知识，包括数据类型、变量、常量、表达式等。

2.1 数据类型

在程序运行的过程中，数据通过变量存储在内存的一块空间中，为了取得数据，必须知道这块内存空间的位置，为了方便使用，程序设计语言用变量名来代表该数据存储空间的位置。将数据赋值给变量，就是将数据存储到对应的内存空间；调用变量，就是将对应内存空间中的数据取出来使用。使用变量名来获取数据非常方便，然而因为不同类型的数据在存储时所需要的内存容量各不相同，所以必须要分配不同大小的内存空间来存储，因此在Java语言中对不同类型的数据用不同的数据类型来区分。通常计算机语言将数据按其性质进行分类，每一类称为一种数据类型（data type）。数据类型定义了数据的性质、取值范围、存储方式以及对数据所能进行的运算和操作。程序中的每一个数据都属于一种类型，定义了数据的类型也就相应决定了数据的性质以及对数据进行的操作，同时数据也受到类型的保护，确保对数据不进行非法操作。

Java语言中的数据类型分为基本数据类型和引用数据类型。基本数据类型（primitive types）简称基本类型，是由程序设计语言系统所定义、不可再分的数据类型。每种基本数据类型的数据所占内存的大小是固定的，与软硬件环境无关。基本数据类型在内存中存放的是数据值本身。引用数据类型（reference types）简称引用类型，往往由多个基本数据类型组成，在内存中存放的是指向该数据的地址，而不是数据值本身。因此，对引用数据类型的应用称为对象引用，引用数据类型也被称为复合数据类型，在有的程序设计语言中称为指针。

基本数据类型有整数型、浮点型、布尔型和字符型；引用数据类型包括数组、类和接口等。本节只介绍基本数据类型，引用数据类型在 4.1 节中再进行介绍。

Java 语言定义了 4 类共 8 种基本类型，其中有 4 种整数型、2 种浮点型、1 种布尔型和 1 种字符型，它们的分类及关键字如下：

整型：byte，short，int，long

浮点型：float，double

布尔型：boolean

字符型：char

1. 整数型

整数有正整数、零、负整数，其含义与数学中的含义相同。Java 语言的整数有四种进制的表示形式。

十进制：用多个 0 ～ 9 的数字表示，如 123 和 -100，其首位不能为 0。

二进制：以 0b 或 0B 开头，后面跟多个 0 或 1 的数字，如 0b1001101。

八进制：以 0 开头，后面跟多个 0 ～ 7 的数字，如 0123。

十六进制：以 0x 或 0X 开头，后面跟多个 0 ～ 9 的数字或 a ～ f 的小写字母或 A ～ F 的大写字母，a ～ f 或 A ～ F 分别表示值 10 ～ 15，如 0X123E。

Java 语言定义了 4 种表示整数的类型：字节型（byte）、短整型（short）、整型（int）、长整型（long）。每种整型数据都是带符号位的。Java 语言的每种数据类型都对应一个默认的数值，使得这种数据类型变量的取值总是确定的，体现了其安全性。它们的宽度和取值范围如表 2.1 所示。

表 2.1 Java 语言整数类型的宽度和取值范围

类　型	数 据 位	取 值 范 围
byte（字节型）	8	-128 ～ 127，即 -2^{7} ～ $2^{7}-1$
short（短整型）	16	-32 768 ～ 32 767，即 -2^{15} ～ $2^{15}-1$
int（整型）	32	-2 147 483 648 ～ 2 147 483 647，即 -2^{31} ～ $2^{31}-1$
long（长整型）	64	-9 223 372 036 854 775 808 ～ 9 223 372 036 854 775 807，即 -2^{63} ～ $2^{63}-1$

一个整数隐含为 int 型。当要将一个整数强制表示为长整型时，需在后面加类型标志字符 l 或 L。所以若声明 long 型变量的值超过 int 型的取值范围时，如果该整数的后面不加类型标志字符 l 或 L，系统会认为是 int 型而出错。

2. 浮点型

Java 语言用浮点型表示数学中的实数，即带小数点的数。浮点数有如下两种表示方式。

标准记数法：由整数部分、小数点和小数部分构成，如 3.0、3.1415 等。

科学记数法：由十进制整数、小数点、小数和指数部分构成，指数部分由字母 E 或 e 跟上带正负号的整数表示，如 123.45 可表示为 1.2345E+2，即 1.2345×10^2。

浮点数用于需要小数位精确度高的计算。例如，计算平方根或三角函数等，都会产生浮点型的值。Java 语言的浮点型有单精度浮点型（float）和双精度浮点型（double）两种。它们的宽度和取值范围如表 2.2 所示。

表 2.2　Java 语言浮点数类型的宽度和取值范围

类　　型	数 据 位	取 值 范 围
float（单精度浮点型）	32	负数范围：−3.402 823 5E+38 ～ −1.4E−45 正数范围：1.4E−45 ～ 3.402 823 5E+38
double（双精度浮点型）	64	负数范围：−1.797 693 134 862 315 7E+308 ～ −4.9E−324 正数范围：4.9E−324 ～ 1.797 693 134 862 315 7E+308

一个浮点数隐含为 double 型，类型标志字符为 d 或 D（可省略）。若在一个浮点数后加类型标志字符 f 或 F，则可将其强制转换为 float 型，所以若声明 float 型变量时数的后面不加类型标志字符 f 或 F，系统会认为是 double 型而出错。double 型占 8 字节，有效数字最长为 15 位。之所以称它为 double 型，是因为它的精度是 float 型精度的两倍，所以又称为双精度型。

3. 布尔型

布尔型（boolean）也称为逻辑型，用来表示逻辑值。它只有 true 和 false 两个取值。其中，true 代表“真”，false 代表“假”。

4. 字符型

字符型（char）用来存储单个字符。Java 语言中的字符采用的是 Unicode 字符集编码方案，在内存中占 2 字节，是 16 位无符号的整数，一共有 65 536 个，字符的取值范围为 0 ～ 65 535，表示其在 Unicode 字符集中的排序位置。Unicode 字符是用 \u0000 ～ \uFFFF 的十六进制数值来表示的，前缀 \u 表示是一个 Unicode 值，后面的 4 位十六进制值表示是哪个 Unicode 字符。Unicode 字符表的前 128 个字符刚好是 ASCII 表，对应的 Unicode 码为 \u0000 ～ \u007F。

说明：

（1）字符型数据的声明只能表示单个字符，且必须使用单引号将字符括起来。

（2）Java 语言中所有可见的 ASCII 字符都可以用单引号括起来成为字符，如 'a'、'B'、'*' 等。

要想得到一个字符在 Unicode 字符集中的取值，必须强制转换为 int 类型，如 (int)'a'。

（3）由于字符型用来表示 Unicode 编码中的字符，因此字符型数据可以转换为整型，其值为 0 ~ 65 535。但要取得该取值范围的数所代表的 Unicode 表中相应位置上的字符，必须强制转换为 char 型，如"int c=20320; char s=(char)c;"。

现将 Java 语言的 4 类 8 种基本数据类型总结归纳成表 2.3。

表 2.3 Java 语言的基本数据类型

数据类型	关键字	占用字节数	默认值	取值范围
布尔型	boolean	1	false	true，false
字节型	byte	1	0	-128 ~ 127
短整型	short	2	0	-327 68 ~ 327 67
整型	int	4	0	-2 147 483 648 ~ 2 147 483 647
长整型	long	8	0L	-9 223 372 036 854 775 808 ~ 9 223 372 036 854 775 807
单精度浮点型	float	4	0.0F	负数范围：-3.402 823 5E+38 ~ -1.4E-45 正数范围：1.4E-45 ~ 3.402 823 5E+38
双精度浮点型	double	8	0.0D	负数范围：-1.797 693 134 862 315 7E+308 ~ -4.9E-324 正数范围：4.9E-324 ~ 1.797 693 134 862 315 7E+ 308
字符型	char	2	'\u0000'	'\u0000' ~ '\uFFFF'

说明： 对于基本数据类型，Java 语言同时也提供了对基本数据类型进行封装的类，这些封装类包含在 java.lang 包中，分别为 Byte、Short、Integer、Long、Float、Double、Character 和 Boolean。

为了使用上的方便，Java 语言提供了数值型数据的最大值与最小值的标识符及常量值，如表 2.4 所示。

表 2.4 数值型常量的特殊值代码

数据类型	所在的类	最小值代码	最大值代码
byte	java.lang.Byte	Byte.MIN_VALUE	Byte.MAX_VALUE
short	java.lang.Short	Short.MIN_VALUE	Short.MAX_VALUE
int	java.lang.Integer	Integer.MIN_VALUE	Integer.MAX_VALUE
long	java.lang.Long	Long.MIN_VALUE	Long.MAX_VALUE
float	java.lang.Float	Float.MIN_VALUE	Float.MAX_VALUE
double	java.lang.Double	Double.MIN_VALUE	Double.MAX_VALUE

说明： 表 2.4 中表示浮点数 float 和 double 的最小值和最大值的常量分别为正数范围的最小值

和最大值。若要取得负数范围的最小值或最大值可用加负号的方法获得，如取得 double 型的最小负数可用如下语句：double min=-Double.MAX_VALUE。

2.2 关键字与标识符

1. 关键字

关键字（keyword）是 Java 语言中被赋予特定含义的一些单词，它们在程序中有着不同的用途，因此 Java 语言不允许用户对关键字赋予其他的含义。Java 语言定义的关键字如下所示。

abstract	assert	boolean	break	byte	case
catch	char	class	const	continue	default
do	double	else	enum	exports	extends
false	final	finally	float	for	goto
if	implements	import	instanceof	int	interface
long	module	native	new	open	opens
null	package	private	protected	provides	public
requires	return	short	static	strictfp	super
switch	synchronized	this	throw	throws	to
transient	transitive	true	try	uses	void
volatile	while	with	_		

2. 标识符

标识符（identifier）是用来表示变量名、类名、方法名、数组名和文件名等的有效字符序列。标识符可以由编程者自由指定，但是需要遵循一定的语法规定。标识符要满足如下规定：

（1）标识符可以由字母、数字和下画线（_）、美元符号（$）等组合而成；

（2）标识符必须以字母、下画线或美元符号开头，不能以数字开头。

在实际应用标识符时，应该使标识符能在一定程度上反映它所表示的变量、常量、对象或类的意义，这样程序的可读性会更好。例如，i1、i2、count、value_add 等都是合法的标识符，因关键字不能当作标识符使用，所以 do、2count、high#、null 等都是非法的标识符。

同时，应注意 Java 语言是大小写敏感（即区分大小写）的语言。例如，class 和 Class，System 和 system 分别代表不同的标识符，在定义和使用时要特别注意这一点。

用 Java 语言编程时，经常遵循以下命名习惯（不是强制性的）：类名首字母大写；变量名、方法名及对象名的首字母小写。对于所有标识符，其中包含的所有单词都应紧靠在一起，而且大写中间单词的首字母。例如，ThisIsAClassName，thisIsMethodOrFieldName。若定义常量，则大写所有字母，这样便可标识出它们属于编译期的常数。Java 包（package）属于一种特殊情况，它们全都是小写字母，即便中间的单词也是如此。

2.3 常量

常量存储的是在程序中不能被修改的固定值，即常量是在程序运行的整个过程中始终保持其值不改变的量。Java 语言中的常量也是有类型的，包括整型、浮点型、布尔型、字符型和字符串型。

1. 整型常量

整型常量可以用来给整型变量赋值，整型常量可以采用十进制、八进制或十六进制表示。整型常量按照所占用的内存长度，又可分为一般整型常量和长整型常量，其中一般整型常量占用 32 位，长整型常量占用 64 位，长整型常量的尾部有一个类型标志字母 l 或 L，如 -32L、0L、3721L。

2. 浮点型常量

浮点型常量表示的是可以含有小数部分的数值常量。根据占用内存长度的不同，可以分为单精度浮点常量和双精度浮点常量两种。其中，单精度常量后跟一个类型标志字母 f 或 F，双精度常量后跟一个类型标志字母 d 或 D。双精度常量后的 d 或 D 可以省略。浮点型常量可以有普通的书写方法，如 3.14f、-2.17d，也可以用指数形式，如 2.8e-2 表示 2.8×10^{-2}，58E3D 代表 58×10^{3}（双精度）。

3. 布尔型常量

布尔型常量也称为逻辑型常量，包括 true 和 false，分别代表真和假。

4. 字符型常量

字符型常量是用一对单引号括起来的单个字符，如 'a'，'9'。字符可以直接是字母表中的字符，也可以是转义符，还可以是要表示的字符所对应的八进制数或 Unicode 码。

转义符是一些有特殊含义、很难用一般方式来表达的字符，如回车、换行等。为了表达清楚这些特殊字符，Java 语言中引入了一些特别的定义。所有的转义符都用反斜线（\）开头，后面跟着一个字符来表示某个特定的转义符，如表 2.5 所示。

表 2.5 常用的转义字符

转义字符	所代表的意义	Unicode 值
\f	换页（form feed），走纸到下一页	\u000c
\b	退格（backspace），后退一格	\u0008
\n	换行（new line），将光标移到下一行的开始	\u000a
\r	回车（carriage return），将光标移到当前行的行首，但不移到下一行	\u000d
\t	横向跳格（tab），将光标移到下一个制表符位置	\u0009

续表

转义字符	所代表的意义	Unicode 值
\\	反斜线字符（backslash），输出一个反斜杠	\u005c
\'	单引号字符（single quote），输出一个单引号	\u0027
\"	双引号字符（double quote），输出一个双引号	\u0022
\uxxxx	1～4 位十六进制数（xxxx）所表示的 Unicode 字符	
\ddd	1～3 位八进制数（ddd）所表示的 Unicode 字符	
\0	ASCII 码值为 0 的空字符	\u0000

5. 字符串常量

字符串常量是用双引号括起的一串若干字符（可以是 0 个）。字符串中可以包括转义符，但标志字符串开始和结束的双引号必须在源代码的同一行上。如：

```
"您好，\n 刘女士！ "
```

6. 常量的声明

常量声明的形式与变量的声明形式基本一样，只需用关键字 final 标识，通常 final 写在最前面。例如：

```
final float PI = 3.14f;
```

Java 语言建议常量标识符全部用大写字母表示。上述代码中 PI 声明为单精度浮点型常量。

2.4　变量

计算机语言都使用变量（variable）来存储数据，变量的值在程序运行中是可以被修改的，使用变量的原则是“先声明后使用”，即变量在使用前必须先声明。

1. 变量声明

计算机程序是通过变量来操纵内存中的数据的，所以程序在使用任何变量之前首先应该在该变量和内存单元之间建立联系，这个过程称为变量声明或变量定义。变量具有四个基本要素：名字、类型、值和作用域。Java 语言的每个变量都有一个名字，称为变量的标识符，所以对变量的命名一定要遵守标识符的规定。每个变量都具有一种类型，变量的类型决定了变量的数据性质和范围、变量存储在内存中所占空间的大小（字节数）以及对变量可以进行的合法操作等。声明变量包括指明变量的数据类型和变量的名称，必要时还可以指定变量的初始数值。变量声明语句末尾要加分号“；”。

（1）变量声明格式。一个变量由标识符、类型和可选的初始值共同定义。变量声明的格式如下：

```
类型 变量名 [= 初值 ][, 变量名 [= 初值 ]…];
```

其中，“类型”是变量所属的数据类型，“变量名”是一个合法的标识符，变量名的长度没有限制，[] 中的是可选项。例如，“int i;”表示声明了标识符 i 是 int 类型的变量。声明后，系统将给变量分配内存空间，每个被声明的变量都有一个内存地址值。当有多个变量同属一个类型时，各变量可在同一行定义，只需将它们之间用逗号分隔。例如：

```
int i, j, k;
```

表示同时声明了 3 个 int 类型的变量 i，j，k。

（2）变量初始化。在声明变量的同时也可以对变量进行初始化，即赋初值。例如：

```
int i = 0;
float x=3.14f;
```

2. 变量的赋值

当声明一个变量并没有赋初值或需要重新对变量赋值时，就需要使用赋值语句。Java 语言的赋值语句同其他计算机语言的赋值语句相同，其格式为：

```
变量名 = 值;
```

说明： 直接出现在程序中的常量值称为字面值（literal）。

```
int x,y=8;                 //声明 int 型变量 x 和 y，并为 y 赋值，8 为字面值
float f=2.718f;            //声明 float 型变量 f 并赋值，2.718f 是字面值
char c;                    //声明 char 型变量 c
c='\u0031' ;               //为 char 型变量 c 赋值
boolean yn=false;          //为 boolean 型变量 yn 赋值，false 为字面值
```

2.5 数据类型之间的转换

类型转换就是在 Java 程序中，将常数或变量从一种数据类型转换为另一种数据类型，但这种转换是有条件的，并不是一种数据类型能任意转换为另一种数据类型。

1. 数值型不同类型数据的转换

数值型数据的类型转换分为自动类型转换（或称隐含类型转换）和强制类型转换两种。凡是把占用比特数较少的数据（简称较短的数据）转换为占用比特数较多的数据（简称较长的数据），都使用自动类型转换。但如果把较长的数据转换为较短的数据，就要使用强制类型转换，否则就会产生编译错误。

（1）自动类型转换。Java 语言会在下列条件同时成立时，自动进行数据类型的转换：

①转换前的数据类型与转换后的类型兼容；

②转换后数据类型的表示范围比转换前数据类型的表示范围大。

条件②说明不同类型的数据进行运算时，需先转换为同一类型，然后进行运算。转换从“短”到“长”的优先关系为：

低 byte → short → char → int → long → float → double 高

举例来说，若想将 short 类型的变量 a 转换为 int 类型，由于 short 与 int 皆为整数类型，符合上述条件①，而 int 类型比 short 的表示范围大，也符合条件②，因此 Java 语言会自动将原为 short 类型的变量 a 转换为 int 类型。

值得注意的是，类型的转换只限该语句本身，并不会影响原先变量的类型定义。

在一个表达式中若有整数类型为 short 或 byte 的数据参加运算，为了避免溢出，Java 会将表达式中的 short 或 byte 类型的数据自动转换为 int 类型，这样就可以保证其运算结果的正确性。

由于 boolean 类型只能存放 true 或 false，与整数型及字符型不兼容，因此不可能进行类型转换。接下来看一看当两个数中有一个为浮点数时，其运算结果会如何。

【例 2.1】数据类型的自动转换。

```
1 //FileName: App2_1.java      类型自动转换
2 public class App2_1{                                    //定义类 App2_1
3   public static void main(String[] args){
4     int a=155;
5     float b=21.0f;
6     System.out.println("a="+a+",b="+b);                //输出 a,b 的值
7     System.out.println("a/b="+(a/b));                  //输出 a/b 的值
8   }
9 }
```

程序运行结果：

```
a=155,b=21.0
a/b=7.3809524
```

程序中第 6、7 两行的 System.out.println() 语句的功能是输出括号中表达式的值然后换行。由运行结果可以看到，当两个数中有一个为浮点数时，其运算的结果会直接转换为浮点数。当表达式中变量的类型不同时，Java 会自动将较小的表示范围转换为较大的表示范围后再做运算。例如，有一个整数和双精度浮点数做运算时，Java 会把整数转换为双精度浮点数后再做运算，运算结果也会变成双精度浮点数。

（2）强制类型转换。如果要将较长的数据转换为较短的数据时，就要进行强制类型转换。强制类型转换的格式如下：

```
（欲转换的数据类型）变量名
```

这种强制类型转换因为是直接编写在程序代码中的，所以也称为显性转换（explicit conversion）。经过强制类型转换，将得到一个括号里声明的数据类型的数据，该数据是从指定变量名中所包含的数据转换而来的，但是指定的变量及其数据本身将不会因此而转变。下面的程序说明在 Java 语言中是如何进行数据类型强制转换的。

【例2.2】整型与浮点数据类型的转换。

```
1  //FileName: App2_2.java          整数与浮点数的类型转换
2  public class App2_2{
3    public static void main(String[] args){
4      int a=155,b=6;
5      float g,h;
6      System.out.println("a="+a+",b="+b);         //输出a,b的值
7      g=a/b;                                      //将a除以b的结果放在g中
8      System.out.println("g=a/b="+g);             //输出g的值
9      System.out.println("a="+a+",b="+b);         //输出a,b的值
10     h=(float)a/b;                     //先将a强制转换为float类型后再参加运算
11     System.out.println("h=a/b="+h);             //输出h的值
12     System.out.println("(int)h="+(int)h);       //将变量h强制转换为int型
13   }
14 }
```

程序运行结果：

```
a=155,b=6
g=a/b=25.0
a=155,b=6
h=a/b=25.833334
(int)h=25
```

当两个整数相除时，小数点之后的数字会被截断，使得运算的结果保持为整数。但由于这并不是预期的计算结果，因此想要使运算的结果为浮点数，就必须将两个整数中的一个或是两个强制转换为浮点数类型。只要在变量名前面加上欲转换的类型，如例2.2中第12行中的变量h，程序运行时就会自动将此行语句里的变量做类型转换的处理，并不影响原先定义的类型。

此外，当将一个大于变量可表示范围的值赋值给这个变量时，在转换的过程中可能会因此损失数据的精确度，而Java并不会自动做这种类型的转换，此时就必须要由程序员做强制性的转换。

注意： 在程序设计过程中，不推荐从较长数据向较短数据转换，因为从较长数据向较短数据转换的过程中，由于数据存储位数的缩小，将导致计算数据精度的降低。

2. 字符串型数据与数值型数据相互转换

（1）字符串转换为数值型数据。数字字符串型数据转换为byte、short、int、float、double、long等数据类型，或将字符串"true"、"false"转换为相应的布尔类型，可以分别使用表2.6所提供的Byte、Short、Integer、Float、Double、Long和Boolean类的parseXXX()方法完成。

表 2.6　字符串转换为数值型数据的方法

转换的方法	功 能 说 明
Byte.parseByte(String s)	将数字字符串 s 转换为字节型数据
Short.parseShort(String s)	将数字字符串 s 转换为短整型数据
Integer.parseInt(String s)	将数字字符串 s 转换为整型数据
Long.parseLong(String s)	将数字字符串 s 转换为长整型数据
Float.parseFloat(String s)	将数字字符串 s 转换为单精度浮点型数据
Double.parseDouble(String s)	将数字字符串 s 转换为双精度浮点型数据
Boolean.parseBoolean(String s)	将字符串 s 转换为布尔型数据

例如：

```
String myNumber="1234.567";  //定义字符串型变量 myNumber
float myFloat=Float.parseFloat(myNumber);
```

第 2 条语句是将字符串型变量 myNumber 的值转换为浮点型数据后，赋给变量 myFloat。

（2）数值型数据转换为字符串。在 Java 语言中，字符串可用加号“+”来实现连接操作。所以若其中某个操作数不是字符串，该操作在连接之前会自动将其转换为字符串。所以可用加号来实现自动的转换。例如：

```
int myInt=1234;                       //定义整型变量 myInt
String myString=""+myInt;             //将整型数据转换为字符串
```

其他数值型数据类型也可以利用同样的方法转换为字符串。

2.6　局部变量的类型推断

在方法（包括主方法）中使用的变量都属于局部变量，局部变量的特点是随着方法的调用而生成，随着方法调用的结束而自动销毁。在前面几个例子中可以看到，在主方法 main() 中给局部变量赋值时都显式地指定了变量的类型。从 JDK 10 开始 Java 推出了局部变量类型推断功能，让编译器根据所赋初值类型推断出局部变量的类型，从而可以不需要显式地为变量指定类型。要使用局部变量类型推断功能，必须以 var 作为类型名声明变量，并且必须初始化即赋初值。例如。

```
var b=21.0f;      //初值 21.0f 为 float 型，所以变量 b 被推断为 float 型
```

利用局部变量类型推断功能时，必要时可以使用数据类型标志字符或强制类型转换。例如：

```
var x=5d;          //初值 5d 为 double 型，所以变量 x 被推断为 double 型
var n=(byte)88;  //变量 n 被推断为 byte 型
```

需要强调的是，只有在初始化变量时 var 才可以用来声明变量。例如，下面的语句是不正确的。

```
var b;
```

使用类型推断功能时，编译器根据初始值的类型确定要声明变量的类型，所以在局部变量的声明中，var 是实际推断出的类型的占位符。然而在大多数其他地方使用 var 时，它只是用户定义的一个标识符，没有特殊含义。

注意：

（1）var 只能用于在方法内部声明局部变量的类型，而不能用于声明方法的参数类型、返回值类型或类的实例变量；

（2）使用 var 每次只能声明一个变量；

（3）不能使用 null 作为初始值。

【例 2.3】局部变量类型推断的应用。

```
1  //FileName: App2_3.java      类型推断的应用
2  public class App2_3{         //定义类 App2_3
3    public static void main(String[] args){
4      var a=10.0;              //a 由所赋值 10.0 的类型推断出为 double 型
5      System.out.println("a="+a);            //输出 a 的值
6      int var=1;               //var 只是一个用户定义的标识符，即变量名
7      System.out.println("var 的值是 "+var);//输出变量 var 的值
8      var b=-var;              // b 由所赋值 var 的类型推断出为 int 型
9      System.out.println("b 的值是 "+b);     //输出变量 b 的值
10   }
11 }
```

程序运行结果：

```
a=10.0
var 的值是 1
b 的值是 -1
```

该程序的第 4 行用 var 作为类型名声明了变量 a，此时的 var 只是一个实际类型的占位符，由于 a 的初值为 double 型，因此编译器自动推断出 a 为 double 型。第 6 行将 var 声明为 int 型的变量名，此时 var 只是一个用户标识符。第 8 行将 var 的值赋给变量 b，由于变量 b 以 var 作为其类型，因此由局部变量类型推断功能可推断出 b 为 int 型。

2.7 从键盘输入数据

在程序设计中，经常需要从键盘上读取数据，这时就需要用户从键盘输入数据，从而可以增加与用户之间的交互。利用键盘输入数据，Java 语言提供了两种方式。

2.7.1 第一种数据输入方式

利用键盘输入数据，其基本格式如下：

```
import java.io.*;
```

```
public class ClassName{ //类名称
  public static void main(String[] args) throws IOException{
      ⋮
    String str;         //声明 str 为 String 类型的变量
    BufferedReader buf;  //声明 buf 为 BufferedReader 类的变量，该类在 java.io 类库中
    buf=new BufferedReader(new InputStreamReader(System.in));// 创建 buf 对象
        ⋮
    str=buf.readLine(); //用 readLine() 方法读入字符串，且须处理 IOException 异常
        ⋮
  }
}
```

Java 用 System.out 表示标准输出设备，而用 System.in 表示标准输入设备。默认情况下，标准输出设备是显示器，而标准输入设备是键盘。Java 用 InputStreamReader(System.in) 类创建的对象读取来自 System.in 的输入。使用 println() 方法就可以在显示器上输出字符串。这种输入数据的基本结构是固定的格式，其中有关输入语句的功能将在第 9 章介绍。

使用该格式从键盘输入的数据，不管是文字还是数字，Java 皆视为字符串，因此若是要从键盘输入数值，则需要利用表 2.6 中的方法进行相应类型转换。该数据输入格式中的相应语句也可写成如下的格式，其作用完全相同。

```
import java.io.*;
public class ClassName{        //类名称
  public static void main(String[] args) throws IOException{
      ⋮
    String str;                //声明 str 为 String 类型的变量
    InputStreamReader inp;     //InputStreamReader 类在 java.io 类库中
    inp=new InputStreamReader(System.in);  // 创建 inp 对象
    BufferedReader buf;                  //BufferedReader 类在 java.io 类库中
    buf=new BufferedReader(inp);           // 创建 buf 对象
        ⋮
    str=buf.readLine();//用 readLine() 方法读入字符串，且须处理 IOException 异常
        ⋮
  }
}
```

这种格式中的“str=buf.readLine();”语句是利用 buf 调用 readLine() 方法，将从键盘上读取的数据作为字符串来处理，当然也可以利用 read() 方法从键盘上读取单个的字符型数据。如设 c 是定义成 char 型的变量，则“c=(char)buf.read();”语句将从键盘上读取一个字符，赋给字符型变量 c。

从键盘输入的所有文字和数字，Java 皆视为字符串，因此程序在处理上很简单，只要

将输入的内容赋值给一个字符串型变量即可。若想从键盘上输入数值型数据，必须先利用表 2.6 中所提供的方法进行类型转换，字符串的内容才会变成数值。

【例 2.4】从键盘输入数据。

```
//FileName: App2_4.java          从键盘输入字符串
import java.io.*;                          //加载java.io类库中的所有类
public class App2_4{
  public static void main(String[] args) throws IOException{
    BufferedReader buf;
    String str1,str2;
    buf=new BufferedReader(new InputStreamReader(System.in));
    System.out.print("请输入字符串：");    //输出字符串
    str1=buf.readLine();    //将输入的文字指定给字符串变量str1存放
    System.out.println("您输入的字符串是："+str1);        //输出字符串
    System.out.print("请输入一个实数：");
    str2=buf.readLine();    //将输入的文字指定给字符串变量str2存放
    float num=Float.parseFloat(str2);        //将str转换为float类型后赋给num
    System.out.println(num+"乘10后取整为："+(int)(10*num));
  }
}
```

程序运行结果：

```
请输入字符串：Java语言程序设计↙
您输入的字符串是：Java语言程序设计
请输入一个实数：32.58↙
32.58乘10后取整为：325
```

2.7.2 第二种数据输入方式

为了简化输入操作，从 Java SE 5 版本开始在 java.util 类库中新增了一个专门用于输入操作的类 Scanner，可以使用该类创建一个对象，然后利用该对象调用相应的方法，从键盘读取数据。语句格式如下：

```
import java.util.*;
public class ClassName{                            //类名称
  public static void main(String[] args){
    Scanner reader=new Scanner(System.in);//创建Scanner对象读取System.in的输入
    double num;                  //声明double型变量，也可声明其他数值型变量
      ⋮
    num=reader.nextDouble();  //调用reader对象的相应方法，读取键盘数据
      ⋮
  }
}
```

这种格式是使用 Scanner 类创建的对象读取来自 System.in 的输入，如“Scanner reader=new Scanner(System.in);”。然后使用 println() 方法在显示器输出相应的数据。

在上面的语法结构中用创建的 reader 对象调用 nextDouble() 方法来读取用户从键盘上输入的 double 型数据，也可用 reader 对象调用下列方法，读取用户在键盘上输入的相应类型的数据：nextByte()、nextDouble()、nextFloat()、nextInt()、nextLong()、nextShort()、next()、nextLine()。

其中，next() 方法读取以空白字符结束的字符串，空白字符包括 ' '、'\t'、'\f、'\r' 和 '\n'。nextLine() 方法读取一整行文本，即读取以 Enter 键结束的字符串。在从键盘上输入数据时，通常是让 reader 对象先调用 hasNextXXX() 方法，判断用户在键盘上输入的是什么类型的数据，然后再调用 nextXXX() 方法读取数据。例如，用户在键盘上输入 123.45 后按 Enter 键，hasNextFloat() 的值为 true，而 hasNextInt() 的值为 false。next() 或 nextLine() 方法被调用后，等待用户在键盘上输入一行文本，即字符串，这两个方法均返回一个 String 类型的数据，String 类型将在 4.2 节讨论。

下面举例说明该语句的用法，该语句的其他用法在 3.4 节讲述循环语句时详细介绍。

【例 2.5】利用 Scanner 类从键盘输入多个数据。

```
1  //FileName: App2_5.java       从键盘输入多个数据
2  import java.util.*;           //加载 java.util 类库中的所有类
3  public class App2_5{
4    public static void main(String[] args){
5      int num1;
6      double num2;
7      Scanner reader=new Scanner(System.in);
8      System.out.print("请输入第一个数：");
9      num1=reader.nextInt(); //将输入的内容作为 int 型数据赋值给变量 num1
10     System.out.print("请输入第二个数：");
11     num2=reader.nextDouble();//将输入内容作为 double 型数据赋值给变量 num2
12     System.out.println(num1+"*"+num2+"="+((float)num1*num2));
13   }
14 }
```

程序运行结果：

```
请输入第一个数：5↙
请输入第二个数：8↙
5*8.0=40.0
```

在程序的第 11 行读取数据时，若输入的是整型数，系统则会自动将其转换为 double 型值后再赋值相应的变量。

说明： 当要求输入的数据是“较长的数据”类型（如 double 型），而实际输入的数据是“较短的数据”类型（如 int 或 float）时，则系统会自动地将其转换为“较长的数据”类型（如 double 型）的数据。

【例 2.6】利用 Scanner 类，使用 next() 和 nextLine() 方法接收从键盘输入字符串型数据。

```
1 //FileName: App2_6.java      从键盘输入多个数据
2 import java.util.*;          //加载 java.util 类库中的所有类
3 public class App2_6{
4   public static void main(String[] args){
5     String s1,s2;
6     Scanner reader=new Scanner(System.in);
7     System.out.print("请输入第一个数据：");
8     s1=reader.nextLine();  //将输入的内容作为字符串型数据赋值给变量 s1
9     System.out.print("请输入第二个数据：");
10    s2=reader.next();       //按 Enter 键后 next() 方法将回车符和换行符去掉
11    System.out.println("输入的是"+s1+"和"+s2);
12  }
13 }
```

程序运行结果：

```
请输入第一个数据：abc↙
请输入第二个数据：xyz↙
输入的是 abc 和 xyz
```

说明： next() 方法一定要读取到有效字符后才可以结束输入，对输入有效字符之前遇到的 Space 键、Tab 键或 Enter 键等空白符，next() 方法会自动将其去掉，只有在输入有效字符之后，next() 方法才将其后输入的空白符视为分隔符或结束符；而 nextLine() 方法的结束符只是 Enter 键，即 nextLine() 方法返回的是 Enter 键之前的所有字符。读者可以将例 2.6 中的第 8 行改为调用 next() 方法而把第 10 行改为调用 nextLine() 方法试一下，以加深理解。

2.8 运算符与表达式

运算符是用来表示某一种运算的符号，按操作数的数目来分，可分为一元运算符（如 ++）、二元运算符（如 +、>）和三元运算符（如 ? :），分别对应一个、两个和三个操作数。

按照运算符的功能来分，基本运算符有下面几类。

- 算术运算符：+、-、*、/、%、++、--。
- 关系运算符：>、<、>=、<=、==、!=。
- 逻辑运算符：!、&&、||、&、|。
- 位运算符：>>、<<、>>>、&、|、^、~。
- 赋值运算符：=。
- 扩展赋值运算符：如 +=、/= 等。
- 条件运算符：? :。
- 箭头和方法引用运算符：->、::
- 其他运算符：包括分量运算符 .、下标运算符 []、实例运算符 instanceof、内存分配运算符 new、强制类型转换运算符（类型）、方法调用运算符 () 等。

2.8.1 算术运算符

算术运算符是用来进行算术运算的符号。算术运算符作用于整型或浮点型数据，完成相应的算术运算。Java 语言的算术运算符分为一元运算符和二元运算符。

1. 二元算术运算符

二元算术运算符如表 2.7 所示。

表 2.7 二元算术运算符

运 算 符	功 能	示 例
+	加运算	a+b
–	减运算	a–b
*	乘运算	a*b
/	除运算	a/b
%	取模（求余）运算	a%b

对于除号“/”，它的整数除法和实数除法是有区别的：两个整数之间做除法时，只保留整数部分而舍弃小数部分。对取模运算符“%”来说，其操作数既可以是整数也可以是浮点数，其运算结果返回除法操作的余数。只有单精度操作数的浮点表达式按照单精度运算求值，产生单精度结果。如果浮点表达式中含有一个或一个以上的双精度操作数，则按双精度运算，结果是双精度浮点数。如 37.2%10=7.2。取模运算符“%”通常用于正数，但当被除数是负数时，余数也是负数。

说明： 如果“/”和“%”的两个操作数都是整数，则除数不能为 0，否则引发错误。但如果两个操作数至少有一个是浮点数，此时允许除数为 0 或 0.0，这种情况下任何数除以 0 或 0.0 得到的结果是 Infinity（正无穷大）或 -Infinity（负无穷大），而任何数对 0 或 0.0 取余得到的结果是非数（Not a Number，NaN）。

```
5.1/3      //结果为 1.7
5.1/0      //结果为 Infinity
5/0        //出错
-5.2%0     //结果为 NaN
```

```
5.2%3.1    //结果为 2.1
-5/0.0     //结果为 -Infinity
5%0.0      //结果为 NaN
-26%-8     //结果为 -2
```

值得注意的是，Java 语言对加运算符进行了扩展，使它能够进行字符串的连接，如 "abc"+"de"，得到字符串 "abcde"。

2. 一元算术运算符

一元算术运算符如表 2.8 所示。

表 2.8 一元算术运算符

运 算 符	功 能	示 例
+	取原数	+a
–	取相反数	–a

续表

运算符	功能	示例
++	自加 1	++a 或 a++
--	自减 1	--a 或 a--

自加 1、自减 1 运算符既可放在操作数之前（如 ++i 或 --i），也可放在操作数之后（如 i++ 或 i--），但两者的运算方式不同。如果放在操作数之前，操作数先进行自加 1 或自减 1 运算，然后将结果用于表达式的操作；如果放在操作数之后，则操作数先参加其他运算，然后再进行自加 1 或自减 1 运算。自加 1 与自减 1 运算符若放在操作数之前，分别称为前置自加与前置自减；若放在操作数之后，分别称为后置自加与后置自减。

说明：

（1）一元运算符与操作数之间不允许有空格。自加 1 或自减 1 运算符不能用于表达式，只能用于简单变量。例如，++(x+1) 有语法错误。自加 1 或自减 1 运算符也可用在 char 型变量上，这会得到该字符之前或之后的 Unicode 字符，如 char ch='a'，则 ++ch 的结果为字符 'b'。

（2）所有算术运算符都可以用在 char 型操作数上。如果另一个操作数是一个数字或字符，则 char 型操作数就会被自动转换为一个数字，若另一个操作数是一个字符串，字符串就会与该字符相连接。例如：

```
int i='1'+'2'                  //'1' 转换为 49，'2' 转换为 50，所以 i=99
int j='a'+1                    //'a' 转换为 97，所以 j=98
String k=" 字符串 k 是 "+'8'    // 字符 '8' 转换为字符串 "8"，所以结果为 " 字符串 k 是 8"
```

2.8.2 关系运算符

关系运算符也称为比较运算符，用于比较两个值之间的大小，结果返回逻辑型值 true 或 false，关系运算符都是二元运算符，如表 2.9 所示。

表 2.9 关系运算符

运算符	功能	示例	运算符	功能	示例
＞	大于	a ＞ b	＜=	小于或等于	a ＜ =b
＞=	大于或等于	a ＞ =b	==	等于	a==b
＜	小于	a ＜ b	!=	不等于	a!=b

关系运算符也可用于比较两个字符的大小，字符的比较是通过对应 Unicode 值的大小（即 Unicode 码的顺序）进行比较的，如 'a' ＜ '8' 为 false，因为 'a' 的 Unicode 值是 97，'8' 的 Unicode 值是 56。

注意：在关系运算符中“==”比较特别，如果进行比较的两个操作数都是数值类型，即使它们的数据类型不同，只要它们的值相等，都将返回 true，如 'a'==97 返回 true，8==8.0 也返回 true。如果两个操作数都是布尔型的值也可以进行比较，如 true==false 返回 false。但不能在浮点数之间作

“==”的比较，因为浮点数在表达上有难以避免的微小误差，精确的相等比较无法达到，所以这类比较没有意义。关系运算符>、>=、<或<=不能用于比较两个字符串，关于字符串的比较将在4.2节中介绍。

2.8.3 逻辑运算符

逻辑运算是操作数与运算结果都是逻辑型量的运算。逻辑运算符如表2.10所示。

表 2.10 逻辑运算符

<table>
<tr><th>运算符</th><th>功能</th><th>示例</th><th>运算规则</th></tr>
<tr><td>&</td><td>逻辑与</td><td>a&b</td><td>两个操作数均为 true 时，结果才为 true</td></tr>
<tr><td>|</td><td>逻辑或</td><td>a|b</td><td>两个操作数均为 false 时，结果才为 false</td></tr>
<tr><td>!</td><td>逻辑非（取反）</td><td>!a</td><td>将操作数 a 取反</td></tr>
<tr><td>^</td><td>异或</td><td>a^b</td><td>两个操作数同真或同假时，结果才为 false</td></tr>
<tr><td>&&</td><td>简洁与</td><td>a&&b</td><td>两个操作数均为 true 时，结果才为 true</td></tr>
<tr><td>||</td><td>简洁或</td><td>a||b</td><td>两个操作数均为 false 时，结果才为 false</td></tr>
</table>

! 为一元运算符，实现逻辑非。&、| 为二元运算符，实现逻辑与、逻辑或运算。简洁运算 (&&、||) 与非简洁运算 (&、|) 的区别在于：非简洁运算在必须计算完运算符左右两边的表达式之后才得到结果值；而简洁运算可能只需计算运算符左边的表达式而不用计算右边的表达式，即对于 &&，只要左边表达式为 false，就不用计算右边表达式，则整个表达式为 false；对于 ||，只要左边表达式为 true，就不用计算右边表达式，则整个表达式为 true。

【例 2.7】关系运算符和逻辑运算符的使用。

```
//FileName: App2_7.java       关系运算符和逻辑运算符的使用
public class App2_7{
  public static void main(String[] args){
    int a=25,b=7;
    boolean x=a<b;          //x=false
    System.out.println("a<b="+x);
    int e=3;
    boolean y=a/e>5;        //y=true
    System.out.println("x^y="+(x^y));
    if(b<0 & e!=0) System.out.println("b/0="+b/0);
    else System.out.println("a%e="+a%e);
    int f=0;
    if(f!=0 && a/f>5) System.out.println("a/f="+a/f);
    else System.out.println("f="+f);
    }
}
```

程序运行结果：

```
a < b=false
x^y=true
a%e=1
f=0
```

该程序第 10 行的条件中左边式子 b < 0 虽然为 false，但非简洁运算符“&”还必须要求再计算右边的式子 e!=0 是否成立，尽管该式成立，但整个式子“b < 0 & e!=0”的结果值仍为 false，因此该行后面的输出语句中的“b/0”永远都不会被计算；但第 13 行 if 语句中的“&&”为简洁运算符，所以只要左边的式子“f!=0”不成立，就不需要计算右边的“a/f > 5”，所以在运行时不会发生除 0 溢出的错误。

2.8.4 位运算符

位运算符是对操作数以二进制比特位为单位进行的操作和运算，Java 语言中提供了如表 2.11 所示的位运算符。

表 2.11 位运算符

运算符	功能	示例	运算规则
～	按位取反	～a	将 a 按位取反
&	按位与	a&b	将 a 和 b 按比特位相与
|	按位或	a|b	将 a 和 b 按比特位相或
^	按位异或	a^b	将 a 和 b 按比特位相异或
>>	右移	a >> b	将 a各比特位向右移 b 位
<<	左移	a << b	将 a各比特位向左移 b 位
>>>	0 填充右移	a >>> b	将 a各比特位向右移 b 位，左边的空位一律填 0

位运算符的操作数只能为整型或字符型数据。有的符号（如 &, |, ^）与逻辑运算符的写法相同，但逻辑运算符的操作数为 boolean 型的量。用户在使用这种运算符要注意它们的区别。

2.8.5 赋值运算符

1. 简单地赋值运算符

关于赋值运算符“=”，在 2.4 节介绍变量的赋值时已经提到。简单的赋值运算是把一个表达式的值直接赋给一个变量或对象，其格式如下：

```
变量或对象 = 表达式;
```

在赋值运算符两侧的类型不一致的情况下，则需要按 2.5 节中介绍的规则进行自动或强制类型转换。赋值运算符右端的表达式可以还是赋值表达式，形成连续赋值的情况。例如：

```
a=b=c=8;
```

首先执行 c=8，该赋值表达式的值是 8，然后再执行 b=8，该表达式的值是 8，最后执行 a=8。

2. 扩展赋值运算符

在赋值符“=”前加上其他运算符，即构成扩展赋值运算符，例如，a+=3 等价于 a=a+3。即扩展赋值运算符是先进行某种运算，再对运算的结果进行赋值。表 2.12 列出了 Java 语言中的扩展赋值运算符及等效的表达式。强调一点，扩展赋值运算符之间不能有空格。

表 2.12　扩展赋值运算符及等效的表达式

运 算 符	示　例	等效的表达式
+=	a+=b	a=a+b
-=	a-=b	a=a-b
*=	a*=b	a=a*b
/=	a/=b	a=a/b
%=	a%=b	a=a%b
&=	a&=b	a=a&b
|=	a|=b	a=a|b
^=	a^=b	a=a^b
>>=	a>>=b	a=a>>b
<<=	a<<=b	a=a<<b
>>>=	a>>>=b	a=a>>>b

2.8.6　条件运算符

Java 语言提供了高效简便的三元条件运算符 (? :)。该运算符的格式如下：

```
表达式 ? 表达式1 : 表达式2;
```

其中，“表达式”是一个结果为布尔值的逻辑表达式。该运算符的功能是：先计算“表达式”的值，当“表达式”的值为 true 时，则将“表达式 1”的值作为整个表达式的值；当“表达式”的值为 false 时，则将“表达式 2”的值作为整个表达式的值。例如：

```
int a=1,b=2,max;
max = a > b ? a : b;                //max 获得 a, b 之中的较大值
System.out.println("max="+max);     //输出结果为 max = 2
```

2.8.7　字符串运算符

字符串运算符“+”是以 String 为对象进行的操作。运算符“+”完成字符串连接操作，如果必要，系统则自动把操作数转换为 String 型。例如：

```
float a=100.0f;                              //定义变量 a 为浮点型
System.out.print("The value of a is"+a+"\n");  //系统自动将 a 转换为字符串
```

“+=” 运算符也可以用于字符串。如设 s1 为 String 型，a 为 int 型，则有

```
s1+=a;                                       //s1=s1+a，a 自动转换为 String 型
```

2.8.8 表达式及运算符的优先级与结合性

在对一个表达式进行运算时，要按运算符的优先顺序从高向低进行。运算符的优先级决定了表达式中不同运算执行的先后顺序，大体上来说，从高到低是：一元运算符、算术运算符、关系运算符和逻辑运算符、赋值运算符。运算符除有优先级外，还有结合性，运算符的结合性决定了并列的多个同级运算符的先后执行顺序。同级的运算符大都是按从左到右的方向进行（称为“左结合性”）。所有二元运算符都是左结合性，而赋值运算符、一元运算符等则有右结合性。表 2.13 给出了 Java 语言中运算符的优先级和结合性。

表 2.13　运算符的优先级及结合性（表顶部的优先级较高）

优先级	运算符	运算符的结合性
1	. [] () -> ::	左→右
2	++ -- ! ～ +（正号）-（负号）instanceof	右→左
3	new（类型）	右→左
4	* / %	左→右
5	+ -（二元）	左→右
6	<< >> >>>	左→右
7	< > <= >=	左→右
8	== !=	左→右
9	&	左→右
10	^	左→右
11	|	左→右
12	&&	左→右
13	||	左→右
14	? :	左→右
15	= += -= *= /= %= <<= >>= >>>= &= ^= |=	右→左

在表达式中，可以用括号 () 显式地标明运算次序，括号中的表达式首先被计算。适当地使用括号可以使表达式的结构清晰。例如：a > =b && c < d || e==f，可以用括号显式地写成 ((a < =b)&&(c < d))||(e==f)，这样就清楚地表明了运算次序，使程序的可读性加强。

本章小结

1. Java 语言的数据类型可分为基本数据类型和引用数据类型两种。

2. Java 语言提供了数值类型量的最大值、最小值的代码。最大值的代码是 MAX_VALUE，最小值的代码是 MIN_VALUE。如果要使用某个数值类型量的最大值或最小值，只要在这些代码的前面加上它们所属的类全名即可。

3. 从键盘输入数据时，Java 语言的输入格式是固定的。其中，第一种数据输入方式不管输入的是文字还是数字，Java 皆视为字符串，因此，若要从键盘输入数值型数据则必须再经过类型转换；第二种数据输入方式则是使用 Scanner 类的对象调用相应的 nextXXX() 方法直接读取从键盘输入的相应类型的数据。

4. Java 语言的运算符是有优先级和结合性的。运算符的优先级决定了表达式中不同运算符执行的先后顺序，而结合性决定了并列的多个同级运算符的先后执行顺序。

习题

2.1 Java 语言定义了哪几种基本数据类型？

2.2 表示整数类型数据的关键字有哪几个？它们各占用几字节？

2.3 单精度浮点型（float）和双精度浮点型（double）的区别是什么？

2.4 字符型常量与字符串常量的主要区别是什么？

2.5 简述 Java 语言对定义标识符的规定。

2.6 Java 语言采用何种编码方案？有何特点？

2.7 什么是强制类型转换？在什么情况下需要用强制类型转换？

2.8 自动类型转换的前提是什么？转换时从“短”到“长”的优先级顺序是怎样的？

2.9 写出从键盘输入数据的两种基本格式。

2.10 编写程序，从键盘上输入一个浮点数，然后将该浮点数的整数部分输出。

2.11 编写程序，从键盘上输入两个整数，然后计算它们相除后得到的结果并输出。

2.12 编写程序，从键盘上输入圆柱体的底面半径 *r* 和高 *h*，然后计算其体积并输出。

2.13 逻辑运算符中的“逻辑与、逻辑或”和“简洁与、简洁或”的区别是什么？

2.14 逻辑运算符与位运算符的区别是什么？

2.15 什么是运算符的优先级和结合性？

2.16 写出下列表达式的值，设 int x=3,y=17,i=0，boolean yn=true。

（1）x+y*x--　（2）-x*y+y　（3）x ＜ y && yn　（4）x ＞ y || !yn　（5）y!=++x ? x : y

（6）y++/--x　（7）i=i++ 赋值后的 i 值。

第3章 流程控制

本章主要内容

- ★ 语句与复合语句；
- ★ 分支结构与循环结构。

本章主要介绍编写 Java 程序必须掌握的流程控制语句。流程控制语句是用来控制程序中各语句执行顺序的语句，最主要的流程控制方式是结构化程序设计中规定的三种基本流程结构：顺序结构、分支结构（选择结构）和循环结构。

3.1 语句与复合语句

Java 语言中的语句是指示计算机完成某种特定运算及操作的命令，语句可以是用分号“;”结尾的简单语句，也可以是用一对花括号“{}”括起来的复合语句。简单语句包括赋值语句和方法调用语句，只需要在赋值表达式或方法调用后面加一个分号“;”就能构成，分别表示完成赋值或相关任务。例如：

```
y=x > 0 ? x : -x;
System.out.println("Hello World");
```

复合语句是由一对花括号括起来的若干条简单语句。一个复合语句可以嵌套另一个复合语句。Java 语言不允许在两个嵌套的复合语句内声明同名变量。

另外，在程序设计过程中经常要用到注释语句。Java 语言允许在源文件中添加注释（comment），以增加程序的可读性，系统不会对注释的内容进行编译。Java 语言有单行注释、多行注释和文件注释。

（1）单行注释。单行注释以“//”开头，至该行行尾。格式如下：

```
// 单行注释 (comment on one line)
```

（2）多行注释。多行注释也称段注释或块注释，以“/*”开头，以“*/”结束。格式如下：

```
/* 单行或多行注释
(comment on one or more lines)*/
```

（3）文件注释。文件注释是 Java 语言所特有的文档注释。它以“/**”开头，以“*/”结尾。这种注释主要用于描述类、数据和方法。它是使用 JDK 提供的 javadoc.exe 命令所生成的扩展名为 .html 的文件，为程序提供文档说明。

3.2 顺序结构

顺序结构是最简单的流程控制结构。顺序结构就是程序从上到下逐行执行的结构，中间没有判断和跳转，直到程序结束。图 3.1 所示为结构化程序设计中的顺序流程控制结构，即顺序结构。

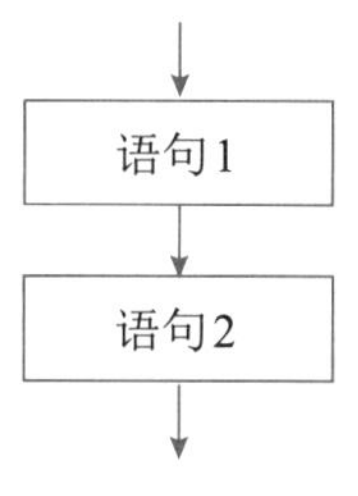

图 3.1 顺序结构

3.3 分支结构

分支结构又称选择结构，通常分支结构要先进行一个判断，然后根据判断的结果来决定选择哪一条执行路径。

3.3.1 if 语句

if 语句是一种“二选一”的控制结构，即给出两种可能的执行路径供选择。分支前的判断称为条件表达式，简称条件，它是一个结果为逻辑型量的关系表达式或逻辑表达式，根据这个表达式的值是“真”或“假”来决定选择某一分支来执行。

if 语句的形式有多种，下面分别介绍。

（1）第一种应用格式为双路条件选择，其结构如下。程序执行流程如图 3.2 所示。

```
if(条件表达式){
  语句序列 1
}else{
  语句序列 2
}
```

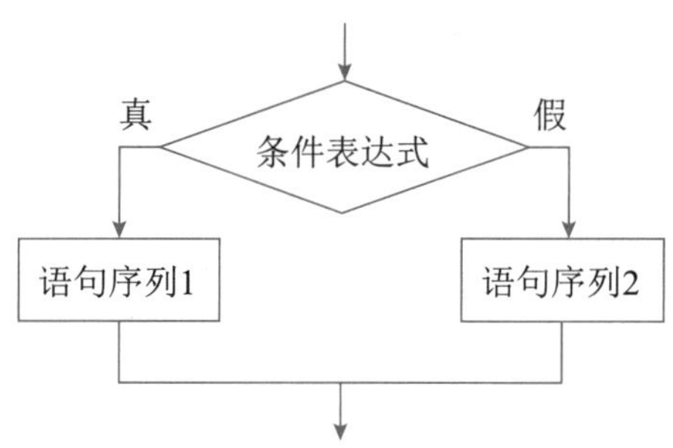

图 3.2 双路条件选择结构的程序执行流程

执行 if 语句时，程序先计算条件表达式的值，如果值为“真”，则执行“语句序列 1 ”；如果值为“假”，则执行“语句序列 2 ”。

注意： 这里分支的语句序列如果只有一个语句，则不需要用花括号括起来；否则，分支中的所有语句都需要用花括号括起来，以便与分支之外的语句区分。

（2）第二种应用格式为单路条件选择，其结构如下。程序执行流程如图 3.3 所示。

```
if（条件表达式）{
  语句序列
}
```

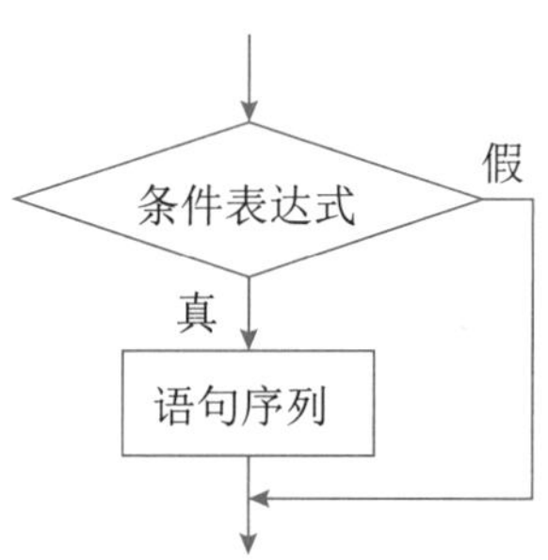

图 3.3 单路条件选择结构的程序执行流程

单路条件选择结构即只有 if 分支，没有 else 分支，如果条件表达式成立，则执行语句序列，否则直接执行 if 语句之后的其他语句。

【例 3.1】找出三个整数中的最大值和最小值。

从两个方案中选择其一可以使用一个 if 语句，而从三个方案中选择其一可以使用两个 if 语句。本例使用了两个并列的 if 语句，其中，第二个 if 语句没有 else 语句。除此之外，本例使用了三元条件运算符（？：）解决同样的问题。程序如下：

```
//FileName : App3_1.java          if 语句的应用
public class App3_1{
 public static void main(String[] args){
   int a=1,b=2,c=3,max,min;
   if(a > b)
     max=a;
```

```
7      else
8         max=b;
9      if(c > max) max=c;
10     System.out.println("Max="+max);
11     min=a < b ? a : b;
12     min=c < min ? c : min;
13     System.out.println("Min="+min);
14    }
15 }
```

程序运行结果：

```
Max=3
Min=1
```

例 3.1 程序的第 5 ～ 8 行是双路条件选择语句，用于求 a 与 b 中较大的数并存入变量 max 中；第 9 行是单路条件选择语句，用于将 max 与 c 比较；第 11、12 行分别用条件运算符来代替简单的双路条件选择语句，求 a、b 和 c 三个数中的最小数。

（3）第三种应用格式为多重条件选择结构，其结构如下。程序执行流程如图 3.4 所示。

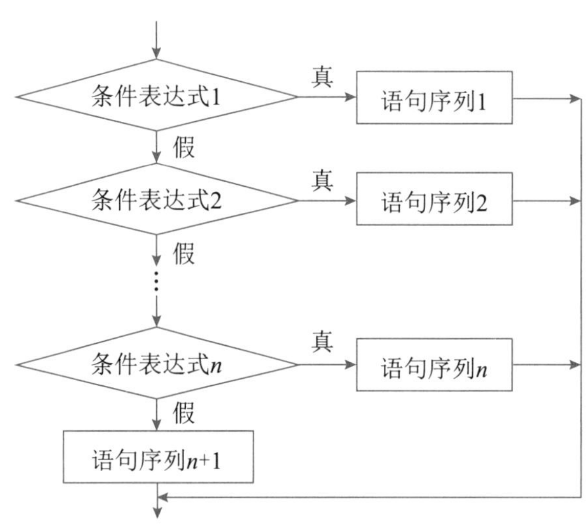

图 3.4　多重条件选择结构的程序执行流程

```
if(条件表达式 1){
  语句序列 1
}
else if(条件表达式 2){
  语句序列 2
}
  ⋮
else if(条件表达式 n ){
  语句序列 n
```

```
}
else{
  语句序列 n+1
}
```

该语句的功能是对 if 语句进行了更多的条件判断，不同的条件对应不同的语句序列。

【例 3.2】给出一个分数，按不同的分数段将其评定为 A、B、C、D 和 E 五个级别。

```
1 //FileName: App3_2.java      多重条件选择语句的应用
2 public class App3_2{
3  public static void main(String[] args){
4    int testScore=86;
5    char grade;
6    if(testScore >=90){
7      grade='A';
8      }else if(testScore >=80){
9      grade='B';
10}     else if(testScore >=70){
11     grade='C';
12     }else if(testScore >=60){
13     grade='D';
14     }else{
15     grade='E';
16     }
17    System.out.println(" 评定成绩为: "+ grade);
18    }
19 }
```

程序运行结果：

```
评定成绩为: B
```

因为给定的成绩 testScore 为 86 分，满足第 8 行的条件语句，所以将其成绩变量 grade 赋值为 B，然后直接执行第 17 行的输出语句，将评定的成绩输出。

3.3.2 switch 语句

switch 语句是多分支开关语句，常用于多重条件选择。它将一个表达式的值同许多其他值比较，并按比较结果选择执行哪些语句。switch 语句的格式如下：

```
switch(表达式){
   case 常量表达式 1:
     语句序列 1;
     break;
   case 常量表达式 2:
     语句序列 2;
     break;
      ⋮
```

```
    case 常量表达式n:
      语句序列n;
      break;
    default:
      语句序列n+1;
}
```

switch多分支选择语句在执行时，首先计算圆括号中“表达式”的值，这个值必须是byte、short、int、char、String或枚举类型，同时应与各个case后面的常量表达式值的类型相一致。计算出表达式的值后，先与第一个case后面的“常量表达式1”的值相比较，若相同，则程序的流程转入第一个case分支的语句序列1；否则，再将表达式的值与第二个case后面的“常量表达式2”的值相比较，以此类推；如果表达式的值与任何一个case后的常量表达式值都不相同，则转去执行最后的default分支的语句序列，在default分支不存在的情况下，则跳出整个switch语句。在每个case语句后要用break跳出switch结构。其中，break是流程跳转语句。

说明： 虽然switch语句中“表达式”值的类型可以是String型，但因为字符串的比较很耗时，所以，如果不是必需的话，在switch语句中的“表达式”不要使用字符串。

【例3.3】利用switch语句来判断用户从键盘上输入的运算符，然后输出运算结果。

```
//FileName: App3_3.java        switch语句的应用
public class App3_3{
 public static void main (String[] args) throws Exception{
   int a=100, b=6;
   char oper;
   System.out.print("请输入运算符: ");
   oper=(char)System.in.read();    //从键盘读入一个字符并存入变量oper中
   switch(oper){
     case '+':                 //输出a+b
        System.out.println(a+"+"+b+"="+(a+b));
        break;
      case '-':                      //输出a-b
        System.out.println(a+"-"+b+"="+(a-b));
        break;
      case '*':                      //输出a*b
        System.out.println(a+"*"+b+"="+(a*b));
        break;
      case '/':                      //输出a/b
        System.out.println(a+"/"+b+"="+((float)a/b));
        break;
      default:                 //输出字符串
        System.out.println("输入的符号不正确！");
   }
```

```
24   }
25 }
```

程序运行结果：

```
请输入运算符：/↙
100/6=16.666666
```

例 3.3 程序的第 7 行是从键盘输入一个字符，因为 System.in.read() 是将从键盘上读取的字符作为整数返回，所以要强制转换为 char 类型，并将其存放到字符型变量 oper 中。然后执行 switch 语句，将变量 oper 中的字符与每个 case 后的字符型常量相比较，如果是 +、–、*、/ 四个符号之一，则执行相应 case 分支下的语句，输出相应的计算结果，然后退出 switch 语句；若输入的不是上述四个符号之一，则执行 default分支下的语句，输出“输入的符号不正确！”后结束程序的执行。

说明： switch 语句的每一个 case 判断，在一般情况下都有 break 语句，以指明这个分支执行完后，就跳出该 switch 语句。在某些特定的场合下可能不需要break 语句，例如，要若干判断值共享一个分支时，就可以实现由不同的判断语句流入相同的分支。

【例 3.4】从键盘上输入一个月份，然后判断该月份的天数（假设不是闰年）。

```
//FileName: App3_4.java        switch 语句的应用
import java.util.*;
public class App3_4{
  public static void main(String[] args){
    int month,days;
    Scanner reader=new Scanner(System.in);
    System.out.print(" 请输入月份：");
    month=reader.nextInt();         // 从键盘输入整数存入变量 month 中
    switch(month){
       case 2: days=28;             // 2 月份是 28 天
               break;
       case 4:
       case 6:
       case 9:
       case 11: days=30;            // 4、6、9、11 月份的天数为 30
                break;
       default: days=31;            // 其他月份为 31 天
    }
   System.out.println(month+" 月份为 "+days+" 天 ");
  }
}
```

程序运行结果：

```
请输入月份：6↙
6 月份为 30 天
```

例 3.4 程序的第 12 ～ 15 行的 case 语句共用一个 break 语句。如果将第 11 和 16 行的 break 语句去掉，输入的值仍然是 6，执行完 switch 语句后，变量 days 的值被修改成什么呢？是 31，而不是 30，也不是 28，因为 case 判断只负责指明分支的入口点。程序中第 13 行则是本次执行分支的入口点，因为没有专门的出口，所以流程将继续沿着下面的分支逐个执行，执行到第 15 行时 days 的值被修改为 30，当执行到第 16 行才跳出 switch 语句。

3.4 循环结构

循环结构是在一定条件下反复执行某段程序的控制结构，被反复执行的语句序列称为循环体。Java 语言中的循环语句共有 for 循环、while 循环和 do-while 循环。

3.4.1 for 循环语句

for 循环语句的语法结构如下。

```
for(表达式 1；条件表达式；表达式 2）{
    循环体
}
```

其中，“表达式 1 ”是用作初始化的表达式；“条件表达式”的返回值为逻辑型量，用来判断循环是否继续；“表达式 2”是循环后的操作表达式，用来修改循环变量，改变循环条件。三个表达式之间用分号隔开。其执行流程如图 3.5 所示。

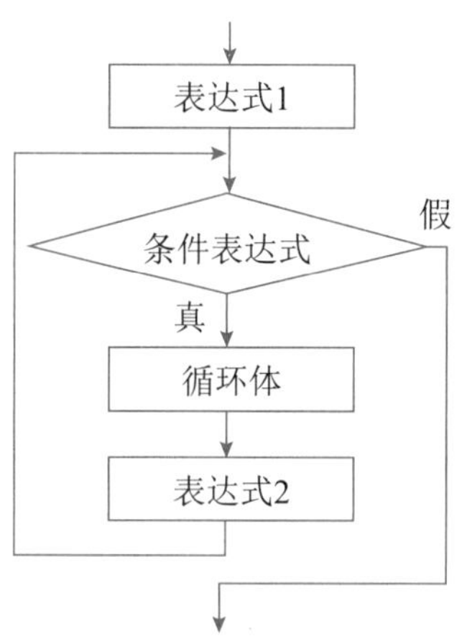

图 3.5　for 循环结构的执行流程

for 语句的执行过程：首先计算“表达式 1 ”，完成必要的初始化工作；再判断条件表达式的值，若为假则退出循环；若为真则执行循环体，执行完循环体后再返回到“表达式 2”，计算并修改循环条件，这样第一轮循环就结束了。第二轮循环从计算并判断条件表达式开始，若表达式的值仍为真，则继续循环，否则跳出 for 循环执行其后面的语句。

说明： for 循环语句的三个表达式都可以为空，但是，若条件表达式也为空，则表示当前循环是一个无限循环，需要在循环体中书写另外的跳转语句来终止循环。

在 for 循环中声明和初始化循环控制变量时可以使用局部变量类型推断功能。

【例 3.5】求 1 ～ 10 的累加和。

本例演示了 for 语句的两种使用方法：一是循环变量 i 以递增方式从 1 变化到 n，循环体语句执行 n=10 次，循环执行完后输出结果 s；二是循环变量 i 以递减方式变化。因为要写出累加的算式，i 及加号“+”应写在循环体中，而 n 个数只需要写 n–1 个加号，所以循环语句只需执行 n–1=9 次就够了，此时设计 i 从 n 变化到 2，循环执行完后再写最后一个 i 值及最后一次运算的结果（s+i）。

```
1  //FileName: App3_5.java     for 循环语句的应用
2  public class App3_5{
3    public static void main(String[] args){
4      int i,n=10,s=0;
5      for(var j=1;j<=n;j++) // 对 1 ～ 10 进行累加求和，用 var 作为变量 j 的类型
6        s=s+j;
7      System.out.println("Sum=1+2+…+"+n+"="+s);
8      s=0;
9      System.out.print("Sum=");
10     for(i=n;i>1;i--){                      // 对 10 ～ 2 进行累加求和
11       s+=i;
12       System.out.print(i+"+");             // 输出数 i 和加号 "+"
13     }
14     System.out.println(i+"="+(s+i));       // 输出结果
15   }
16 }
```

程序运行结果：

```
Sum=1+2+…+10=55
Sum=10+9+8+7+6+5+4+3+2+1=55
```

例 3.5 程序的第 5、6 行是第一个 for 循环，并且循环控制变量 j 的类型用 var 声明，由初值的类型可推断出 j 为 int 型；第 10 ～ 13 行是第二个 for 循环，该循环是对 10 ～ 2 进行累加求和。

for 循环可以很好且很直观地控制循环次数，但有些时候遇到的问题是在编程时还无法确定循环次数，这时就可以使用 while 循环或 do-while 循环。

3.4.2 while 循环语句

while 循环语句的语法结构如下：

```
while(条件表达式){
  循环体
}
```

while 语句的执行过程是先判断条件表达式的值，若为真，则执行循环体，循环体执

行完之后，再转到条件表达式重新计算其值并判断该值的真假；直到当计算出的条件表达式的值为假时，才跳过循环体终止循环，执行 while 语句后面的语句。while 循环语句的执行流程如图 3.6 所示。

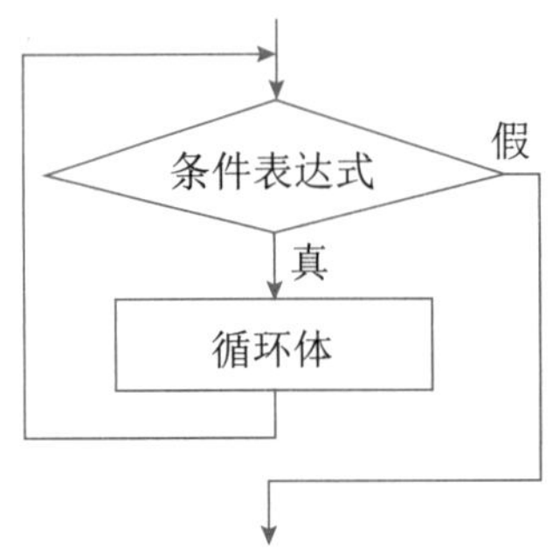

图 3.6　while 循环语句的执行流程

【例 3.6】计算 Fibonacci 数列的前 16 项。

Fibonacci 数列的通项公式为：

$$\begin{cases} f_1=1 \\ f_2=1 \\ f_n=f_{n-1}+f_{n-2}，n \geqslant 3 \end{cases}$$

```
1  //FileName: App3_6.java               while 循环语句的应用
2  public class App3_6{
3    public static void main(String[] args){
4      final int MAX=15;          // 定义常量 MAX=15
5      int i=1,j=1,k=0;
6      while(k<=MAX){             //while 循环
7         System.out.print(i+""+j+"");
8         i=i+j;                  // 计算 Fibonacci 数列中的下一个数
9         j=i+j;                  // 计算 Fibonacci 数列中的下一个数
10        k=k+2;                  // 用于改变循环的条件表达式的值
11     }
12   }
13 }
```

程序运行结果：

```
1  1  2  3  5  8  13  21  34  55  89  144  233  377  610  987
```

该程序的第 6 ～ 11 行是一个 while 循环，第 7 行是每次输出两个数，第 8、9 行分别用于计算 Fibonacci 数列中的下一个数。

【例 3.7】从键盘上输入一个正整数，判断该数是不是 Fibonacci 数列中的数。

```
//FileName: App3_7.java            while 循环语句的应用
import java.io.*;
public class App3_7{
```

```
4    public static void main(String[] args) throws IOException{
5      int a=1,b=1,n,num;
6      String str;
7      BufferedReader buf;
8      buf=new BufferedReader(new InputStreamReader(System.in));
9      System.out.print("请输入一个正整数：");
10     str=buf.readLine();              //从键盘上读入字符串赋给变量str
11     num=Integer.parseInt(str);       //将str转换为int类型后赋给num
12     while(b < num){
13       n=a+b;
14       a=b;
15       b=n;
16     }
17     if(num==b)
18       System.out.println(num+"是Fibonacci数列中的数");
19     else
20       System.out.println(num+"不是Fibonacci数列中的数");
21   }
22 }
```

程序运行结果：

```
请输入一个正整数：234↙
234不是Fibonacci数列中的数
```

该程序的第13～15行是循环体，是用于计算Fibonacci数列的递推公式；第17～20行根据计算的结果判断其是否为Fibonacci数列中的数，然后输出相应的结果。

【例3.8】利用hasNextXXX()和nextXXX()方法的配合使用来完成键盘输入。用户在键盘上输入若干数，每输入一个数需按Enter键、Tab键或Space键确认，然后在键盘上输入一个非数字字符结束整个输入操作过程，最后计算这些数的和。hasNextXXX()和nextXXX()方法的功能见2.7节。

```
//FileName: App3_8.java          hasNextXXX()方法的使用
import java.util.*;
public class App3_8{
  public static void main(String[] args){
    double sum=0;
    int n=0;
    System.out.println("请输入多个数,每输入一个数后按Enter键、Tab键或Space键确认");
    System.out.println("最后输入一个非数字结束输入操作");
    Scanner reader=new Scanner(System.in);//用System.in创建一个Scanner对象
    while(reader.hasNextDouble()){          //判断输入流中是否有双精度浮点型数据
      double x=reader.nextDouble();         //读取并转换为double型数据
      sum=sum+x;
      n++;
```

```
14        }
15        System.out.print("共输入了 "+n+" 个数，其和为: "+sum);
16    }
17 }
```

程序运行结果：

```
请输入多个数，每输入一个数后按 Enter 键、Tab 键或 Space 键确认：
最后输入一个非数字结束输入操作
3  4.8  5↙
5.6↙
w↙
共输入了 4 个数，其和为：18.4
```

程序中的第 9 行是用标准输入流创建一个 Scanner 类的对象 reader；第 10 行判断只要有数据输入且是 double 型，则进入循环内。该程序运行时，用户在键盘上每次输入一个数值后都需要按 Enter 键、Tab 键或 Space 键进行确认，最后输入一个非数字字符结束输入操作，因为当输入一个非数字字符并按 Enter 键后，reader.hasNextDouble()的值为 false。在输入数据时，若输入的是整型数，系统则会自动将其转换为 double 型后再赋值相应的变量。

3.4.3 do-while 循环语句

do-while 循环语句的语法结构如下。

```
do{
   循环体                    ┌─这个分号不能丢
}while(条件表达式);          ↓
```

do-while 循环语句是无条件地先执行一遍循环体，再来判断条件表达式的值，若条件表达式的值为真，则再执行循环体，否则跳出 do-while 循环，执行后面的语句。可见，do-while 循环语句的特点是它的循环体至少被执行一次。其执行流程如图 3.7 所示。

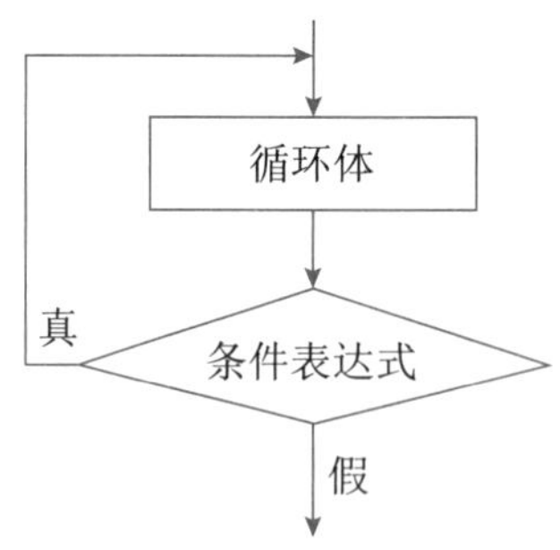

图 3.7　do-while 循环语句的执行流程

注意： while 循环语句与 do-while 循环语句的主要区别有两点：一是 while 循环语句是前判断，循环体有可能一次都不被执行，而 do-while 循环语句是后判断，循环体至少被执行一次；二是 do-while 循环的（条件表达式）后必须加一个分号“；”，而 while 循环的（条件表达式）后却不能加分号。

【例 3.9】从键盘上输入一个正整数 n，然后计算 $1+2+\cdots+n$ 的结果并输出。

```
1  //FileName: App3_9.java          do-while 循环语句的应用
2  import java.util.*;
3  public class App3_9{
4    public static void main(String[] args){
5      int n,i=1,sum=0;
6      Scanner buf=new Scanner(System.in);
7      do{
8        System.out.print("输入正整数：");
9        n=buf.nextInt();
10     }  while(n<=0);        //要求输入数 n 必须大于 0，否则一直要求重新输入
11     while(i<=n)
12       sum+=i++;        //计算和
13     System.out.println("1+2+…+"+n+"="+sum);    //输出结果
14   }
15 }
```

程序运行结果：

```
输入正整数：-6↙          //当输入负数时，程序要求重新输入数据
输入正整数：10↙          //只有输入正整数时，程序才继续往下运行
1+2+…+10=55
```

该程序的第 7～10 行是利用 do-while 循环从键盘上输入数据，直到输入的数大于 0 为止；第 11、12 行是利用 while 循环求和；第 13 行输出计算结果。

【例 3.10】用辗转相除法求两个整数的最大公因数。

设有不全为 0 的整数 a 和 b，它们的最大公因数记为 $\gcd(a,b)$，即同时能整除 a 和 b 的公因数中的最大者。按照辗转相除算法，$\gcd(a,b)$ 具有如下性质：

① $\gcd(a,b)=\gcd(b,a)$；

② $\gcd(a,b)=\gcd(-a,b)$；

③ $\gcd(a,0)=|a|$；

④ $\gcd(a,b)=\gcd(b,a\%b),0\leqslant a\%b<b$。

本例程序中反复运用性质④，最终可使第二个参数 $a\%b$ 等于 0，则第一个参数就是所求的最大公因数。程序如下：

```
//FileName: App3_10.java
import java.io.*;
public class App3_10{
  public static void main(String[] args) throws IOException{
    int a,b,k;
    String str1,str2;
    BufferedReader buf;
    buf=new BufferedReader(new InputStreamReader(System.in));
```

```
9         System.out.print(" 请输入第一个数  a=");
10        str1=buf.readLine();             // 将输入的数据赋值给字符串变量 str1
11        a=Integer.parseInt(str1);        // 将 str1 转换为 int 类型数据后赋给 a
12        System.out.print(" 请输入第二个数  b=");
13        str2=buf.readLine();             // 将输入的数据赋值给字符串变量 str2
14        b=Integer.parseInt(str2);        // 将 str2 转换为 int 类型数据后赋给 b
15        System.out.print("gcd("+a+","+b+")=");
16        do{
17           k=a%b;
18           a=b;
19           b=k;
20        }while(k!=0);                    // 若余数 k 不为 0，则继续进行下一次循环
21        System.out.println(a);
22     }
23 }
```

程序运行结果：

```
请输入第一个数  a= 12↙
请输入第二个数  b= 18↙
gcd(12,18)=6
```

该程序在第 16 ～ 20 行的 do-while 循环中，利用辗转相除法来求两个数的最大公因数，第 21 行是将最大公因数输出。

【例 3.11】已知 $s=n!$，其中 n 为正整数，从键盘上任意输入一个大于 1 的整数 m，求满足 $s<m$ 时的最大 s 及此时的 n，并输出 s 和 n 的值。

```
//FileName: App3_11.java          循环语句的应用
import java.util.*;
public class App3_11{
  public static void main(String[] args){
    int n=1,s=1,m;
    Scanner reader=new Scanner(System.in);
    do{
      System.out.print(" 请输入大于 1 的整数 m：");
      m=reader.nextInt();
    }while(m<=1);              // 若 m ≤ 1 则会一直要求重新输入，直到 m > 1 为止
    while(s<m){                // 判断 n! < m 是否成立
      s*=n;                    // 计算 s=n!
      n++;
    }
    System.out.println("s="+s/(n-1)+"    n="+(n-2));    // 输出结果
  }
}
```

程序运行结果：

```
请输入大于 1 的整数 m：100↙
s=24    n=4
```

该程序的第 7 ～ 10 行的 do-while 循环语句要求所输入的数必须为大于 1 的整数，否则重复循环，直到输入大于 1 的整数为止；第 11 ～ 14 行利用 while 循环求满足条件 n! ＜ m；当退出该循环时，则 s 和 n 并不满足本题的条件，所以第 15 行在输出时，必须修正为 $\frac{s}{n-1}$ 和 n−2，这才是满足题意要求的结果。

说明： 三种形式的循环语句 for、while 和 do-while 在表达上是等价的，可以选用任意一种循环语句编写循环程序。但一般情况下，若事先已知循环体重复执行次数，则采用 for 循环；若事先无法确定循环体重复执行次数，可采用 while 循环；若必须至少执行一次循环体，则应选用 do-while 循环。

3.4.4 多重循环

如果循环语句的循环体内又有循环语句，则称多重循环，也称循环嵌套。常用的有二重循环和三重循环。在实现手段上既可以是相同循环语句嵌套，也可以是不同的循环语句嵌套。

【例 3.12】求 100 以内的质数并输出。

质数是指除 1 和自身外，不能被其他整数整除的数。显然最小的质数是 2，除 2 外的偶数均不是质数。对于一个奇数 k，使用 3 ～$\sqrt{k}$ 的每个整数 j 去除 k，如果找到一个整数 j 能除尽 k，则 k 不是质数；而只有测试完 3 ～$\sqrt{k}$ 中的所有整数 j 都不能除尽 k，才能确定 k 是质数。程序如下：

```
//FileName: App3_12.java          循环嵌套的应用
public class App3_12{
  public static void main(String[] args){
    final int MAX=100;// 定义常量 MAX=100
    int j,k,n;
    System.out.println("2 ～ "+MAX+" 之间的所有质数为：");
    System.out.print("2\t");          //2 是第一个质数，不需要测试直接输出
    n=1;                //n 累计质数的个数
    k=3;                //k 是被测试的数，从最小奇数 3 开始测试，所有偶数不需要测试
    do{                 // 外层循环，对 3 ～ 100 的奇数测试
       j=3;             // 用 j 去除待测试的数
       while(j < Math.sqrt(k)&&(k % j!=0))          // 内层循环
         j++;           // 若 j <√k，且 j 不能整除 k，则 j 加 1，再测试去除 k
       if(j > Math.sqrt(k)){
         System.out.print(k+"\t");
         n++;
         if(n%15==0) System.out.println();          // 每行输出 15 个数
       }
       k=k+2;           // 测试下一个奇数
```

```
20      }while(k < MAX);
21      System.out.println("\n 共有 "+n+" 个质数 ");
22    }
23 }
```

程序运行结果：

```
2 ～ 100 的所有质数为：
2    3    5    7   11   13   17   19   23   29   31   37   41   43   47
53   59   61   67   71   73   79   83   89   97
共有 25 个质数
```

本程序第 12 行中的 Math.sqrt(k) 方法返回 k 的平方根值。第 10 ～ 20 行定义的 do-while 外层循环用于遍历 3 ～ 100 之间的奇数；第 12、13 行定义的内层 while 循环用于判别 k 是否是质数，当找到一个 3 ～$\sqrt{k}$ 的整数 j 能除尽 k，则 k 不是质数，退出内循环，此时 j < Math.sqrt(k)。内层循环结束后，如果第 14 行的 j > Math.sqrt(k) 条件成立，说明没有一个 j 能除尽 k，则 k 是质数。外层 do-while 循环逐个测试 100 以内的奇数，循环初值 k=3，每次递增值为 2，这样可以减少循环次数，缩短运行时间，提高程序效率。

本章小结

1. Java 程序都是由语句组成的，语句可以是用分号“；”结尾的简单语句，也可以是用一对花括号“{}”括起来的复合语句。

2. Java 语言的流程控制方式是结构化程序设计中规定的三种基本流程结构：顺序结构、分支结构（选择结构）和循环结构。

3. 选择结构包括 if、if-else 和 switch 三种语句。在程序中使用选择结构，就像处在十字路口一样，根据不同的选择，程序的运行会有不同的方向与结果。

4. Java 语言提供了 for、while 和 do-while 三种循环控制语句。

习题

3.1　将学生的学习成绩按不同的分数段分为优（90 ～ 100 分）、良（80 ～ 89 分）、中（70 ～ 79 分）、及格（60 ～ 69 分）和不及格（0 ～ 59 分）五个等级，从键盘上输入一个 0 ～ 100 的整数，输出相应的等级。要求用 switch 语句实现。

3.2　设学生的学习成绩按如下分数段评定为四个等级：85 ～ 100 分为 A，70 ～ 84 分为 B，60 ～ 69 分为 C，0 ～ 59 分为 D。从键盘上输入一个 0 ～ 100 的整数，要求用 switch 语句，根据成绩评定并输出相应的等级。

3.3　随机生成若干字符，判断是元音字母还是辅音字母。

3.4　编写一个 Java 应用程序，在键盘上输入一个整数 n，利用循环计算并输出 1！+2！ +…+n! 的结果。

3.5　从键盘上输入一个整数 n，利用循环编程计算 $sum=1-\frac{1}{2!}+\frac{1}{3!}-\cdots+(-1)^{n-1}\frac{1}{n!}$。

3.6　水仙花数是指其个位、十位和百位三个数字的立方和等于这个三位数本身，求出所有的水仙花数。

3.7　从键盘输入一个整数，判断该数是否是完全数。完全数是指其所有因数（包括 1 但不包括其自身）的和等于该数自身的数。例如 28=1+2+4+7+14 就是一个完全数。

3.8　计算并输出一个整数各位数字之和。如 5423 的各位数字之和为 5+4+2+3=14。

3.9　从键盘上输入一个浮点数，然后将该浮点数的整数部分和小数部分分别输出。

3.10　编程计算组合数 $C_n^k=\frac{n!}{k!\times(n-k)!}$，其中整数 n 和 k 从键盘输入。

3.11　设有一长为 3000 米的绳子，每天减去一半，问需几天时间，绳子的长度会短于 5 米。

3.12　从键盘上输入十进制正整数 n，利用循环将其转换为八进制数。

3.13　利用循环编程输出如下数字图案：

```
1    3    6    10   15
2    5    9    14
4    8    13
7    12
11
```

Java

第4章

数组、字符串

本章主要内容

- ★ 数组的定义与数组元素的访问；
- ★ 字符串及应用。

无论是在面向过程的程序设计，还是面向对象的程序设计，数组和字符串都起着重要的作用。

4.1 数组

所谓数组就是若干相同数据类型的元素按一定顺序排列的集合，数组中的元素用数组名和下标来唯一地确定。

为了深入理解数组的概念，首先介绍一下 Java 语言有关内存分配的知识。Java 语言把内存分为栈内存和堆内存两种。

在方法中定义的一些基本类型的变量和对象的引用变量都在方法的栈内存中分配，当在一段代码块中定义一个变量时，Java 就在栈内存中为这个变量分配内存空间，当超出变量的作用域后，Java 会自动释放掉为该变量所分配的内存空间。

堆内存用来存放由 new 运算符创建的数组或对象，并由 Java 虚拟机的垃圾回收器自动管理。在堆中创建了一个数组或对象后，同时还在栈中定义一个特殊的变量，让栈中这个变量的值等于数组或对象在堆内存中的首地址，栈中的变量就成了数组或对象的引用变量。引用变量实际上保存的是数组或对象在堆内存中的首地址（也称对象的句柄），以后就可以在程序中用栈中的引用变量来访问堆中的数组或对象。引用变量相当于为数组或对象起的一个名称。引用变量是普通的变量，定义时在栈中分配，引用变量在程序运行到其作用域之外后被释放。而数组或对象本身在堆内存中分配，即使程序运行到使用 new 运算符创建数组或对象的语句所在的代码块之外，数组或对象本身所占据的内存也不会被释放，数组或对象在没有引用变量指向它时，会变为“垃圾”不能再被使用，但仍然占据内存空间，在随后一个不确定的时间被“垃圾回收器”收走（释放掉），这也是 Java 比较占内存的原因。

Java 有一个特殊的引用型常量 null，如果将一个引用变量赋值为 null，则表示该引用变量不指向（引用）任何对象。null 是引用型字面值，null 不是 Java 的关键字，而是 Java 的保留字。

有了栈内存与堆内存的知识后，对下面要介绍的数组和第 5 章将要介绍的对象会有更深的了解。

数组主要有如下三个特点：

（1）数组是相同数据类型元素的集合；

（2）数组中的各元素有先后顺序，它们在内存中按照这个先后顺序连续存放；

（3）数组元素用数组名和它自己在数组中的顺序位置（下标）来表示。例如，a[0] 表示名字为 a 的数组中的第一个元素，a[1] 代表数组 a 的第二个元素，以此类推。

4.1.1 一维数组

一维数组是最简单的数组，其逻辑结构是线性表。要使用一维数组，需要经过定义、初始化和应用等过程。

1. 一维数组的定义

要使用 Java 语言的数组，一般需经过声明数组；分配空间；创建数组元素并赋值三个步骤。前两个步骤的语法如下：

```
数据类型 [] 数组名;                          // 声明一维数组
数组名 =new 数据类型 [ 个数 ];                // 分配内存给数组
```

在数组的声明格式中，“数据类型”是声明数组元素的数据类型，可以是 Java 语言中的基本类型和引用类型。“数组名”是用来统一这些相同类型数据的名称，其命名规则和变量的命名规则相同。其中，[] 指明该变量是一个数组类型变量，Java 语言在数组的声明中并不为数组元素分配内存，因此 [] 中不用给出数组中元素的个数（数组的长度），但必须为它分配内存空间后才可使用。

声明数组后必须要用 new 运算符分配数组所需的内存，其中“个数”是告诉编译器所声明的数组要存放多少个元素，所以 new 运算符是通知编译器，根据括号里的个数在内存中分配一块空间供该数组使用。数组创建后就不能再修改它的大小。下面举例来说明数组的定义，例如：

```
int[] x;                    //声明 int 型数组 x
x=new int[10];              //x 数组中包含 10 个元素，并为这 10 元素分配内存空间
```

在声明数组时，也可以将两个语句合并成一行，格式如下：

```
数据类型 [] 数组名 = new 数据类型 [ 个数 ];
```

利用这种格式，在声明数组的同时可以分配一块内存供数组使用。如上面的例子可以写成如下形式：

```
int[] x = new int[10];
```

等号左边的 int[] x 相当于定义了一个特殊的变量 x，x 的数据类型是一个对 int 型数组对象的引用，x 是一个数组的引用变量，其引用的数组元素个数不确定。等号右边的 new int[10] 是在堆内存中创建一个具有 10 个 int 型变量的数组对象。“int[] x = new int [10];”是将右边的数组对象赋值给左边的数组引用变量。若利用两行的格式来声明数组，其意义也是相同的。例如：

```
int[] x;          //定义一个数组 x，这条语句执行完成后的内存状态如图 4.1 所示
x=new int[10];    //给数组分配内存空间，这条语句执行完后的内存状态如图 4.2 所示
```

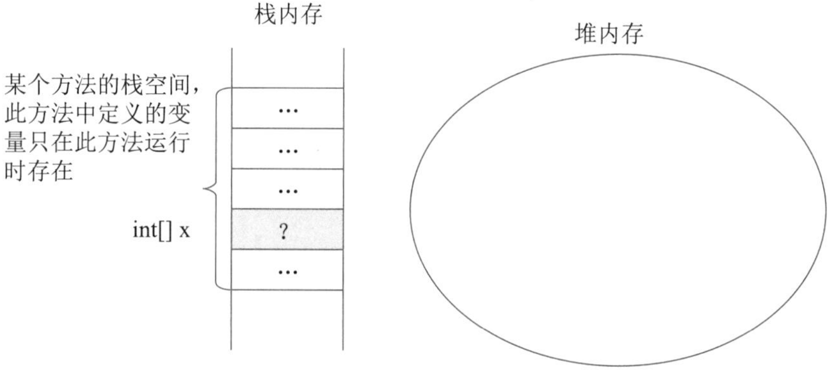

图 4.1　只声明了数组，而没有对其分配内存空间

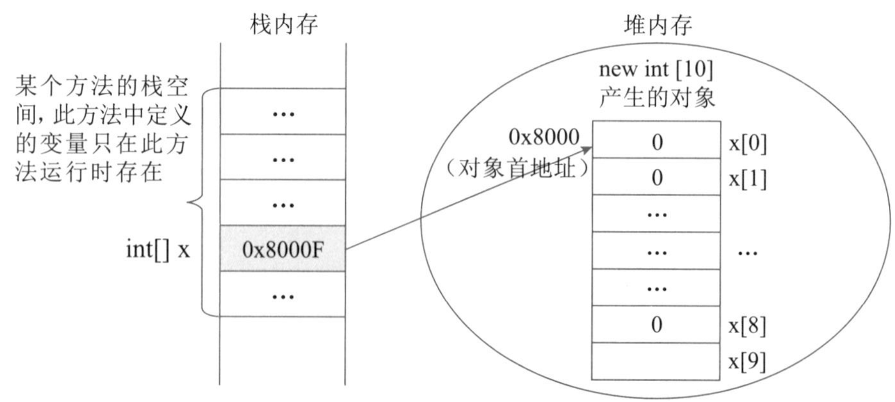

图 4.2　声明数组并分配相应的内存空间，引用变量指向数组对象

执行第2条语句“x=new int [10];”后，在堆内存里创建了一个数组对象，为这个数组对象分配了10个整数单元，并将数组对象赋给了数组引用变量x。

用户也可以改变x的值，让它指向另外一个数组对象，或者不指向任何数组对象。要想让x不指向任何数组对象，只需要将常量null赋给x即可。如“x=null;”，语句执行后的内存状态如图4.3所示。

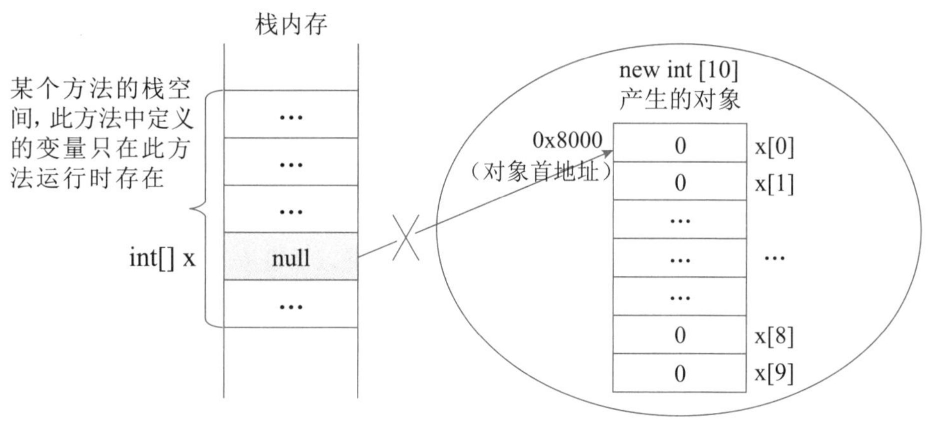

图4.3 引用变量与数组对象断开

执行“x=null;”语句后，原来通过new int[10]产生的数组对象不再被任何引用变量所引用，变成了“垃圾”，直到“垃圾回收器”来将它释放掉。

说明： 数组用new运算符分配内存空间的同时，数组的每个元素都会自动赋一个默认值：整数为0，实数为0.0，字符为“\u0000”（空字符），boolean型为false，引用型为null。这是因为数组是一种引用型的变量，数组中的每个元素是引用型变量的成员变量。

Java语言提供的java.util.Arrays类用于支持对数组的操作，如表4.1所示。

表4.1 数组类java.util.Arrays的常用方法

常用方法	功能说明
public static void sort(X[] a)	X是任意数据类型。对数组a升序排序后仍存放在a中
public static void sort(X[] a,int fromIndex,int toIndex)	对任意类型的数组a中从fromIndex到toIndex-1的元素进行升序排序，其结果仍存放在数组a中
public static X[] copyOf(X[] original, int newLength)	截取任意类型数组original中长度为newLength的数组元素复制给调用数组

2.6节中介绍过局部变量类型推断功能，所以也可以使用var作为数组的类型声明数组。使用变量类型推断，必须以var作为类型名声明数组且同时要用new操作符为其分配内存空间，如语句：

```
var myArray=new int[10]; //定义数组myArray的同时必须为其分配相应类型的内存
```

该语句中数组 myArray 的类型被推断为 int 型。但需说明一点，在利用 var 声明数组时不能在 var 声明的左侧使用方括号，下面的声明语句是错误的。

```
var[] myArray=new int[10];
```

2. 一维数组元素的访问

要想使用数组里的元素，可以利用数组名和下标来实现。数组元素的引用方式为：

```
数组名 [ 下标 ]
```

其中，“下标”可以是整型数或整型表达式，如 a[3+i](i 为整数)。Java 语言数组的下标从 0 开始。数组元素也称为下标变量。例如：

```
int[] x = new int[10];
```

其中，x[0] 代表数组中第 1 个元素，x[1] 代表第 2 个元素，x[9] 为第 10 个元素，即最后一个元素。另外，Java 语言对数组元素要进行越界检查以保证安全性。同时，对于每个数组都有一个属性 length 指明它的长度，如 x.length 指出数组 x 所包含的元素个数。

【例 4.1】声明一个一维数组，其长度为 5，利用循环对数组元素进行赋值，然后再利用另一个循环逆序输出数组元素的内容。程序代码如下：

```
1  //FileName: App4_1.java        一维数组
2  public class App4_1{
3    public static void main(String[] args){
4      int i;
5      int[] a;                   // 声明一个数组 a
6      a=new int[5];              // 分配内存空间供整型数组 a 使用，其元素个数为 5
7      for(i=0;i < 5;i++)               // 对数组元素进行赋值
8        a[i]=i;
9      for(i=a.length-1;i > =0;i--)    // 逆序输出数组的内容
10       System.out.print("a["+i+"]="+a[i]+ ",\t");
11     System.out.println("\n 数组 a 的长度是: "+a.length);// 输出数组的长度
12   }
13 }
```

程序运行结果：

```
a[4]=4,  a[3]=3,  a[2]=2,  a[1]=1,  a[0]=0
数组 a 的长度是: 5
```

例 4.1 程序的第 5 行声明了一个整型数组 a，第 6 行为其分配包含 5 个元素的空间；第 7、8 行是利用 for 循环为数组元素赋值；第 9、10 行是利用 for 循环将数组 a 的各元素反序输出；第 11 行是利用数组的长度属性 length 输出元素个数。

3. 一维数组的初始化及应用

对数组元素的赋值，既可以使用单独方式进行（如例 4.1），也可以在定义数组的同时就为数组元素分配空间并赋值，这种赋值方法称为数组的初始化。其格式如下：

数据类型 [] 数组名 ={ 初值 0，初值 1，…，初值 n-1}；

数组初始化语句中不能使用 new 操作符，且必须将声明、创建和初始化数据都放在一条语句中。在花括号内的初值会依次赋值给数组的第 1，2，…，*n* 个元素。此外，在声明数组的时候，并不需要将数组元素的个数给出，编译器会根据所给的初值个数来设置数组的长度。如“int[] a={1,2,3,4,5};”在该语句中，声明了一个整型数组 a，虽然没有特别指明数组的长度，但是由于花括号里的初值有 5 个，编译器会依次将各元素存放，a[0] 为 1，a[1] 为 2，…，a[4] 为 5。

注意： 在 Java 程序中声明数组时，无论用何种方式定义数组，都不能指定其长度。如以“int[5] a;”方式声明数组将是非法的，该语句在编译时将出错。

说明： 虽然可以用 var 声明数组类型，但不能将 var 用于数组初始化，语句“var a={1,2,3,4,5};”是错误的。

【例 4.2】设数组中有 *n* 个互不相同的数，不用排序求出其中的最大值和次最大值。

```
//FileName: App4_2.java          比较数组元素值的大小
public class App4_2{
  public static void main(String[] args){
    int i,max,sec;
    int[] a={8,50,20,7,81,55,76,93};          // 声明数组 a，并赋初值
    if(a[0] > a[1]){
      max=a[0];                               //max 存放最大值
      sec=a[1];                               //sec 存放次最大值
    }
    else{
      max=a[1];
      sec=a[0];
    }
    System.out.print("数组的各元素为："+a[0]+"  "+a[1]);
    for(i=2;i < a.length;i++){
      System.out.print("  " + a[i]);          // 输出数组 a 中的各元素
      if(a[i] > max){                         // 判断最大值
         sec=max;                             // 原最大值降为次最大值
         max=a[i];                            //a[i] 为新的最大值
      }
      else if(a[i] > sec)   // 即 a[i] 不是新的最大值，但若 a[i] 大于次最大值
        sec=a[i];                             //a[i] 为新的次最大值
    }
    System.out.print("\n 其中的最大值是："+max);   // 输出最大值
    System.out.println("       次最大值是："+sec); // 输出次最大值
  }
}
```

程序运行结果：

```
数组的各元素为：8   50   20   7   81   55   76   93
其中的最大值是：93          次最大值是：81
```

例 4.2 程序的第 5 行定义并初始化了数组 a，第 6 ～ 13 行利用 if-else 语句将数组前两个元素中大值保存在变量 max 中，将小值存放在变量 sec 中；第 15 ～ 23 行利用 for 循环与 if 语句的结合，从数组的第三个元素开始到最后，对数组中的元素进行输出并检测，若检测到新的最大值，则将其保存到变量 max 中，次最大值保存到变量 sec 中；第 24、25 行将数组中的最大值和次最大值输出。

【例 4.3】设有 *N* 个人围坐一圈并按顺时针方向从 1 到 *N* 编号，从第 *S* 个人开始进行 1 到 *M* 报数，报数到 *M* 的人出圈，再从他的下一个人重新开始从 1 到 *M* 报数，如此进行下去，每次报数到 *M* 的人就出圈，直到所有人都出圈为止。给出这 *N* 个人的出圈顺序。

```
1  //FileName：App4_3.java                          "约瑟夫环"问题
2  public class App4_3{
3    public static void main(String[] args){
4      final int N=13,S=3,M=5;            //设有 13 个人，从第 3 个人开始从 1 到 5 报数
5      int i=S-1,j,k=N,g=1;
6      var a=new int[N];                  //数组 a 被推断为 int 型
7      for(int h=1;h<=N;h++)
8        a[h-1]=h;                        //将第 h 人的编号存入下标为 h-1 的数组元素中
9      System.out.println("\n 出圈的顺序为：");
10     do{
11       i=i+(M-1);                       //计算出圈人的下标 i
12       while(i>=k)                      //当数组下标 i 大于或等于圈中的人数 k 时
13         i=i-k;                         //将数组的下标 i 减去圈中的人数 k
14       System.out.print("    "+a[i]);       //输出出圈人的编号
15       for(j=i;j<k-1;j++)
16         a[j]=a[j+1];                   //a[i] 出圈后，将后续人的编号前移
17       k--;                             //圈中的人数 k 减 1
18       g++;                             //g 为循环控制变量
19     }while(g<=N);                      //共有 N 人所以循环 N 次
20   }
21 }
```

程序运行结果：

```
出圈顺序为：
7  12  4  10  3  11  6  2  1  5  9  13  8
```

例 4.3 是著名的“约瑟夫环”问题。在第 7、8 行将每人的编号 h 存入数组元素 a[h–1] 中。因为要求从第 3 个人开始进行从 1 到 5 报数，而代表第 3 个人的是 a[2]，所以在第 5 行将控制数组下标的变量 i 赋值为 S–1 即 i=2，表示从 i=2 的下标开始报数。第 10 ～ 19 行的 do-while 循环共执行 N 次，其中的第 11 行用于计算出圈人的下标，因为 i=i+(M–1)

就是下一个要出圈人的下标。由于变量k表示此时圈中剩余的人数，当i>=k时，即i已经超出剩下的人数，因此第13行要重新计算数组的下标。第14行输出出圈人的编号。第15、16行的循环是当下标为i的人出圈后，把后续人的编号前移。由于有一人出圈，圈中的人数少1，因此第17行将用于表示圈中剩余人数的变量k减1。第18行的变量g是用于控制do-while循环次数的变量，所以每次加1，每次循环找出一个出圈的人，因此循环共执行N次。

4.1.2 foreach循环

foreach循环是一种新的for循环，它不用下标就可遍历整个数组。foreach循环只需提供元素类型、循环变量的名字和用于从中检索元素的数组。foreach循环的语法如下：

```
for(type element : array){
  System.out.println(element);
     ⋮
}
```

其功能是：每次从数组array中取出一个元素，自动赋给变量element，用户不用判断是否超出了数组的长度。需要注意的是，变量element的类型必须与数组array中元素的类型相同。例如：

```
int[] a={1,2,3,4,5};
for(int e : a)
  System.out.println(e);                  //输出数组a中的各元素
```

4.1.3 多维数组

在Java语言中并没有真正的多维数组，多维数组是数组元素也是数组的数组。

1. 二维数组

二维数组的声明与内存的分配同样用new运算符。其声明与分配内存的格式如下：

```
数据类型[][] 数组名;
数组名=new 数据类型[行数][列数];
```

二维数组在分配内存时，要告诉编译器二维数组行与列的个数。因此在上面格式中，“行数”是告诉编译器所声明的数组有多少行，“列数”则是声明每行中有多少列。如：

```
int[][] a;                       //声明二维整型数组a
a=new int[3][4];          //分配一块内存空间，供3行4列的整型数组a使用
```

也可以用较为简洁的方式来声明数组，其格式如下：

```
数据类型[][] 数组名=new 数据类型[行数][列数];
```

以该种方式声明的数组，在声明的同时就分配一块内存空间供该数组使用。如：

```
int[][] a=new int[3][4];        //声明并创建一个3*4的二维数组
```

Java语言的二维数组不一定是规则的矩形，如图4.4所示。

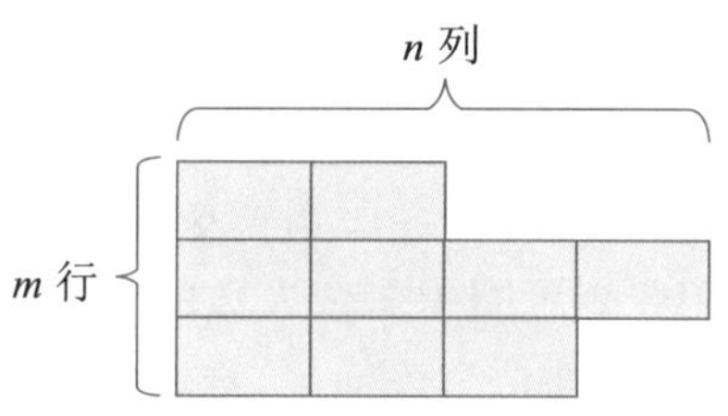

图 4.4　Java 语言的二维数组不一定是规则的矩形

对于不规则矩形二维数组，在定义时只需给出高层维数即可。如：

```
int[][] x=new int[n][];
```

表示定义了一个数组引用变量 x，第一个元素为 x[0]，第 n 个元素变量为 x[n−1]。x 中从 x[0] 到 x[n−1] 的每个元素变量正好又是一个整数类型的数组引用变量。需要注意的是，这里只要求每个元素都是一个数组引用变量，并没有要求它们所引用数组的长度是多少，也就是每个引用数组的长度可以不一样。如：

```
int[][] x=new int[3][];
```

该语句表示数组 x 有三个元素，每个元素都是 int[] 类型的一维数组。该语句相当于定义了三个数组引用变量，分别是 int[] x[0]，int[] x[1] 和 int[] x[2]，完全可以把 x[0]、x[1] 和 x[2] 当成普通变量名来理解。由于 x[0]、x[1] 和 x[2] 都是数组引用变量，因此必须对它们赋值，指向真正的数组对象，才可以引用这些数组中的元素。如：

```
x[0]=new int[3];
x[1]=new int[2];
```

由此可以看出，x[0] 和 x[1] 的长度可以是不一样的，数组对象中也可以只有一个元素。程序运行到这之后的内存分配情况如图 4.5 所示。

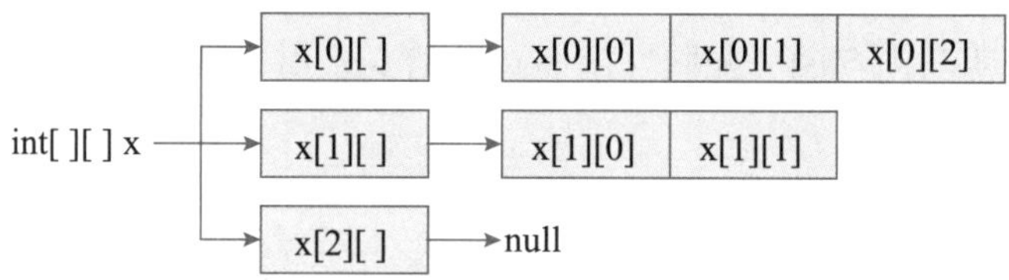

图 4.5　Java 中的二维数组可以看成多个一维数组

x[0] 中的第二个元素用 x[0][1] 来表示，如果要将整数 100 赋给 x[0] 中的第二个元素，写法如下：

```
x[0][1]=100;
```

如果数组对象正好是一个 $m \times n$ 形式的规则矩阵，可不必像上面代码一样，先创建高维数组对象，再逐一创建低维数组对象。完全可以用一条语句在创建高维数组对象的同时创建所有的低维数组对象。如：

```
int[][] x = new int[2][3];
```

该语句表示创建了一个 2×3 形式的二维数组，其内存分配如图 4.6 所示。

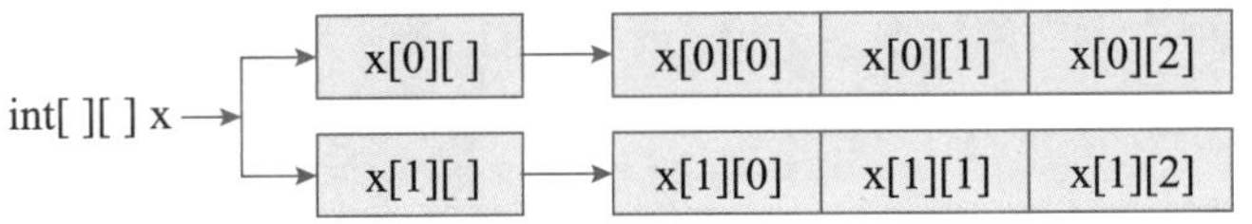

图 4.6 规则的二维数组内存分配

在二维数组中，若要取得二维数组的行数，只要在数组名后加上“.length”属性即可；若要取得数组中某行元素的个数，则须在数组名后加上该行的下标，再加上“.length”。如：

```
x.length;                          // 计算数组 x 的行数
x[0].length;                       // 计算数组 x 的第 1 行元素的个数
x[2].length;                       // 计算数组 x 的第 3 行元素的个数
```

注意： 与一维数组相同，用 new 运算符来为数组申请内存空间时，很容易在数组各维数的指定中出现错误，二维数组要求必须指定高层维数。

下面是正确的申请方式：

```
int[][] myArray=new int[10][];     // 只指定数组的高层维数
int[][] myArray=new int[10][3];    // 指定数组的高层维数和低层维数
```

下面是错误的申请方式：

```
int[][] myArray=new int[][5];      // 只指定数组的低层维数
int[][] myArray=new int[][];       // 没有指定数组的任何维数
```

如果想直接在声明二维数组时就给数组赋初值，可以利用花括号实现，只要在数组的声明格式后面再加上初值的赋值即可。其格式如下：

```
数据类型 [][] 数组名 = {{ 第 1 行初值 },
                      { 第 2 行初值 },
                           ⋮
                      { 第 n 行初值 } };
```

同样需要注意的是，用户并不需要定义数组的长度，因此在数据类型后面的方括号里并不必填写任何内容。此外，在花括号内还有几组花括号，每组花括号内的初值会依次赋值给数组的第 1 ～ n 行元素。如：

```
int[][] a={{11,22,33,44},          // 二维数组的初始赋值
           {66,77,88,99}};
```

该语句中声明了一个整型数组 a，该数组有 2 行 4 列共 8 个元素，花括号里的两组初值会分别依次指定给各行中的元素存放，a[0][0] 为 11，a[0][1] 为 22，…，a[1][3] 为 99。

注意： 与一维数组一样，在声明多维数组并初始化时不能指定其长度，否则会出错。如“int[2][3] b={{1,2,3},{4,5,6}};”该语句在编译时将出错。

【例 4.4】计算并输出杨辉三角形。

```
1  //FileName: App4_4.java          二维数组应用的例子：显示杨辉三角形
2  public class App4_4{
3    public static void main(String[] args){
4      int i,j;
5      int level=7;
6      int[][] yh=new int[level][]; // 声明 7 行二维数组，存放杨辉三角形的每个数
7      System.out.println(" 杨辉三角形 ");
8      for(i=0;i < yh.length;i++)
9        yh[i]=new int[i+1];          // 定义二维数组的第 i 行有 i+1 列
10     yh[0][0]=1;
11     for(i=1;i < yh.length;i++){    // 计算杨辉三角形
12       yh[i][0]=1;
13       for(j=1;j < yh[i].length-1;j++)
14         yh[i][j]=yh[i-1][j-1]+yh[i-1][j];
15       yh[i][yh[i].length-1]=1;
16     }
17     for(int[] row : yh){           // 利用 foreach 语句显示出杨辉三角形
18       for(int col : row)
19         System.out.print(col+ "  ");
20       System.out.println();
21     }
22   }
23 }
```

程序运行结果：

```
杨辉三角形
1
1  1
1  2  1
1  3  3  1
1  4  6  4  1
1  5  10  10  5  1
1  6  15  20  15  6  1
```

例 4.4 程序的第 6 行声明了一个 7 行的二维数组 yh，每行的列数由第 8、9 行的 for 循环来定义；第 11 ～ 16 行的 for 循环用于计算杨辉三角形并存入数组 yh 的相应元素中，其中的第 12、15 行分别是将第 *i* 行的第一个元素和最后一个元素置 1；第 13 行定义的内层 for 循环用于计算第 *i* 行的其他元素，其计算方法是第 14 行的循环体；第 17 ～ 21 行利用 foreach 循环将杨辉三角形输出。

2. 三维及以上多维数组

通过对二维数组的介绍不难发现，要想提高数组的维数，只要在声明数组时将下标与方括号再加一组即可。例如，声明三维整型数组为“int[][][] a;”；声明四维整型数组为

“int[][][][] a;”；以此类推。

【例 4.5】声明三维数组并赋初值，然后输出该数组的各元素，并计算各元素之和。

三维数组应用

```
//FileName: App4_5.java
public class App4_5{
  public static void main(String[] args){
    int i,j,k,sum=0;
    int[][][] a={{{1,2},{3,4}},{{5,6},{7,8}}}; //声明三维数组并赋初值
    for(i=0;i < a.length;i++)
      for(j=0;j < a[i].length;j++)
        for(k=0;k < a[i][j].length;k++){
          System.out.println("a["+i+"]["+j+"]["+k+"]="+ a[i][j][k]);
          sum+=a[i][j][k];                    //计算各元素之和
        }
    System.out.println("sum="+sum);
  }
}
```

程序运行结果：

```
a[0][0][0]=1
a[0][0][1]=2
a[0][1][0]=3
a[0][1][1]=4
a[1][0][0]=5
a[1][0][1]=6
a[1][1][0]=7
a[1][1][1]=8
sum=36
```

该程序利用三层循环来输出三维数组的各元素并计算各元素之和。

4.2 字符串

在 Java 语言中，字符串是用一对双引号 ("") 括起来的字符序列，如 " 你好 ""Hello" 等。在 Java 语言中无论是字符串常量还是字符串变量，都是用类来实现的。程序中用到的字符串可以分为两大类：一类是创建之后不会再修改和变动的字符串变量；另一类是创建之后允许再修改的字符串变量。对于前者，因为程序中经常需要对它进行比较、搜索等操作，所以通常把它放在一个具有一定名称的对象之中，由程序完成对该对象的上述操作，在 Java 程序中存放这种字符串的变量是 String 类对象；对于后者，由于程序中经常需要对它进行添加、插入、修改等操作，Java 提供了 StringBuffer 类和 StringBuilder 类用来保存创建之后可以进行修改的字符串对象。本书只介绍 String 类。

首先再强调一下字符串常量与字符常量的不同：字符常量是用单引号 (') 括起来的单

个字符，而字符串常量是用双引号 (") 括起来的字符序列。

声明 String 型字符串变量的格式与其他变量一样，分为对象的声明与对象创建两步，这两步可以分成两个独立的语句，也可以在一个语句中完成。

格式一：

```
String 变量名;
变量名 =new String(" 字符串 ");
```

如：

```
String s;                    // 声明字符串型引用变量 s，此时 s 的值为 null
s=new String("Hello");       // 在堆内存中分配空间，并将 s 指向该字符串的首地址
```

第一条语句只声明了字符串引用变量 s，此时 s 的值为 null；第二条语句则在堆内存中分配了内存空间，并将 s 指向了字符串的首地址。

上述的两条语句也可以合并成一条语句。

格式二：

```
String 变量名 =new String(" 字符串 ");
```

如：

```
String s=new String("Hello");
```

还有一种非常特殊而常用的创建 String 对象的方法，这种方法就是直接利用双引号括起来的字符串为 String 对象赋值，即在声明字符串变量时直接初始化。

格式三：

```
String 变量名 =" 字符串 ";
```

如：

```
String s="Hello";
```

因为字符串是引用型变量，所以其存储方式与数组的存储方式基本相同。

程序中可以用赋值运算符为字符串变量赋值，除此之外，Java 语言定义“+”运算符可用于两个字符串的连接操作（关于字符串运算符在 2.8.7 节中已介绍过）。例如：

```
str="Hello"+"Java";          //str 的值为 "HelloJava"
```

如果字符串与其他类型的变量进行“+”运算，系统自动将其他类型的数据转换为字符串型。例如：

```
int i=10;
String s="i="+i;        //s 的值为 "i=10"
```

前面说过，利用 String 类创建的字符串变量，一旦被初始化或赋值，它的值和所分配的内存内容就不可再改变。如果要强行改变它的值，会产生一个新的字符串。例如：

```
String str="Java";
str=str+"Good";
```

这看起来像是一个简单的字符串重新赋值，实际上在程序的解释过程中却不是这样的。程序首先产生 str 的一个字符串对象并在内存中申请了一段空间，由于发现又需要重新赋值，而原来的空间已经不可能再追加新的内容，系统不得不将这个对象放弃，再重新生成第二个新的对象 str 并重新申请一个新的内存空间。虽然 str 指向的内存地址（句柄）是同一个，但对象已经不再是同一个了。

Java 语言的 String 类是 java.lang 类库中的一个类，该定义了许多方法，表 4.2 列出了 String 类的常用方法。可以通过下述格式调用 Java 语言定义的方法：

```
字符串变量名 . 方法名 ();
```

注：本书在第一次给出类名的同时，在类名前面给出其所在的类库，以方便读者查询，以后出现该类名时就不再给出，但在所有表头中都给出类的全名。

表 4.2　java.lang.String 类的常用方法

常用方法	功能说明
public int length()	返回字符串的长度
public boolean equals(Object anObject)	将给定字符串与当前字符串相比较，若两字符串相等，则返回 true，否则返回 false
public String substring(int beginIndex,int endIndex)	返回从 beginIndex 开始到 endIndex–1 的子串
public char charAt(int index)	返回 index 指定位置的字符
public int indexOf(String str)	返回字符串 str 在字符串中第一次出现的位置
public int compareTo(String anotherString)	若调用该方法的字符串大于参数字符串，返回大于 0 的值；若相等则返回数 0；若小于参数字符串，则返回小于 0 的值
public String replace(char oldChar,char newChar)	将调用该方法的字符串中的每一个 oldChar 字符都替换为 newChar 字符
public String trim()	去掉字符串的首尾空格
public String toLowerCase()	将字符串中的所有字符都转换为小写字符
public String toUpperCase()	将字符串中的所有字符都转换为大写字符

在 2.8.2 节中强调过不能用关系运算符＞、＞=、＜或＜= 比较两个字符串，对于两个字符串的比较需用 s1.compareTo(s2) 方法。该方法返回的实际值是依据 s1 和 s2 从左到右第一个不同字符之间的距离得出的。例如，s1="abc"，s2="abf"，则 s1.compareTo(s2) 返回 –3。首先比较的是 s1 和 s2 中第一个位置的两个字符，因为它们都是 a，所以相等，再比较第二个位置的两个字符，因为它们同为 b，也相等，所以继续比较第三个位置的两个字符，这时一个是 c 另一个是 f，因为 c 比 f 小 3，所以返回值为 –3。

【例 4.6】判断回文字符串。

回文是一种“从前往后读”和“从后往前读”都相同的字符串，例如，rotor 就是一个回文字符串。在本例中使用了两种算法来判断回文字符串。程序中比较两个字符时，使用关系运算符 ==，而比较两个字符串时，则需使用 equals() 方法。程序代码如下：

```
1  //FileName: App4_6.java            字符串应用：判断回文字符串
2  public class App4_6{
3    public static void main(String[] args){
4      var str="rotor";                 //由初值的类型可推断出 str 为 String 类型
5      int i=0,n;
6      boolean yn=true;
7      if(args.length > 0)              //判断命令行中是否带有参数
8        str=args[0];                   //将命令行中的第 1 个参数赋给变量 str
9      System.out.println("str="+str);
10     n=str.length();                  //将变量 str 的长度赋值给变量 n
11     char sChar,eChar;
12     while(yn &&(i < n/2)){           //算法 1
13       sChar=str.charAt(i);           //返回字符串 str 正数第 i+1 个位置的字符
14       eChar=str.charAt(n-(i+1));     //返回字符串 str 倒数第 i+1 个位置的字符
15       System.out.println("sChar="+sChar+"  eChar="+eChar);
16       if(sChar==eChar)               //判断两个字符是否相同使用运算符 ==
17         i++;
18       else
19         yn=false;
20     }
21     System.out.println("算法 1: "+yn);
22     String temp="",sub1="";          //算法 2
23     for(i=0;i < n;i++){
24       sub1=str.substring(i,i+1);     //将 str 的第 i+1 个字符截取下来赋给 sub1
25       temp=sub1+temp;                //将截下来的字符放在字符串 temp 的首位置
26     }
27     System.out.println("temp="+temp);
28     System.out.println("算法 2: "+str.equals(temp));
                                       //判断 str 与 temp 是否相等
29   }
30 }
```

该程序运行时可以带命令行参数。若在命令行方式下输入“java App4_6 hello”，则程序运行结果如下：

```
sChar=h    eChar=o
算法 1: false
temp=olleh
算法 2: false
```

第 12 ～ 21 行是算法 1，分别从前向后和从后向前依次获得字符串 str 的一个字符并分别赋给字符型变量 sChar 和 eChar，然后比较 sChar 和 eChar，如果不相等，则 str 肯定不是回文字符串；第 22 ～ 28 行是算法 2，将字符串 str 反序存入字符串变量 temp 中，然后在第 28 行调用 equals() 比较两个字符串，如果相等则是回文字符串。

本章小结

1. 要使用 Java 语言的数组，必须经过声明数组和分配内存给数组两个步骤。

2. 在 Java 语言中要取得数组元素的个数，可以利用数组的 .length 属性来完成。

3. 在二维数组中，若要获得整个数组的行数或者某行元素的个数，可以利用 .length 属性来实现。

4. 字符串常量与字符常量不同，字符常量是用单引号 (') 括起来的单个字符，而字符串常量是用双引号 (") 括起来的字符序列。

习题

4.1 从键盘输入 n 个数，输出这些数中大于其平均值的数。

4.2 从键盘输入 n 个数，求这 n 个数中的最大数与最小数并输出。

4.3 求一个 3 阶方阵的对角线上各元素之和。

4.4 找出 4×5 矩阵中的最小值和最大值，并分别输出其值及所在的行号和列号。

4.5 产生 8 个随机整数，范围是 0 ～ 100，并利用冒泡排序法将其升序排序后输出（冒泡排序法：每次进行相邻两数的比较，若次序不对，则交换两数的次序）。

4.6 有 15 个红球和 15 个绿球围成一圈，从第 1 个球开始数，当数到第 13 个球时就拿出此球，然后再从下一个球开始数，当再数到第 13 个球时又取出此球，如此循环进行，直到仅剩 15 个球为止，怎样排才能使每次取出的球都是红球？

4.7 编写 Java 应用程序，比较命令行中给出的两个字符串是否相等，并输出比较的结果。

4.8 编程实现从键盘输入一个字符串和子串的开始位置与长度，截取该字符串的子串并输出。

4.9 编程实现从键盘输入一个字符串和一个字符，从该字符串中删除输入的字符。

4.10 编程统计用户从键盘输入的字符串中所包含的字母、数字和其他字符的个数。

4.11 编程实现将用户从键盘输入的每行数据都显示输出，直到输入 exit 字符串，程序运行结束。

Java

第5章

类与对象

本章主要内容

- ★ 类的定义及成员的修饰符；
- ★ 对象的创建、成员变量的访问与方法的调用；
- ★ 参数的传递；
- ★ 匿名对象。

在面向对象的程序设计中，类 (class) 和对象 (object) 是面向对象程序设计方法中最核心的概念。

5.1 类的基本概念

类是对某一类事物的描述，是抽象的、概念上的定义；对象是实际存在的属该类事物的具体个体，因而也称为实例 (instance)。下面用一个现实生活中的例子来说明类与对象的概念。图 5.1 所示的是“汽车类”与“汽车对象”的例子。

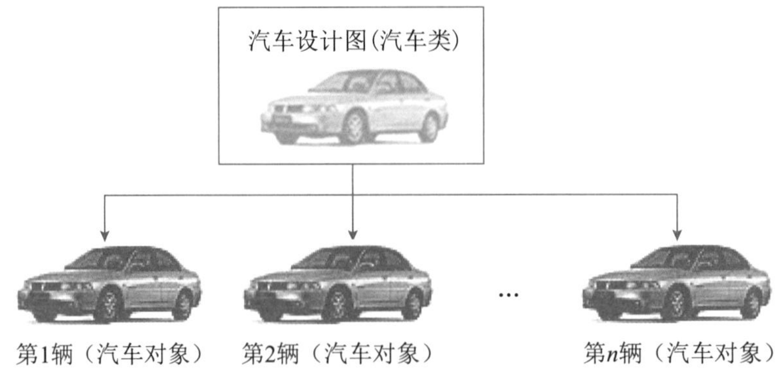

图 5.1 “汽车类”与“汽车对象”

其中，汽车设计图就是“汽车类”，由这个图纸设计出来的若干汽车就是按照该类生产出的“汽车对象”。类是对象的模板、图纸，而对象则是类的一个实例，是实实在在的个体，一个类可以对应多个对象。如果将对象比作汽车，那么类就是汽车的设计图纸。所以面向对象程序设计思想的重点是类的设计，而不是对象的设计。

一般来说，类是由数据成员与函数成员封装而成的，其中数据成员表示类的属性，函数成员（即程序代码）表示类的行为，即类描述了对象的属性和对象的行为。下面用Java语言的类来描述圆柱体，每一个圆柱体Cylinder，无论大小，都有底面半径和高这两个属性，半径radius与高height就是圆柱体类Cylinder的数据成员（data member）。当然，圆柱体类还可能有其他的属性，如重量、颜色等。除了底半径和高这两个数据之外，还可以把计算底面积与体积这两个函数纳入圆柱体类中，变成类的函数成员（function member）。Java语言称这种封装于类内的函数为方法（method），在面向对象程序设计（Object Oriented Programming，OOP）里，这些方法是封装在类中的。

由上面的讨论可以看出，“类”就是把事物的数据与相关功能封装（encapsulate）在一起，形成一种特殊的数据结构，用以表达真实事物的一种抽象。encapsulate原意是“将……装入胶囊内”，现在胶囊就是类，而成员变量与成员方法就是被装入的东西。图5.2所示为圆柱体类示意图。

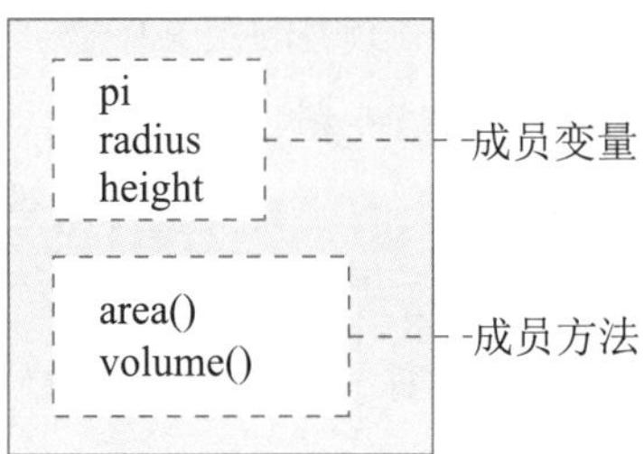

图5.2　圆柱体类示意图

由图5.2可知，圆柱体类的成员变量有pi、radius与height，而成员方法则有计算底面积的area()与计算体积的volume()。

5.2　定义类

定义类指定义类的属性与方法。用户定义一个类，实际上就是定义一个新的数据类型。在使用类之前，必须先定义它，然后才可以利用所定义的类来声明相应的变量，并创建对象，这与声明一个基本类型的变量（如int x）实质上是一个概念，只是基本数据类型是系统定义好的，无需用户来定义。

1. 类的一般结构

定义类又称为声明类，语法格式如下：

```
[类修饰符] class 类名{
  [修饰符] 数据类型 成员变量名称;  } 声明成员变量
     ⋮
  [修饰符] 返回值的数据类型 方法名(参数1,参数2,…,参数n){
     语句序列;
     return [表达式];
  }                                              声明成员方法
    ⋮
}
```

其中，方括号 [] 中的修饰符是可选项，它是一组限定类、成员变量和成员方法是否可以被程序里的其他部分访问和调用的控制符；类修饰符分为公共访问控制符、抽象类说明符、最终类说明符和默认访问控制符四种。类修饰符的含义如表 5.1 所示。从类的定义可以看出，其实类就是定义了一种新数据类型。

表 5.1　类修饰符的含义

修 饰 符	含　义
public	将一个类声明为公共类，它可以被任何对象访问
abstract	将一个类声明为抽象类，没有实现方法，需要子类提供实现方法，所以不能创建该类的实例
final	将一个类声明为最终类，表示它不能被其他类所继承
无	当没有修饰符时，表示只有在相同包中的对象才能访问这样的类

一个类可以有多个修饰符，且无先后顺序之分，但 abstract 和 final 相互对立，不能同时应用在一个类的定义中。

2. 成员变量

一个类的成员变量可以是基本类型变量，也可以是对象、数组或其他引用型变量。成员变量的格式如下：

```
[ 修饰符 ] 变量类型 变量名 [= 初值 ];
```

成员变量的修饰符有访问控制符、静态修饰符、最终修饰符、过渡修饰符和易失修饰符等，其含义如表 5.2 所示。

表 5.2　成员变量修饰符的含义

修 饰 符	含　义
public	公共访问控制符。指定该变量为公有的，可以被任何对象的方法访问
private	私有访问控制符。指定该变量只允许自己类的方法访问，其他任何类（包括子类）中的方法均不能访问此变量
protected	保护访问控制符。指定该变量只可以被自己的类及其子类或同一包中的其他类访问，在子类中可以覆盖此变量
无	当没有访问控制符时，表示在同一个包中的类可以访问此成员变量，而其他包中的任何类都不能访问该成员变量
final	最终修饰符。指定此变量的值不能改变，即为常量
static	静态修饰符。指定该变量被所有对象共享，即所有的实例都可以使用该变量
transient	过渡修饰符。指定该变量是一个系统保留，暂无特别作用的临时性变量
volatile	易失修饰符。指定该变量可以同时被几个线程控制和修改

所谓访问控制就是指通过封装可以控制程序的哪些部分能够访问到类的成员，访问控制的权限是通过访问控制修饰符体现的。除了访问控制修饰符有多个之外，其他的修饰符

都只有一个。一个成员变量可以被两个以上的修饰符同时修饰，但有些修饰符是不能同时定义在一起的。

说明： 在定义类的成员变量时，可以同时赋初值，表明成员变量的初始状态，但对成员变量的操作只能放在方法中。

3. 成员方法

类的方法是用来定义对类的成员变量进行操作的，是实现类内部功能的机制，同时也是类与外界进行交互的重要窗口。声明方法的语法格式如下：

```
[修饰符] 返回值的数据类型 方法名(参数1, 参数2,…, 参数n){
    语句序列;           } 方法体
    return [表达式];    }
}
```

方法中的参数称为形式参数，简称形参，当调用方法时用于接收数据；而传递给方法的值称为实际参数，简称实参，形参用于接收实参。

说明： 如果不需要传递参数到方法中，只需将方法名后的圆括号写出即可，不必填写任何内容。另外，若方法没有返回值，则返回值的数据类型应为 void，且 return 语句可以省略。

在声明方法的语法格式中方法名和参数列表一起称为方法签名（method signature）；而方法修饰符、返回值类型、方法名和方法的参数列表一起称为方法头（method header）。

在方法的定义中修饰符是可选项。方法的修饰符较多，包括访问控制符、静态修饰符、抽象修饰符、最终修饰符、同步修饰符和本地修饰符等，其含义如表5.3所示。

表5.3 成员方法修饰符的含义

修饰符	含义
public	公共访问控制符。指定该方法为公有的，它可以被任何对象的方法访问
private	私有访问控制符。指定该方法只允许自己类的方法访问，其他任何类（包括子类）中的方法均不能访问此方法
protected	保护访问控制符。指定该方法只可以被它的类及其子类或同一包中的其他类访问
无	没有访问控制符时，则表示在同一个包中的类可以访问此成员方法，而其他包中的任何类都不能访问该成员方法
final	最终修饰符。指定该方法不能被覆盖
static	静态修饰符。指定不需要实例化一个对象就可以调用的方法
abstract	抽象修饰符。指定该方法只声明方法头，没有方法体，抽象方法需在子类中被实现
synchronized	同步修饰符。在多线程程序中，该修饰符用于对同步资源加锁，以防止其他线程访问，运行结束后解锁
native	本地修饰符。指定此方法的方法体是用其他语言（如C）在程序外部编写的

成员方法与成员变量同样有多个控制修饰符，当用两个以上的修饰符来修饰同一个方

法时，需要注意，有的修饰符之间是互斥的，所以不能同时使用。

下面定义前面叙述过的圆柱体类：

```
class Cylinder{                 //定义圆柱体类 Cylinder
  double radius;         //声明 double 型成员变量 radius
  int height;                   //声明 int 型成员变量 height
  double pi=3.14;               //声明 double 型数据成员 pi 并赋初值
  void area(){                  //定义没有返回值的成员方法 area()，用来计算底面积
    System.out.println("圆柱体底面积 ="+ pi*radius* radius);
  }
  void volume(){         //定义没有返回值的成员方法 volume()，用来计算体积
    System.out.println("圆柱体体积 ="+((pi*radius* radius)*height));
  }
}
```

4. 成员变量与局部变量的区别

由类和方法的定义可知，在类和方法中均可定义属于自己的变量。类中定义的变量是成员变量；方法中定义的变量是局部变量，它们的区别主要有如下四点。

（1）从语法形式上看，成员变量是属于类的，而局部变量是在方法中定义的变量或是方法的参数；成员变量可以被 public、private、static 等修饰符所修饰，而局部变量则不能被访问控制修饰符和 static 修饰；成员变量和局部变量都可以被 final 修饰。

（2）从变量在内存中的存储方式上看，成员变量是对象的一部分，对象是存在于堆内存的；局部变量是存在于栈内存的。

（3）从变量在内存中的生存时间上看，成员变量是对象的一部分，它随着对象的创建而存在；局部变量随着方法的调用而产生，随着方法调用的结束而自动消失。

（4）成员变量如果没有被赋初值，则会自动以类型的默认值赋值（有一种情况例外，被 final 修饰但没有被 static 修饰的成员变量必须显式地赋值）；局部变量则不会自动赋值，必须显式地赋值后才能使用。

5.3 对象的创建与使用

因为面向对象程序中使用类来创建对象，所以可以将对象理解为一种新型的变量。对象之间靠互相传递消息而相互作用。消息传递的结果是启动了方法，完成一些行为或者修改接收消息的对象的属性。

5.3.1 创建对象

由于对象是属于某个已知类的，因此要创建属于某个类的对象，可通过如下两个步骤来完成。

（1）声明指向“由类所创建的对象”的变量；

（2）利用 new 运算符创建新的对象，并指派给前面所创建的变量。

例如，要创建圆柱体类 Cylinder 的对象，可用下列语法来创建。

```
Cylinder volu;                    //声明指向对象的变量 volu
volu=new Cylinder();              //利用 new 创建新的对象，并让变量 volu 指向它
```

通过这两个步骤，就可以利用指向对象的变量 volu 访问到“由类 Cylinder 创建的对象”的内容，即成员变量和方法。另外，创建对象时也可以将上面的两个语句合并成一行，即在声明对象的同时使用 new 运算符创建对象。如：

```
Cylinder volu=new Cylinder(); //声明并创建新的对象，并让 volu 指向该对象
```

对于新创建的对象 volu，因为它是从 Cylinder 类产生的，所以它具有可用来保存数值 radius、height 和 pi 的变量，也包括了 area() 与 volume() 这两个用于计算圆柱体底面积与体积的方法。

创建对象就是以类名 Cylinder 作为变量的类型，在栈内存中定义了一个变量 volu，用来指向通过 new 运算符在堆内存中创建的一个 Cylinder 类的实例对象。也就是说变量 volu 是对存放在堆内存中对象的引用变量。创建对象并让 volu 变量指向该对象的过程如图 5.3 所示。

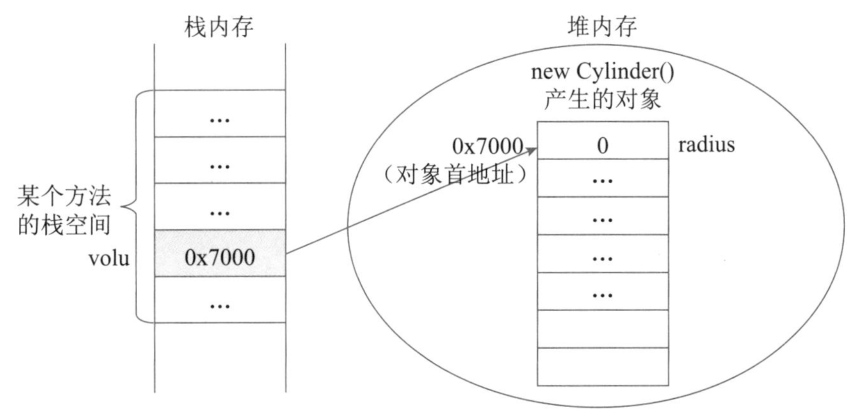

图 5.3　创建对象并让 volu 变量指向该对象的过程

因为 volu 变量是指向由 Cylinder 类所创建的对象，所以可将它视为“对象的名称”，因而简称对象。事实上，volu 只是对象的名称，它是指向对象实体的变量，而非对象本身。

因为在一个方法内部的变量必须进行初始化，否则编译无法通过，所以当一个对象被创建时，会自动对其中各种类型的成员变量按表 5.4 自动进行初始化。除了基本类型之外的变量都是引用类型。所以在图 5.3 所示的对象内存状态图中，成员变量 radius 的初始值为 0。

表 5.4　成员变量的初始值

成员变量类型	初 始 值	成员变量类型	初 始 值
byte	0	double	0.0D
short	0	char	'\u0000'（表示为空）
int	0	boolean	false
long	0L	所有引用类型	null
float	0.0F		

5.3.2　对象的使用

创建新的对象之后，就可以利用对象来引用对象成员的格式如下：

对象名．对象成员

在对象名和对象成员之间用点运算符“.”相连，通过这种引用可以访问对象的成员。如果对象成员是成员变量，通过这种引用方式可以获取或修改类中成员变量的值。例如，若将对象 volu 的半径赋值为 2.8，把高赋值为 5，其代码为：

```
volu.radius=2.8;
volu.height=5;
```

如果引用的是成员方法，则只要在成员方法名的圆括号内提供所需参数即可；如果方法不需要参数，则用空括号。方法的调用就是执行方法中的代码，调用方法的程序称为调用者。如 volu.area()。

【例 5.1】定义一个圆柱体类 Cylinder，并创建相应的对象，然后计算圆柱体的底面积与体积。

```
//FileName: App5_1.java        圆柱体类 Cylinder
class Cylinder{        //定义 Cylinder 类
  double radius;       //定义成员变量 radius
  int height; //定义成员变量 height
  double pi=3.14;
  void area(){         //定义无返回值的方法 area()，用来计算圆柱体底面积
     System.out.println("底面积 ="+pi*radius*radius);
  }
  double volume(){    //定义返回值为 double 型的方法 volume()，计算圆柱体体积
     return (pi*radius*radius)*height;
  }
}
 public class App5_1{ //定义公共类
   public static void main(String[] args){      //主方法程序执行的入口点
     Cylinder volu;
     volu=new Cylinder();  //创建新的对象
     volu.radius=2.8;        //赋值圆柱体 volu 的底半径
```

```
    volu.height=5;          //赋值圆柱体 volu 的高
    System.out.println("底半径="+volu.radius); //输出圆柱体的底半径
    System.out.println("圆柱体的高="+volu.height);    //输出圆柱体的高
    System.out.print("圆柱体");
    volu.area();                                     //输出圆柱体底面积
    System.out.println("圆柱体体积="+volu.volume()); //输出圆柱体体积
  }
}
```

程序运行结果：

```
底半径=2.8
圆柱体的高=5
圆柱体底面积=24.6176
圆柱体体积=123.088
```

根据 Java 源文件的命名规则，将例 5.1 程序文件命名为 App5_1.java。当将 App5_1.java 编译成字节码文件之后，会生成 Cylinder.class 和 App5_1.class 两个文件，这是因为 App5_1. java 源文件中有两个类 Cylinder 和 App5_1，且 Java 会把它们置于相同的目录下。由此可知，如果 Java 程序中有多个类，经编译之后便会产生与类相等数目的 .class 文件。

在 Cylinder 类里定义了整型 height、双精度型 radius 和 pi 三个成员变量，并将成员变量 pi 赋值为 3.14。同时在该类内还定义了 area() 和 volume() 方法，其中 area() 方法无返回值，该方法名前用 void 来修饰；volume() 的返回值类型是双精度型，用 double 来修饰。在 area() 和 volume() 方法中用到变量 pi 时，会用 3.14 的值来进行运算。App5_1 类中的主方法 main() 是程序运行的起始点。

说明： 当程序运行到调用方法语句时，程序就会暂时跳到该方法中运行，等到该方法运行结束后，才又返回到主方法 main() 中继续往下运行。

在例 5.1 的 Cylinder 类中，虽然在类的定义中将成员变量 pi 赋值为 3.14，但其值还是可以被修改。另外，如果用 new 运算符创建两个对象 volu1 和 volu2，由于这两个对象的成员被分配在不同的内存块中，因此若修改其中一个对象的 pi 值，另一个对象的 pi 值将不受影响。

【例 5.2】同时创建圆柱体类 Cylinder 的两个对象，并修改其中一个对象的成员变量 pi 的值。

圆柱体类 Cylinder 的成员在内存中的分配关系

```
//FileName: App5_2.java
class Cylinder{       //定义 Cylinder 类
  double radius;
  int height;
  double pi=3.14;
  void area(){
    System.out.println("底面积="+pi*radius*radius);
```

```
8     }
9     double volume(){
10      return (pi*radius*radius)*height;
11    }
12 }
13 public class App5_2{          //定义公共类
14   public static void main(String[] args){
15     Cylinder volu1,volu2;  //声明指向对象的变量 volu1 和 volu2
16     volu1=new Cylinder();  //创建圆柱体对象 1：volu1
17     volu2=new Cylinder();  //创建圆柱体对象 2：volu2
18     volu1.radius=volu2.radius=2.5;
19     volu2.pi=3;            //修改 volu2 的 pi 值
20     System.out.println("圆柱体 1 底半径 ="+volu1.radius);
21     System.out.println("圆柱体 2 底半径 ="+volu2.radius);
22     System.out.println("圆柱体 1 的 pi 值 ="+volu1.pi);
23     System.out.println("圆柱体 2 的 pi 值 ="+volu2.pi);
24     System.out.print("圆柱体 1");
25     volu1.area();
26     System.out.print("圆柱体 2");
27     volu2.area();
28   }
29 }
```

程序运行结果：

```
圆柱体 1 底半径 =2.5
圆柱体 2 底半径 =2.5
圆柱体 1 的 pi 值 =3.14
圆柱体 2 的 pi 值 =3.0
圆柱体 1 底面积 =19.625
圆柱体 2 底面积 =18.75
```

在例 5.2 中定义了两个对象 volu1 和 volu2，并在第 18 行将对象 volu1 和 volu2 的 radius 值设置为 2.5，然后在第 19 行将 volu2 的 pi 值重新赋值为 3，由于 pi 是 double 型的变量，因此系统自动将 pi 置为 3.0。因为每一个新创建对象的成员变量均有其固定的存放空间，所以修改 volu2 的 pi 值并不影响 volu1 原来的 pi 值。

通过上述两例可以看出在主方法 main() 内如果需要访问类的成员，如 radius 或 pi 时，是通过格式“对象名 . 成员名”进行的，如 volu.radius。但是如果是在类声明的内部使用这些成员时，则可直接使用成员名称，而不需要调用它的对象名称，这是因为在定义类时，还不知道哪个对象要调用它，如下面的代码：

```
class Cylinder{        //定义 Cylinder 类
  double radius;
  int height;
```

在类内可直接使用成员的名称

```
  double pi=3.14;
  void area(){
    System.out.println(" 底面积 ="+pi*radius*radius);
  }
}
```

总而言之，在类声明之外（如例 5.2 的 main() 方法中）用到成员名称时，必须指明是哪个对象变量，也就是用“指向对象的变量 . 成员名”的语法来访问对象中的成员；相反，若是在类内部使用类自己的成员时，则不必指出成员名称前的对象名称。

5.3.3 在类定义内调用方法

在前面的例子中所见到的方法均是在类定义的外部被调用，如例 5.2 中的 area() 方法是定义在 Cylinder 类内，但在另一个类 App5_2 中的“volu1.area();”语句表示在 Cylinder 类的外部通过对象 volu1 来调用 area() 方法。但实际上在类定义的内部，方法与方法之间也可以相互调用。

【例 5.3】以圆柱体类 Cylinder 为例来介绍在类内部调用自己的方法。

在类内部调用方法

```
//FileName: App5_3.java
class Cylinder{                  // 定义 Cylinder 类
  double radius;
  int height;
  double pi=3.14;
  double area(){                 // 定义返回值为 double 型的方法 area()，计算底面积
    return pi*radius*radius;
  }
  double volume(){               // 定义返回值为 double 型的方法 volume()，计算体积
    return area()*height;        // 在类内调用 area() 方法
  }
}
public class App5_3{             // 定义公共类
  public static void main(String[] args){
    Cylinder volu;
    volu=new Cylinder();         // 创建新的对象
    volu.radius=2.8;             // 赋值圆柱体 volu 的底半径
    volu.height=5;               // 赋值圆柱体 volu 的高
    System.out.println(" 底半径 ="+volu.radius);
    System.out.println(" 圆柱体的高 ="+volu.height);
    System.out.print(" 圆柱体 ");
    System.out.println(" 底面积 ="+volu.area());
    System.out.println(" 圆柱体体积 ="+volu.volume());
  }
}
```

程序运行结果：

```
底半径 =2.8
圆柱体的高 =5
圆柱体底面积 =24.6176
圆柱体体积 =123.088
```

从例 5.3 中可以看出，在同一个类的定义里面，某一方法可以直接调用本类的其他方法，而不需要加上“对象名”。如在 Cylinder 类的 volume() 方法中的第 10 行即调用了在同一类中定义的 area() 方法。

如果要强调是“对象本身的成员”，则可以在成员名前加 this 关键字，即“this. 成员名”。此时 this 即代表调用此成员的对象，即关键字 this 引用对象自身。例如，在例 5.3 中的 Cylinder 类的 volume() 方法内使用 this 关键字，则代码如下。

```
double volume(){
    return this.area()*this.height;
}
```

在类的定义内调用本类的其他成员，可在该成员前加 this，则 this 代表调用该成员的对象

如果在主方法 main() 中有语句 volu.volume()，则在类定义里的 this 关键字即代表对象 volu。

其实在 Java 中，每个方法的内部都有一个隐含的引用变量指向“调用该方法的当前对象”，称为 this 引用变量，简称 this。this 只能在方法内部使用，通俗的解释就是，这个 this 是每个方法内置的，当对象调用某一方法时，它的 this 就指向该对象，如果不用它，就感觉不出它的存在。既然 this 能指向对象，效果就如同一个普通的指向对象的引用变量，可以用来代替这个对象进行操作。因此，this 常用于访问对象的变量和方法，也可以作为引用类型的返回值使用。

5.4 参数的传递

方法既可以有返回值，也可以有参数，但在此之前所编写的程序中没有传递任何参数，如例 5.3 中的 area() 与 volume() 方法。当方法不需要传递任何参数时，方法的括号内什么也不用写。但事实上，方法中可以具有各种类型的参数，以满足各种不同的计算要求。

5.4.1 以变量为参数调用方法

调用方法并传递参数时，参数其实就是方法的自变量，所以参数要放在方法名后面的括号内来进行传递。括号内的参数可以是任何类型，但传递参数时形参在次序和数量上必须与实参相匹配，且类型要兼容。类型兼容指不需要经过显式的类型转换，实参的值就可以传递给形参。例如，将 int 型的实参传递给 double 型的形参。

【例 5.4】以圆柱体类 Cylinder 为例来介绍用变量调用方法。

```
//FileName: App5_4.java    以一般变量为参数的方法调用
```

```
2  class Cylinder{
3    double radius,pi;                              //定义两个double型的变量
4    int height;
5    void setCylinder(double r,int h,double p){    //具有三个参数的方法
6      pi=p;
7      radius=r;
8      height=h;
9    }
10   double area(){
11     return pi*radius*radius;
12   }
13   double volume(){
14     return area()*height;
15   }
16 }
17 public class App5_4{                             //定义公共类
18   public static void main(String[] args){
19     Cylinder volu=new Cylinder();
20     volu.setCylinder(2.5,5,3.14); //调用并传递参数到setCylinder()方法
21     System.out.println("底半径="+volu.radius);
22     System.out.println("圆柱体的高="+volu.height);
23     System.out.println("圆周率pi="+volu.pi);
24     System.out.print("圆柱体");
25     System.out.println("底面积="+volu.area());
26     System.out.println("圆柱体体积="+volu.volume());
27   }
28 }
```

程序运行结果：

```
底半径=2.5
圆柱体的高=5
圆周率pi=3.14
圆柱体底面积=19.625
圆柱体体积=98.125
```

例5.4中的Cylinder类内的第5～9行定义了带参数的方法setCylinder()，该方法可接收三个参数r、h、p。其中r和p为double型，h为int型。这三个参数用来给对象的成员变量进行赋值。当执行到第20行主方法中的volu.setCylinder(2.5,5,3.14)语句时，Cylinder类里的setCylinder()方法便会接收传递进来的三个参数，然后在该方法体内将这三个参数赋值给相应的成员变量radius、height和pi。

注意：setCylinder()方法中的参数变量r、h和p均是局部变量，它们的作用范围仅限于setCylinder()方法的内部，一旦离开此方法，它们就会失去作用。

说明： 若通过方法调用，将外部传入的参数赋值给类的成员变量时，如果方法的形参与类的成员变量同名，则需用 this 关键字来标识成员变量。如下例中的方法 setCylinder()：

```
class Cylinder{
  double radius;
           ⋮
  void setCylinder(double radius){
    radius= radius;              //用参数 radius 给成员变量 radius 赋值
  }
           ⋮
}
```

在该代码中的赋值语句“radius=radius;”分不清哪个是成员变量，哪个是方法的变量。由于形参是方法内部的局部变量，因此当成员变量与方法中的局部变量同名时，在方法内访问的同名变量是局部变量，即局部变量优先，而同名的成员变量被隐藏。所以当特指成员变量时，要用 this 关键字，即 this 关键字可以引用类的被隐藏的成员变量。上面的代码可以改写为如下形式。

```
class Cylinder{
  double radius;
     ⋮
  void setCylinder(double radius){
     this.radius= radius;      //用关键字 this 特指成员变量
  }
     ⋮
}
```

5.4.2 以数组作为参数或返回值的方法调用

方法不仅可以用来传递一般的变量，还可以用来传递数组。

1. 传递数组

要传递数组到方法里，只要指明传入的参数是一个数组即可。

【例 5.5】以一维数组为参数的方法调用，求若干数的最小值。

```
//FileName: App5_5.java     以数组为参数的方法调用
public class App5_5{                  //定义主类
  public static void main(String[] args){
    int[] a={8,3,7,88,9,23};          //定义并初始化一维数组 a
    LeastNumb minNumber=new LeastNumb();
    minNumber.least(a);               //将一维数组 a 传入 least() 方法
  }
}
class LeastNumb{                      //定义另一个类
  public void least(int[] array){ //参数 array 接收一维整型数组
    int temp=array[0];
```

```
    for(int i=1;i<array.length;i++)
      if(temp>array[i])
        temp=array[i];
    System.out.println("最小的数为："+temp);
  }
}
```

程序运行结果：

```
最小的数为：3
```

例 5.5 是将一个一维数组传递到 least() 方法中，least() 方法接收到此数组后，便把该数组的最小值输出。从例 5.5 可以看出，如果要将数组传递到方法里，只需在方法名后的括号内写上数组的名称即可，也就是说实参只给出数组名即可。

二维数组的传递与一维数组的传递相似，只要在方法里声明传入的参数是一个二维数组即可。

2. 返回值为数组类型的方法

一个方法如果没有返回值，则在该方法的前面用 void 来修饰；如果返回值的类型为简单数据类型，只需在声明方法名前面加上相应的数据类型即可；同理，若要方法返回一个数组，则必须在该方法名前面加上数组类型的修饰符；如果要返回一维整型数组，则必须在该方法名前加上 int[]；若要返回二维双精度型数组，则需加上 double[][]，以此类推。

【例 5.6】将一个矩阵转置后输出。

```
//FileName: App5_6.java       返回值是数组类型的方法调用
public class App5_6{
  public static void main(String[] args){
    int[][] a={{1,2,3},{4,5,6},{7,8,9}}; //定义二维数组
    int[][] b=new int[3][3];
    Trans pose=new Trans();              //创建 Trans 类的对象 pose
    b=pose.transpose(a);                 //用数组 a 调用方法，返回值赋给数组 b
    for(int i=0;i<b.length;i++){         //输出数组 b 的内容
      for(int j=0;j<b[i].length;j++)
        System.out.print(b[i][j]+"   ");
      System.out.print("\n");            //每输出数组的一行后换行
    }
  }
}
class Trans{
  int temp;
  int[][] transpose(int[][] array){      //返回值和参数均为二维整型数组的方法
    for(int i=0;i<array.length;i++)      //将矩阵转置
      for(int j=i+1;j<array[i].length;j++){
```

```
            temp=array[i][j];
            array[i][j]=array[j][i];      将二维数组的行与列互换
            array[j][i]=temp;
         }
      return array;     //返回二维数组
   }
}
```

程序运行结果：

```
1    4    7
2    5    8
3    6    9
```

Trans 类中用 transpose() 方法接收二维整型数组，且返回值类型也是二维整型数组。该方法用 array 数组接收传进来的数组实数，转置后又存入该数组，即用一个数组实现转置，最后用“return array;”语句返回转置后的数组。

结论：Java 语言在给被调用方法的参数赋值时，只采用传值的方式。所以，基本类型数据传递的是该数据值本身；而引用类型数据传递的也是这个变量值本身，即对象的引用变量，而非对象本身。通过方法调用可以改变对象的内容，但对象的引用变量是不能改变的。简言之，就是当参数是基本数据类型时，是传值方式调用；而当参数是引用型变量时，也是传值方式，只不过这个值其实是个地址值，所以也称为是传址方式调用。

5.4.3　方法中的可变长度实参

在方法调用并传递参数的过程中，所传递的参数个数必须是根据方法在定义中指定的参数个数来传递的。但方法中接收实参的个数也可以不是固定的，而可以根据需要传递实参的个数。方法中接收不固定个数的参数称为可变参数，方法接收可变参数的语法格式如下：

```
返回值类型 方法名（固定参数列表，数据类型…可变参数名）{
   方法体
}
```

其中，“固定参数列表”是形如“数据类型 参数名 1，数据类型 参数名 2，…，数据类型 参数名 *n*”的固定参数；而“数据类型…可变参数名”中的“数据类型”表示可变参数的数据类型，“…”是声明可变参数的标识。个数可变的形参相当于数组，所以在向方法传递可变实参后，可变实参则以数组的形式保存下来，其“可变参数名”就是保存可变实参的数组名，数组的长度由可变实参的个数决定。

说明：

（1）如果方法中有多个参数，可变参数必须位于最后一项，且这些可变参数的类型必须相同；

（2）可变参数符号“…”要位于数据类型和可变参数名之间，其前后有无空格都可以；

（3）只能有一个可变长度形参；

（4）调用可变参数的方法时，编译器为该可变参数隐含创建一个数组，在方法体中以数组的形式访问可变参数。

【例 5.7】定义具有一个固定参数和具有可变参数的方法，然后分别传入不同个数的参数，并输出。

```
1  //FileName: App5_7.java      可变参数的应用
2  public class App5_7{
3    public static void display(int x,String…arg){  //arg 是接收可变参数的数组名
4      System.out.print(x+"  ");                   //输出固定参数
5      for(int i=0;i<arg.length;i++)               //利用 for 循环输出可变参数的每个值
6        System.out.print(arg[i]+"  ");
7      System.out.print("\n");                     //换行
8    }
9    public static void main(String[] args){
10     display(5);                                 //没有可变参数，所以只传递固定参数
11     display(6,"a","b");                         //传递 2 个可变参数
12     display(7,"AA","BB","CC","DD");             //传递 4 个可变参数
13   }
14 }
```

程序运行结果：

```
5
6  a  b
7  AA  BB  CC  DD
```

例 5.7 程序的第 3 ～ 8 行定义了具有固定参数 x 和可变参数 arg 的方法 display()，arg 是一个用于接收可变参数的字符串型数组名，所以在 String 和 arg 之间用“…”连接。第 4 行输出用 x 接收的固定参数，第 5、6 两行利用 for 循环语句将接收可变参数的字符串型数组 arg 中的每个参数输出。在主方法中，第 10 行调用 display(5) 方法时只传入一个实参 5，所以该数值只被 display() 方法的形参 x 接收，第 11 行中调用 display(6,"a","b") 时，除了数值 6 被 display() 方法的形参 x 接收外，"a" 和 "b" 两个字符串实参被字符串型可变数组 arg 接收。同理，第 12 行中的 4 个字符串实参 "AA""BB""CC""DD" 被字符串型可变数组 arg 接收。

5.5 匿名对象

当一个对象被创建之后，在调用该对象的方法时，也可以不定义对象的引用变量，而直接调用这个对象的方法，这样的对象叫作匿名对象。例如，若将例 5.4 中第 19、20 代码：

```
Cylinder volu=new Cylinder();
volu.setCylinder(2.5,5,3.14);
```

改写为：

```
new Cylinder().setCylinder(2.5,5,3.14);
```

则 new Cylinder() 就是匿名对象。这个语句没有声明对象的引用变量名，而是直接用 new 运算符创建了 Cylinder 类的对象并直接调用了它的 setCylinder() 方法。这个语句的执行结果与改写前的执行结果相同。当这个方法执行完后，这个对象也就成为了“垃圾”。

使用匿名对象通常有如下两种情况。

（1）如果对一个对象只需要进行一次方法调用，那么就可以使用匿名对象。

（2）将匿名对象作为实参传递给一个方法调用。如一个程序中有一个 getSomeOne() 方法要接收类 MyClass 的对象作为参数，方法的定义如下：

```
public static void getSomeOne(MyClass c){
    ⋮
}
```

可以用下面的语句调用这个方法。

```
getSomeOne(new MyClass());
```

本章小结

1. 创建属于某类的对象，可以通过两个步骤来完成：①声明指向“由类所创建的对象”的变量；②利用 new 运算符创建新的对象，并用步骤①所创建的变量来指向它。

2. 如果要强调“对象本身的成员”，则可以在成员名前加上 this 关键字，即“this. 成员名”，此时的 this 即代表调用该成员的对象。

3. 当一个对象被创建之后，在调用该对象的方法时，不定义对象的引用变量，而直接调用这个对象的方法，这样的对象叫作匿名对象。

习题

5.1 类与对象的区别是什么？

5.2 如何定义一个类？类的结构是怎样的？

5.3 定义一个类时所使用的修饰符有哪些？每个修饰符的作用是什么？是否可以混用？

5.4 成员变量的修饰符有哪些？各修饰符的功能是什么？是否可以混用？

5.5 成员方法的修饰符有哪些？各修饰符的功能是什么？是否可以混用？

5.6 成员变量与局部变量的区别有哪些？

5.7 创建一个对象使用什么运算符？对象实体与对象引用有什么区别？

5.8 如何表示对象的成员？

5.9 在成员变量或成员方法前加上关键字 this 表示什么含义？

5.10 什么是方法的返回值？返回值在类的方法中的作用是什么？

5.11 在方法调用中，使用对象作为参数进行传递时，是“传值”还是“传址”？对象作参数起到什么作用？

5.12 具有可变参数的方法中，可变参数的格式是什么样的？它位于参数列表的什么位置？可变参数是怎样被接收的？

5.13 什么叫作匿名对象？一般在什么情况下使用匿名对象？

5.14 以 m 行 n 列二维数组为参数进行方法调用，分别计算二维数组各列元素之和，返回并输出所计算的结果。

5.15 编程求个数不确定的整数的最大公约数。

第6章

Java 语言类的特性

本章主要内容

- ★ 类的私有成员与公共成员；
- ★ 方法的重载；
- ★ 构造方法；
- ★ 类的静态成员。

在第 5 章中介绍了 Java 类的基本概念和类的简单使用方法，本章将继续介绍 Java 类的特性。

6.1 类的私有成员与公共成员

在第 5 章的例子中，可以看到类的成员变量 pi、radius 和 height 可以在类 Cylinder 的外部任意修改。这虽然方便了程序员的灵活使用，但也存在弊端。例如，在对圆柱体对象 volu 表示高的成员变量 height 赋值时，若输入为负数，如 volu.height=−5，则在计算圆柱体的体积时就会得出体积值是负数的结果，这显然是错误的。

6.1.1 私有成员

为了防止输入错误的情况发生，Java 语言提供了私有成员访问控制修饰符 private。如果在类的成员声明的前面加上修饰符 private，那么就无法从该类的外部访问到该类内部的成员，只能被该类自身访问和修改，不能被任何其他类，包括该类的子类来获取或引用，从而达到了对数据最高级别保护的目的。

6.1.2 公共成员

既然在类的外部无法访问到类内部的私有成员，那么 Java 就必须提供另外的机制，使私有成员可以通过这个机制来供外界访问。解决此问题的办法就是创建公共成员，为此 Java 提供了公共访问控制符 public。如果在类的成员声明的前面加上修饰符 public，则表示该成员可以被所有其他的类访问。

【例 6.1】创建圆柱体类 Cylinder 的公共方法，来访问类内的私有成员变量。

```
1 //FileName: App6_1.java  定义公共方法来访问私有成员
2 class Cylinder{
3   private double radius;                     // 声明私有成员变量
4   private int height;
5   private double pi=3.14;
6   public void setCylinder(double r,int h){ // 声明具有两个参数的公共方法
7     if(r > 0 && h > 0){                      // 用于对私有成员变量进行访问
8       radius=r;
9       height=h;
10    }
11    else
12      System.out.println("您的数据有错误！！");
13  }
14  double area(){
15    return pi*radius*radius;                 // 在类内可以访问私有成员 radius 和 pi
16  }
17  double volume(){
18    return area()*height;                    // 在类内可以访问私有成员 height
19  }
20 }
21 public class App6_1{                         // 定义公共主类
22   public static void main(String[] args){
23     Cylinder volu=new Cylinder();
24     volu.setCylinder(2.5,-5);      // 通过公共方法 setCylinder() 访问私有数据
25     System.out.println("圆柱体底面积 ="+volu.area());
26     System.out.println("圆柱体体积 ="+volu.volume());
27   }
28 }
```

程序运行结果：

```
您的数据有错误！！
圆柱体底面积 =0.0
圆柱体体积 =0.0
```

例 6.1 中的第 6 行将 setCylinder() 方法声明为公共方法，并接收两个参数 r 和 h。如果判断传进来的两个变量均大于 0，就将私有成员变量 radius 设置为 r，将 height 设置为 h，否则输出提示信息“您的数据有错误！！”。

通过例 6.1 可以看出，只有通过公共方法 setCylinder()，私有成员 radius 和 height 才

能得以修改。因此，在公共方法内加上判断代码，可以杜绝输入错误数据。例 6.1 中第 24 行刻意将 volu 的高设置为 -5，但是私有成员 radius 和 height 并没有被赋值，其默认值为 0，故输出的底面积值和体积值均为 0。

6.1.3 无访问控制符

若在类成员的前面不加任何访问控制符，则该成员具有默认访问控制特性，表示这个成员只能被同一个包（类库）中的类所访问和调用，如果子类与其父类位于不同的包中，子类也不能访问父类中的默认访问控制成员，即其他包中的类都不能访问没有访问修饰符的成员。

同理，对于类来说，如果一个类没有访问控制符，说明它具有默认访问控制特性，这种默认访问控制性规定只能被同一包中的类访问和引用，而不可以被其他包中的类所使用。

6.2 方法的重载

重载是指在一个类内具有相同名称的多个方法，如果这些同名方法的参数个数不同，或者参数个数相同但类型不同，则这些同名方法就具有不同的功能。

注意： 方法的重载中参数的类型是关键，仅仅是参数的变量名不同是不行的，参数的列表也必须不同，即或者参数个数不同，或者参数类型不同，或者参数的顺序不同。

说明： 方法重载可以发生在同一个类中，也可以发生在具有继承关系的不同类中，详见 7.1.3 节。

【例 6.2】在圆柱体类 Cylinder 中，利用方法重载来设置成员变量。

```
//FileName: App6_2.java        方法的重载
class Cylinder{
  private double radius;
  private int height;
  private double pi=3.14;
  private String color;                              //定义私有字符串型变量
  public double setCylinder(double r,int h){     //重载方法
    radius=r;
    height=h;
    return r+h;
  }
  public void setCylinder(String str){            //重载方法
    color=str;
  }
  public void show(){
    System.out.println("圆柱体的颜色为: "+color);
  }
  double area(){                                   //定义默认访问控制符的方法
    return pi*radius*radius;
```

```
  }
  double volume(){                       //定义默认访问控制符的方法
    return area()*height;
  }
}
public class App6_2{                     //定义主类
  public static void main(String[] args){
    double r_h;
    Cylinder volu=new Cylinder();
    r_h=volu.setCylinder(2.5,5);  //设置圆柱体的底半径和高
    volu.setCylinder("红色");      //设置圆柱体的颜色
    System.out.println("圆柱体底半径和高之和="+r_h);
    System.out.println("圆柱体体积="+volu.volume());
    volu.show();
  }
}
```

程序运行结果：

```
圆柱体底半径和高之和=7.5
圆柱体体积=98.125
圆柱体的颜色为：红色
```

例 6.2 的 Cylinder 类中添加了一个 String 型的私有成员变量 color，用来表示圆柱体的颜色。同时定义了两个同名方法 setCylinder()，一个具有两个数值型的参数，用来设置圆柱的底半径和高；另一个是具有字符串型的参数，用来设置圆柱体的颜色。并且这两个方法的返回值类型也不相同，一个返回值为 double 类型；另一个没有返回值。在程序执行时，系统会根据参数的个数与类型来判断和调用相应的 setCylinder() 方法。

由例 6.2 可知，通过方法的重载，只需一个方法名称，就可拥有多个不同的功能，使用起来非常方便。

说明： Java 中不允许参数个数或参数类型完全相同，而只有返回值类型不同的重载。

方法的重载有时可能会产生歧义调用，即调用一个重载方法时会有两个或两个以上可能的匹配。例如，method(int a,double b) 和 method(double x,int y) 都匹配 method(1,2) 方法，由于这两个重载方法无法比较谁能更精确地匹配参数，因此这个调用有歧义，将导致编译错误。

6.3 构造方法

前面介绍的由 Cylinder 类所创建的对象，其成员变量都是在对象建立之后，再由相应的方法来赋值。如果一个对象在被创建时就完成了所有的初始化工作，将会很简洁。因此 Java 语言在类中提供了一个特殊的成员方法——构造方法。

6.3.1 构造方法的作用与定义

构造方法（constructor）是一种特殊的方法，它在对象被创建时初始化对象成员的方法。构造方法的名称必须与它所在的类名完全相同。构造方法没有返回值，但构造方法名前不能用修饰符 void 来修饰，这是因为一个类的构造方法的返回值类型就是该类本身。构造方法定义后，创建对象时就会自动调用它，因此构造方法不需要在程序中直接调用，而是在对象创建时自动调用并执行。这一点不同于一般方法，一般方法是在用到时才调用。

【例 6.3】利用构造方法来初始化圆柱体类 Cylinder 的成员变量。

```
1  //FileName: App6_3.java        构造方法的使用
2  class Cylinder{                                   // 定义类 Cylinder
3    private double radius;
4    private int height;
5    private double pi=3.14;
6    public Cylinder(double r,int h){                // 定义有参数的构造方法
7      radius=r;
8      height=h;
9    }
10   double area(){
11     return pi*radius*radius;
12   }
13   double volume(){
14     return area()*height;
15   }
16 }
17 public class App6_3{                              // 定义主类
18   public static void main(String[] args){
19     Cylinder volu=new Cylinder(3.5,8);  // 调用有参数的构造方法创建对象
20     System.out.println(" 圆柱体底面积 ="+ volu.area());
21     System.out.println(" 圆柱体体积 ="+volu.volume());
22   }
23 }
```

程序运行结果：

```
圆柱体底面积 =38.465
圆柱体体积 =307.72
```

该程序在类 Cylinder 中的第 6 行定义了有参数的构造方法 Cylinder(double r,int h)，其功能是利用构造方法的 double 型参数 r 和 int 型参数 h 分别为相应类型的类私有成员 radius 和 height 赋值。在主方法 main() 中，第 19 行以 Cylinder 类创建对象，并自动调用 Cylinder(3.5,8) 构造方法。执行 Cylinder(3.5,8) 构造方法之后，volu 对象的 radius 被设置为 3.5，而 height 被设置为 8。

注意： 在构造方法中不含返回值的概念是不同于 void 的，对于 public void Cylinder（double r, int h）这样的写法就不再是构造方法，而变成了普通方法，所以在定义构造方法时若加了 void 修饰符，则这个方法就不再被自动调用了。

由此可以看出，构造方法是一种特殊的、与类名相同的方法，专门用于在创建对象时完成初始化工作。构造方法的特殊性主要体现在如下五个方面。

（1）构造方法的方法名与类名相同；

（2）构造方法没有返回值，但不能用 void 作为无返回值类型；

（3）构造方法的主要作用是完成对类对象的初始化工作；

（4）构造方法一般不能由编程人员显式地直接调用，而是用 new 运算符来调用；

（5）在创建一个类的对象的同时，系统会自动调用该类的构造方法为新对象初始化。

在声明成员变量时可以为它赋初值，那么为什么还需要构造方法呢？这是因为构造方法可以带参数，而且构造方法还可以完成赋值之外的其他一些复杂操作，这在以后的内容中会进行讲解。

6.3.2 默认构造方法

细心的读者可能会发现，在例 6.3 以前的例子中没有定义构造方法依然可以创建对象，并能正确地执行程序，这是因为如果省略构造方法，Java 编译器会自动为该类生成一个默认构造方法，程序在创建对象时会自动调用默认构造方法。默认构造方法没有参数，在其方法体中也没有任何代码，即什么也不做。如果例 6.3 中的 Cylinder 类没有定义构造方法，则编译系统会自动为其生成默认构造方法如下：

```
Cylinder(){}
```

如果 class 前面有 public 修饰符，则默认构造方法也会是 public 的。

系统提供的默认构造方法往往不能满足需求，因此用户可以自己定义类的构造方法来满足需要，一旦用户为该类定义了构造方法，系统就不再提供默认构造方法，这是 Java 的覆盖（overriding）所致。关于覆盖的概念在 7.1.3 节中讨论。

注意： 若在一个类中只定义了有参数的构造方法，但却调用无参数的构造方法创建对象，则编译不能通过。例如，若将例 6.3 中的第 19 行改为“Cylinder volu=new Cylinder();”时，则在编译时会报错。

6.3.3 构造方法的重载

当一个类有多个构造方法时，这些构造方法可以重载。构造方法的重载可以让用户使用不同的参数来创建对象。

【例 6.4】在圆柱体类 Cylinder 中，使用构造方法的重载。

```
//FileName: App6_4.java      构造方法的重载
class Cylinder{       //定义类 Cylinder
  private double radius;
```

```
    private int height;
    private double pi=3.14;
    String color;
    public Cylinder(){          //定义无参数的构造方法
      radius=1;
      height=2;
      color="绿色";
    }
    public Cylinder(double r,int h,String str){   //定义有三个参数的构造方法
      radius=r;
      height=h;
      color=str;
    }
    public void showColor(){
      System.out.println("该圆柱体的颜色为："+color);
    }
    double area(){
      return pi*radius*radius;
    }
    double volume(){
      return area()*height;
    }
}
public class App6_4{          //定义主类
    public static void main(String[] args){
      Cylinder volu1=new Cylinder();
      System.out.println("圆柱体1底面积="+ volu1.area());
      System.out.println("圆柱体1体积="+volu1.volume());
      volu1.showColor();
      Cylinder volu2=new Cylinder(2.5,8,"红色");
      System.out.println("圆柱体2底面积="+ volu2.area());
      System.out.println("圆柱体2体积="+volu2.volume());
      volu2.showColor();
    }
}
```

程序运行结果：

```
圆柱体1底面积=3.14
圆柱体1体积=6.28
该圆柱体的颜色为：绿色
圆柱体2底面积=19.625
圆柱体2体积=157.0
该圆柱体的颜色为：红色
```

该程序中的 Cylinder 类定义了两个构造方法，其中第一个构造方法 Cylinder() 没有参

数；第二个构造方法 Cylinder(double r, int h, String str) 有两个参数。在主方法 main() 中，第 29 行调用无参的构造方法时，将 volu1 对象的成员变量 radius 设置为 1，height 设置为 2，color 设置为“绿色”；而第 33 行调用有参构造方法时，将 volu2 对象的 radius 设置为 2.5，height 设置为 8，color 设置为“红色”。

6.3.4 从一个构造方法调用另一个构造方法

为了某些特定的运算，Java 语言允许在类内通过 this() 语句从某一构造方法内调用另一个构造方法。

【例 6.5】在圆柱体类 Cylinder 中，用一个构造方法调用另一个构造方法。

```
//FileName: App6_5.java      从某一构造方法调用另一构造方法
class Cylinder{                        // 定义类 Cylinder
  private double radius;
  private int height;
  private double pi=3.14;
  String color;
  public Cylinder(){                   // 定义无参数的构造方法
    this(2.5,5,"红色");                // 用 this() 语句来调用有参构造方法
    System.out.println("无参构造方法被调用了");
  }
  public Cylinder(double r,int h,String str){  // 定义有三个参数的构造方法
    System.out.println("有参构造方法被调用了");
    radius=r;
    height=h;
    color=str;
  }
  public void show(){
    System.out.println("圆柱体底半径为："+ radius);
    System.out.println("圆柱体的高为："+ height);
    System.out.println("圆柱体的颜色为："+color);
  }
  double area(){
    return pi*radius*radius;
  }
  double volume(){
    return area()*height;
  }
}
public class App6_5{                   // 主类
  public static void main(String[] args){
    Cylinder volu=new Cylinder();
    System.out.println("圆柱体底面积 ="+volu.area());
    System.out.println("圆柱体体积 ="+volu.volume());
```

```
34      volu.show();
35    }
36 }
```

程序运行结果：

```
有参构造方法被调用了
无参构造方法被调用了
圆柱体底面积=19.625
圆柱体体积=98.125
圆柱体底半径为：2.5
圆柱体的高为：5
圆柱体的颜色为：红色
```

从例6.5中可以看到，在没有参数的构造方法Cylinder()中，第8行通过“this(2.5, 5, "红色");”语句来调用有参数的构造方法Cylinder(double r,int h,String str)。

注意：

（1）在某一构造方法里调用另一构造方法时，必须使用“this();”语句来调用，否则编译时将出现错误。

（2）“this();”语句必须写在构造方法内的第一行位置。

6.3.5 公共构造方法与私有构造方法

构造方法一般都是公共（public）的，这是因为它们在创建对象时，是在类的外部被系统自动调用的。如果构造方法被声明为private，就无法在该构造方法所在的类以外的地方被调用，但在该类的内部还是可以被调用的。另外，若防止用户创建类的对象，可以将该构造方法声明为private，这种情况只能用类名来访问其静态成员。

【例6.6】创建圆柱体类Cylinder，并在该类的一个构造方法内调用另一个私有的构造方法。

```
//FileName: App6_6.java        公共构造方法与私有构造方法
class Cylinder{                          //定义类Cylinder
  private double radius;
  private int height;
  private double pi=3.14;
  String color;
  private Cylinder(){                    //定义私有的无参构造方法
    System.out.println("无参构造方法被调用了");
  }
  public Cylinder(double r,int h,String str){ //定义有三个参数的公共构造方法
    this();     //在公共构造方法中用"this();"语句来调用另一个私有构造方法
    radius=r;
    height=h;
    color=str;
```

```
15    }
16    public void show(){
17      System.out.println(" 圆柱体底半径为: "+ radius);
18      System.out.println(" 圆柱体的高为: "+ height);
19      System.out.println(" 圆柱体的颜色为: "+color);
20    }
21    double area(){
22      return pi*radius*radius;
23    }
24    double volume(){
25      return area()*height;
26    }
27 }
28 public class App6_6{                          // 主类
29    public static void main(String[] args){
30      Cylinder volu=new Cylinder(2.5,5," 蓝色 ");
31      System.out.println(" 圆柱体底面积 ="+ volu.area());
32      System.out.println(" 圆柱体体积 ="+volu.volume());
33      volu.show();
34    }
35 }
```

程序运行结果：

```
无参构造方法被调用了
圆柱体底面积 =19.625
圆柱体体积 =98.125
圆柱体底半径为：2.5
圆柱体的高为：5
圆柱体的颜色为：蓝色
```

例 6.6 中 Cylinder 类的无参构造方法 Cylinder() 被设置为 private，而有参构造方法 Cylinder(double r,int h, String str) 被声明为 public。程序运行时，在主方法 main() 中，第 30 行调用有参构造方法创建了新的对象 volu。因为有参构造方法是公共的，所以可在类外调用。程序进入到有参构造方法内时，因为是在同一类内，所以可以利用“this();”语句调用私有构造方法 Cylinder()，输出“无参构造方法被调用了”的字符串，接下来是给私有成员变量赋值，然后回到 main() 中继续执行后续语句，直到程序运行完毕。

由于声明为 private 的构造方法无法在类外被调用，但因私有无参构造方法 Cylinder() 与公共有参构造方法 Cylinder(double r,int h,String str) 是在同一类内，而在同一类内是可以访问私有成员的，因此本例中在公共构造方法中用“this();”语句调用了私有构造方法。

6.4 静态成员

static 称为静态修饰符，它可以修饰类中的成员。被 static 修饰的成员称为静态成员，也称类成员，而不用 static 修饰的成员称为实例成员。

6.4.1 实例成员

在类定义中如果成员变量或成员方法没有用 static 来修饰，该成员就是实例成员，之所以称为实例成员，是因为类的每个对象都包含这些成员。在此之前编写的程序中，用到的都是实例成员。如在例 6.4 的主方法 main() 中，分别用 new 运算符创建两个新的对象 volu1 和 volu2，这两个对象都各自拥有保存自己成员的存储空间，不与其他对象共享，如图 6.1 所示。

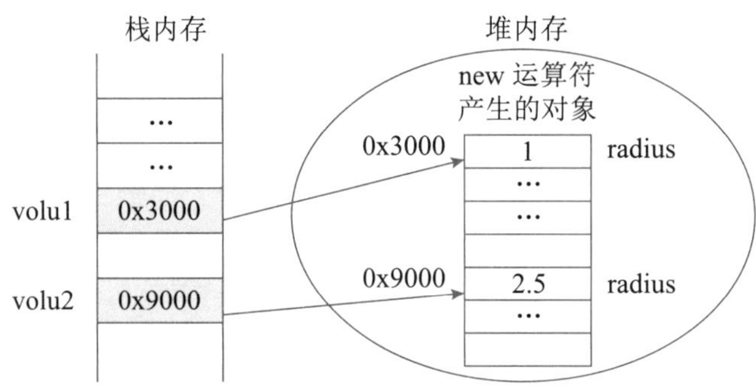

图 6.1　volu1 和 volu2 各自拥有保存自己成员的存储空间，不与其他对象共享

由图 6.1 可以看出，所创建的对象 volu1 和 volu2 均有各自的存储空间来保存自己的值，而不与其他对象共享。因此若修改了 volu1 的某个成员变量的值，volu2 的成员变量并不受影响，因为这些成员变量各自独立，且存于不同的内存中。具有此特性的成员变量称为实例变量（instance variable）。

在例 6.6 中，Cylinder 类中的方法 area() 和 volume() 必须通过对象来调用。如下面的代码段所示。

```
Cylinder volu1=new Cylinder(2.5,5,"蓝色");
volu1.volume();
Cylinder volu2=new Cylinder(3.2,8,"红色");
volu2.volume();
```

也就是说，必须先创建对象，再利用对象来调用方法，而无法不通过对象直接去调用 volume() 方法。具有此特性的方法称为实例方法（instance method）。实例成员为个别对象所有，彼此之间不能共享。

6.4.2 静态变量

用 static 修饰的成员变量称为“静态变量”或“类变量”。静态变量是隶属于类的变量，而不属于任何一个类的具体对象。对于该类的任何一个具体对象而言，静态变量是一个公共存储单元，不是保存在某个对象实例的内存空间中，而是保存在类的内存空间的公共存储单元中。类的任何一个对象访问静态变量时，取到的都是同一个相同的数值。同样，类的任何一个对象去修改它时，也都是对同一个内存单元操作。静态变量如果不是私有的就可以在类的外部进行访问，此时不需要创建类的实例对象，只需要类名就可以调用。当然，也可以通过实例对象来访问静态变量。因此，访问静态成员变量的格式有如下两种：

```
类名.静态变量名;
对象名.静态变量名;
```

注意： 类中若含有静态变量，则静态变量必须独立于方法之外，就像其他高级语言必须在函数之外声明全局变量一样。

【例6.7】将圆柱体类Cylinder中的变量pi和num声明为静态变量。

```
//FileName: App6_7.java        静态变量的使用
class Cylinder{                                   //定义类Cylinder
  private static int num=0;                       //声明num为静态变量
  private static double pi=3.14;                  //声明pi为静态变量，并赋初值
  private double radius;
  private int height;
  public Cylinder(double r,int h){                //定义有2个参数的构造方法
    radius=r;
    height=h;
    num++;                          //当构造方法Cylinder()被调用时，num便加1
  }
  public void count(){              //count()方法用来显示目前创建对象的个数
    System.out.print("创建了"+num+"个对象：");
  }
  double area(){
    return pi*radius*radius;
  }
  double volume(){
    return area()*height;
  }
}
public class App6_7{                              //主类
  public static void main(String[] args){
    Cylinder volu1=new Cylinder(2.5,5);
    volu1.count();
    System.out.println("圆柱体1的体积="+volu1.volume());
    Cylinder volu2=new Cylinder(1.0,2);
    volu2.count();
    System.out.println("圆柱体2的体积="+volu2.volume());
  }
```

```
}
```

程序运行结果：

```
创建了 1 个对象：圆柱体 1 的体积 =98.125
创建了 2 个对象：圆柱体 2 的体积 =6.28
```

在例 6.7 中，每个对象的 pi 值相同，没有必要让每个对象都保存有自己的 pi 值，因此将 pi 声明为静态变量，成为所有对象公用的存储空间，所有对象都共用 pi 这个变量。另外，本例中还声明了另一个静态变量 num，用于记录程序中共产生了多少个对象。因为对象创建时会自动调用构造方法，所以在构造方法里加入“num++;”语句，这样每创建一个对象就调用一次构造方法，从而每当产生一个对象，num 的值就会自动加 1。Cylinder 类中的 count() 方法用来显示 num 值。因为 num 被声明为 static，所以每个对象的 num 变量均指向内存中的同一地址，也就是说，num 这个变量由所有的对象所共享。

注意： 对于静态变量的使用，建议采用“类名 . 静态变量名”的形式来访问。

6.4.3 静态方法

与静态变量相似，用 static 修饰符修饰的方法是属于类的静态方法，又称为类方法。静态方法实质是属于整个类的方法，而不加 static 修饰符的方法是属于某个具体对象的方法。将一个方法声明为 static 有以下含义。

（1）非 static 的方法是属于某个对象的方法。而 static 的方法是属于整个类的，它在内存中的代码段将被所有的对象所共用，而不被任何一个对象所专用。

（2）因为 static 方法是属于整个类的，所以它不能直接操纵和处理属于某个对象的成员，只能处理属于整个类的成员，即 static 方法只能访问 static 成员变量或调用 static 成员方法，而不能直接访问实例变量与实例方法。

（3）在静态方法中不能使用 this 或 super。因为 this 是代表调用该方法的对象，但现在“静态方法”不需要对象来调用，this 自然也不应存在于“静态方法”内部。关于 super 关键字的用法，将在 7.1 节讨论。

（4）调用静态方法时，可以使用类名直接调用，也可以用某一个具体的对象名来调用。其格式如下：

```
类名 . 静态方法名 ();
对象名 . 静态方法名 ();
```

【例 6.8】利用圆柱体类 Cylinder 来介绍静态方法的使用。

```
//FileName: App6_8.java        静态方法的使用
class Cylinder{               // 定义类 Cylinder
  private static int num=0;
  private static double pi=3.14;
  private double radius;
```

```
6    private int height;
7    public Cylinder(double r,int h){
8      radius=r;
9      height=h;
10     num++;                        // 当构造方法 Cylinder() 被调用时，num 便加 1
11   }
12   public static void count(){      // 声明 count() 为静态方法
13     System.out.println(" 创建了 "+num+" 个对象 ");
14   }
15   double area(){
16     return pi*radius*radius;
17   }
18   double volume(){
19     return area()*height;
20   }
21 }
22 public class App6_8{          // 主类
23   public static void main(String[] args){
24     Cylinder.count();         // 在对象产生之前用类名 Cylinder 调用 count() 方法
25     Cylinder volu1=new Cylinder(2.5,3);
26     volu1.count();            // 用对象 volu1 调用 count() 方法
27     System.out.println(" 圆柱体 1 的体积 ="+volu1.volume());
28     Cylinder volu2=new Cylinder(1.0,2);
29     Cylinder.count();         // 用类名 Cylinder 直接调用 count() 方法
30     System.out.println(" 圆柱体 2 的体积 ="+volu2.volume());
31   }
32 }
```

程序运行结果：

```
创建了 0 个对象
创建了 1 个对象
圆柱体 1 的体积 =58.875
创建了 2 个对象
圆柱体 2 的体积 =6.28
```

在例 6.8 中，类 Cylinder 中除了将 count() 方法声明为 static 之外，其余与例 6.7 基本相同。但在主方法 main() 中，第 24、29 行是用类名 Cylinder 直接调用 count() 方法的。实际上也可以通过对象名调用静态方法，如第 26 行的“volu1.count();”。但通过对象名调用静态方法时，必须先创建对象，然后才能进行调用。另外，在本例中可以看到，静态方法可以在不产生对象的情况下直接以类名来调用。

注意： 对于静态方法的调用，建议采用“类名 . 静态方法名 ();”的形式。

说明： 实例方法可以访问实例成员和静态成员，但静态方法只能访问静态成员，不能访问实例成员，因为实例成员属于某个特定的对象，而不属于类，即静态成员被类中所有对象所共享，所以静态方法不能访问类中的实例成员。

6.5 对象的应用

变量可分为基本类型的变量与非基本类型的变量两种。在声明基本类型的变量时采用的格式是：数据类型 变量名，如 int a。而声明一个对象的格式与其相似，即“类名 对象名”。因而也可以将对象称为“类类型的变量”，它属于非基本类型的变量。实际上，对象是一种引用型变量，而引用型变量实际上保存的是对象在内存中的首地址，所以就对象的功能而言，对象是“指向对象的变量”，但就其类型而言，它属于“类类型的变量”。在某些场合，可以像使用基本类型变量一样使用对象。

6.5.1 对象的赋值与比较

在使用对象时，一般先用 new 运算符创建对象，然后对其进行操作处理。但有时没有使用 new 运算符创建新对象，仍然可以对其进行赋值。

【例 6.9】定义圆柱体类 Cylinder，并对该类创建的对象进行赋值运算。

```
//FileName: App6_9.java      对象的赋值
class Cylinder{                        // 定义类 Cylinder
  private static double pi=3.14;
  private double radius;
  private int height;
  public Cylinder(double r,int h){
    radius=r;
    height=h;
  }
  public void setCylinder(double r,int h){
    radius=r;
    height=h;
  }
  double volume(){
    return pi*radius*radius*height;
  }
}
public class App6_9{                   // 主类
  public static void main(String[] args){
    Cylinder volu1,volu2;              // 声明 volu1,volu2 两个引用型变量
    volu1=new Cylinder(2.5,5);         // 创建对象，并将 volu1 指向它
    System.out.println(" 圆柱体 1 的体积 ="+volu1.volume());
    volu2=volu1;                       // 将 volu1 赋值给 volu2,volu2 也指向了该对象
    volu2.setCylinder(1.0,2);          // 重新设置圆柱体的底半径和高
    System.out.println(" 圆柱体 2 的体积 ="+volu1.volume());
```

```
26    }
27 }
```

程序运行结果：

```
圆柱体 1 的体积 =98.125
圆柱体 2 的体积 =6.28
```

例 6.9 在主方法 main() 中声明了 volu1、volu2 两个类 Cylinder 类型的变量，但只创建了一个对象 volu1，通过第 23 行的对象赋值语句“volu2=volu1;”，将两个不同名的引用变量指向了同一个对象，所以通过任意一个引用变量对对象进行修改，另一个引用变量所指向的对象内容也会随之更改。这可从程序的第 25 行看出，该语句调用的是 volu1 的方法 volume()，而输出的结果则是通过第 24 行语句调用 volu2 的方法 setCylinder(1.0,2) 修改后的内容。对引用变量赋值后，两个引用变量指向了同一个对象。

由于引用变量中存放的是对象在内存中的首地址，那么对象被赋值后，到底是它们所共同指向的同一对象的内容相等，还是这两个引用变量中所保存的地址相等？当然是后者正确。因为在 5.4.2 节中曾经讨论过，在调用方法时，当方法的参数是基本数据类型，则是传值方式调用；而当参数是引用变量，则是传址方式调用。牢记这个结论，对理解参数传递非常有意义。另外，引用变量也可以作为方法的参数来使用。

【例 6.10】以圆柱体类 Cylinder 的对象为参数进行方法调用，并说明对象的比较。

```
//FileName: App6_10.java       向方法内传递对象
class Cylinder{                              // 定义类 Cylinder
 private static double pi=3.14;
 private double radius;
 private int height;
 public Cylinder(double r,int h){
    radius=r;
   height=h;
 }
 public void compare(Cylinder volu){      // 以对象作为方法的参数
    if(this==volu)                        // 判断 this 与 volu 是否指向同一对象
      System.out.println(" 这两个对象相等 ");
    else
      System.out.println(" 这两个对象不相等 ");
 }
}
public class App6_10{                        // 主类
  public static void main(String[] args){
    Cylinder volu1=new Cylinder(1.0,2);
    Cylinder volu2=new Cylinder(1.0,2);
    Cylinder volu3=volu1;
    volu1.compare(volu2);// 调用 compare() 方法，比较 volu1 与 volu2 是否相等
```

```
23      volu1.compare(volu3);// 调用 compare() 方法，比较 volu1 与 volu3 是否相等
24    }
25 }
```

程序运行结果：

```
这两个对象不相等
这两个对象相等
```

例 6.10 中，Cylinder 类的 compare() 方法接收的参数是对象，并用 if(this==volu) 判断两个引用变量是否相等。在主方法 main() 中声明了三个引用变量 volu1、volu2 和 volu3，并在第 19、20 行用相同的实参创建了两个对象 volu1 和 volu2。但在第 22、23 行分别用 volu2、volu3 调用 volu1 的 compare() 方法，从运行结果来看，volu1 与 volu2 不相等，而 volu1 与 volu3 却相等。这是因为 volu1 和 volu2 分别指向了两个新创建的 Cylinder 类对象，尽管创建的两个对象看上去完全相同，但两个对象彼此独立，是两个占据不同内存空间地址的对象，而引用变量 volu1 与 volu2 的值分别是这两个对象在内存中的首地址，显然它们是不相等的；volu1 和 volu3 是指向同一个对象的两个变量，它们的值是同一对象在内存中的首地址，它们是相等的。

6.5.2 引用变量作为方法的返回值

引用变量不但可以作为参数进行传递，而且可以作为方法的返回值。若要方法返回类类型的变量，只需在方法声明的前面加上要返回的类名即可。

【例 6.11】创建人类 Person，在该类中定义一个以对象作为返回值的方法 compare()。

```
//FileName: App6_11.java      方法的返回值为对象
class Person{                                    // 定义类 Person
  private String name;
  private int age;
  public Person(String name,int age){
    this.name=name;
    this.age=age;
  }
  public Person compare(Person p){               // 返回值的类型为对象
    if(this.age > p.age)
      return this;                               // 返回调用该方法的对象
    else
      return p;                                  // 返回参数对象
  }
}
public class App6_11{                            // 主类
  public static void main(String[] args){
    Person per1=new Person("张三",20);
    Person per2=new Person("李四",21);
```

```
20     var per3=per1.compare(per2);// 根据所赋值的类型推断 per3 为 Person 类型
21     if(per3==per1)
22       System.out.println(" 张三年龄大 ");
23     else
24       System.out.println(" 李四年龄大 ");
25   }
26 }
```

程序运行结果：

```
李四年龄大
```

例 6.11 程序第 9 ～ 14 行定义的 compare() 方法其返回值类型是 Person，第 20 行使用 var 作为类型名创建对象 per3，由方法 compare() 返回值的类型可推断出 per3 的类型为 Person。该例通过比较两个对象的成员变量 age 的大小返回 age 的值较大的对象。

6.5.3 类类型的数组

在第 4 章中介绍过数组，数组元素可以存放各种类型的数据，当然数组也可以用来存放对象。用数组来存放对象，一般要经过如下两个步骤：

（1）声明类类型的数组变量，并用 new 运算符分配内存空间给数组；

（2）用 new 创建数组元素对象，分配内存空间给它，并让数组元素指向它。

【例 6.12】对象数组的应用。以 Person 类为类型，创建数组。

```
//FileName: App6_12.java     对象数组的应用
class Person{                  // 定义类 Person
  private String name;
  private int age;
  public Person(String name,int age){
    this.name=name;
    this.age=age;
  }
  public void show(){
    System.out.println(" 姓名： "+name+"   年龄： "+age);
  }
}
public class App6_12{          // 主类
  public static void main(String[] args){
    Person[] per;              // 声明类类型的数组
    per=new Person[3];         // 用 new 运算符为数组分配内存空间
    per[0]=new Person(" 张三 ",20);  ⎫ 用 new 运算符创建对象，并分配
    per[1]=new Person(" 李四 ",21);  ⎬
    per[2]=new Person(" 王二 ",19);  ⎭ 给数组元素
    per[2].show();             // 利用对象 per[2] 调用 show() 方法
    per[0].show();             // 利用对象 per[0] 调用 show() 方法
```

```
22   }
23 }
```

程序运行结果：

```
姓名：王二  年龄：19
姓名：张三  年龄：20
```

在主方法 main() 中，定义了一个包含 3 个元素的数组 per，其类型为 Person 类类型，即数组元素是 Person 类型的变量，所以程序的第 17 ～ 19 行分别用数组元素指向新建对象的内存首地址。用不同的对象调用相应的 show() 方法，则显示出相应对象的成员变量。

6.5.4 以对象数组为参数进行方法调用

通过例 6.12 可知，数组也可以用来存放对象，因此也可以将对象数组作为参数传递到方法中。

【例 6.13】以对象数组作为参数传递给方法，返回对象数组中最小的成员变量。

```
//FileName: App6_13.java       以对象数组为参数进行方法调用
class Person{                   // 定义类 Person
  private String name;
  private int age;
  public Person(String name,int age){
    this.name=name;
    this.age=age;
  }
  public static int minAge(Person[] p){ // 以对象数组 p 作为参数传递给方法
    int min=Integer.MAX_VALUE;     // 将变量 min 的初值设为 int 型整数的最大值
    for(int i=0;i<p.length;i++)
      if(p[i].age<min)
        min=p[i].age;           // 将对象数组中成员变量 age 的最小值存入变量 min 中
    return min;                 // 返回对象数组中最小的成员变量的值
  }
}
public class App6_13{
  public static void main(String[] args){
    Person[] per=new Person[3];
    per[0]=new Person("张三",20);
    per[1]=new Person("李四",21);
    per[2]=new Person("王二",19);
    System.out.println("最小的年龄为："+ Person.minAge(per));
  }
}
```

程序运行结果：

```
最小的年龄为：19
```

从该例中可以看出，在一个方法中接收类类型数组的形参，其格式是“类名 [] 数组名”。如本例中的语法格式为：

```
public static int minAge(Person[] p)
```

因为该方法被声明为 static，所以在主方法的第 23 行直接用类名 Person 来调用该方法，并传递对象数组到该方法中，但需注意的是，传递数组时的实参只需给出其数组名即可。

本章小结

1. 用 private 修饰的成员称为类的私有成员；用 public 修饰的成员称为类的公共成员。

2. 方法重载是指在一个类内定义相同名称的多个方法，这些同名方法或者参数的个数不同，或者参数的个数相同但类型不同，则这些同名方法便具有不同的功能。

3. 构造方法可视为一种特殊的方法，它的主要功能是帮助创建的对象赋初值。

4. 如果一个类没有定义构造方法，则 Java 编译系统会自动为其生成默认的构造方法。

5. 实例方法可以访问实例成员和静态成员；静态方法可以访问静态成员，但不能访问实例成员。

6. 由类声明得到的变量称为“类类型的变量”，它是属于“引用类型变量”的一种。

7. 就对象的功能而言，对象是“指向对象的变量”，但就其类型而言它属于“类类型的变量”。

习题

6.1 一个类的公共成员与私有成员有何区别？

6.2 什么是方法的重载？

6.3 类的构造方法的作用是什么？若一个类没有声明构造方法，该程序能正确执行吗？为什么？

6.4 构造方法有哪些特性？

6.5 在一个构造方法内可以调用同类的另一个构造方法吗？如果可以，如何调用？

6.6 静态变量与实例变量有哪些不同？

6.7 静态方法与实例方法有哪些不同？

6.8 在一个静态方法内调用一个非静态成员为什么是非法的？

6.9 对象的相等与指向它们的引用相等有什么不同？

6.10 利用方法重载求两个整数、两个实数和三个数中的最大数。

Java

第 7 章

继承、抽象类与接口

本章主要内容

- ★ 子类的创建和在子类中访问父类的成员；
- ★ 覆盖父类的方法；
- ★ 抽象类与抽象方法；
- ★ 接口的实现与接口回调；
- ★ 解决接口多重继承中名字冲突问题。

类的继承是使用已有的类为基础派生出新的类。抽象类与接口都是类概念的扩展，通过继承扩展出的子类，加上覆盖的应用，抽象类可以一次创建并控制多个子类。接口则是 Java 语言中实现多重继承的重要方法。

7.1 类的继承

类的继承是在一个类的基础上扩展新功能而实现的。被继承的类称为父类（parent class）、超类（super class）或基类（base class），由继承而得到的类称为子类（sub class）或派生类（derived class）。一个父类可以同时拥有多个子类，但一个类只能有一个直接父类。父类实际上是所有子类的公共成员的集合。子类继承父类可访问的成员变量和成员方法，同时可以修改父类的成员变量或重写父类的方法，还可以添加新的成员变量或成员方法。在 Java 语言中有一个名为 java.lang.Object 的特殊类，所有的类都是直接或间接地继承该类而得到的。

7.1.1 子类的创建

在定义类时若使用 extends 关键字指出新定义类的父类，就在两个类之间建立了继承关系。新定义的类称为子类，它可以从父类那里继承所有非 private 的成员作为自己的成员。通过在类的声明时使用 extends 关键字来创建一个类的子类，格式如下：

```
class SubClass extends SuperClass{
    ⋮
}
```

上述语句把 SubClass 声明为类 SuperClass 的直接子类，如果 SuperClass 又是某个类的子类，则 SubClass 同时也是该类的间接子类。如果没有 extends 关键字，则该类默认为 Object类的子类。因此，在 Java 语言中所有的类都是通过直接或间接地继承 Object 类得到的。在此之前的所有例子中的类均是 Object 类的子类。

子类的每个对象也是其父类的对象，反之则不然，父类对象不一定是它子类的对象。例如，每个圆都是一个几何对象，但并非每个几何对象都是圆。这是继承性的“即是”性质。也就是说，若 SubClass 继承自 SuperClass，则 SubClass 即是 SuperClass，所以在任何可以使用 SuperClass 实例的地方，都允许使用 SubClass 实例，反之则不然。

1. 子类的构建方法

【例 7.1】类的继承，创建 Person 类，再以该类为父类创建一个学生子类 Student。

```
//FileName: App7_1.java      类继承的简单例子
class Person{                          //Person 类是 java.lang.Object 类的子类
  private String name;                 //name 表示姓名
  private int age;                     //age 表示年龄
  public Person(){                     // 定义 Person 类的无参构造方法
    System.out.println(" 调用了个人类的构造方法 Person()");
  }
  public void setNameAge(String name,int age){
    this.name=name;
    this.age=age;
  }
  public void show(){
    System.out.println(" 姓名: "+name+"   年龄: "+age);
  }
}
class Student extends Person{          // 定义 Student 类，继承自 Person 类
  private String department;
  public Student(){                    // 定义 Student 类的构造方法
    System.out.println(" 调用了学生类的构造方法 Student()");
  }
  public void setDepartment(String dep){
    department=dep;
    System.out.println(" 我是 "+department +" 的学生 ");
  }
}
public class App7_1{                   // 主类
  public static void main(String[] args){
    Student stu=new Student();         // 创建 Student 对象
```

```
29      stu.setNameAge("张小丰",21);  // 调用父类的 setNameAge() 方法
30      stu.show();                   // 调用父类的 show() 方法
31      stu.setDepartment("计算机系"); // 调用子类的 setDepartment() 方法
32    }
33 }
```

程序运行结果：

```
调用了个人类的构造方法 Person()
调用了学生类的构造方法 Student()
```

先调用父类的构造方法 Person()，再调用子类的构造方法 Student() 后得到的结果

```
姓名：张小丰   年龄：21
```

——调用由父类继承而来的方法所得到的结果

```
我是计算机系的学生
```

——调用子类的方法所得到的结果

该程序中定义了三个类：Person、Student 和 App7_1。程序的第 16 行定义子类 Student 时，利用 extends 关键字表示它是继承自父类 Person。Person 类共有两个私有成员变量 name 和 age、一个无参的构造方法 Person() 和两个成员方法 setNameAge() 与 show()。继承自 Person 的子类 Student 则包含一个私有成员变量 department、一个构造方法 Student() 和一个成员方法 setDepartment()。

在程序运行时，第 28 行创建对象 stu 时，调用的是 Student() 构造方法。有趣的是，明明是调用 Student() 构造方法，理应输出“调用了学生类的构造方法 Student()”字符串，但却输出了“调用了个人类的构造方法 Person()”字符串，这似乎是 Person() 构造方法被调用了，而且是先调用父类的构造方法之后，才接着调用子类的构造方法。事实上，在 Java 语言的继承中，执行子类的构造方法之前，会先调用父类中没有参数的构造方法，其目的是要帮助继承自父类的成员做初始化操作。

第 29、30 行分别利用 stu 对象，调用从父类继承而来的 setNameAge() 和 show() 方法设置 Person 类的成员变量 name、age 并输出“姓名：张小丰　年龄：21”。最后程序的第 31 行则是调用子类的 setDepartment() 方法把子类的成员变量 department 的值设置为“计算机系”，并输出相应的字符串。

说明：

（1）通过 extends 关键字，可将父类中的非私有成员继承给子类。在使用这些继承过来的成员时，可利用过去惯用的语法即可，如第 29、30 行均是利用子类所产生的 stu 对象，调用从父类继承而来的方法。

（2）Java 程序在执行子类的构造方法之前，会先自动调用父类中没有参数的构造方法，其目的是帮助继承自父类的成员做初始化操作。在任何情况下，创建一个类的对象时，都将会调用沿着继承链的所有父类的构造方法。即当创建一个子类对象时，子类的构造方法会在完成自己的任务之前，首先调用其父类的构造方法。如果父类继承自另一个类，那么父类的构造方法又会在完成自己的任务之前，调用其父类的构造方法。这个过程持续到沿着这个继承层次结构的最后一个构造方法被调用为止，这称为构造方法链。

（3）严格意义上，构造方法是不能被继承的，例如父类 Person 有一个构造方法 Person(String,int)，

不能说子类 Student 也自动有一个构造方法 Person(String,int)，但这并不意味着子类不能调用父类的构造方法。

（4）一般情况下，最好能为每个类提供一个无参构造方法，以便对该类进行扩展且避免错误。

2. 调用父类中特定的构造方法

通过例 7.1 可知，程序中即使没有明确地指定子类调用父类的构造方法，但程序执行时子类还是会先调用父类中没有参数的构造方法，以便进行初始化操作。但如果父类中有多个构造方法时，如何才能调用父类中某个特定的构造方法？其做法就是在子类的构造方法中通过 super() 语句来调用父类特定的构造方法。关键字 super 是指向该 super 所在类的父类。

【例 7.2】以 Person 作为父类，创建学生子类 Student，并在子类中调用父类里指定的构造方法。

```
1 //FileName: App7_2.java        调用父类中的特定构造方法
2 class Person{                                  // 定义 Person 类
3   private String name;
4   private int age;
5   public Person(){                             // 定义 Person 类的无参构造方法
6     System.out.println("调用了 Person 类的无参构造方法");
7   }
8   public Person(String name,int age){    // 定义 Person 类的有参构造方法
9     System.out.println("调用了 Person 类的有参构造方法");
10    this.name=name;
11    this.age=age;
12  }
13  public void show(){
14    System.out.println("姓名："+name+"  年龄："+age);
15  }
16 }
17 class Student extends Person{       // 定义继承自 Person 类的子类 Student
18  private String department;
19  public Student(){                  // 定义 Student 类的无参构造方法
20    System.out.println("调用了学生类的无参构造方法 Student()");
21  }
22  public Student(String name,int age,String dep){// 定义 Student 类的有参构造方法
23    super(name,age);                 // 调用父类的有参构造方法，在第 8 行定义的
24    department=dep;
25    System.out.println("我是"+department +"的学生");
26    System.out.println("调用了学生类的有参构造方法 Student(name,age,dep)");
27  }
28 }
29 public class App7_2{                 // 主类
30  public static void main(String[] args){
```

```
31     Student stu1=new Student();                    //调用无参构造方法创建对象
32     Student stu2=new Student("李林",23, "信息系");//调用有参构造方法创建对象
33     stu1.show();
34     stu2.show();
35   }
36 }
```

程序运行结果：

```
调用了Person类的无参构造方法
调用了学生类的无参构造方法Student()
调用了Person类的有参构造方法
我是信息系的学生
调用了学生类的有参构造方法Student(name,age,dep)
姓名：null   年龄：0
姓名：李林   年龄：23
```

该程序中的Person类及其子类Student均有两个构造方法：一个无参数；另一个有参数。程序执行到第31行时调用无参构造方法Student()，此构造方法会自动先调用父类中无参构造方法Person()，再执行自己的构造方法Student()。第32行则调用了具有3个参数的构造方法Student(String name,int age,String dep)，通过第23行的super(name,age)语句，会调用第8行所定义的Person(String name,int age)构造方法。第24行将stu2自身的成员变量department赋值为“信息系”。第33行用stu1对象调用show()方法，因stu1的成员变量name和age没有赋值，其默认值分别为null和0。第34行则以stu2调用show()方法，因stu2的成员变量name和age已被父类的构造方法赋值为“李林”和“23”，故输出相应的结果。

说明：

（1）如果省略了第23行的super(name,age)语句，则还会调用父类中没有参数的构造方法。

（2）调用父类构造方法的super()语句必须写在子类构造方法的第一行，否则编译会出错。

（3）在子类中访问父类的构造方法，其格式为super（参数列表），super()可以重载。

（4）Java程序在执行子类的构造方法之前，如果没有用super()来调用父类中特定的构造方法，则编译器就会把super()作为构造方法的第一条语句，调用父类中“没有参数的构造方法”。因此，如果父类中只定义了有参数的构造方法，而在子类的构造方法中又没有用super()来调用父类中特定的构造方法，则编译时将发生错误，因为Java程序在父类中找不到“没有参数的构造方法”可供执行。解决的办法是在父类中加上一个“不做事”且没有参数的构造方法即可，如public Person(){}。

（5）super()与this()的功能相似，但super()是从子类的构造方法调用父类的构造方法，而this()则是在同一个类内调用其他的构造方法。当构造方法有重载时，super()与this()均会根据所给出的参数类型与个数，正确地执行相应的构造方法。

（6）super()与this()必须位于构造方法内的第一行，也就是这个原因，super()与this()无法同

时存在同一个构造方法内。

（7）与 this 关键字一样，super 指的也是对象，所以 super 同样不能在 static 环境中使用。

7.1.2 在子类中访问父类的成员

在子类中使用 super 不但可以访问父类的构造方法，还可以访问父类的成员变量和成员方法，但 super 不能访问在子类中添加的成员。在子类中访问父类成员的格式如下：

```
super.变量名;
super.方法名();
```

另外，因为子类中不能继承父类中的 private 成员，所以无法在子类（类外）中访问父类中的 private 成员。但在子类中可以访问父类中的 protected 成员。

【例 7.3】在学生子类 Student 中访问父类 Person 的成员。

```
//FileName: App7_3.java      用protected修饰符和super关键字访问父类的成员
class Person{                    //定义Person类
  protected String name;     //声明被保护的成员变量
  protected int age;
  public Person(){}          //定义Person类的"不做事"的无参构造方法
  public Person(String name,int age){    //定义Person类的有参构造方法
    this.name=name;
    this.age=age;
  }
  protected void show(){     //定义被保护的成员方法
    System.out.println("姓名："+name+"  年龄："+age);
  }
}
class Student extends Person{       //定义子类Student，其父类为Person
  private String department;        //声明私有数据成员
  int age=20;           //新添加了一个与父类的成员变量age同名的成员变量
  public Student(String xm,String dep){ //定义Student类的有参构造方法
    name=xm;                 //在子类里直接访问父类的protected成员name
    department=dep;
    super.age=25;            //利用super关键字将父类的成员变量age赋值为25
    System.out.println("子类Student中的成员变量age="+age);
    super.show();            //去掉super而只写show()也可以
    System.out.println("系别："+ department);
  }
}
public class App7_3{         //主类
  public static void main(String[] args){
    Student stu=new Student("李林","信息系");
  }
}
```

程序运行结果：

```
子类 Student 中的成员变量 age=20
姓名：李林   年龄：25
系别：信息系
```

因为在该程序的子类 Student 的构造方法中没有用 super() 来调用父类中特定的构造方法，所以在第 5 行父类 Person 中必须定义一个“不做事”且没有参数的构造方法，本例中没有用到父类中的有参构造方法，只是为了说明问题而设置的。另外，在父类 Person 中的第 3、4 行将 name 和 age 声明为 protected，所以可以在子类中直接访问它们，如第 18 行。也可用 super 关键字来访问父类的成员，如第 20 行。因为在第 10 行将父类的 show() 方法也声明为 protected，所以在子类中可以直接调用也可以用关键字 super 来调用，如第 22 行。

说明： 用 protected 修饰的成员可以被三种类所引用：该类自身、与它在同一个包中的其他类、在其他包中该类的子类。

7.1.3 覆盖

覆盖（overriding）的概念与方法的重载相似，它们均是 Java 多态（polymorphism）的技巧之一。重载的概念已在 6.2 节中介绍过。而覆盖则是指在子类中定义名称、参数个数与类型均与父类中完全相同的方法，用来重写父类中同名的方法。即覆盖一个方法，必须在子类中使用相同的签名及相同或兼容的返回类型定义方法。

1. 覆盖父类的方法

在子类中重新定义父类已有的方法时，应与父类中被覆盖的方法有完全相同的方法名、返回值类型和参数列表，否则就不是方法的覆盖，而是子类定义自己的与父类无关的方法，父类的方法未被覆盖，所以仍然存在。也就是说，子类继承父类中所有可被访问的成员方法时，如果子类的方法头与父类中的方法头完全相同，则不能继承，此时子类的方法是覆盖父类的方法。为了保证方法覆盖的正确性，Java 提供了一种专门用于覆盖的注解 @Override，该注解只用于方法，用来限定必须覆盖父类中的方法。

注意： 子类中不能覆盖父类中声明为 final 和 static 的方法。

说明：

（1）如果子类中定义的静态方法与父类中的静态方法有完全相同的方法头，那么父类中的静态方法被隐藏。它们是属于各自类本身的，相互独立，不是覆盖关系。在子类中可使用语法“父类名.静态方法名 ()”来调用被隐藏的父类的静态方法。

（2）方法中的局部变量可以对类中同名实例变量或同名静态变量进行隐藏。

【例 7.4】以 Person 类为父类，创建学生子类 Student，并用子类中的方法覆盖父类的方法。同时在父类和子类中定义同名的静态方法，并进行相应访问。

```
//FileName：App7_4.java   方法的覆盖、父类与子类同名静态方法的访问方式
class Person{
```

```
3    protected String name;
4    protected int age;
5    public Person(String name,int age){     //定义 Person 类的构造方法
6      this.name=name;
7      this.age=age;
8    }
9    protected void show(){
10     System.out.println("姓名: "+name+"   年龄: "+age);
11   }
12   protected static void stf(){              //定义 Person 类的静态方法
13     System.out.println("我是父类 Person 中的静态方法");
14   }
15 }
16 class Student extends Person{              //定义子类 Student，其父类为 Person
17   private String department;
18   public Student(String name,int age,String dep){//定义 Student 类的构造方法
19     super(name,age);
20     department=dep;
21   }
22   @Override                             //保证覆盖的正确性
23   protected void show(){                //覆盖父类 Person 中同名的 show() 方法
24     System.out.println("系别: "+ department);
25   }
26   protected static void stf(){         //定义与父类 Person 中同名的静态方法
27     System.out.println("我是子类 Student 中的静态方法");
28   }
29 }
30 public class App7_4{
31   public static void main(String[] args){
32     Student stu=new Student("王永涛",24,"电子");
33     stu.show();
34     stu.stf();                          //调用的是 Student 类的静态方法
35     Person.stf();                       //用类名 Person 调用的是自己的静态方法
36   }
37 }
```

程序运行结果：

```
系别: 电子
我是子类 Student 中的静态方法
我是父类 Person 中的静态方法
```

例 7.4 中的父类 Person 和子类 Student 中各自定义了自己的构造方法，而且它们都有各自定义的同名同类型的方法 show() 和静态方法 stf()，因为方法头相同，所以父类中的 show() 不被子类所继承，而是被子类中的同名方法所覆盖，因此第 33 行 stu 调用的是子

类的 show() 方法而不是父类的 show() 方法。因为 stf() 是与父类中同名的静态方法，所以父类中的静态方法没有被覆盖。第 35 行是用类名 Person 调用自己的静态方法输出“我是父类 Person 中的静态方法”。

说明：在子类中覆盖父类的方法时，可以扩大父类方法的权限，但不可以缩小父类方法的权限。所以将例 7.4 第 23 行的 protected 改为 public 是可以的，但不能改为 private。

方法的覆盖发生在具有继承关系的不同类中，而方法的重载可以发生在同一个类中，也可以发生在具有继承关系的不同类中，如下面的代码。

```
class Parent{
  public viod m(double i){
    System.out.println(i*5);
  }
}
classs Sub extends Parent{
  public viod m(int i){
    System.out.println(i);
  }
}
```

在 Sub 类中有两个重载方法 m(double i) 和 m(int i)，其中 m(double i) 方法继承自 Parent 类。

2. 用父类的对象访问子类的成员

在例 7.4 中的第 32 行是用子类来声明子类对象 stu，而在第 33 行则是利用子类对象 stu 来调用 show() 方法。但事实上，通过父类对象也可以访问子类成员。在继承关系中可以访问哪些成员是由引用变量的类型决定的，而不是由所引用对象的类型决定的。当将指向子类对象的引用赋值给父类的引用变量时，只能访问子类对象在父类中定义的那些部分。

【例 7.5】利用父类 Person 的对象调用子类 Student 中的成员。

```
//FileName: App7_5.java        父类对象调用被子类覆盖的方法
class Person{
  protected String name;
  protected int age;
  public Person(String name,int age){    // 定义 Person 类的构造方法
    this.name=name;
    this.age=age;
  }
  protected void show(){
    System.out.println("姓名: "+name+"   年龄: "+age);
  }
  protected static void stf(){             // 定义 Person 类的静态方法
```

```
13      System.out.println("我是父类 Person 中的静态方法");
14    }
15 }
16 class Student extends Person{       //定义子类 Student，其父类为 Person
17    private String department;
18    public Student(String name,int age,String dep){ //定义 Student 类的构造方法
19      super(name,age);
20      department=dep;
21    }
22    @Override                          //必须正确覆盖父类中的 show() 方法
23    protected void show(){             //覆盖父类 Person 中的同名方法
24      System.out.println("系别："+ department);
25    }
26    protected static void stf(){       //定义与父类 Person 中同名的静态方法
27      System.out.println("我是子类 Student 中的静态方法");
28    }
29    public void subShow(){
30      System.out.println("我在子类中");
31    }
32 }
33 public class App7_5{
34    public static void main(String[] args){
35      Student stu=new Student("王永涛",24,"电子");
36      stu.stf();                       //用对象名调用静态方法
37      Person per=stu;                  //声明父类类型的对象指向子类对象
38      per.show();                      //用父类对象调用的是被子类覆盖的方法
39      per.stf();                       //用父类对象调用的是父类自己的静态方法
40      //per.subShow();                 //错误，父类对象不能调用子类中定义的方法
41    }
42 }
```

程序运行结果：

```
我是子类 Student 中的静态方法          //第 36 行语句输出的结果
系别：电子                             //第 38 行语句输出的结果
我是父类 Person 中的静态方法           //第 39 行语句输出的结果
```

例 7.5 只是在例 7.4 的子类中多加了一个 subShow() 方法。第 36 行是用子类 Student 对象 stu 调用自己的静态方法。在该程序的第 37 行声明了父类的对象 per，并且指向了子类对象 stu，第 38 行则是用父类的对象 per 调用 show() 方法，但从程序运行结果可以看出是子类的 show() 方法被调用了。此时“覆盖”发生。也就是说，通过父类的对象依然可以访问子类的成员。而第 39 行则是以父类的对象 per 调用静态方法 stf()，但根据运行结果可知它调用的是父类 Person 的静态方法，说明父类和子类中的同名静态方法是两个独立的方法，而不是覆盖。

注意： 通过父类的对象访问子类的成员，只限于“覆盖”的情况发生时，才可通过父类的对象调用子类的方法。如果某一方法仅存在于子类中，如例 7.5 中的 subShow() 方法，当父类对象调用它时，即将第 40 行的注释去掉，则编译时将产生错误。

创建父类类型的变量指向子类对象（如例 7.5 的第 37 行代码），即将子类对象赋值给父类类型的变量，这种技术被称为“向上转型”。因为向上转型是将子类对象看作父类对象，是从一个较具体的类到一个较抽象的类之间的转换，所以它是安全的；同样也有“向下转型”概念，所谓向下转型就是将父类对象通过强制转换为子类型再赋值给子类对象的技术，向下转型就是将较抽象的类转换为较具体的类。如将例 7.5 的第 37 行代码创建的父类类型的变量 per 赋值给子类类型 Student 的变量 stu2，可采用赋值语句 Student stu2=(Student)per，这就是向下转型技术。当在程序中使用向下转型技术时，必须使用显式类型转换。为了能使程序更加通用，一个好的做法是将变量定义为父类型，这样它就可以接收任何子类型的对象。

7.1.4 final 成员与 final 类

在默认情况下，所有的成员变量和成员方法都可以被覆盖，如果父类的成员不希望被子类的成员所覆盖，可以将它们声明为 final。如果用 final 来修饰成员变量，则说明该成员变量是最终变量，即常量，程序中的其他部分可以访问，但不能修改。如果用 final 修饰成员方法，则该成员方法不能再被子类所覆盖，即该方法为最终方法，即使是静态方法也不能被隐藏。对于一些比较重要且不希望被子类重写覆盖的方法，可以使用 final 修饰符对成员方法进行修饰，这样可增加代码的安全性。

如果一个类被 final 修饰符所修饰，则说明这个类不能再被其他类所继承，即该类不可能有子类，这种类被称为最终类。

关于定义在类中的 final 成员变量和定义在方法中的 final 局部变量，它们一旦给定，都不能再被更改。一个成员变量若被 static final 两个修饰符定义为常量，这种常量不用创建对象使用类名就可以访问，且这样的常量只能在定义时被赋值。

定义一个成员变量时，若只用 final 修饰而不用 static 修饰，这种成员变量的赋值方式有两种：一种是在定义变量时赋初值；另一种是在某一个构造方法中进行赋值。

7.1.5 Object 类

在本章的开头介绍过，在 Java 语言中有一个特殊类 Object，该类是 java.lang 类库中的一个类，所有类都是直接或间接继承该类得到的。即如果某个类没有使用 extends 关键字指定其父类，则该类默认为 Object 类的子类。所以说 Object 类是所有类的源，因此 Object 类中所定义的方法，在任何类里均可被调用。表 7.1 给出了 Object 类常用的方法。

表 7.1 java.lang.Object 类常用的方法

常用方法	功能说明
public boolean equals(Object obj)	判断两个对象变量所指向的是否为同一个对象
public String toString()	将调用 toString() 方法的对象转换为字符串
public final Class getClass()	返回运行时对象所属的类
protected Object clone()	返回调用该方法的对象的一个副本

1. equals() 方法

在例 6.10 中曾经用比较运算符 == 来比较两个对象是否相等。判断两个对象是否相等还可用 equals() 方法，因为 equals() 方法是 Object 类中所定义的方法，而 Object 类又是所有类的父类，所以在任何类中均可以直接使用该方法。另外，在 4.2 节中介绍过字符串类的方法，其中也包含 equals() 方法。对于字符串的操作，Java 程序在执行时会维护一个字符串池（string pool），对于一些可共享的字符串对象，会先在字符串池中查找是否有相同的字符串内容（字符相同），如果有就直接返回，而不是直接创建一个新的字符串对象，以减少内存的占用。当在程序中直接使用双引号 " 括起来的一个字符串时，该字符串就会在字符串池中。下面通过类和字符串两种对象的例子来说明使用比较运算符 == 和 equals() 方法的异同。

【例 7.6】使用 == 运算符和 equals() 方法比较对象的异同。

对象的两种比较方式

```
//FileName: App7_6.java
class A{
  int a=1;
}
public class App7_6{
  public static void main(String[] args){
    A obj1=new A();
    A obj2=new A();
    String s1,s2,s3="abc",s4="abc";//s3、s4 为指向字符串池中同一字符串 "abc" 的对象
    s1=new String("abc");
    s2=new String("abc");
    System.out.println("s1.equals(s2) 是 "+(s1.equals(s2)));
    System.out.println("s1==s3 是 "+(s1==s3));
    System.out.println("s1.equals(s3) 是 "+(s1.equals(s3)));
    System.out.println("s3==s4 是 "+(s3==s4));
    System.out.println("s2.equals(s3) 是 "+(s2.equals(s3)));
    System.out.println("s1==s2 是 "+(s1==s2));
    System.out.println("obj1==obj2 是 "+(obj1==obj2));
    System.out.println("obj1.equals(obj2) 是 "+(obj1.equals(obj2)));
    obj1=obj2;
    System.out.println("obj1=obj2 后 obj1==obj2 是 "+(obj1==obj2));
```

```
    System.out.println("obj1=obj2 后 obj1.equals(obj2) 是 "+(obj1.equals(obj2)));
  }
}
```

程序运行结果：

```
s1.equals(s2) 是 true
s1==s3 是 false
s1.equals(s3) 是 true
s3==s4 是 true
s2.equals(s3) 是 true
s1==s2 是 false
obj1==obj2 是 false
obj1.equals(obj2) 是 false
obj1=obj2 后 obj1==obj2 是 true
obj1=obj2 后 obj1.equals(obj2) 是 true
```

从例 7.6 程序的运行结果可以看出，对于字符串变量来说，用 = = 运算符和 equals() 方法来比较字符串时，其比较方式是不同的。= = 运算符用于比较两个变量本身的值，即两个对象在内存中的首地址，而 equals() 方法则是比较两个字符串中所包含的内容是否相同；而对于非字符串类型的变量来说，= = 运算符和 equals() 方法都用来比较其所指对象在堆内存中的首地址，换句话说，= = 运算符和 equals() 方法都是用来比较两个类类型的变量是否指向同一个对象；另外，对于 s3 和 s4 这两个由字符串常量所生成的变量，其中所存放的内存地址是相同的。

2. toString() 方法

toString() 方法的功能是将调用该方法的对象的内容转换为字符串，并返回其内容，但返回的可能是一些没有意义且看不懂的字符串。因此如果要用 toString() 方法返回对象的内容，可以重新定义该方法以覆盖父类中的同名方法以满足需要。

3. getClass() 方法

getClass() 方法的功能是返回运行时的对象所属的类。一个 Class 对象代表了 Java 应用程序运行时所加载的类或接口的实例，Class 对象由 JVM 自动产生，每当一个类被加载时，JVM 就自动为其生成一个 Class 对象。因为 Class 类没有构造方法，所以可以通过 Object 类的 getClass() 方法来取得对象对应的 Class 对象。在取得 Class 对象之后，就可以通过 Class 对象的一些方法来获取类的基本信息。

【例 7.7】Object 类中 getClass() 方法的使用。

```
//FileName: App7_7.java        利用 getClass() 方法返回运行该方法的对象所属的类
class Person{
  protected String name;
  public Person(String xm){                  // 定义 Person 类的构造方法
    name=xm;
```

```
6     }
7  }
8  public class App7_7{                         // 主类
9    public static void main(String[] args){
10     Person per=new Person("张三");
11     Class obj=per.getClass();                // 用对象 per 调用 getClass() 方法
12     System.out.println("对象 per 所属的类为: "+obj);
13     System.out.println("对象 per 是否是接口: "+obj.isInterface());
14   }
15 }
```

程序运行结果：

```
对象 per 所属的类为: class Person
对象 per 是否是接口: false
```

例 7.7 程序中定义了两个类，它们均没有指定父类，因而会以 Object 类为其父类。第 10 行创建了一个 Person 类的对象 per，第 11 行则是以对象 per 调用 getClass() 方法，这个方法继承自 Object 类。getClass() 方法返回值是 Class 类型，所以必须先在第 11 行声明一个 Class 类型的变量 obj 来接收它。第 12 行则输出 obj 所属的类。从运行结果可以看出，Java 在 Person 之前加上 class 字符串，代表 Person 是一个类。第 13 行则是调用 isInterface() 方法询问 per 是否为接口，输出结果是 false，即不是接口。

4. 对象运算符 instanceof

Object 类中的 getClass() 方法返回的是运行时的对象所属的类，除此之外，还可利用对象运算符 instanceof 来测试一个指定对象是否是指定类或它的子类的实例，其语法格式如下：

```
引用类型变量 instanceof 引用类型
```

该语句用于判断前面的“引用类型变量”是否是后面的“引用类型”或者其子类、实现类的实例，若是则返回 true，否则返回 false。

说明： 在使用 instanceof 时要注意，该关键字前面的变量在编译时类型要么与后面的类型相同，要么与后面的类型具有继承关系，否则会引起编译错误。instanceof 运算符的作用主要是在强制类型转换之前，首先判断该对象是否是后面类型的实例，如果是则进行转换，从而保证正确性。

7.1.6 局部变量类型推断与继承

在 2.6 节中介绍过局部变量类型推断功能，它由保留类型名 var 支持。当以 var 作为变量的类型名时，变量的类型由所赋值的类型决定。但在类的继承关系中曾介绍过，父类对象可以引用子类对象。所以在使用局部变量类型推断时，变量的推断类型基于初始值的声明类型。也就是说，如果初始值是父类类型，则该父类类型就是推断类型，至于初始值引用的实际对象是不是子类的对象并不重要。能清楚地理解类型，推断在继承层次结构中是如何工作的非常重要。

【例 7.8】定义一个返回值为父类类型的方法，调用该方法并以 var 作为返回值类型名的变量类型推断功能的应用。

```
1  //FileName: App7_8.java      对象以 var 作为方法返回值类型名的应用
2  class ClaA{                           // 作为父类
3  }
4  class ClaB extends ClaA{              //ClaB 类继承自 ClaA 类
5    int x;
6  }
7  class ClaC extends ClaB{              //ClaC 类继承自 ClaB 类
8    int y;
9  }
10 public class App7_8{
11   static ClaA getObj(int n){          // 方法的返回值类型为父类 ClaA 类型
12     switch(n){
13       case 0: return new ClaA();
14       case 1: return new ClaB();
15       default: return new ClaC();
16     }
17   }
18   public static void main(String[] args){
19     var m1=getObj(0);// 以 ver 作为类型名声明对象 m1，其类型由方法返回类型决定
20     var m2=getObj(1);
21     var m3=getObj(2);
22     System.out.println("m1 所指向的类: "+m1.getClass());
23     System.out.println("m2 所指向的类: "+m2.getClass());
24     System.out.println("m3 所指向的类: "+m3.getClass());
25     //m2.x=10;                          // 错误，ClaA 类没有成员变量 x
26     //m3.y=20;                          // 错误，ClaA 类没有成员变量 y
27   }
28 }
```

程序运行结果：

```
m1 所指向的类: class ClaA
m2 所指向的类: class ClaB
m3 所指向的类: class ClaC
```

例 7.8 程序中创建了 4 个类，其中前 3 个类中 ClaA 为父类，ClaB 类是 ClaA 的子类，ClaC 是 ClaB 的子类。第 11 行定义的 getObj() 方法其返回值类型为父类 ClaA 类型。第 19 ～ 21 行通过调用 getObj() 方法，使用类型推断分别创建对象 m1、m2 和 m3。虽然 getObj() 方法根据传递的参数分别返回 ClaA、ClaB 和 ClaC 类型的对象，但因方法 getObj() 的返回值类型是父类类型 ClaA，所以，由 var 作为类型名声明的对象所推断的类型由 getObj() 方法的返回值类型决定，而不是由获得的对象的实际类型决定。所以 m1、m2 和 m3 对象的类型都是 ClaA。虽然从运行结果上看 m2 和 m3 的类型分别是 ClaB 是

ClaC，但 m2 和 m3 其实是父类型对象所指向的是其子类对象。由此可知，尽管 getObj() 方法在 ClaA 继承层次结构中返回不同的对象，但它声明的返回类型是 ClaA。因此，这里显示的所有三种情况中，即使获得了不同的子类型的对象，但变量的类型都被推断为 ClaA，正因为 m2 和 m3 的类型都被推断为 ClaA 类型，所以 m2 和 m3 都不能访问由 ClaB 和 ClaC 声明的成员变量，即第 25、26 行的赋值是错误的。

7.2 抽象类

在 Java 语言中可以创建专门用作父类的类，这种类被称为抽象类（abstract class）。抽象类有点类似模板的作用，只能通过抽象类派生出新的子类，再由其子类来创建对象。即抽象类是不能用 new 运算符来创建实例对象的类，它可以作为父类被它的所有子类所共享。

7.2.1 抽象类与抽象方法

抽象类是以修饰符 abstract 修饰的类，定义抽象类的语法格式如下：

```
abstract class 类名{
  声明成员变量;
  返回值的数据类型 方法名(参数表){
    ⋮
  }
    ⋮
  abstract 返回值的数据类型 方法名(参数表);   ——— 抽象方法，在抽象方法里，
                                                不能定义方法体
    ⋮
}
```

说明：抽象类中的方法可分为带有方法体的一般方法和没有方法体的抽象方法，它是以 abstract 关键字开头的方法，此方法只声明返回值的数据类型、方法名称与所需的参数，但没有方法体。抽象方法指定了必须做的工作，而不指定如何做这项工作。也就是说，对抽象方法只需声明，而不需实现，即用“;”结尾，而不是用 {}。当一种方法声明为抽象方法时，意味着这种方法必须被子类的方法所覆盖并实现，否则子类仍然是抽象的。抽象方法声明中修饰符 static 和 abstract 不能同时使用。

抽象类的子类必须实现父类中的所有抽象方法，或者将自己也声明为抽象的。

注意：

（1）因为抽象类是需要被继承的，所以抽象类不能用 final 来修饰。即一个类不能既是最终类又是抽象类，所以关键字 abstract 与 final 不能合用。

（2）abstract 不能与 private、static、final 并列修饰同一个方法。

抽象类中不一定包含抽象方法，但包含抽象方法的类一定要声明为抽象类。抽象类本身不具备实际的功能，只能用于派生其子类，而声明为抽象的方法必须在子类派生时被覆盖。

抽象类可以定义构造方法，但需要用 protected 来修饰，因为它只能被子类的构造方

法调用。在创建一个具体子类的对象时，父类的构造方法被调用，用于初始化父类中定义的成员变量。若抽象类中没有定义构造方法，则系统自动为其添加默认的构造方法。

尽管抽象类不能用于实例化对象，但是可以使用它创建指向其所实现的子类的对象，从而可以利用该子类对象调用实现的方法。

7.2.2 抽象类的应用

抽象类中的抽象方法并没有定义处理数据的方法体，而是要保留给由抽象类派生出的子类来定义。下面举例说明。几何形状是一个抽象的概念，由此概念可派生出“长方形”和“圆形”等具体的几何形状，所以将形状（Shape）声明为抽象的父类，由于每个形状都有一个公共的名称属性 name，因此可把 name 这个成员变量以及对其赋值的方法设置在父类（抽象类）里。另外，如果要为每个具体的几何图形类编写计算其面积的方法 getArea() 和周长的方法 getLength()，但因为每种几何图形的面积和周长的计算方法并不相同，所以将这两个方法放在父类（抽象类）中并不恰当。但每个由父类 Shape 派生出的子类又都要用到这两个方法，因此可以将这两个方法在父类（抽象类）中声明为抽象的方法，而把具体的处理方式留在子类来定义。

【例 7.9】抽象类的应用举例，定义一个形状抽象类 Shape，以该抽象类为父类派生出圆形子类 Circle 和矩形子类 Rectangle。

```
//FileName: App7_9.java      抽象类的应用
import java.text.DecimalFormat;   // 导入格式化十进制数字类
abstract class Shape{             // 定义形状抽象类 Shape
  protected String name;
  protected Shape(String xm){     // 抽象类中的一般方法，本方法是构造方法
    name=xm;
    System.out.print(" 名称: "+name);
  }
  abstract public double getArea(); // 求面积的抽象方法
  abstract public double getLength(); // 求周长的抽象方法
}
class Circle extends Shape{       // 定义继承自 Shape 的圆形子类 Circle
  private final double PI=3.14;
  private double radius;
  public Circle(String shapeName,double r){    // 构造方法
    super(shapeName);
    radius=r;
  }
  public double getArea(){        // 实现抽象类中的 getArea() 方法
    return PI*radius*radius;
  }
  public double getLength(){      // 实现抽象类中的 getLength() 方法
    return 2*PI*radius;
```

```
24    }
25 }
26 class Rectangle extends Shape{     //定义继承自 Shape 的矩形子类 Rectangle
27   private double width;
28   private double height;
29   public Rectangle(String shapeName,double width,double height){//构造方法
30     super(shapeName);
31     this.width=width;
32     this.height=height;
33   }
34   public double getArea(){          //实现抽象类中的 getArea() 方法
35     return width*height;
36   }
37   public double getLength(){        //实现抽象类中的 getLength() 方法
38     return 2*(width+height);
39   }
40 }
41 public class App7_9{                //定义主类
42   public static void main(String[] args){
43     Shape rect=new Rectangle("长方形",6.5,10.3); //声明父类对象 rect 指向子类对象
44     System.out.print("; 面积="+rect.getArea());
45     System.out.println("; 周长="+rect.getLength());
46     Shape circle=new Circle("圆",10.2); //声明父类对象 circle，指向子类对象
47     DecimalFormat df=new DecimalFormat("0.00");//定义保留 2 位小数格式对象
48     System.out.print("; 面积="+df.format(circle.getArea()));//保留 2 位小数
49     System.out.println("; 周长="+df.format(circle.getLength()));
50   }
51 }
```

程序运行结果：

```
名称：长方形；面积=66.95；周长=33.6
名称：圆；面积=326.69；周长=64.06
```

例 7.9 程序中定义了抽象类 Shape 分别作为其两个子类 Circle 和 Rectangle 的父类，在其各自的子类中实现了父类中计算面积和周长的抽象方法。在主方法的第 43、46 行分别创建了父类变量，指向其子类对象。在输出浮点型数据时，有时系统保留小数点后很多位，为了使系统能按用户要求的格式输出，第 47 行使用 DecimalFormat 类创建了只保留 2 位小数的浮点型数据输出格式对象 df，第 48、49 行分别利用 df 对象调用 format() 方法输出圆的面积和周长。

7.3 接口

接口（interface）是 Java 语言所提供的另一种重要功能，它的结构与抽象类相似。接口具有数据成员、抽象方法、默认方法和静态方法，但它与抽象类有下列不同。

（1）接口的数据成员必须都是静态常量且初始化；

（2）接口中除了声明抽象方法外，还可以定义私有方法、静态方法和默认方法，但不能定义一般方法。

7.3.1 接口的定义

接口定义的语法格式如下：

```
[public] interface 接口名称 [extends 父接口名列表]{
  [public][static][final] 数据类型 常量名 = 常量;              } 定义常量
          ⋮
  [public][abstract] 返回值的数据类型 方法名（参数表）;        } 定义抽象方法
          ⋮
   private 返回值的数据类型 方法名（参数表）{
     方法体                                                    } 定义私有方法
  }
          ⋮
  public static 返回值的数据类型 方法名（参数表）{
     方法体                                                    } 定义静态方法
  }
          ⋮
  public default 返回值的数据类型 方法名（参数表）{
     方法体                                                    } 定义默认方法
  }
          ⋮
}
```

其中，interface 前的 public 修饰符可以省略，这种情况接口只能被与它处在同一包中的成员访问。接口与一般的类一样，本身也具有成员变量与成员方法，但成员变量必须是静态常量且一定要赋初值，若省略成员变量的修饰符，则系统默认为 public static final；对抽象方法，即使方法名前省略修饰符，系统仍然默认为 public abstract；接口中的静态方法是用 public static 修饰的；而默认方法是用 public default 修饰的；私有方法用 private 修饰。在实际定义接口时，一般都省略成员变量与抽象方法的修饰符。但修饰私有方法的 private、修饰静态方法的 static 和修饰默认方法的 default 不能省略。事实上，只需记得如下几点即可：一是接口中的“抽象方法”只需声明，不用定义其处理数据的方法体；二是成员变量都必须是赋初值的静态常量；三是接口中除私有方法外的他成员都是 public 的，所以在定义接口时若省略了 public 修饰符，在实现抽象方法时，则不能省略该修饰符。由接口的定义可以看出接口实际上就是一种特殊的抽象类。

因为接口中的常量与静态方法都是静态的，所以可以直接用接口名调用。接口中的私有方法仅可以被同一接口所定义的默认方法或另一私有方法调用。虽然可以在接口中定义常量，但不推荐使用这种方式，因为使用枚举定义常量比接口中定义常量更好。

总之，接口中定义的抽象方法不管是否用 public abstract 进行修饰，其默认总是使用 public abstract 来修饰。接口中的抽象方法不能有方法的实现，即不能有方法体，而接口中的私有方法、静态方法和默认方法都必须有方法的实现，即必须要定义方法体。

7.3.2 接口的实现与接口回调

既然接口中有抽象方法，接口与抽象类一样不能用 new 运算符直接创建对象。相反必须利用接口的特性来建造一个新类，然后再用它来创建对象。利用接口创建新类的过程称为接口的实现（implementation）。接口的实现类似于继承，只是不用 extends 关键字，而是在声明一个类的同时用关键字 implements 来指出所实现的接口。接口实现的语法格式为：

```
class 类名 implements 接口名表{
    ⋮
}
```

一个类要实现一个接口时，应注意以下问题。

（1）如果实现某接口的类不是 abstract 的抽象类，则在类的定义部分必须实现指定接口的所有抽象方法，即非抽象类中不能存在抽象方法。

（2）一个类在实现某接口的抽象方法时，必须使用完全相同的方法头；否则，只是在定义一个新方法，而不是实现已有的抽象方法。

（3）接口中抽象方法的访问控制修饰符都已指定为 public，所以类在实现方法时，必须显式地使用 public 修饰符，否则将被系统警告为缩小了接口中定义的方法的访问控制范围。

（4）如果一个类实现了一个接口，那么这个接口就类似于该类的一个父类。

（5）与类一样，每个接口都被编译成独立的扩展名为 .class 的字节码文件。

一个接口类型的变量可以引用任何实现该接口的类的对象。即接口可以作为一种引用类型来使用时，任何实现该接口的类的实例都可以存储在该接口类型的变量中，通过这些变量可以访问类所实现的该接口的方法。声明接口类型的变量，并用它来访问类所实现的方法，这种访问方式称为接口回调。即把实现接口的类所创建的对象赋值给用该接口声明的接口变量，那么该接口变量就可以调用被类实现的接口中的方法。

【例 7.10】利用形状接口 IShape 创建类及接口回调。

```
//FileName: App7_10.java          接口的实现与接口回调
import java.text.DecimalFormat;           //导入格式化十进制数字类
interface IShape{                         //定义接口
  static final double PI=3.14;
  abstract double getArea();              //声明抽象方法
  abstract double getLength();            //声明抽象方法
}
```

```
8 class Circle implements IShape{          //以IShape接口来实现Circle类
9   double radius;
10  public Circle(double r){
11    radius=r;
12  }
13  public double getArea(){               //实现接口中的getArea()方法
14    return PI*radius*radius;
15  }
16  public double getLength(){             //实现接口中的getLength()方法
17    return 2*PI*radius;
18  }
19 }
20 class Rectangle implements IShape{      //以IShape接口来实现Rectangle类
21  private double width;
22  private double height;
23  public Rectangle(double width,double height){
24    this.width=width;
25    this.height=height;
26  }
27  public double getArea(){               //实现接口中的getArea()方法
28    return width*height;
29  }
30  public double getLength(){             //实现接口中的getLength()方法
31    return 2*(width+height);
32  }
33 }
34 public class App7_10{                   //主类
35  public static void main(String[] args){
36    IShape circle=new Circle(5.0); //声明接口变量，指向其所实现的子类对象
37    DecimalFormat df=new DecimalFormat("0.00"); //定义保留2位小数格式对象
38    System.out.print("圆面积="+df.format(circle.getArea())); //接口回调
39    System.out.println("; 周长="+df.format(circle.getLength()));
40    Rectangle rect=new Rectangle(6.5,10.8); //声明Rectangle类的变量rect
41    System.out.print("矩形面积="+df.format(rect.getArea()));
42    System.out.println("; 周长="+df.format(rect.getLength()));
43  }
44 }
```

程序运行结果：

```
圆面积=78.50; 周长=31.40
矩形面积=70.20; 周长=34.60
```

例7.10程序的第3～7行定义了IShape接口，第8～19行是IShape接口在Circle类中的实现，第20～33行是IShape接口在Rectangle类中的实现。在main()方法中，第36行声明了一个接口类型的变量circle并指向实现该接口的类的对象，在第38、39行用

该对象去调用类所实现的接口中的方法即接口回调。第 40 行则是创建一个 Rectangle 类的变量 rect 并指向其对象，并用该对象去调用自己的方法。在输出数据时限制保留小数点后 2 位。

注意： 对象 circle 被声明为接口类型 IShape，但是它被赋值为 Circle 类的对象，尽管可以使用 circle 访问 getArea() 和 getLenget() 方法，但是它不能访问 Circle 类中的其他任何成员，即接口引用变量只知道接口声明的方法。

说明： 在文件管理方面，接口在编译完之后，所产生的文件名为“接口名 .class”。所以例 7.10 编译完后将产生字节码文件 IShape.class、Circle.class、Rectangle.class 和 App7_10.class，其中 IShape.class 是接口生成的字节码文件。

如果一个方法的参数是接口类型，则该方法将会接收任何实现该接口的类的实例，那么接口参数就可以回调类所实现的接口方法。

7.3.3 接口的继承

与类相似，接口也有继承性。定义一个接口时可通过 extends 关键字声明该新接口是某个已存在接口的子接口，与类的继承不同的是，一个接口可以有一个以上的父接口，它们之间用逗号分隔，形成父接口列表。新接口将继承所有父接口中的常量、抽象方法和默认方法，但不能继承父接口中的静态方法和私有方法，也不能被实现类所继承。如果类实现的接口继承自另外一个接口，那么该类必须实现在接口继承链中定义的所有方法。

【例 7.11】接口的继承。

```
//FileName: Cylinder.java
import java.text.DecimalFormat;
interface Face1{                                  //定义接口 Face1
  static final double PI=3.14;
  abstract double area();
}
interface Face2{                                  //定义接口 Face2
  abstract void setColor(String c);
}
interface Face3 extends Face1,Face2{              //接口的多重继承
  abstract void volume();
}
public class Cylinder implements Face3{//定义 Cylinder 类，并实现 Face3 接口
  private double radius;
  private int height;
  protected String color;
  DecimalFormat df=new DecimalFormat("0.00");
  public Cylinder(double r,int h){
    radius=r;
    height=h;
```

```
21    }
22    public double area(){              // 实现 Face1 接口中的方法
23      return PI*radius*radius;
24    }
25    public void setColor(String c){ // 实现 Face2 接口中的方法
26      color=c;
27      System.out.println(" 颜色： "+color);
28    }
29    public void volume(){              // 实现 Face3 接口中的方法
30      System.out.println(" 圆柱体体积 ="+df.format(area()*height));
31    }
32    public static void main(String[] args){
33      Cylinder volu=new Cylinder(3.0,2);
34      volu.setColor(" 红色 ");
35      volu.volume();
36    }
37 }
```

程序运行结果：

```
颜色：红色
圆柱体体积 =56.52
```

例 7.11 程序的第 3 ～ 6 行定义接口 Face1；第 7 ～ 9 行定义接口 Face2；第 10 ～ 12 行定义接口 Face3，Face3 接口有两个父接口 Face1 和 Face2，是接口的多重继承，所以 Face3 接口继承了两个父接口的所有成员；第 13 ～ 37 行定义类 Cylinder 并实现接口 Face3。在主方法中，第 33 行创建了一个指向 Cylinder 类的对象 volu，并用 volu 调用了相应的方法，输出相应的结果。

7.3.4 利用接口实现类的多重继承

Java 语言中接口的主要作用是可以帮助实现类似于类的多重继承功能。多重继承指一个子类可以有一个以上的直接父类，该子类可以继承它所有直接父类的非私有成员。Java 语言虽不支持类的多重继承，但可以利用接口间接地解决多重继承问题，并能实现更强的功能。

虽然一个类只能有一个直接父类，但是它可以同时实现若干接口。一个类实现多个接口时，在 implements 子句中用逗号分隔各个接口名。这种情况下如果把接口理解成特殊的类，那么这个类利用接口实际上就获得了多个父类，即实现了多重继承。

【例 7.12】利用接口实现类的多重继承。

```
//FileName: Cylinder.java          利用接口实现类的多重继承
interface Face1{                 // 定义接口 Face1
  static final double PI=3.14;
  abstract double area();  // 声明抽象方法
```

```
5  }
6  interface Face2{                                    //定义接口 Face2
7    abstract void volume();                           //声明抽象方法
8  }
9  public class Cylinder implements Face1,Face2{ //利用接口实现类的多重继承
10   private double radius;
11   private int height;
12   public Cylinder(double r,int h){
13     radius=r;
14     height=h;
15   }
16   public double area(){                             //实现接口 Face1 中的抽象方法
17     return PI*radius*radius;
18   }
19   public void volume(){                             //实现接口 Face2 中的抽象方法
20     System.out.println("圆柱体体积="+area()*height);
21   }
22   public static void main(String[] args){
23     Face2 volu=new Cylinder(5.0,2);             //接口回调
24     volu.volume();
25   }
26 }
```

程序运行结果：

```
圆柱体体积=157.0
```

例 7.12 与例 7.11 相似，但第 9 行定义的是类而不是接口；第 23 行创建了一个 Face2 接口类型的引用变量 volu，指向由类 Cylinder 所实现两个接口 Face1 和 Face2 的类所创建的对象；第 24 行利用该接口类型的引用变量 volu 回调了接口在 Cylinder 类中所实现的 volume() 方法。但 volu 不可以调用 Cylinder 类所实现接口 Face1 中的方法 area()，因为 volu 感觉不到 area() 方法的存在。同理，若第 23 行创建的是 Face1 接口类型的引用变量 volu，则 volu 只能调用该类所实现的 Face1 中的方法，而不能访问类所实现的 Face2 中的方法。这个例子进一步说明，当类实现多个接口时，利用其中某个接口创建指向该类的接口类型引用变量，该引用变量只认识自己接口在类中实现的方法，而不知道类所实现的其他接口的方法。

7.3.5 接口中静态方法和默认方法

可以在接口中定义用 static 修饰的静态方法，接口中的静态方法与普通类中的静态方法定义相同。接口中的静态方法和私有方法不能被子接口继承，也不能被实现该接口的类所继承。对接口中静态方法的访问，可以通过接口名直接进行访问，即用“接口名.静态方法名 ()”的形式进行调用；接口中的默认方法可以被子接口或被实现该接口的类所继承，

但子接口中若定义了与父接口中名称相同的默认方法，则父接口中的默认方法被覆盖。在实现类中可以继承默认方法，也可以根据需要重新实现默认方法。接口中的默认方法虽然有方法体，可是不能通过接口名直接调用，但是可以通过接口实现类的实例进行调用，即通过“对象名 . 默认方法名 ()”的形式进行访问，当然在非静态环境中也可以不用对象而直接调用。

【例 7.13】在接口 Face 中定义默认方法、静态方法和抽象方法，在接口的实现类中进行相应的方法调用。

```
1  //FileName: App7_13.java          接口中的默认方法和静态方法
2  interface Face{                               // 定义接口 Face
3    final static double PI=3.14;                // 定义常量
4    public default double area(int r){          // 定义默认方法
5      return r*r*PI;
6    }
7    abstract double volume(int r,double h);     // 声明抽象方法
8    public static String show(){                // 定义静态方法
9      return " 我是 Face 接口中的静态方法 ";
10   }
11 }
12 public class App7_13 implements Face{         // 定义主类 App7_13 并实现接口 Face
13   public double volume(int r,double h){       // 实现接口中的抽象方法
14     return area(r)*h;                         // 直接调用接口中的默认方法 area()
15   }
16   public static void main(String[] args){
17     System.out.println(Face.show());          // 直接使用接口名调用接口的静态方法
18     App7_13 ap=new App7_13();
19     System.out.println(" 圆柱体体积为: "+ap.volume(1,2.0));
20   }
21 }
```

程序运行结果：

```
我是 Face 接口中的静态方法
圆柱体体积为：6.28
```

例 7.13 程序的第 2 ～ 11 行定义了接口 Face，其中，第 4 ～ 6 行定义了默认方法 area()；第 8 ～ 10 行定义了静态方法 show()。第 12 ～ 21 行定义了主类 App7_13 并实现了 Face 接口，第 13 ～ 15 行实现了接口中的抽象方法 volume()，并在其方法中调用了接口的默认方法 area()；在 main() 方法中，第 17 行则直接用接口名调用接口中的静态方法 show()；第 19 行利用对象 ap 调用方法 volume() 输出圆柱体的体积值。

7.3.6 解决接口多重继承中名字冲突问题

如果子接口中定义了与父接口同名的常量或者相同名字的方法，则父接口中的常量被

隐藏，方法被覆盖。但在接口的多重继承中可能存在常量名或方法名重复的问题，即名字冲突。对于常量，若名字不冲突，子接口可以继承多个父接口中的常量；如果多个父接口中有同名的常量，则子接口不能继承，但子接口中可以定义一个同名的常量。当多个父接口中存在同名的方法时，此时必须通过特殊的方式加以解决。

如果一个类实现了两个接口，其中一个接口有默认方法，另一个接口中也有一个名字和参数都相同的方法（默认方法或抽象方法），此时发生方法名冲突。如果出现这种情况，编译器就不知道该继承哪个方法，所以编译报错。要解决方法名冲突问题，可以在接口的实现类中提供同名方法的一个新实现，或者引用其中一个父接口中的默认方法，这种引用方式称为委托某父接口中的默认方法，委托方式为

接口名 .super. 默认方法名 ()

【例 7.14】在 Face1 和 Face2 接口中定义了同名的默认方法 area()，在实现类中委托其中一个父接口中的默认方法。

```
//FileName: App7_14.java   接口多重继承中名字冲突的解决办法
interface Face1{                                   // 定义接口 Face1
  final static double PI=3.14;                     // 定义常量
  public default double area(int r){               // 定义与接口 Face2 中同名的默认方法
    return r*r*PI;                                 // 计算圆面积
  }
  abstract double volume(int r,double h); // 声明抽象方法
}
interface Face2{                                   // 定义接口 Face2
  public default double area(int r){               // 定义与接口 Face1 中同名的默认方法
    return r*r;                                    // 计算正方形面积
  }
}
public class App7_14 implements Face1,Face2{ // 定义主类并实现接口 Face1 和 Face2
  public double area(int r){                       // 实现两个父接口中的同名默认方法 area()
    return Face2.super.area(r);                    // 委托父接口 Face2 的 area() 方法
  }
  public double volume(int r,double h){ // 实现接口中的抽象方法
    return area(r)*h;                              // 调用本类所实现的 area() 方法
  }
  public static void main(String[] args){
    App7_14 ap=new App7_14();
    System.out.println("圆柱体体积为："+ap.volume(1,2.0));
  }
}
```

程序运行结果：

```
圆柱体体积为：2.0
```

例 7.14 程序在 Face1 和 Face2 两个父接口中定义了同名同参数的默认方法 area()。第 14 ～ 25 行定义主类 App7_14 的同时实现了两个接口 Face1 和 Face2，所以方法名 area() 冲突，为了解决方法名冲突问题，可以提供同名方法 area() 的一个新实现，或者委托一个父接口的默认方法。本例在第 16 行采用的是委托父接口 Face2 的默认方法。

在多个接口的实现类中，名字冲突通常有如下几种情况及相应的解决办法：

（1）如果多个父接口中的同名方法均是默认方法，则在实现这多个接口的类中解决名字冲突问题有两种办法，一种提供同名方法的一个新实现；另一种是委托某个父接口的默认方法，如例 7.14 中的第 16 行。

（2）如果多个父接口中的多个同名方法中既有默认方法又有抽象方法，则解决办法同（1），也是在实现这多个接口的类中提供同名方法的一个新实现或委托某父接口的默认方法。

（3）如果多个父接口中的同名方法都是抽象方法，则不会发生名字冲突，实现这些接口的类可以实现该同名方法即可，或者不实现该方法而将自己也声明为抽象类。

（4）如果一个类继承一个父类并实现了多个接口，而父类和这些接口中有多个同名默认方法，此时采用“类比接口优先”的原则，即只继承父类的方法，而忽略来自接口的默认方法。

（5）因为在接口的实现类中静态方法不能被继承，所以当多个父接口中有多个同名静态方法时，不存在名字冲突问题。但要访问某接口中的静态方法，可用该接口名直接调用自己的静态方法即可。

7.4 包

利用面向对象技术开发一个实际的系统时，通常需要设计许多类共同工作，但由于 Java 编译器为每个类生成一个字节码文件，同时在 Java 语言中要求文件名与类名相同，因此若要将多个类放在一起时，就要保证类名不能重复。但当声明的类很多时，类名冲突的可能性很大，这时就更需要利用合理的机制来管理类名。为了更好地管理这些类，Java 语言中引入了包（package）的概念来管理类名空间。Java 语言中的包把各种类组织在一起，使程序功能清楚、结构分明。

7.4.1 包的概念

包是 Java 语言提供的一种区别类名空间的机制，是类的组织方式，每个包对应一个文件夹，包中还可以再有包，称为包等级。在源程序中可以声明类所在的包，就像保存文件时要说明文件保存在哪个文件夹中一样。同一包中的类名不能重复，不同包中的类名可以相同。所以，包实际上提供了一种命名机制和可见性限制机制。

当源程序中没有声明类所在的包时，Java 将类放在默认包中，这意味着每个类使用的名字都必须互不相同，否则会发生名字冲突，就像在同一个文件夹中的文件名不能相同一样。一般不要求处于同一包中的类有明确的相互关系，如包含、继承等，但是因为同一包中的类在默认情况下可以相互访问，所以为了方便编程和管理，通常把需要在一起工作的类放在一个包中。

7.4.2 使用 package 语句创建包

若要创建自己的包，就必须以 package 语句作为 Java 源文件的第一条语句，指明该文件中定义的类所在的包，它的格式为：

```
package 包名1[.包名2[.包名3]…];
```

经过 package 的声明之后，在同一文件内的所有类或接口都被纳入相同的包中。Java 编译器把包对应于文件系统的文件夹进行管理。例如，在名为 mypackage 的包中，所有类文件都存储在 mypackage 文件夹下。同时，在 package 语句中用“.”来指明文件夹的层次，例如：

```
package cgj.ly.mypackage;
```

指定这个包中的文件存储在文件夹 cgj\ly\mypackage 中。实际上，创建包就是在当前文件夹下创建一个子文件夹，用于存放这个包中包含的所有 .class 文件。语句中的“.”代表文件夹分隔符，该语句创建了三个文件夹：第一个是当前文件下的子文件夹 cgj；第二个是 cgj 下的子文件夹 ly；第三个是 ly 下的子文件夹 mypackage，当前包中的所有类就存放在这个文件夹中。

注意：包名与对应文件夹名的大小写必须一致。

包层次的根文件夹是由系统变量 ClassPath 来确定的。在 Java 源文件中若没有使用 package 语句声明类所在的包，则 Java 默认包的路径是当前文件夹，并没有包名，即无名包（unnamed package），无名包中不能有子包。在此之前的所有例子中的类均在同一个源文件内，因此它们都被纳入“无名包”内。因为 Java 有这个机制，所以就算是不指明 package 名称，依然可以正确地运行。

注意：包及子包的定义是为了解决名字空间、名字冲突问题，它与类的继承没有关系。事实上，一个子类与其父类可以位于不同的包中。使用包名时要十分小心，如果要改变一个包名，就必须同时改变对应的文件夹名。

7.4.3 利用 import 语句导入 Java 定义的包

1. 导入包

如果要使用 Java 包中的类，必须在源程序中用 import 语句导入所需要的类。import 语句的格式为：

```
import 包名1[.包名2[.包名3…]].类名|*;
```

其中，import 是关键字，包名 1[. 包名 2 [. 包名 3…]] 表示包的层次，对应于文件夹，与

package 语句相同。"类名"则指明所要导入的类，如果要从一个类库中导入多个类，则可以使用星号"*"表示包中的所有类。多个包名及类名之间用圆点"."分隔。例如：

```
import cgj.ly.mypackage;
import javafx.stage.*;
```

Java 编译器为所有程序自动隐含地导入 java.lang 包，因此用户无须用 import 语句导入它所包含的所有类，就可使用其中的类，但是若要使用其他包中的类，就必须用 import 语句导入。

注意：使用星号"*"只能表示本层次的所有类，不包括子层次下的类。

另外，凡在 Java 程序中需要使用类的地方，都可以指明包含该类的包，这时就不必用 import 语句导入该类了，只是这样要输入大量的字符。在一定意义上，使用 import 语句是为了使书写更方便。如果导入的几个包中包括名字相同的类，则当使用该类时，必须指明包含它的包，使编译器能够载入特定的类。例如，Date 类包含在 java.util 中，可以使用 import 语句导入它以实现它的子类 myDate。

```
import java.util.*;
class myDate extends Date{
  ⋮
}
```

也可以直接给出该类的全称引入该类，而无须使用 import 语句，如：

```
class myDate extends java.util.Date{
  ⋮
}
```

这两者是等价的。

2. Java 包的路径

因为 Java 语言使用文件系统来存储包和类，所以类名就是文件名，包名就是文件夹名。若要引用 Java 包，仅在源程序中增加 import 语句是不够的，还必须告诉系统，程序运行时在哪儿才能找到 Java 的包。因为包层次的根文件夹是由系统变量 ClassPath 来确定的，所以这个功能由系统变量 ClassPath 完成。

7.4.4 Java 程序结构

有了前面的知识后，现在来归纳总结一下 Java 源文件的结构。一个 Java 源文件一般可以包括以下几部分：

```
package                    //声明包，0个或1个
import                     //导入包，0个或多个
public class               //声明公有类，0个或1个，文件名与该类名必须相同
class                      //声明类，0个或多个
interface                  //声明接口，0个或多个
```

其中，只能有一个声明包的语句，且必须是第一条语句，声明为 public 的类最多只能有一个，且文件名必须与该类名相同。

本章小结

1. 通过 extends 关键字，可将父类的非私有成员（成员变量和成员方法）继承给子类。

2. 父类有多个构造方法时，如果要调用特定的构造方法，则可在子类的构造方法中，通过 super() 语句来调用。

3. Java 程序在执行子类的构造方法之前，如果没有用 super() 语句来调用父类中特定的构造方法，则编译器就会把 super() 作为构造方法的第一条语句，先调用父类中“没有参数的构造方法”，其目的是帮助继承自父类的成员做初始化操作。

4. 在构造方法内调用同一类内的其他构造方法使用 this() 语句，而从子类的构造方法调用其父类的构造方法使用 super() 语句。

5. this() 除了可以用来调用同一类的构造方法之外，如果同一类内的成员变量与局部变量的名称相同，也可以利用“this. 成员变量名”来调用同一类内的成员变量。

6. this() 与 super() 的相似之处：（1）当构造方法有重载时，两者均会根据所给参数的类型与个数正确地选择执行相对应的构造方法；（2）两者均位于构造方法内的第一行，因此，this() 与 super() 无法同时存在于同一个构造方法内。

7. 除了利用 super() 来调用父类的构造方法外，还利用“super. 成员名”的形式来调用父类中的成员变量或成员方法。

8. 覆盖是在子类中定义名称、参数个数与类型均与父类相同的方法，用以覆盖父类中方法的功能。

9. 抽象类中的方法可分为两种：一种是一般的方法；另一种是以关键字 abstract 开头的“抽象方法”。抽象方法是没有定义方法体的方法，而是要保留给由抽象类派生出的子类来定义。

10. 接口的结构和抽象类相似，但它与抽象类有两点不同：（1）接口的数据成员都是静态常量且必须初始化，而抽象类中的数据成员可为一般的成员变量；（2）抽象类中可以声明一般方法，而接口中不能声明一般方法，但可以声明私有方法、默认方法和静态方法。

11. 声明接口类型的变量，并用它来访问类所实现该接口的方法，这种访问方式称为接口回调。

12. Java 语言的 package 是存放类与接口的地方，因此把 package 译为“类库”。它是在使用多个类或接口时，避免名字重复而采用的一种措施。

习题

7.1 子类将继承父类的所有成员吗？为什么？

7.2 在子类中可以调用父类的构造方法吗？若可以，如何调用？

7.3 在调用子类的构造方法之前，若没有指定调用父类的特定构造方法，则会先自动调用父类中没有参数的构造方法，目的是什么？

7.4 在子类中可以访问父类的成员吗？若可以，用什么方式访问？

7.5 用父类对象变量可以访问子类的成员方法吗？若可以，则只限于什么情况？

7.6 什么是“多态”机制？Java 语言中是如何实现多态的？

7.7 方法的“覆盖”与方法的“重载”有何不同？

7.8 this 和 super 分别有什么特殊的含义？

7.9 什么是最终类与最终方法？它们的作用是什么？

7.10 什么是抽象类与抽象方法？使用时应注意哪些问题？

7.11 什么是接口？为什么要定义接口？

7.12 接口与抽象类有哪些不同？

7.13 在多个父接口的实现类中，多个接口中的方法名冲突问题有几种形式？如何解决？

7.14 编程题。声明一个 Person 接口，其中有一个返回值类型为 String 的抽象方法 getName() 和一个默认方法 dislpay()。该默认方法输出 getName() 方法的返回值。创建 Student 类实现 Person 接口，该类中定义一个字符型参数的构造方法，功能是返回 name。在主类的 main() 方法中声明一个接口型的变量指向 Student 类对象，然后用该对象调用 dislpay() 方法。

第 8 章

异常处理

本章主要内容

- ★ 异常的定义与分类；
- ★ try-catch-finally 语句；
- ★ 抛出异常的方式。

程序在运行过程中发生错误或出现异常情况是不可避免的，因此使用编程语言开发一个完整的应用系统时，在程序中应提供对出错或异常情况进行处理的策略。

8.1 异常处理的基本概念

异常（exception）是指在程序运行中由代码产生的一种错误。Java 语言中的异常处理机制避免了人工排错的麻烦。

8.1.1 错误与异常

在软件开发过程中，程序中出现错误是不可避免的。作为程序员来说，必须及时发现并改正程序中的错误，对不同的错误应采用不同的处理方式。按照错误的性质可将程序错误分为语法错、语义错和逻辑错三类。

（1）语法错。语法错是因违反程序设计语言的语法规则而产生的错误，如标识符未声明、表达式中运算符与操作数类型不兼容、括号不匹配、语句末尾缺少分号等。这类错误通常在编译时能被发现，并能给出错误的位置和性质，所以又称编译错误。只要没有编译错误，Java 程序的源代码才能被编译成字节码。

（2）语义错。如果程序在语法上正确，但在语义上存在错误，如输入数据格式错、除数为 0 错、待打开的文件不存在、网络连接中断等，这类错误称为语义错。语义错不能被编译系统检测到并发现，含有语义错的程序能够通过编译，只有到程序运行时才能发现其错误，所以语义错又称运行时错。语义错的发生不由程序本身所控制，因此必须进行异常处理。

（3）逻辑错。逻辑错是指程序不能实现程序员的设计意图和设计功能而产生的错误。系统无法找到逻辑错，所以逻辑错误最难排除。程序员必须凭借自身的程序设计经验，找出错误的原因及位置，从而改正错误。

总之，编译器报告的错误称为语法错或编译错；运行时的语义错是指导致程序异常终止的错误；逻辑错是指程序没有按照预期的方式执行。

虽然程序有三种性质的错误，但 Java 系统中根据错误的严重程度将程序运行时的出错分为错误和异常。

（1）错误。错误是指程序在执行过程中所遇到的硬件或操作系统出错，如内存溢出、虚拟机错等。错误对于程序而言是致命的，错误将导致程序无法运行，而且程序本身无法处理错误，只能依靠外界干预，否则会一直处于非正常状态。如找不到 .class 文件，或 .class 文件中没有 main() 方法等导致程序不能运行。

（2）异常。异常是指在硬件和操作系统正常时，程序遇到的运行错。如运算时除数为 0、操作数超出数据范围、数组下标越界、文件找不到或网络连接中断等。异常对于程序而言是非致命性的，虽然异常会导致程序非正常终止，但 Java 语言的异常处理机制使程序自身能够捕获和处理异常。

因为异常是可以检测和处理的，所以产生了相应的异常处理机制，而错误处理一般由系统承担，语言本身不提供错误处理机制。

8.1.2 Java 语言的异常处理机制

（1）异常事件。异常事件指程序在运行过程中发生由于算法考虑不周或软件设计错误等导致程序出现的异常情况。Java 语言提供的异常处理机制通过面向对象的方法来处理异常。所以在 Java 语言中所有异常都以类的形式存在的，除了内置的异常类之外，Java 语言也允许用户自行定义异常类。

（2）抛出异常。在一个程序运行过程中，如果发生了异常事件，则产生代表该异常的一个“异常对象”，并把它交给运行系统，再由运行系统寻找相应的代码来处理这一异常。生成异常对象并把它提交给运行系统的过程称为抛出异常。异常本身作为一个对象，产生一个异常就是产生一个异常对象。这个对象可能由应用程序本身产生，也可能由 Java 虚拟机产生，这取决于产生异常的类型。该异常对象中包含了异常事件类型以及发生异常时应用程序目前的状态和调用过程等必要的信息。

（3）捕获异常。异常抛出后，运行系统从生成异常对象的代码开始，沿方法的调用栈逐层回溯查找，直到找到包含相应异常处理的方法，并把异常对象提交给该方法为止，这个过程称为捕获异常。

Java 语言中定义了很多异常类，每个异常类都代表一种运行错误，类中包含了该运行错误的信息和处理错误的方法等内容。每当 Java 程序运行过程中发生一个可识别的运行错误时，系统都会产生一个对应该异常类的对象。一旦产生一个异常对象，系统中就一定有相应的机制来处理它，从而保证整个程序运行的安全性。这就是 Java 语言的异常处理机制。

简单地说，发现异常的代码可以“抛出”一个异常，运行系统“捕获”该异常，并交由程序员编写的相应代码进行异常处理。

8.2 异常处理类

Java 语言中定义了很多异常类，每个异常类都代表一种运行错误，所以 Java 语言的异常类是处理运行时错误的特殊类，类中包含了该运行错误的信息和处理错误的方法等内容。

在异常类层次的最上层有一个单独的类叫作 Throwable，它是 java.lang 包中的一个类。这个类用来表示所有的异常情况，该类派生了两个子类 Error 和 Exception。其中，Error 子类由系统保留，该类定义了那些应用程序通常无法捕捉到的错误；Exception 子类是供应用程序使用的。异常类的层次结构如图 8.1 所示。

其中，Error 类及其子类的对象代表程序运行时 Java 系统内部的错误，因此 Error 类及子类的对象是由 Java 虚拟机生成并抛出给系统。这种错误有内存溢出错、栈溢出错、动态链接错等。通常 Java 程序不对这种错误进行直接处理，必须交由操作系统处理。而 Exception 子类是供应用程序使用的，它是用户程序能够捕捉到的异常种类，Exception 类对象是 Java 程序抛出和处理的对象，它有各种不同的子类分别对应于各种不同类型的异常。因为应用程序不处理 Error 类，所以一般所说的异常都是指 Exception 类及其子类。

同其他类相同，Exception 类有自己的属性和方法，Exception 类的常用构造方法如表 8.1 所示。

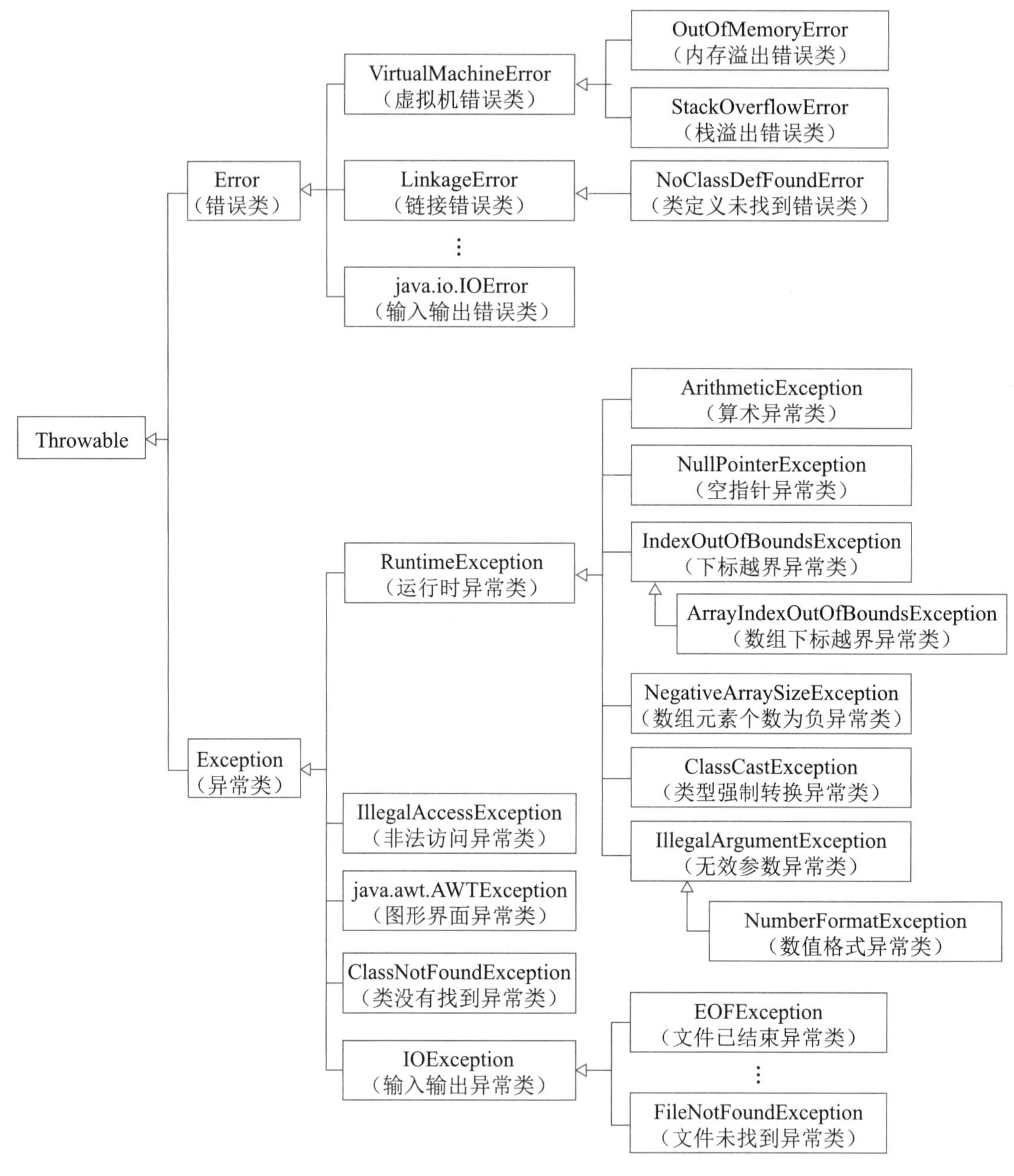

图 8.1 异常类层次结构

表 8.1 java.lang.Exception 类的常用构造方法

构造方法	功能说明
public Exception()	创建一个异常对象
public Exception(String message)	创建异常对象，并使用 message 对该异常所对应错误信息进行描述

Exception 类的方法都是从父类 Throwable 继承来的，其常用方法如表 8.2 所示。

表 8.2 java.lang.Throwable 类的常用方法

常用方法	功能说明
public String getMessage()	返回描述该异常对象的信息
public String toString()	返回三个字符串的连接：异常类的全名、冒号加空格“：”和方法 getMessage() 返回的信息
public void printStackTrace()	在当前的标准输出设备上输出当前异常对象的堆栈使用轨迹，即程序先后调用并执行了哪些对象或类的哪些方法
public StackTraceElement[] getStackTrace()	返回和该异常对象相关的代表堆栈跟踪的一个堆栈跟踪元素的数组

在 Exception 类中有一个子类 RuntimeException 代表运行时异常，它是程序运行时自动对某些错误做出反应而产生的，所以 RuntimeException 可以不编写异常处理的程序代码，依然可以成功编译，因为它是在程序运行时才有可能产生的，如除数为 0 异常、数组下标越界异常、空指针异常等。这类异常应通过程序调试尽量避免而不是使用 try-catch-finally 语句去捕获它。

除 RuntimeException 之外，其他则是非运行时异常，这种异常经常是在程序运行过程中由环境原因造成的异常，如输入输出异常、网络地址打不开、文件未找到等。这类异常必须在程序中使用 try-catch-finally 语句去捕获它并进行相应的处理，否则编译不能通过。在非运行时异常类中最常用的是 IOException 类，所有使用输入输出相关命令的情况都必须处理 IOException 所引发的异常。

总之，程序对错误与异常的处理方式包括程序不能处理的错误；程序应避免而可以不去捕获的运行时异常；必须捕获的非运行时异常。

8.3 异常的处理

在 Java 语言中，异常处理是通过 try、catch、finally、throw、throws 五个关键字来实现的。异常处理的理论似乎很烦琐，但实际使用时并不复杂。

1. 异常的产生

下面通过一个例子来看一下异常从产生到捕获并处理的过程。

【例 8.1】输出一个数组的所有元素，捕获数组下标越界异常和除数为 0 异常。

```
//FileName: App8_1.java          异常的产生
public class App8_1{
  public static void main(String[] args){
    int i;
    int[] a={1,2,3};                          //定义并初始化数组
    for(i=0;i<4;i++)
      System.out.println("  a["+i+"]="+a[i]);
```

```
8       System.out.println("5/0"+(5/0));
9     }
10 }
```

该程序所产生的异常是运行时异常，所以编译时没问题，但运行时产生异常。程序运行结果：

```
a[0]=1
a[1]=2
a[2]=3
Exception in thread "main" java.lang.ArrayIndexOutOfBoundsException: Index 3 out of bounds for length 3
    at App8_1.main(App8_1.java:7)
```

例 8.1 程序中定义了只有 3 个元素的数组 a，下标为 0 ～ 2。程序运行时，正常执行了前 3 次循环，但在执行第 4 次循环并试图输出 a[3] 时，Java 抛出了一个异常对象，系统报告了异常对象的类型及异常发生所在的方法（App8_1.main），所以程序卡在第 7 行同时终止程序的运行。这是因为在循环中要访问 a[3]，而下标为 3 的数组元素不存在，这就会产生一个数组下标越界异常。程序的第 8 行语句“System.out.println(“5/0” +(5/0));”因除数为 0 将会产生一个算术异常（ArithmeticException），因为程序终止在第 7 行，所以该行语句并没有执行到。但如果将第 6 行的循环条件改为 i ＜ 3，则循环将正常结束，然后接着往下执行第 8 行时，因为除数为 0 所以产生算术异常，输出的异常信息如下：

```
Exception in thread "main" java.lang.ArithmeticException: / by zero
        at App8_1.main(App8_1.java:8)
```

2. 使用 try-catch-finally 语句捕获和处理异常

一般来说，系统捕获抛出的异常对象并输出相应的信息，同时终止程序的运行，导致其后的程序无法运行。这其实并不是用户所期望的，因此就需要能让程序来接收和处理异常对象，从而不会影响其他语句的执行，这就是捕获异常的意义所在。当一个异常被抛出时，应该有专门的语句来接收这个被抛出的异常对象，这个过程就是捕获异常。当一个异常类的对象被捕获或接收后，用户程序就会发生流程跳转，系统终止当前的流程而跳转到专门的异常处理语句块，或直接跳出当前程序和 Java 虚拟机回到操作系统。

在 Java 语言的异常处理机制中，提供了 try-catch-finally 语句来捕获和处理一个或多个异常，其语法格式如下：

```
try{
    要检查的语句序列                    } try 块
}
catch(异常类名  形参对象名){
    异常发生时的处理语句序列            } catch 块
}
```

```
finally{
      一定会运行的语句序列      } finally 块
}
```

其中，“要检查的语句序列”是可能产生异常的代码；“异常发生时的处理语句序列”是捕获到某种异常对象时进行处理的代码，catch 后面括号内的“形参对象名”为相应“异常类”的对象，其中“异常类名”指的是由程序抛出的异常对象所属的类；“一定会运行的语句序列”是其必须执行的代码，无论是否捕获到异常。

try-catch-finally 语句的功能与处理异常的顺序：try 块中代码可能会抛出一个或多个异常，若发生异常，则程序的运行会中断，并抛出由“异常类”所产生的“对象”。同时，该代码块也指定了它后面的 catch 语句所能捕获的异常类型，try 语句块用来启动 Java 的异常处理机制。可能抛出异常的语句包括 throw 语句、调用可能抛出异常的方法的调用语句，这些都应该包含在这个 try 语句块中。catch 语句块紧跟在 try 语句块的后面，用来指定需要捕获的异常类型，当 try 语句块中的某条语句在执行时一旦出现异常，此时被启动的异常处理机制就会自动捕获到它，然后流程自动跳过产生异常的语句后面的所有尚未执行的语句，系统直接跳到 catch 语句中，查看是否为匹配的异常类。若抛出的异常对象属于 catch 后面括号内欲捕获的异常类，则 catch 会捕获此异常，然后进入 catch 块内继续执行；无论 try 程序块是否捕获到异常，或者捕获到的异常是否与 catch 后面括号中的异常相同，最后一定会运行 finally 块中的程序代码；finally 块的代码运行结束后，程序再转到 try-catch-finally 块之后的语句继续运行。

3. 多异常处理

catch 块紧跟在 try 块的后面，用来接收 try 块可能产生的异常，一个 catch 语句块通常会用同种方式来处理它所接收到的所有异常，但实际上一个 try 块可能产生多种不同的异常，如果希望能采取不同的方法来处理这些不同的异常，就需要使用多异常处理机制。多异常处理是通过在一个 try 块后面定义若干 catch 块来实现的，每个 catch 块用来接收和处理一种特定的异常对象。需说明的是，各种异常类可以从一个共同的父类中派生，如果 catch 块可以捕获一个父类的异常对象，它就能捕获该父类的所有子类的异常对象。

当 try 块抛出一个异常时，程序的流程首先跳转到第一个 catch 块，并审查当前异常对象能否被这个 catch 块所接收。能接收是指异常对象与 catch 后面圆括号中的参数类型相匹配，即 catch 所处理的异常类型与生成的异常对象的类型完全一致或是它的父类（catch 括号中的异常类型应对应所产生的异常类或该异常的父类）。如果 try 块产生的异常对象被第一个 catch 块所接收，则程序的流程将直接跳转到这个 catch 语句块中，try 块中尚未执行的语句和其他的 catch 块将被忽略。如果 try 块产生的异常对象与第一个 catch 块不匹配，系统将自动跳转到第二个 catch 块进行匹配。如果第二个仍不匹配，就跳转到第三个，以此类推，直到找到一个可以接收该异常对象的 catch 块，即完成流程的跳转。

如果所有的 catch 块都不能与当前的异常对象匹配，则说明当前方法不能处理这个异常对象，程序流程将返回调用该方法的上层方法。如果这个上层方法中定义了与所产生的异常对象相匹配的 catch 块，流程就跳转到这个 catch 块中，否则继续回溯更上层的方法。如果所有方法中都找不到合适的 catch 块，则由 Java 运行系统来处理这个异常对象。此时通常会终止程序的执行，退出 JVM 返回到操作系统，并在标准输出设备上输出相关的异常信息。

在另一种完全相反的情况下，假设 try 块中的所有语句都没有引发异常，则所有的 catch 块都会被忽略而不予执行。

【例 8.2】使用 try-catch-finally 语句对程序中产生的异常进行捕获与处理。

```
//FileName: App8_2.java          异常的捕获与处理
public class App8_2{
  public static void main(String[] args){
    int i;
    int[] a={1,2,3,4};
    for(i=0;i < 5;i++){
      try{
        System.out.print("a["+i+"]/"+i+"="+(a[i]/i));
      }
      catch(ArrayIndexOutOfBoundsException e){
        System.out.print(" 捕获到了数组下标越界异常 ");
      }
      catch(ArithmeticException e){
        System.out.print(" 异常类名称是: "+e);    // 显示异常信息
      }
      catch(Exception e){
        System.out.println(" 捕获 "+e.getMessage()+" 异常! "); // 显示异常信息
      }
      finally{
        System.out.println("    finally   i="+i);
      }
    }
    System.out.println(" 继续! ! ");
  }
}
```

程序运行结果：

```
异常类名称是: java.lang.ArithmeticException:/ by zero  finally i=0
a[1]/1=2    finally   i=1
a[2]/2=1    finally   i=2
a[3]/3=1    finally   i=3
捕获到了数组下标越界异常    finally   i=4
继续! !
```

例 8.2 程序运行时，第 1 次循环时就捕获到了算术异常，并且是被第二个 catch 语句所捕获到的，因此后面的 catch 语句就不再起作用。同样，在执行第 5 次循环时，数组下标越界异常被捕获到，而这个异常是被第一个 catch 语句捕获到的，因此后面的 catch 语句也不再起作用。同时，异常捕获到后，其他语句仍然可以正常运行，直到整个程序结束。该程序的第 10、13 和 16 行 catch 后面的括号内的异常类后边都有一个变量 e，其作用是用它接收捕获到异常对象，然后利用该变量 e 便能进一步提取有关异常的信息。事实上，可以将 catch 括号里的内容想象为方法的参数，因此变量 e 就是相应异常类的变量。变量 e 接收到由异常类所产生的对象之后，进入到相应的 catch 块进行处理，如例 8.2 的第二个和第一个 catch 块。当然在 catch 块中也可以不使用相应的异常类变量 e，如本例的第一个 catch 块就是如此。

说明：

（1）异常捕获的过程中做了两个判断：第一个是 try 程序块中是否有异常产生，第二个是产生的异常是否和 catch 后面括号内欲捕获的异常类型匹配。

（2）catch 块中的语句应根据异常类型的不同而执行不同的操作，比较通用的做法是输出异常的相关信息，包括异常名称、产生异常的方法名等。

（3）如果一个 catch 块可以捕获一个父类的异常对象，它就能捕获那个父类的所有子类的异常对象。

（4）因为异常对象与 catch 块的匹配是按照 catch 块的先后排列顺序进行的，所以在处理多异常时应注意认真设计各 catch 块的排列顺序。一般地，将处理较具体、较常见异常的 catch 块放在前面，而可以与多种异常类型相匹配的 catch 块放在较后的位置。若将子类异常的 catch 语句块放在父类异常 catch 语句块的后面，则编译不能通过。

（5）当在 try 块中的语句抛出一个异常时，其后的代码不会被执行。所以可以通过 finally 语句块来为异常处理提供一个统一的出口，使得在流程跳转到程序的其他部分以前能够对程序的状态做统一的管理，所以 finally 语句块中经常用于对一些资源做清理工作，如关闭打开的文件等。

（6）finally 块是可以省略的，若省略 finally 块，则在 catch 块结束后，程序跳转到 try-catch 块之后的语句继续运行。使用 finally 块时，也可以省略 catch 块。

（7）当 catch 块中含有 System.exit(0) 语句时，则不执行 finally 块中的语句，程序直接终止；当 catch 块中含有 return 语句时则执行完 finally 块中的语句后再终止程序。

8.4 抛出异常

在捕获一个异常前，必须有一段代码生成一个异常对象并把它抛出。根据异常的不同类型，抛出异常的方法也不相同，具体分为系统自动抛出异常和指定方法抛出异常。

所有系统定义的运行时异常都可以由系统自动抛出。而指定方法抛出异常需要使用关键字 throw 或 throws 来明确指定在方法内抛出异常。如用户程序自定义的异常不可能依靠系统自动抛出，这种情况就必须借助于 throw 或 throws 语句来定义何种情况算是产生了此种异常对应的错误，并应该抛出这个异常。

1. 抛出异常的方法与调用方法处理异常

在例 8.1、例 8.2 中，异常的产生和处理都是在同一个方法中进行的。即异常的处理是在产生异常的方法中进行的。但在实际编程中，有时并不需要由产生异常的方法自己处理，而需要在该方法之外进行处理。此时该方法应声明抛出异常，而由该方法的调用者负责处理。这时与异常有关的方法有抛出异常的方法和处理异常的方法。

（1）抛出异常的方法。如果在一个方法内部的语句执行时可能引发某种异常，但是并不能确定如何处理，则此方法应声明抛出异常，表明该方法将不对这些异常进行处理，而由该方法的调用者负责处理，也就是说，方法中的异常没有用 try-catch 语句捕获和处理异常的代码。一个方法声明抛出异常有两种方式。

方式一：在方法体内使用 throw 语句抛出异常对象，其语法格式为：

```
throw  由异常类所产生的对象;
```

其中，“由异常类所产生的对象”是一个从 Throwable 派生的异常类对象。

方式二：在方法头部添加 throws 子句表示方法将抛出异常。其声明格式如下：

```
[修饰符] 返回值类型 方法名([参数列表]) throws 异常类列表
```

其中，throws 是关键字，“异常类列表”是方法中可能抛出的异常类，当异常类多于一个时，要用逗号“,”隔开。

说明： 通过这两种方式抛出异常，在方法中就不必编写 try-catch-finally 程序段，而交由调用此方法的程序来处理。当然，这两种情况下也可以在本方法内用 try-catch-finally 语句来处理异常。

（2）处理异常的方法。当一个方法抛出异常后，该方法内又没有处理异常的语句，则系统就会将异常向上传递，由调用它的方法来处理这些异常，若上层调用方法中仍没有处理异常的语句，则可以再往上追溯到更上层，这样可以一层一层地向上追溯，一直可追溯到 main() 方法，这时 JVM 肯定要处理，这样编译就可以通过了。也就是说，如果某个方法声明抛出异常，则调用它的方法必须捕获并处理异常，否则会出现错误。

【例 8.3】使用 throw 语句在方法内抛出异常，并在同一方法内进行相应的异常处理。

```
//FileName: App8_3.java        使用 throw 语句在方法内抛出异常
public class App8_3{
  public static void main(String[] args){
    int a=5,b=0;
    try{
      if(b==0)
        throw new ArithmeticException();      //抛出异常
      else
        System.out.println(a+"/"+b+"="+a/b);   //若没产生异常则执行该语句
    }
    catch(ArithmeticException e){
```

```
12        System.out.println("异常："+e+" 被抛出了！ ");
13        e.printStackTrace();          //输出当前异常对象的堆栈使用轨迹
14      }
15    }
16 }
```

程序运行结果：

```
异常：java.lang.ArithmeticException 被抛出了！
java.lang.ArithmeticException
    at App8_3.main(App8_3.java:7)
```

在抛出异常时，throw 关键字所抛出的是由异常类所产生的对象，因此第 7 行的 throw 语句必须使用 new 运算符来产生对象。第 7 行抛出的异常对象就是第 11 行 catch (ArithmeticException e) 语句中变量 e 所接收的对象。第 12 行输出的是异常信息，第 13 行是调用 e 的 printStackTrace() 方法输出当前异常对象的堆栈使用轨迹。

该例中是故意从 try 块内抛出系统定义的运行异常（ArithmeticException）。事实上若不使用 throw 关键字来抛出此异常，系统还是会自动抛出异常。即在 try 块内只写一条"System.out.println(a+"/"+b+"="+a/b);"语句，则程序的运行结果仍然相同。所以，在程序代码中抛出系统定义的运行时异常并没有太大的意义，通常从程序代码中抛出的是自己编写的异常，因为系统并不会自动帮我们抛出它们。

【例 8.4】求数组各元素的和，并进行相应的异常处理，然后利用异常类的常用方法输出相应的异常信息。

```
//FileName: App8_4.java
public class App8_4{
  public static void main(String[] args){
    int[] a={1,2,3,4};
    try{
      System.out.print("数组各元素和为："+sumArray(a));
    }
    catch(Exception e){
      System.out.println("异常类名称是："+e);
      e.printStackTrace();
      System.out.println("异常对象的信息："+e.getMessage());//输出异常信息
      System.out.println(e.toString());          //输出异常类全名和异常信息
      StackTraceElement[] te=e.getStackTrace(); //返回堆栈调用方法数组
      for(int i=0;i<te.length;i++){
        System.out.print("被调用的方法："+te[i].getMethodName());//输出方法名
        System.out.print("；所属类："+te[i].getClassName()); //输出所属的类
System.out.println("；所在行号："+te[i].getLineNumber());//输出异常行号
      }
    }
```

```
20   }
21   private static int sumArray(int[] array){
22     int sum=0;
23     for(int i=0;i<=array.length;i++)
24       sum+=array[i];
25     return sum;
26   }
27 }
```

程序运行结果：

```
异常类名称是：java.lang.ArrayIndexOutOfBoundsException: Index 4 out of bounds for length 4
java.lang.ArrayIndexOutOfBoundsException: Index 4 out of bounds for length 4
              at App8_4.sumArray(App8_4.java:24)
              at App8_4.main(App8_4.java:6)
```

printStackTrace() 方法输出的内容

异常对象的信息：Index 4 out of bounds for length 4 —— getMessage() 方法输出的内容

java.lang.ArrayIndexOutOfBoundsException: Index 4 out of bounds for length 4 —— toString() 方法输出的内容

被调用的方法：sumArray；所属类：App8_4；所在行号：24
被调用的方法：main；所属类：App8_4；所在行号：6
} 利用循环输出由方法 getStackTrace() 方法获得的内容

例 8.4 程序的第 21 ～ 26 行定义了数组求和的静态方法 sumArray()，第 24 行有一个数组下标越界异常，该异常在第 6 行调用 sumArray() 方法时被所在的 try 块捕获，因此程序跳转到 catch 块中去执行；第 9 行输出异常类的全名，并指出：下标 4 超出长度 4 的范围；第 10 行输出异常对象的堆栈使用轨迹；第 11 行输出“异常对象的信息：Index 4 out of bounds for length 4”；第 12 行调用 toString() 方法将异常转换为字符串，并输出了用冒号隔开的异常类全名和异常信息（即 getMessage() 方法的返回值）；第 13 行将栈跟踪元素放入数组 te 中，该数组中的每个元素表示一个方法调用；第 14 ～ 18 行则是利用 for 循环分别输出调用栈中的方法名、所属类和异常所在的行号。

【例 8.5】求命令行方式中输入的整数 *n* 的阶乘 *n*!，并捕获可能出现的异常。

可能出现的异常有如下几种情况：一是程序运行时，命令行没有提供参数，但由于程序中引用了 args[0]，这时将产生数组下标越界异常——ArrayIndexOutOfBoundsException；二是命令行中提供的参数不能转换为 int 型数据，此时程序中调用 Integer.parseInt(args[0]) 方法时，将产生数据格式异常——NumberFormatException；三是命令行提供的参数 n 是负数，则无法计算 n!，为此程序中还要对 n 是否为负数进行判断，如果 n 是负数，在方法中抛出无效参数异常——IllegalArgumentException，所以还需对 IllegalArgumentException 异常进行捕获。通过上面的分析，编写程序代码如下：

```
//FileName: App8_5.java
public class App8_5{
```

```
3    public static double multi(int n){    //使用 throw 语句在方法中抛出异常
4      if(n<0)
5        throw new IllegalArgumentException("求负数阶乘异常");
6      double s=1;
7      for(int i=1;i<=n;i++) s=s*i;
8      return s;
9    }
10   public static void main(String[] args){
11     try{
12       int m=Integer.parseInt(args[0]);
13       System.out.println(m+"!="+multi(m)); //调用计算阶乘的方法 multi()
14     }
15     catch(ArrayIndexOutOfBoundsException e){
16       System.out.println("命令行中没提供参数！");
17     }
18     catch(NumberFormatException e){
19       System.out.println("应输入一个整数！");
20     }
21     catch(IllegalArgumentException e){
22       System.out.println("出现的异常是"+e.toString());
23     }
24     finally{
25       System.out.println("程序运行结束！！");
26     }
27   }
28 }
```

如果程序运行时提供的参数是一个负数，如 -5，则程序运行结果如下：

```
出现的异常是 java.lang.IllegalArgumentException: 求负数阶乘异常
程序运行结束！！
```

在 main() 方法第 12 行中的 Integer.parseInt(args[0]) 语句可能会引起两种异常：一种是由于使用了参数 args[0]，要求运行程序时在命令行输入一个参数，如果没有输入参数，将引发 ArrayIndexOutOfBoundsException 异常；另一种可能的异常是 Integer.parseInt(args[0]) 语句要求 args[0] 的值应是整数，否则将引发 NumberFormatException 异常。因此需对这两种异常进行捕获。除此之外，main() 方法中的第 13 行还调用了 multi() 方法，该方法在第 5 行通过语句 throw new IllegalArgumentException（“求负数阶乘异常”）抛出 IllegalArgumentException 异常，但该方法没有对这个异常进行捕获，所以在主方法 main() 中还要对该异常进行捕获。由此可见，如果一个方法没有对可能出现的异常进行捕获，则调用该方法的方法应该对其可能出现的异常进行捕获。

2. 由方法抛出异常交系统处理

对于程序需要处理的异常，一般编写 try-catch-finally 语句捕获并处理，而对于程序中无法处理必须交由系统处理的异常，因为系统直接调用的是 main() 方法，所以可以在 main() 方法头使用 throws 子句声明抛出异常交由系统处理。如下面的程序，编译能通过，运行也没问题。

由 main() 抛出异常让系统默认的异常处理机制去处理

```
import java.io.*;
public class Test{
  public static void main(String[] args) throws IOException {
    FileInputStream fis=new FileInputStream("autoexec.bat");
  }
}
```

针对 IOException 类的异常处理，编写的方式如下：

（1）直接由主方法 main() 抛出异常，让 Java 默认的异常处理机制来处理，即若在主方法 main() 内没有使用 try-catch 块捕获异常，则必须在声明主方法 main() 头部的后面加上 throws IOException 子句，如上面的程序段。

（2）如果在程序代码内编写 try-catch 块来捕获由系统抛出的异常，就不用指定 main() throws IOException 抛出异常了。

（3）既可以在 main() 方法头的后面使用 throws IOException 抛出异常，也可以在程序中使用 try-catch 块来捕获由系统抛出的异常。

关于 IOException 异常类在 2.7 节中已经用到过，下面再举一例说明。

【例 8.6】将输入的字符串中的小写字母转换为大写字母，若用户没有输入数据，则给出提示信息。

```
//FileName: App8_6.java       利用 IOException 的异常处理
import java.io.*;                              // 加载 java.io 类库中的所有类
public class App8_6{
  public static void main(String[] args) throws IOException{
    String str;
    BufferedReader buf;
    buf=new BufferedReader(new InputStreamReader(System.in));
    while(true){
      try{
        System.out.print(" 请输入字符串：");
        str=buf.readLine();                    // 将从键盘输入的数据赋给变量 str
        if(str.length() > 0)
          break;
        else
          throw new IOException();             // 抛出输入输出异常
      }
      catch(IOException e){
        System.out.println(" 必须输入字符串 !!");
        continue;
```

```
      }
    }
    String s=str.toUpperCase();   //将 str 中的内容转换为大写，赋给变量 s
    System.out.println("转换后的字符串为："+s);
  }
}
```

例 8.6 程序在运行时，若直接按 Enter 键，则表示输入的字符串的长度为 0，因此，抛出异常，然后被 catch 语句捕获，输出“必须输入字符串 !!”后，返回到循环头要求重新输入数据。

8.5 多重捕获异常

多重捕获异常是通过相同的 catch 子句捕获两个或多个异常，尽管是针对不同的异常进行响应，但却是使用相同的异常处理程序，所以就不必逐个捕获所有异常。多重捕获是在 catch 子句使用或运算符“|”分隔每个异常类型。

【例 8.7】利用 catch 子句进行多重捕获特性来同时捕获 ArithmeticException 和 ArrayIndexOutOfBoundsException 异常。

```
1 //FileName: App8_7.java        多重异常捕获
2 public class App8_7{
3   public static void main(String[] args){
4     int a=10,b=0;
5     int[] array={1,2,3,4,5};
6     try{
7       int result=a/b;        //捕获到算术异常
8       array[10]=100;         //捕获到数组下标越界异常
9     }
10    catch(ArithmeticException | ArrayIndexOutOfBoundsException e){
11      System.out.println("捕获到异常："+e);
12    }
13    System.out.println("运行结束");
14  }
15 }
```

程序运行到第 7 行试图除 0 时，程序生成 ArithmeticException 异常，并输出如下信息：

捕获到异常：java.lang.ArithmeticException: / by zero

如果将第 7 行注释掉，则会生成 ArrayIndexOutOfBoundsException 异常，输出如下信息：

捕获到异常：java.lang.ArrayIndexOutOfBoundsException: Index 10 out of bounds for length 5

这两个异常是由同一 catch 语句捕获的。

8.6 自动关闭资源的 try 语句

Java 程序中经常要创建一些对象（如打开的文件、数据库连接等），这些对象在使用后需要关闭，如果忘记关闭可能会引起一些问题。在 JDK 7 之前通常使用 finally 子句来确保一定会调用 close() 方法关闭打开的资源，但是如果调用 close() 方法也可能抛出异常，这时就需要在 finally 块内再嵌套一个 try-catch 语句，这样程序代码就会冗长。自 JDK 7 之后为开发人员提供了自动关闭资源功能，为管理资源提供了一种更加简便的方式。这种功能是通过一种新的 try 语句实现的，即 try-with-resources 语句，称为自动关闭资源语句。try-with-resources 语句能够自动关闭在 try-catch 语句块中使用的资源。这里的“资源”是指在程序完成后必须关闭的对象。try-with-resources 语句确保了每个资源在语句结束时被关闭。try-with-resources 语句的格式如下：

```
try(声明或初始化资源的代码){
  使用资源对象 res 的语句        // 在该语句块中使用资源
}
```

其中，try 后面括号的“声明或初始化资源的代码”是声明、初始化一个或多个资源的语句，该语句都是一个被初始化的变量声明。当有多个资源时用分号“；”隔开，且该子句中最后一条语句的分号可以省略，当 try 语句执行结束时会自动关闭这些资源。需要强调一点，并非所有的资源都可以自动关闭，只有实现 java.lang.AutoCloseable 接口的那些资源才可以自动关闭，该接口只有一个抽象方法：

```
void close() throws Exception
```

自动关闭资源的 try 语句相当于包含了隐式的 finally 语句块，该 finally 语句块会自动调用 res.close() 方法关闭前面访问的资源。因此，自动关闭资源的 try 语句后面可以既没有 catch 块也没有 finally 块。当然，如果程序需要，自动关闭资源的 try 语句后面也可以带有一个或多个 catch 块和一个 finally 块。如果在 try-with-resources 语句中含有 catch 和 finally 子句，则 catch 和 finally 子句将会在 try-with-resources 语句中打开的资源被关闭之后得到调用。

说明： java.io.Closeable 接口继承自 AutoCloseable 接口，这两个接口被所有的 I/O 流类实现。因此，在使用 I/O 流时，可以使用 try-with-resources 语句。

【例 8.8】使用 try-with-resources 语句读取文件中的数据。

```
//FileName: App8_8.java
import java.io.IOException;
import java.nio.file.Paths;
import java.util.Scanner;
public class App8_8{
  public static void main(String[] args) throws IOException {
    try(Scanner in=new Scanner(Paths.get("chapter8\\t.txt")))
```

```
8       {
9         while(in.hasNext())
10          System.out.println(in.nextLine());
11      }
12    }
13 }
```

例 8.8 程序的功能是输出 t.txt 中的内容，t.txt 在当前目录下的 chapter8 子文件夹中。第 7 ～ 11 行是 try-with-resources 语句，第 7 行用 Scanner 类创建它的对象，以读取来自 t.txt 的输入。第 9、10 行每次读取一行内容并输出。Scanner 类是实现了 AutoCloseable 接口的类，所以实现了 close() 方法，因此对象 in 是可以自动关闭的资源，这样当代码块退出或发生异常时都会自动调用 in.close() 方法关闭资源，与 finally 子句用法相同。如果资源关闭时出现异常，那么 try 语句块中的其他异常会被忽略，可以在 catch 语句块中调用 getSuppressed() 方法将“被忽略的异常”重新显示出来。

Java 从 JDK 10 开始，可以使用局部变量类型推断指定 try-with-resources 语句中声明的资源类型。为此，将类型指定为 var，当完成操作时，将从其初始值推断出资源的类型。所以第 7 行可以改写为 try(var in=new Scanner(Paths.get("chapter8\\t.txt")))。其中，in 被推断为 Scanner 类型，因为这是其初始化的类型。

通过本章的讨论，可以看出对异常的处理共有两种方式：

（1）在方法内使用 try-catch 语句来处理方法本身所产生的异常；

（2）如果不想在当前方法中使用 try-catch 语句来处理异常，可在方法声明的头部使用 throws 语句或在方法内部使用 throw 语句将它送往上一层调用机构去处理。

对于非运行时异常，Java 要求必须进行捕获并处理，而对运行时异常则不必，可以交给 Java 运行时的系统来处理。

异常处理是 Java 程序设计非常重要的一个方面，本章详细地讲述了 Java 异常处理的有关知识。针对程序中出现的异常问题，用 Java 异常处理机制进行处理，不仅提高程序运行的稳定性、可读性，而且有利于程序版本的升级。

本章小结

1. 编程错误分为语法错、语义错（运行时错）和逻辑错三种。

2. 异常类可分为 java.lang.Exception 与 java.lang.Error 类。

3. 程序代码没有编写处理异常时，Java 语言的默认异常处理机制是抛出异常和停止程序的执行。

4. 当异常发生时，有两种处理方式：（1）交由 Java 语言默认的异常处理机制处理；（2）自行编写 try-catch-finally 语句块来处理。

5. RuntimeException 可以不编写异常处理的程序代码，仍然可以编译成功，它是在程序运行时才有可能发生的异常；而 IOException 一定要进行捕获处理才行，它通常用来处理与输入输出有关的操作。

6. catch() 括号内只接收由 Throwable 类的子类所产生的对象，其他的类均不接收。

7. 抛出异常有系统自动抛出异常和指定方法抛出异常两种方式。

8. 方法中没有使用 try-catch 语句来处理异常，可在方法声明的头部使用 throws 语句，或在方法内部使用 throw 语句将它送往上一层调用机构去处理。即如果一个方法可能会抛出异常，则可将处理此异常的 try-catch-finally 块写在调用此方法的程序块内。

9. 自动关闭资源语句 try-with-resources 只能关闭实现了 java.lang.AutoCloseable 接口的资源。

习题

8.1　什么是异常？简述 Java 语言的异常处理机制。

8.2　Throwable 类的两个直接子类 Error 和 Exception 的功能是什么？用户可以捕获到的异常是哪个类的异常？

8.3　Exception 类有什么作用？ Exception 类的每个子类对象代表什么？

8.4　什么是运行时异常？什么是非运行时异常？

8.5　抛出异常有哪两种方式？

8.6　在捕获异常时，为什么要在 catch() 括号内有一个变量 e ？

8.7　在异常处理机制中，用 catch() 括号内的变量 e 接收异常类对象的步骤有哪些？

8.8　在什么情况下，方法的头部必须列出可能抛出的异常？

8.9　若 try 语句结构中有多个 catch子句，这些子句的排列顺序与程序运行结果是否有关？为什么？

8.10　自动关闭资源语句为什么只能关闭实现 java.lang.AutoCloseable 接口的资源？

第9章

输入输出与文件处理

本章主要内容

- ★ 处理字节流的基本类：InputStream 和 OutputStream；
- ★ 处理字符流的基本类：Reader 和 Writer；
- ★ 文件及文件夹的管理与操作。

输入与输出是指程序与外部设备（简称外设）或其他计算机进行交互的操作，例如从键盘上读取数据、从文件读取数据或向文件写入数据等。Java 语言将输入输出操作用流来实现，用统一的接口来表示，从而使程序设计简单明了。

9.1 Java 语言的输入输出

Java 语言的输入输出功能必须借助于输入输出包 java.io 来实现，利用 java.io 包中所提供的输入输出类，Java 程序不但可以很方便地实现多种输入输出操作，而且可以实现对文件与文件夹的管理。

9.1.1 流的概念

流（stream）是指计算机各部件之间或网络上的数据流动。用生活中的例子来比喻，可以将流比喻成水管，使用水管能够将水龙头与水桶连接起来，这样水龙头里的水就会通过水管流入水桶中。水龙头里的水就相当于数据源，水管相当于流，水管中流淌的水相当于数据，水桶则相当于目标。在 Java 中数据源和目标可以是一个磁盘文件或网络文件等。

1. 输入输出流

按照数据的传输方向，流可分为输入流与输出流。在 Java 语言中，把不同类型的输入输出源（键盘、屏幕、文件、网络等）抽象为流，而其中输入或输出的数据称为数据流（data stream）。将数据从外设或外存（如键盘、鼠标、文件等）传递到应用程序的流是输入流（input stream）；将数据从应用程序传递到外设或外存（如屏幕、打印机、文件等）的流是输出流（output stream）。对于输入流只能从其读取数据而不能向其写入数据，同样对于输出流只能向其写入数据而不能从其读取数据。数据流是 Java 程序发送和接收数据的一个通道，通常应用程序中使用输入流读取数据，使用输出流写入数据，就好像数据流入程序或从程序中流出。程序接收数据时可以认为是读（输入）数据流，而程序发送数据时可以认为是写（输出）数据流，如图 9.1所示。

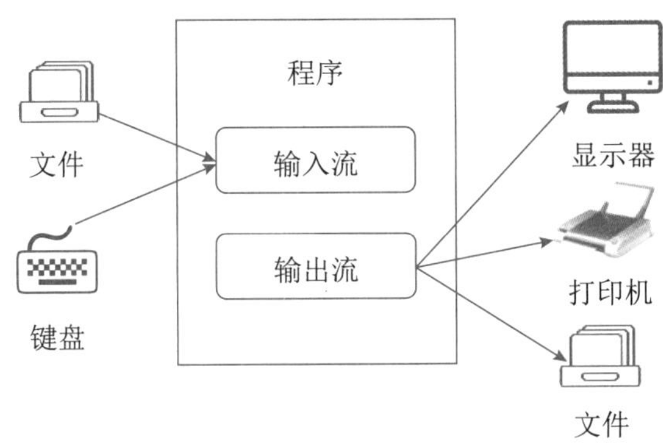

图 9.1　输入输出流示意图

Java 采用流的概念屏蔽了存储数据的起点和终点种类。文件、键盘、网络及其他设备都可以抽象为流。当程序读取数据时开启了一个通向起点数据源的输入流，而当程序写入数据时，则开启了一个通向终点的输出流。

流式输入输出的最大特点是数据的获取和发送是沿着数据序列顺序进行的，每个数据都必须等待排在它前面的数据读入或送出之后才能被读写，每次读写操作处理的都是序列中剩余的未读写数据中的第一个，而不能随意选择输入输出的位置。对流序列中不同性质和格式的数据以及不同的传输方向，Java 语言的输入输出类库中有不同的流类来实现相应的输入输出操作。

2. 缓冲流

为了提高数据的传输效率，通常使用缓冲流（buffered stream），即为一个流配一个缓冲区（buffer），这个缓冲区就是专门用于临时存放数据的一块内存。当向一个缓冲流写入数据时，系统将数据发送到缓冲区，而不是直接发送到外部设备。缓冲区自动记录数据，当缓冲区满时，系统将数据全部发送到相应的外部设备。当从一个缓冲流中读取数据时，系统实际是从缓冲区中读取数据。当缓冲区空时，系统就会从相关外部设备自动读取数据，并读取尽可能多的数据填满缓冲区。由此可见，缓冲流提高了内存与外部设备之间的数据传输效率。

9.1.2 输入输出流类库

Java 语言的流类都封装在 java.io 包中，要使用流类，必须导入 java.io 包。在该包中的每个类都代表了一种特定的输入输出流。根据输入输出数据类型的不同，输入输出流按处理数据的类型分为两种：一种是字节流（byte stream）；另一种是字符流（character stream）。它们处理信息的基本单位分别是字节和字符。字节流每次读写 8 位二进制数，因此字节流又被称为二进制字节流（binary byte stream）或位流（bit stream）；而字符流一次读写 16 位二进制数，并将其作为一个字符而不是二进制位来处理。可以认为二进制文件是由位序列构成的，而文本文件是由字符序列构成的。

字符流的源或目标通常是文本文件。Java 中的字符使用的是 16 位的 Unicode 编码，每个字符占用两字节。字符流可以实现 Java 程序中的内部格式与文本文件、显示输出、键盘输入等外部格式之间的转换。其实计算机是不区分二进制文件与文本文件的，所有文件都是以二进制形式来存储的。因此，从本质上说所有文件都是二进制文件。很多情况下，数据源或目标中含有非字符数据，例如 Java 编译器产生的字节码文件中含有 Java 虚拟机的指令。这些信息不能被解释成字符，所以必须用字节流来输入输出。

在 java.io 包中有四个基本类：InputStream、OutputStream 及 Reader、Writer 类，它们分别用于处理字节流和字符流。它们之间的相互关系如下：

输入输出流 {字节流：处理字节数据（基本类型为 InputStream、OutputStream）
　　　　　 字符流：处理字符数据（基本类型为 Reader、Writer）

定义在 java.io 包中的输入输出流的类，其层次结构如图 9.2 所示。

其中，InputStream、OutputStream、Reader 与 Writer 是抽象类，用于数据流的输入输出；File 是文件流类，用于对磁盘文件与文件夹的管理；RandomAccessFile 是随机访问文件类，用于实现对磁盘文件的随机读写操作。

在流的输入输出操作中 InputStream 和 OutputStream 类通常用来处理“位流”即字节流，这种流通常被用来读写诸如图片、音频、视频之类的二进制文件，但也可以处理文本文件；而 Reader 与 Writer 类则用来处理“字符流”，也就是文本文件。所有能用记事本打开并能看到其中字符内容的文件都是文本文件。

由于 InputStream、OutputStream、Reader 与 Writer 是抽象类，因此并不会直接使用这些类，因为不能表明它们具体对应哪种 I/O 设备。通常根据这些类所派生的子类来对文件进行处理，因为这些子类与具体的 I/O 设备相对应。

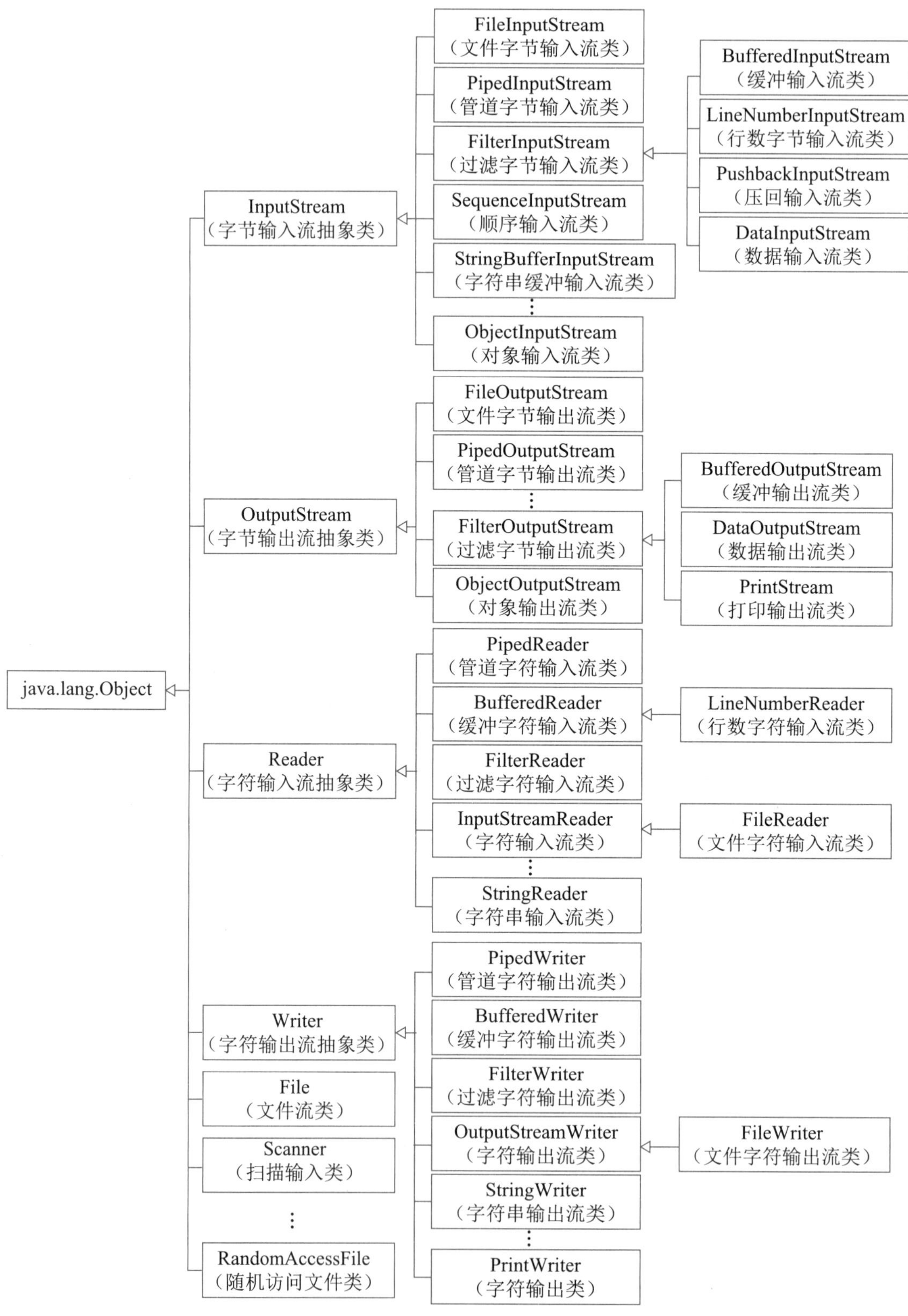

图 9.2　输入输出流的类层次结构

9.2 使用 InputStream 和 OutputStream 类

InputStream 和 OutputStream 类是 Java 语言中用来处理以位（bit）为单位的流，它除了可用来处理二进制文件（binary file）的数据之外，也可用来处理文本文件。

注意： 虽然字节流可以操作文本文件，但不提倡这样做，因为用字节流操作文本文件，如果文件中有汉字，可能会出现乱码。这是因为字节流不能直接操作 Unicode 字符所致。因此，Java 语言不提倡使用字节流读写文本文件，而建议使用字符流操作文本文件。

9.2.1 基本输入输出流

对于输入流类都包含有读取数据的方法，而输出流类都包含有写入数据的方法。

1. InputStream 类

InputStream 类中包含一套所有字节输入都需要的方法，可以完成最基本的从输入流读入数据的功能。表 9.1 给出了 InputStream 类的常用方法。

表 9.1 java.io.InputStream 类的常用方法

常用方法	功能说明
public abstract int read()	从输入流的当前位置读入一个字节（8b）的二进制数据，然后以此数据为低位字节，配上 8 个全 0 的高位字节合成一个 16 位的整型量（0 ~ 255）返回给调用此方法的语句，若输入流中的当前位置没有数据，则返回 –1 表示读取到流的最后
public int read(byte[] b)	从输入流的当前位置连续读入多个字节保存在数组 b 中，返回所读到的字节数
public int available()	返回输入流中可以读取的字节数
public void close()	关闭输入流与外设的连接并释放所占用的系统资源

当 Java 程序需要从外设如键盘、磁盘文件等读入数据时，应该创建一个适当类型的输入流对象来完成与该外设的连接。因为 InputStream 是抽象类，所以程序中创建的输入流对象一般是 InputStream 某个子类的对象，通过调用该对象继承的 read() 方法就可实现对相应外设的输入操作。

注意： 流中的方法都声明抛出异常，所以程序中调用流方法时必须处理异常，否则编译不能通过。由于所有的 I/O流类都实现了 AutoCloseable 接口，而只有实现该接口的资源才可以使用 try-with-resources 语句自动关闭打开的资源，因此，在使用 I/O 流进行输入输出操作时，可以使用 try-with-resources 语句处理异常。

2. OutputStream 类

OutputStream 类中包含一套所有字节输出都需要的方法，可以完成最基本的向输出流写入数据的功能，表 9.2 给出了 OutputStream 类的常用方法。

表 9.2　java.io.OutputStream 类的常用方法

常用方法	功能说明
public void write(int b)	将参数 b 的低位字节写入输出流
public abstract void write(byte[] b)	将字节数组 b 中的全部字节按顺序写入到输出流
public void flush()	强制清空缓冲区并执行向外设写操作
public void close()	关闭输出流与外设的连接并释放所占用的系统资源

flush() 方法说明：对于缓冲流式输出，write() 方法所写的数据并没有直接传到与输出流相连的外设上，而是先暂时存放在流的缓冲区中，等到缓冲区的数据积累到一定的数量，再执行一次向外设的写操作把它们全部写到外设上。但是在某些情况下，缓冲区中的数据不满时就需要将它们写到外设上，此时应使用 flush() 方法强制清空缓冲区并执行外设的写操作。

当 Java 程序需要向外设如屏幕、磁盘文件等输出数据时，应该创建一个适当类型的输出流的对象来完成与该外设的连接。因为 OutputStream 是抽象类，所以程序中创建的输出流对象一般是 OutputStream 某个子类的对象，通过调用该对象继承的 write() 方法就可以实现对相应外设的输出操作。

9.2.2　输入输出流的应用

因为 InputStream、OutputStream 是抽象类，所以在具体应用时使用的都是由它们所派生的子类，不同的子类用于不同情况数据的输入输出操作。

1. 文件输入输出流

FileInputStream 和 FileOutputStream 分别是 InputStream 和 OutputStream 的直接子类，这两个子类主要负责完成对本地磁盘文件的顺序输入输出操作的流。FileInputStream 类的对象表示一个文件字节输入流，从中可读取一个字节或一批字节。在生成 FileInputStream 类的对象时，若指定的文件找不到，则抛出 FileNotFoundException 异常，该异常必须捕获或声明抛出。FileOutputStream 类的对象表示一个文件字节输出流，可向流中写入一个字节或一批字节。在生成 FileOutputStream 类的对象时，若指定的文件不存在，则创建一个新的文件，若已存在，则清除原文件的内容。在进行文件的读写操作时会产生 IOExecption 异常，该异常必须捕获或声明抛出。表 9.3 和表 9.4 分别给出了 FileInputStream 类和 FileOutputStream 类的构造方法。

表 9.3　java.io.FileInputStream 类的构造方法

构造方法	功能说明
public FileInputStream(String name)	以文件名为 name 的文件为数据源创建文件输入流
public FileInputStream(File file)	以文件对象 file 为数据源创建文件输入流
public FileInputStream(FileDescriptor fdObj)	以文件描述符对象 fdObj 为输入端创建一个文件输入流

表 9.4　java.io.FileOutputStream 类的构造方法

构造方法	功能说明
public FileOutputStream(String name)	以指定名字的文件为接收端创建文件输出流
public FileOutputStream(String name,boolean append)	以指定名字的文件为接收端创建文件输出流，并指定写入方式，append 为 true 时输出字节被写到文件的末尾
public FileOutputStream(File file)	以文件对象 file 为接收端创建文件输出流
public FileOutputStream(FileDescriptor fdObj)	以文件描述符对象 fdObj 为接收端创建一个文件输出流

表 9.3 和表 9.4 中的 File 是在 java.io 包中定义的一个类，每个 File 类对象表示一个磁盘文件或文件夹，其对象属性中包含了文件或文件夹的相关信息，如名称、长度、所含文件个数等，调用它的方法可以获取文件或文件夹的有关信息。FileDescriptor 是 java.io 包中定义的另一个类，该类不能实例化，该类中有三个静态成员：in、out 和 err，分别对应于标准输入流、标准输出流和标准错误流，利用它们可以在标准输入流和标准输出流上创建文件输入输出流，实现键盘输入或屏幕输出操作。

注意： 无论哪个构造方法，在创建文件输入输出流时都可能因给出的文件名不对、路径不对或文件的属性不对等，不能打开文件而造成错误，此时系统会抛出 FileNotFoundException 异常。执行 read() 和 write() 方法时还可能因 I/O 错误，系统抛出 IOException 异常，所以创建输入输出流并调用构造方法语句以及执行读写操作的语句应该被包含在 try 语句块中，并有相应的 catch 语句块来处理可能产生的异常。同样，也可以使用自动关闭资源语句 try-with-resources 处理异常。

【例 9.1】在程序中创建一个文本文件 myfile.txt，写入从键盘输入的一串字符，然后读取该文件并将文本文件内容显示在屏幕上。

```
//FileName: App9_1.java        利用输入输出流读写文本文件
import java.io.*;
class App9_1{
  public static void main(String[] args){
    char ch;
    int data;
    try(FileInputStream fin =new FileInputStream(FileDescriptor.in);
        FileOutputStream fout =new FileOutputStream("D:/cgj/myfile.txt");)
    {
      System.out.println(" 请输入一串字符，并以 # 结束：");
      while((ch=(char)fin.read())!='#')
        fout.write(ch);
    }
    catch(FileNotFoundException e){
      System.out.println(" 文件没找到！ ");
    }
    catch(IOException e){}
    try(FileInputStream fin=new FileInputStream("D:/cgj/myfile.txt ");
```

```
19        FileOutputStream fout=new FileOutputStream(FileDescriptor.out);)
20      {
21        while(fin.available() > 0){      //available() 方法返回文件的大小
22          data=fin.read();
23          fout.write(data);
24        }
25      }
26     catch(IOException e){}
27   }
28 }
```

例 9.1 程序的第 7 ～ 17 行使用了自动关闭资源语句来处理异常，其中第 7、8 行分别声明了文件字节输入流对象 fin 和文件字节输出流对象 fout，第 7 行创建了标准输入流对象即键盘输入，第 8 行创建了输出流对象为 D 盘上 cgj 文件夹下的 myfile.txt 文件。第 11 行调用 fin 的 read() 方法从键盘上读取数据，而第 12 行调用了 fout 的 write() 方法将从键盘上读取的数据写入文件 myfile.txt 中。同理，第 18 ～ 26 行也是使用自动关闭资源语句来处理异常的，其中第 18、19 行重新定义了输入输出流对象 fin 和 fout，然后分别调用各自的 read() 和 write() 方法将文件 myfile.txt 中的内容输出到屏幕上。

程序在运行时，要求从键盘输入数据，当输入一串字符并以字母 # 结尾后按 Enter 键，在屏幕上会输出该字符串。

说明： 例 9.1 中如果输入的文本中有汉字，则在输出汉字时可能会是乱码。

前面提到，FileInputStream 和 FileOutputStream 主要是用来处理二进制文件的，下面再来看一个处理二进制文件的例子。

【例 9.2】用 FileInputStream 和 FileOutputStream 来实现对二进制图像文件的复制。

```
//FileName: App9_2.java               读写二进制文件
import java.io.*;
public class App9_2{
  public static void main(String[] args) throws IOException{
    try(FileInputStream fi=new FileInputStream(" 风景 .jpg");
       FileOutputStream fo=new FileOutputStream(" 风景 1.jpg");)
    {
      System.out.println(" 文件的大小 ="+fi.available());// 输出文件的大小
      byte[] b=new byte[fi.available()]; // 创建 byte 型的数组 b
      fi.read(b);                                  // 将图像文件读入 b 数组
      fo.write(b);                      // 将数组 b 中数据写入新文件 " 风景 1.jpg"
      System.out.println(" 文件已被复制并被更名 ");
    }
  }
}
```

程序运行结果：

```
文件的大小 =54268
文件已被复制并被更名
```

例 9.2 程序中将图像文件“风景 .jpg”放在当前文件夹下。该程序中的第 5、6 行分别创建了处理读取与写入文件的流对象 fi 和 fo，第 9 行由 available() 方法取得文件的大小，并用该值定义了 byte型数组 b 的大小，从输出中可以看出此文件占了 54 268 字节。第 10 行将图像文件数据读入 b 数组中，第 11 行则是将 b 数组中的数据写入新文件“风景 1.jpg”中。

2. 过滤输入输出流

过滤字节输入流类 FilterInputStream 和过滤字节输出流类 FilterOutputStream 分别实现了在数据读、写操作的同时进行数据处理，它们分别是 InputStream 和 OutputStream 类的直接子类。FilterInputStream 和 FilterOutputStream 也是抽象类，它们又分别派生出数据输入流类 DataInputStream 和数据输出流类 DataOutputStream 等子类。过滤字节输入输出流的主要特点是，过滤字节输入输出流是建立在基本输入输出流之上，并在输入输出数据的同时能对所传输的数据做指定类型或格式的转换，可实现对二进制字节数据的理解和编码转换。

创建输入输出流时，应该将其所连接的输入输出流作为参数传递给过滤流的构造方法。下面介绍常用的过滤流：数据输入流类 DataInputStream 和数据输出流类 DataOutputStream。

有时按字节为基本单位进行读写处理并不方便，如一个二进制文件中存放有 100 个整数值，从中读取时，自然希望按 int 型数据为基本单位（4 字节）进行读取，每次读取一个整数值，而不是每次读取 1 字节。Java 语言中按照基本数据类型进行读写的就是 DataInputStream 类和 DataOutputStream 类，这两个类的对象是过滤流，是将基本字节输入输出流自动转换为按基本数据类型进行读写的过滤流。然后利用流串接的方式，即将一个流与其他流串接起来，以达到数据转换的目的。如从一个二进制文件 d.dat 中按 int 型数据为基本单位进行读取时流的串接，如图 9.3 所示。

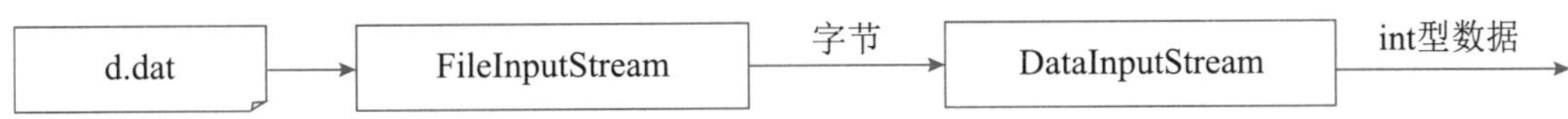

图 9.3　流的串接示意图

在图 9.3 中，FileInputStream 类的对象是 1 字节输入流，每次输入 1 字节。与 DataInput Stream 类的对象串接后每次可直接读取一个 int 型数据 4 字节。

数据输入流类 DataInputStream 和数据输出流类 DataOutputStream 分别是过滤字节输入输出流 FilterInputStream 和 FilterOutputStream 的子类，而这两个类又是抽象类。因为 DataInputStream 和 DataOutputStream 在继承各自抽象类的同时，又分别实现了 DataInput 和 DataOutput 两个接口，而这两个接口中定义的是对独立于具体机器的带格式数据的读写操作，所以这两个类可以实现对不同类型数据的读写。表 9.5 和表 9.6 分别给出了数据输入流类 DataInputStream 的构造方法和常用方法。

表 9.5　java.io.DataInputStream 类的构造方法

构造方法	功能说明
public DataInputStream(InputStream in)	建立一个新的数据输入流，从指定的输入流 in 读数据

表 9.6　java.io.DataInputStream 类的常用方法

常用方法	功能说明
public final boolean readBoolean()	从流中读 1 字节，若字节值非 0 则返回 true，否则返回 false
public final byte readByte()	从流中读 1 字节，返回该字节值
public final char readChar()	从流中读取 a、b 两个字节，形成 Unicode 字符
public final short readShort()	从流中读入 2 字节的 short 型数据并返回
public final int readInt()	从流中读入 4 字节的 int 型数据并返回
public final float readFloat()	从流中读入 4 字节的 float 型数据并返回
public final long readLong()	从流中读入 8 字节的 long 型数据并返回
public final double readDouble()	从流中读入 8 字节的 double 型数据并返回

表 9.7 和表 9.8 分别给出了数据输出流类 DataOutputStream 的构造方法和常用方法。

表 9.7　java.io.DataOutputStream 类的构造方法

构造方法	功能说明
public DataOutputStream(OutputStream out)	建立数据输出流，向指定的输出流 out 写数据

表 9.8　java.io.DataOutputStream 类的常用方法

常用方法	功能说明
public void write(int b)	将参数 b 的低 8 位写入输出流中
public final void writeBoolean(boolean v)	若 v 的值为 true，则向流中写入（字节）1，否则写入（字节）0
public final void writeByte(int v)	向流中写入 1 字节。写入 v 的最低 1 字节，其他字节丢弃
public final void writeChar(int v)	向流中写入 v 的最低 2 字节，其他字节丢弃
public final void writeChars(String s)	向流中写入字符串 s
public final void writeShort(int v)	向流中写入 v 的最低 2 字节，其他字节丢弃
public final void writeInt(int v)	向流中写入参数 v 的 4 字节
public final void writeFloat(float v)	向流中写入参数 v 的 4 字节
public final void writeLong(long v)	向流中写入参数 v 的 8 字节
public final void writeDouble(double v)	向流中写入参数 v 的 8 字节
public final int size()	返回写入此数据输出流的字节数

由数据输入和输出流类构造方法的定义形式可以看到，作为过滤流，字节输入流和输出流分别作为数据输入流和数据输出流的构造方法的参数，即作为过滤流必须与相应的数据流相连。

【例 9.3】利用数据输入输出流将不同类型的数据写到一个文件 datafile.data 中，然后读出来显示在屏幕上。

数据输入输出流的应用

```
//FileName: App9_3.java
import java.io.*;
public class App9_3{
  public static void main(String[] args){
    try(FileOutputStream fout=new FileOutputStream("D:/java/datafile.data");
      DataOutputStream dout=new DataOutputStream(fout);)// 创建输出流对象 dout
      {
       dout.writeInt(10);
       dout.writeLong(12345);
       dout.writeFloat(3.1415926f);
       dout.writeDouble(987654321.123);
       dout.writeBoolean(true);
       dout.writeChars("Goodbye! ");
    }
    catch(IOException e){}
    try(FileInputStream fin=new FileInputStream("D:/java/datafile.data");
      DataInputStream din=new DataInputStream(fin);)// 创建输入流对象 din
      {
       System.out.println(din.readInt());
       System.out.println(din.readLong());
       System.out.println(din.readFloat());
       System.out.println(din.readDouble());
       System.out.println(din.readBoolean());
       char ch;
       while((ch=din.readChar())!='\0')   // 读取到空字符 '\0' 时结束循环
         System.out.print(ch);
    }
    catch(FileNotFoundException e){
      System.out.println(" 文件未找到！！ ");
    }
    catch(IOException e){}
  }
}
```

程序运行结果：

```
10
12345
3.1415925
```

```
9.87654321123E8
true
Goodbye!
```

例 9.3 程序的第 5 行创建了一个文件字节输出流对象 fout 与 D 磁盘上的文件 datafile.data 相连。第 6 行以 fout 作为参数，创建一个数据输出流对象 dout，然后利用 dout 的相应方法向 datafile.data 文件写数据。同理，第 16 行创建一个文件字节输入流对象 fin 与 D 磁盘上的文件 datafile.data 相连，第 17 行以 fin 为参数创建一个数据输入流对象 din，之后利用 din 的相应方法将文件 datafile.data 中的内容读出并输出到屏幕上。因为 DataInputStream 类不支持字符串的读取，所以没有提供读取字符串的方法，因此第 25、26 行利用循环每次输出字符串中的一个字符，当读到字符串的尾，即读到空字符 '\0' 时结束循环。

说明： 当用 String 声明字符串型变量后，在给字符串变量赋值时其尾部并没有结束符。但将一个字符串写入文件时，为了区分其他数据，此时系统自动在字符串的尾部加一个 ASCII 码值为 0 的空字符 '\0' 作为字符串的结束符。

3. 标准输入输出

在以前讲的例子中，当 Java 程序与外设进行数据交换时，需要先创建一个输入输出流类的对象，完成与外设的连接。但是，当程序对标准输入输出设备进行操作时，则不需要如此。

对一般的计算机系统，标准输入设备通常指键盘，标准输出设备通常指屏幕显示器。为了方便程序对键盘输入和屏幕输出进行操作，Java 系统事先在 System 类中定义了静态流对象 System.in、System.out 和 System.err。System.in 对应于输入流，通常指键盘输入设备；System.out 对应于输出流，指显示器等信息输出设备；System.err 对应于标准错误输出设备，使得程序的运行错误可以有固定的输出位置，通常该对象对应于显示器。

System.in、System.out、System.err 这三个标准的输入输出流对象定义在 java.lang.System 类中，与其他类必须在程序中用 import 语句引入文件中不同，上述三个对象在 Java 源程序编译时被自动装载。

（1）标准输入。Java 语言的标准输入 System.in 是 BufferedInputStream 类的对象，当程序需要从键盘上读入数据时，只需调用 System.in 的 read() 方法即可，该方法从键盘缓冲区读入一个字节的二进制数据，返回以此字节为低位字节、高位字节为 0 的整型数据。

需要说明的是，System.in.read() 语句应包含在 try 块中，且 try 块后面要有一个接收 IOException 异常的 catch 块。

（2）标准输出。Java 语言的标准输出 System.out 是打印输出流 PrintStream 类的对象。PrintStream 类是过滤字节输出流类 FilterOutputStream 的一个子类，其中定义了向屏幕输送不同类型数据的方法 print() 和 println()。System.out 对应的输出流通常指显示器、打印机或磁盘文件等信息输出设备。

（3）标准错误输出。标准错误输出 System.err 用于为用户显示错误信息，也是由 PrintStream 类派生的错误流。err 流的作用是使用 print() 或 println() 方法将信息输出到 err 流并显示在屏幕上，以方便用户使用和调试程序。err 也使用与 out 同样的方法，如 “System.err.println(" 这是一个错误 ");”。但 err 与标准输出 out 不同的是，err 会立即显示指定的错误信息让用户知道，即使指定程序将结果重新定位到文件，err 输出的信息也不会被重新定位，而仍会显示在显示设备上。

【例 9.4】从键盘上输入一串字符，然后显示在屏幕上，并显示 System.in 和 System.out 所属的类。

```
//FileName: App9_4.java            数据流的应用
import java.io.*;
public class App9_4{
  public static void main(String[] args){
    try{
      byte[] b=new byte[128];                // 设置输入缓冲区
      System.out.print(" 请输入字符: ");
      int count=System.in.read(b);// 读取标准输入流，将回车符和换行符也存放到 b 数组中
      System.out.println(" 输入的是: ");
      for(int i=0;i < count;i++)
        System.out.print(b[i]+ " ");         // 输出数组 b 中元素的 ASCII 值
      System.out.println();
      for(int i=0;i < count-2;i++)           // 不显示回车符与换行符
        System.out.print((char)b[i]+ "  "); // 按字符方式输出数组 b 的元素
      System.out.println();
      System.out.println(" 输入的字符个数为 "+count);
      Class InClass=System.in.getClass();
      Class OutClass=System.out.getClass();
      System.out.println("in 所在的类是: "+InClass.toString());
      System.out.println("out 所在的类是: "+OutClass.toString());
    }
    catch(IOException e){}
  }
}
```

程序运行结果：

```
请输入字符: abc↙
输入的是:
97 98 99 13 10
a  b  c
输入的字符个数为 5
in 所在的类是: class java.io.BufferedInputStream
out 所在的类是: class java.io.PrintStream
```

从例 9.4 程序运行结果可以看出，当从键盘上输入了 abc 三个字符并按 Enter 键之后，输出结果却显示为输入了 5 个字符。这是因为 Java 语言把 Enter 键当作两个字符：一个是 ASCII 码值为 13 的回车符“\r”；另一个是 ASCII 码值为 10 的换行符“\n”。所以在第 13 行的 for 循环条件中的 count 减 2 的目的就是不输出回车符和换行符。另外，程序中的 getClass() 是 Object 类的方法，该方法返回运行时对象所属的类。toString() 也是 Object 类的方法，该方法返回当前对象的字符串表示（见 7.1.5 节）。

9.3 使用 Reader 和 Writer 类

InputStream 和 OutputStream 类通常是用来处理“字节流”即“位流”的，也就是二进制文件，而 Reader 和 Writer 类则是用来处理“字符流”的，也就是文本文件。与字节输入输出流的功能一样，字符输入输出流类 Reader 和 Writer 只是建立一条通往文本文件的通道，而要实现对字符数据的读写操作，还需要调用相应的读方法和写方法来完成。

虽然 Reader 和 Writer 类可用来处理字符串的读取和写入的操作，但由于 Reader 和 Writer 均是抽象类，因此并不能直接使用这两个类，而是使用它们的子类来创建对象，再利用对象来处理读写操作。Reader 和 Writer 类所提供的方法见表 9.9 和表 9.10。但由于是以 Reader 和 Writer 类所派生出的子类来创建对象，再利用它们来进行读写操作，因此这些方法通常是继承给子类使用，而不是用在父类本身。

表 9.9 java.io.Reader 类的常用方法

常用方法	功能说明
public int read()	从输入流中读一个字符，如果到达流的末尾，则返回 -1
public int read(char[] cbuf)	从输入流中读最多 cbuf.length 个字符，存入字符数组 cbuf 中
public boolean ready()	判断流是否做好读的准备
public abstract void close()	关闭输入流

表 9.10 java.io.Writer 类的常用方法

常用方法	功能说明
public void write(int c)	将单一字符 c 输出到流中
public void write(String str)	将字符串 str 输出到流中
public void write(char[] cbuf)	将字符数组 cbuf 输出到流
public abstract void flush()	将缓冲区中的数据写入文件中
public abstract void close()	关闭输出流
public Writer append(char c)	将字符 c 追加到输出流中

9.3.1 使用 FileReader 类读取文件

文件字符输入流类 FileReader 继承自 InputStreamReader 类，而 InputStreamReader 类又继承自 Reader 类，因此 Reader 类与 InputStreamReader 类所提供的方法均可供 FileReader 类所创建的对象使用。在使用 FileReader 类读取文件时，必须先调用 FileReader() 构造方法创建 FileReader 类的对象，再利用该对象调用 read() 方法读取数据。表 9.11 给出了 FileReader 类的构造方法。

表 9.11 java.io.FileReader 类的构造方法

构造方法	功能说明
public FileReader(String fileName)	根据文件名 fileName 创建一个可读取的输入流对象
public File Reader(String fileName, Charset charset)	创建文件名为 fileName、字符集为 charset 的文件输入流对象
public FileReader(File file)	使用默认字符集创建以 file 为参数的文件输入流对象
public FileReader(File file, Charset charset)	同上，但字符集使用 Charset 类对象 charset

【例 9.5】利用 FileReader 类读取 D:\java 文件夹下的文本文件 test.txt，其内容如图 9.4 所示。

图 9.4 文本文件 test.txt 的内容

程序代码如下：

```
//FileName: App9_5.java      FileReader 类的使用
import java.io.*;
public class App9_5{
  public static void main(String[] args) throws IOException{
    char[] c=new char[500];           //创建可容纳 500 个字符的数组
    try(FileReader fr=new FileReader("D:/java/test.txt");)//创建字符输入流对象 fr
    {
      int num=fr.read(c);             //将数据读入字符数组 c 内，并返回读取的字符数
      String str=new String(c,0,num);    //将字符数组转换为字符串
      System.out.println("读取的字符个数为"+num+"，其内容如下：");
      System.out.println(str);
    }
  }
}
```

程序运行结果：

```
读取的字符个数为 31，其内容如下：
我喜欢 Java！因为它功能强大
安全性好
可靠性高
```

因为例 9.5 程序第 8 行的 read()方法可能会抛出 IOException 异常，所以在第 4 行的主方法名 main()之后加上了 throws IOException，让系统来捕获异常。第 6 行以文件 D:\java\test.txt 创建一个文件字符输入流对象 fr，利用此对象即可进行文件的相关处理。第 8 行利用流对象 fr 调用 read()方法，并把所读入的字符存放在字符数组 c 中，并将 read()方法所读取的字符数赋给变量 num。第 9 行利用 String()构造方法将字符数组 c 从下标为 0 的位置开始取 num 个字符赋给变量 str，实际上，str 就是所读取文件的全部内容。

注意： Java 把每个汉字和英文字母均作为一个字符，但按 Enter 键产生的回车换行符“\r\n”作为两个字符。

9.3.2 使用 FileWriter 类写入文件

文件字符输出流类 FileWriter 继承自 OutputStreamWriter 类，而 OutputStreamWriter 类又继承自 Writer 类，因此 Writer 类与 OutputStreamWriter 类所提供的方法均可供 FileWriter 类所创建的对象使用。要使用 FileWriter 类将数据写入文件，必须先调用 FileWriter()构造方法创建 FileWriter 类对象，再利用该对象调用 write()方法写入数据。表 9.12 给出了 FileWriter 类的构造方法。

表 9.12 java.io.FileWriter 类的构造方法

构造方法	功能说明
public FileWriter(String filename)	根据所给文件名 filename 创建一个可供写入字符数据的输出流对象，原先的文件会被覆盖
public FileWriter(String filename,boolean append)	同上，但若 append 为 true，则会将数据追加在原先文件的后面
public FileWriter(File file)	以文件对象 file 为参数创建字符输出流对象
public FileWriter(File file, boolean append)	同上，但若 append 为 true，则会将数据追加在原先文件的后面

【例 9.6】利用 FileWriter 类将字符数组与字符串写入文件中。

```
//FileName: App9_6.java             FileWriter 类的使用
import java.io.*;
public class App9_6{
  public static void main(String[] args) throws IOException{
    FileWriter fw=new FileWriter("d:\\java\\test.txt");// 创建字符输出流对象 fw
    char[] c={'H','e','l','l','o','\r','\n'};
    String str=" 欢迎使用 Java！ ";
```

```
8       fw.write(c);                    //将字符数组写入文件中
9       fw.write(str);                  //将字符串写入文件中
10      if(fw!=null) fw.close();        //关闭流
11    }
12 }
```

例 9.6 程序的第 8、9 行的 write() 方法会抛出 IOException 异常，所以在主方法名的后面加上 throws IOException，让系统来捕获异常。第 5 行创建了一个文件字符输出流对象 fw，利用它即可写入数据到文件。第 6、7 行分别定义了字符数组与字符串，第 8、9 行则将字符数组与字符串写入文件中。该例中没有用自动关闭资源语句，所以第 10 行用 fw 调用 close() 方法关闭流 fw。当一个文件成功打开后它的引用不可能是 null，所以最好先判断当流不是 null 时，再将其关闭。

9.3.3 使用 BufferedReader 类读取文件

缓冲字符输入流类 BufferedReader 直接继承自 Reader 类，BufferedReader 类用来读取缓冲区中的数据。使用 BufferedReader 类读取缓冲区中的数据之前，必须先创建 FileReader 类对象，再以该对象为参数来创建 BufferedReader 类的对象，然后才可以利用此对象调用相应的方法来读取缓冲区中的数据。表 9.13 和表 9.14 分别给出了 BufferedReader 类的构造方法和常用方法。

表 9.13 java.io.BufferedReader 类的构造方法

构造方法	功能说明
public BufferedReader(Reader in)	创建缓冲区字符输入流
public BufferedReader(Reader in,int size)	创建缓冲区字符输入流，并设置缓冲区大小

表 9.14 java.io.BufferedReader 类的常用方法

常用方法	功能说明
public int read()	读取单一字符
public String readLine()	读取一行字符串
public void close()	关闭流

【例 9.7】利用缓冲字符输入流类 BufferedReader 读取文本文件。

```
//FileName: App9_7.java              BufferedReader类的使用
import java.io.*;
public class App9_7{
  public static void main(String[] args) throws IOException{
    String thisLine;
    int count=0;
    try(FileReader fr=new FileReader("D:/java/test.txt");
        BufferedReader bfr=new BufferedReader(fr);)
```

```
9        {
10         while((thisLine=bfr.readLine())!=null){    //每次读取一行，直到结束
11           count++;              //计算读取的行数
12           System.out.println(thisLine);
13         }
14         System.out.println("共读取了"+count+"行");
15       }
16       catch(IOException ioe){
17         System.out.println("错误！"+ioe);
18       }
19     }
20 }
```

程序运行结果：

```
Hello
欢迎使用Java！
共读取了2行
```

程序9.7的第7行先创建一个FileReader类对象fr，第8行再以fr为参数创建BufferedReader类的对象bfr。第10行调用了BufferedReader类中最常用的方法readLine()，该方法一次读取一行数据，直到读完文件内所有的数据为止，如果读到文件结束符，则readLine()返回null。第12行将所读取的每一行内容输出到显示器上。

9.3.4 使用BufferedWriter类写入文件

缓冲字符输出流类BufferedWriter继承自Writer类，BufferedWriter类用来将数据写入缓冲区中。使用BufferedWriter类将数据写入缓冲区的过程与使用BufferedReader类从缓冲区中读出数据的过程相似。首先必须先创建FileWriter类对象，再以该对象为参数来创建BufferedWriter类的对象，然后就可以利用此对象调用相应的方法将数据写入缓冲区中。所不同的是，缓冲区内的数据最后必须要用flush()方法将缓冲区清空，将缓冲区中的数据全部写到文件内。表9.15和表9.16分别给出了缓冲字符输出流类BufferedWriter的构造方法和常用方法。

表9.15 java.io.BufferedWriter类的构造方法

构造方法	功能说明
public BufferedWriter(Writer out)	创建缓冲区字符输出流
public BufferedWriter(Writer out,int size)	创建缓冲区字符输出流，并设置缓冲区大小

表9.16 java.io.BufferedWriter类的常用方法

常用方法	功能说明
public void write(int c)	将单一字符写入缓冲区中
public void write(String str,int off,int len)	写入字符串（off表示下标，len表示写入的字符数）

续表

常用方法	功能说明
public void newLine()	写入回车换行符
public void flush()	将缓冲区中的数据写入文件中
public void close()	关闭流

【例 9.8】利用缓冲区输入输出流进行文件复制。

```
1  //FileName: App9_8.java        缓冲区输入输出流应用
2  import java.io.*;
3  public class App9_8{
4    public static void main(String[] args) throws IOException{
5      String str=new String();
6      try(BufferedReader in=new BufferedReader(new FileReader("d:/java/test.txt"));
7      BufferedWriter out=new BufferedWriter(new FileWriter("d:/java/test1.txt"));)
8      {
9        while((str=in.readLine())!=null){
10         System.out.println(str);          // 在显示器上输出
11         out.write(str);                   // 将读取到的一行数据写入输出流中
12         out.newLine();                    // 写入回车换行符
13       }
14       out.flush();                        // 将缓冲区中的数据全部写入文件中
15     }
16     catch(IOException ioe){
17       System.out.println(" 错误！ "+ioe);
18     }
19   }
20 }
```

例 9.8 程序的第 6 行利用 FileReader 类创建的匿名对象作为 BufferedReader 类构造方法的参数创建了缓冲区输入流对象 in。同理，第 7 行以 FileWriter 类创建的匿名对象作为 BufferedWriter 类构造方法的参数创建了缓冲区输出流对象 out。然后分别利用它们的对象进行文件的读取与写入，但第 11 行调用 out 对象的 write() 方法写入数据时，它不写入回车换行符，所以第 12 行是在向文件每写入一行数据后都向其写入一个回车换行符，以保持目标文件与源文件一致。

9.4 使用 ObjectInputStream 与 ObjectOutputStream 类

对象流以字节流为基础，可长久地保存对象。对象的输入输出涉及两个概念：对象序列化和对象反序列化。所谓对象序列化就是把对象转换为字节序列的过程，而对象的反序列化则是将字节序列恢复为对象的过程。将对象序列化后会转换为与平台无关的二进制字节流，从而允许将二进制字节流保存在磁盘上，或通过网络传输到另一个网络节点；反之，对象反序列化是从二进制字节流中读取数据，并把二进制字节流恢复为对象。对象的序列化和反序列化实现了对象和二进制流之间的相互转换。

对象序列化通过对象输入类 ObjectInputStream 实现对对象的读操作，对象反序列化通过对象输出类 ObjectOutputStream 实现对对象的写操作。ObjectInputStream 类是 InputStream 类的直接子类，并实现了 ObjectInput 和 ObjectStreamConstants 等多个接口。ObjectOutputStream 类是 OutputStream 类的直接子类，并实现了 ObjectOutput 和 ObjectStream Constants 等多个接口。表 9.17 和表 9.18 分别给出了 ObjectInputStream 类的构造方法和常用方法，表 9.19 和表 9.20 分别给出了 ObjectOutputStream 类的构造方法和常用方法。

表 9.17 java.io.ObjectInputStream 类的构造方法

构造方法	功能说明
public ObjectInputStream(InputStream in)	创建一个 ObjectInputStream 对象用于从指定的 in 中读取数据

表 9.18 java.io.ObjectInputStream 类的常用方法

常用方法	功能说明
public final Object readObject()	从 ObjectInputStream 中读取一个对象
public int read()	从 ObjectInputStream 中读取一个字节的数据
public boolean readBoolean()	从 ObjectInputStream 中读取一个布尔型值
public short readShort()	从 ObjectInputStream 中读取一个 16 位短整型值
public char readChar()	从 ObjectInputStream 中读取一个 16 位的 char 型值
public int readInt()	从 ObjectInputStream 中读取一个 32 位的 int 型值
public long readLong()	从 ObjectInputStream 中读取一个 64 位的 long 型值
public float readFloat()	从 ObjectInputStream 中读取一个 32 位的 float 型值
public double readDouble()	从 ObjectInputStream 中读取一个 64 位的 double 型值
public String readUTF()	从 ObjectInputStream 中以 UTF-8 编码格式读取一个 String 型值
public void close()	关闭输入流

表 9.19 java.io.ObjectOutputStream 类的构造方法

构造方法	功能说明
public ObjectOutputStream(OutputStream out)	创建 ObjectOutputStream 对象用于将内容写入指定的 out 中

表 9.20 java.io.ObjectOutputStream 类的常用方法

常用方法	功能说明
protected Object replaceObject(Object obj)	在序列化期间，此方法允许 ObjectOutputStream 的子类使用一个对象替代另一个对象
public void reset()	将已写入流中的所有对象的状态重置为与新的 ObjectOutput Stream 相同

续表

常用方法	功能说明
public void write(int val)	将 val 的一个字节写入 ObjectOutputStream 流中
public void write(byte[] buf)	将字节数组 buf 写入 ObjectOutputStream 流中
public final void writeObject(Object obj)	将对象 obj 写入 ObjectOutputStream 流中
public void writeBoolean(boolean val)	将布尔型值 val 写入 ObjectOutputStream 流中
public void writeChars(String str)	以 char 序列形式向 ObjectOutputStream 流中写入一个字符串 str
public void writeInt(int val)	将 32 位的 int 型值 val 写入 ObjectOutputStream 流中
public void writeLong(long val)	将 64 位的 long 型值 val 写入 ObjectOutputStream 流中
public void writeFloat(float val)	将 32 位的 float 型值 val 写入 ObjectOutputStream 流中
public void writeDouble(double val)	将 64 位的 double 型值 val 写入 ObjectOutputStream 流中
public void writeUTF(String str)	将字符串的原始数据以修改后的 UTF-8 编码格式写入 ObjectOutputStream 流中
public void flush()	将缓冲区中的数据强制写入 ObjectOutputStream 流中
public void close()	关闭输出流

并不是每一个对象都是可序列化的，因为可序列化的对象是 java.io.Serializable 接口的实例，所以可序列化对象的类必须实现 Serializable 接口。Serializable 接口是标记接口，所谓标记接口是一种没有任何内容即是带有空体的接口，所以不需要在类中为实现 Serializable 接口增加额外的代码。试图存储一个不支持 Serializable 接口的对象会引发 NotSerializableException 异常。当存储一个可序列化对象时，不存储该对象的静态变量值。

如果一个对象是 Serializable 的实例，但它包含有非序列化的实例变量，则不可以序列化该对象。但为了能使该对象可序列化，需要给这些变量加上关键字 transient，告诉 Java 虚拟机将对象写入流时忽略这些变量。也就是说，对象序列化不保存对象的 transient 类型及 static 类型的变量。对于需屏蔽的数据，如密码，可以定义为 transient 型变量。

【例 9.9】采取对象序列化方式将学生类 Student 的对象写入数据文件中，然后采用反序列化方式把学生对象从文件中读取出来。

```
//FileName: App9_9.java
import java.io.*;
class Student implements Serializable{//Student 类实现了标记接口 Serializable
  String name,sNo;
  int age;
  public Student(String xh,String xm,int nl){  //构造方法
    sNo=xh;
    name=xm;
    age=nl;
  }
```

```
11 }
12 public class App9_9{                    // 主类
13   Student[] stu=new Student[2];
14   public static void main(String[] args){
15     App9_9 obj=new App9_9();
16     obj.saveObj();
17     obj.readObj();
18   }
19   public void saveObj(){               // 存储数据到文件中
20     stu[0]=new Student("20220701","张三",25);
21     stu[1]=new Student("20220703","李四",26);
22     try(FileOutputStream fileO=new FileOutputStream("obj.dat");
23        ObjectOutputStream output=new ObjectOutputStream(fileO);)
24     {
25       output.writeObject(stu[0]); // 将对象 stu[0] 写入 obj.dat 文件中
26       output.writeObject(stu[1]);
27     }
28     catch(Exception e)
29     {System.err.println(e);}
30   }
31   public void readObj(){               // 从文件中读取数据
32     Student stud=null;
33     try(FileInputStream fileI=new FileInputStream("obj.dat");
34        ObjectInputStream input=new ObjectInputStream(fileI);)
35     {
36       for(int i=0;i<stu.length;i++){
37         stud=(Student)input.readObject();// 强制转换为 Student 类型
38         System.out.print("学号："+stud.sNo);
39         System.out.print("   姓名："+stud.name);
40         System.out.println("   年龄："+stud.age);
41       }
42     }
43     catch(Exception e)
44     {System.err.println(e);}
45   }
46 }
```

程序运行结果：

```
学号：20220701   姓名：张三   年龄：25
学号：20220703   姓名：李四   年龄：26
```

例 9.9 程序的第 3 行创建 Student 类的同时实现了标记接口 Serializable。第 19 ～ 30 行定义的 saveObj() 方法用于将对象存储到文件 obj.dat 中，为此第 22、23 行创建了 ObjectOutputStream 对象 output，第 25、26 行分别利用对象 output 调用 writeObject() 方法

将数据写入文件 obj.dat 中。而第 31 ～ 45 行定义的 readObj() 方法用于将文件 obj.dat 中对象读出，为此第 33、34 行创建了 ObjectInputStream 对象 input。第 37 行利用 input 调用 readObject() 方法用于从文件 obj.dat 中读取对象。

由此可见，采用对象序列化方式存储数据不必考虑对象数据的具体类型，无论是字节流还是字符流数据，只需要直接把数据以对象方式写入文件中，将对象转换为字节序列。取出数据时，再把字节流恢复为对象。对于对象数据，在进行文件读写操作时，采用对象流方式比字节流或字符流要简单便捷很多。

9.5 文件的管理与随机访问

计算机程序运行时，数据都保存在系统的内存中，因为关机时内存中的数据全部丢失，所以必须把那些需要长期保存的数据存放在磁盘文件中，需要时再从文件中读出。因此，对文件的管理是程序必备的功能。

9.5.1 Java 语言对文件与文件夹的管理

Java 语言不仅支持文件管理，还支持文件夹管理。在 java.io 包中定义了一个 File 类专门用来管理磁盘文件和文件夹，而不负责数据的输入输出。File 类是文件名及其目录路径的一个包装类。每个 File 类对象表示一个磁盘文件或文件夹，其对象属性中包含了文件或文件夹的相关信息，如文件名、长度、所含文件个数等，调用它的方法可以完成对文件或文件夹的管理操作，如创建、删除等。

1. 创建 File 类的对象

因为每个 File 类对象对应系统的一个磁盘文件或文件夹，所以创建 File 类对象需要给出它所对应的文件名或文件夹名。File 类有四个构造方法，分别以不同的参数形式接收文件和文件夹名信息，如表 9.21 所示。

表 9.21 java.io.File 类的构造方法

构造方法	功能说明
public File(String pathname)	用参数 pathname 为路径创建 File 对象所对应的磁盘文件或文件夹
public File(String parent, String child)	以 parent 为父路径，以 child 为子路径名创建 File 对象
public File(File parent, String child)	用一个已经存在代表某磁盘文件夹的 File 对象 parent 为父路径，以 child 为子路径名创建 File 对象
public File(URI uri)	将给定的 URI 转换为抽象路径名来创建 File 对象

使用 File 类的构造方法时，要注意以下几点：

（1）路径参数可以是绝对路径，如 d:\java\myfile\Example.java，也可以是相对路径，如 myfile\Example.java，路径参数还可以是磁盘上的某个文件夹。

（2）由于不同操作系统使用的文件夹分隔符不同，如 Windows 操作系统使用反斜线

“\”，UNIX 操作系统使用正斜线“/”。为了使 Java 程序能在不同的平台上运行，可以利用 File 类的一个静态变量 File.separator。该变量中保存了当前系统规定的文件夹分隔符，使用它可以组合成在不同操作系统下都通用的路径。如：

```
"d:"+ File.separator+"java"+File.separator+"myfile"
```

（3）正斜线“/”是 Java 的目录分隔符。这点和 UNIX 一样。

2. 获取文件或文件夹属性

一个 File 对象一经创建，就可以通过调用它的方法来获得其所对应的文件或文件夹的属性，其中常用方法如表 9.22 所示。

表 9.22　java.io.File 类中获取文件或文件夹属性的常用方法

常用方法	功能说明
public boolean exists()	判断文件或文件夹是否存在
public boolean isFile()	判断对象是否代表有效文件
public boolean isDirectory()	判断对象是否代表有效文件夹
public String getName()	返回文件名或文件夹名
public String getPath()	返回文件或文件夹完整的路径和文件名
public long length()	返回文件的字节数
public boolean canRead()	判断文件是否可读
public boolean canWrite()	判断文件是否可写
public String[] list()	将文件夹中所有文件名保存在字符串数组中返回

3. 文件或文件夹操作

File 类中还定义了一些对文件或文件夹进行管理、操作的方法，如表 9.23 所示。

表 9.23　java.io.File 类中对文件或文件夹操作的常用方法

常用方法	功能说明
public boolean renameTo(File newFile)	将文件重命名为 newFile 对应的文件名
public boolean delete()	将当前文件删除。若删除成功则返回 true，否则返回 false
public boolean mkdir()	创建当前文件夹的子文件夹。若成功则返回 true，否则返回 false

【例 9.10】创建 File 类对象，输出指定文件夹下的内容。

```
//FileName: App9_10.java
import java.io.*;
public class App9_10{
  public static void main(String[] args) throws IOException{
    try(InputStreamReader isr=new InputStreamReader(System.in);
       BufferedReader inp=new BufferedReader(isr);)
    {
```

```
8         String sdir="D:/Java";
9         String sfile;
10        File fdir1=new File(sdir);
11        if(fdir1.exists()&& fdir1.isDirectory()){
12          System.out.println(" 文件夹 "+sdir+" 已经存在 ");
13          for(int i=0;i < fdir1.list().length;i++)
14            System.out.println((fdir1.list())[i]);
15          File fdir2=new File("D:/Java/temp");
16          if(!fdir2.exists())                          // 判断文件夹是否存在
17            fdir2.mkdir();
18          System.out.println(" 建立新文件夹后的文件列表 ");
19          for(int i=0;i < fdir1.list().length;i++)
20            System.out.println((fdir1.list())[i]);
21        }
22        System.out.print(" 请输入该文件夹中的一个文件名：");
23        sfile=inp.readLine();
24        File ffile=new File(fdir1,sfile);
25        if(ffile.isFile()){
26          System.out.println(" 文件名："+ffile.getName());
27          System.out.println(" 所在文件夹："+ffile.getPath());
28          System.out.println(" 文件大小："+ffile.length()+" 字节 ");
29        }
30      }
31      catch (IOException e){
32        System.out.println(e.toString());
33      }
34    }
35 }
```

在 D 盘上 Java 文件夹存在的情况下，该程序的运行结果：

```
文件夹 D:/Java 已经存在
aaa.dsp
aaa.opt
建立新文件夹后的文件列表
aaa.dsp
aaa.opt
temp      // 此为新创建的文件夹
请输入该文件夹中的一个文件名：aaa.opt↙
文件名：aaa.opt
所在文件夹：D:\Java\aaa.opt
文件大小：48640 字节
```

例 9.10 程序在第 6 行以 InputStreamReader 类的对象 isr 为参数创建了缓冲字符输入流类 BufferedReader 的对象 inp。在第 10 行先创建一个 File 类对象 fdir1 指向 D 盘的 Java 文件夹，当这个文件夹存在时，输出该文件夹下的所有文件和子文件夹，然后在这个文件夹下创建一个子文件夹 temp，并再次列出 D 盘 Java 文件夹下的所有内容。之后利用标准输入流对象 inp 在键盘上读入一行字符作为文件名，并输出这个文件的有关信息。

9.5.2 对文件的随机访问

前面介绍的流类实现的是对磁盘文件的顺序读写，而且读和写要分别创建不同的对象。Java 语言中还定义了一个功能更强大、使用更方便的随机访问文件类 RandomAccessFile，它可以实现对文件的随机读写。

随机访问文件类 RandomAccessFile 是有关文件处理中功能齐全、文件访问方法众多的类。RandomAccessFile 类用于进行随意位置、任意类型的文件访问，并且在文件的读取方式中支持文件的任意读取而不只是顺序读取。表 9.24 给出了 RandomAccessFile 类的构造方法。

表 9.24　java.io.RandomAccessFile 类的构造方法

构造方法	功能说明
public RandomAccessFile(String name,String mode)	以 name 来指定随机访问文件流对象所对应的文件名，以 mode 表示对文件的访问模式
public RandomAccessFile(File file,String mode)	以 file 来指定随机访问文件流对象所对应的文件名，以 mode 表示对文件的访问模式

说明： 访问模式 mode 表示所创建的随机读写文件的操作状态。mode 的取值如下。

r：表示以只读方式打开文件。

rw：表示以读写方式打开文件。使用该模式只用一个对象就可以同时实现读和写两种操作。

RandomAccessFile 类中定义了许多用于文件读写操作的方法，表 9.25 和表 9.26 分别给出了读取操作和写入操作的常用方法。

表 9.25　java.io.RandomAccessFile 类中用于读取操作的常用方法

常用方法	功能说明
public long length()	返回文件长度
public int read()	从文件输入流中读取一个字节的数据
public final boolean readBoolean()	读取文件中的逻辑值
public final byte readByte()	从文件中读取带符号的字节值
public final char readChar()	从文件中读取一个 Unicode 字符
public final String readUTF()	以 UTF-8 格式编码读取字符串返回
public final String readLine()	从文本文件中读取一行
public void close()	关闭随机访问文件流并释放系统资源

表 9.26　java.io.RandomAccessFile 类用于写入操作的常用方法

常用方法	功能说明
public void write(int b)	在文件指针的当前位置写入一个 int 型数据 b
public void writeBoolean(boolean v)	在文件指针的当前位置写入一个 boolean 型数据 v
public void writeByte(int v)	在文件指针当前位置写入 1 字节，只写 v 的最低 1 字节，其他字节丢弃
public void writeBytes(String s)	以字节形式写一个字符串到文件
public void writeChar(int v)	在文件指针的当前位置写入 v 的最低 2 字节，其他字节丢弃
public void writeChars(String s)	以字符形式写一个字符串到文件
public void writeDouble(double v)	在文件当前指针位置写入 8 字节数据 v
public void writeFloat(float v)	在文件当前指针位置写入 4 字节数据 v
public void writeInt(int v)	把整型数作为 4 字节写入文件
public void writeLong(long v)	把长整型数作为 8 字节写入文件
public void writeShort(int v)	在文件指针当前位置写入 2 字节，只写 v 的最低 2 字节，其他字节丢弃
public void writeUTF(String str)	将字符串以 UTF-8 编码格式写入文件

注意： RandomAccessFile 类的所有方法都有可能抛出 IOException 异常，所以利用它实现对文件对象操作时应把相关的语句放在 try 块中，并配上 catch 块来处理可能产生的异常。

使用随机访问文件读写时，先创建一个随机访问文件对象，随机访问文件是由字节序列组成的，此时该文件处于打开状态。文件的指针处于文件开始位置，可以通过 seek() 方法设置文件指针当前字节位置，进行文件的快速定位。而后通过 RandomAccessFile 类中相应的 read() 和 write() 方法，完成对文件的读写操作。在对文件的读写操作完成后，调用 RandomAccessFile 类的 close() 方法关闭文件。

【例 9.11】利用 RandomAccessFile 类对文件进行随机访问。

```
//FileName: App9_11.java       RandomAccessFile 类的应用
import java.io.*;
public class App9_11{
  public static void main(String args[]) throws IOException{
    StringBuffer stfDir=new StringBuffer();
    System.out.print("请输入文件所在的路径：");
    char ch;
    while((ch=(char)System.in.read())!='\r')
      stfDir.append(ch);
    File dir=new File(stfDir.toString());
    System.out.print("请输入欲读取的文件名：");
    StringBuffer stfFileName=new StringBuffer();
    char c;
```

```
14      while((c=(char)System.in.read())!='\r')
15        stfFileName.append(c);
16      stfFileName.replace(0,1,"");// 去掉上次输入并按 Enter 键后存留在缓冲区中的 "\n"
17      File readFrom=new File(dir,stfFileName.toString());
18      if(readFrom.isFile()&&readFrom.canWrite()&& readFrom.canRead()){
19        RandomAccessFile rafFile=new RandomAccessFile(readFrom,"rw");
20        while(rafFile.getFilePointer() < rafFile.length())
21          System.out.println(rafFile.readLine());
22        if(rafFile!=null) rafFile.close();// 关闭 rafFile 流
23      }
24      else
25        System.out.println(" 文件不可读！ ");
26    }
27 }
```

程序运行结果：

```
请输入文件所在的路径
d:/java↙
请输入欲读取的文件名
test.txt↙
Hello
I love you Java !
```

（Hello 与 I love you Java ! 这两行是 d:\java\test.txt 中的内容）

例 9.11 程序的第 8、9 行是接收用户从键盘输入的路径名，存入可修改型字符串变量 stfDir 中，第 10 行是利用所输入的字符串作为参数创建一个 File 类的对象 dir。同理，第 14、15 行将用户从键盘上输入的字符串作为文件名存放到可修改型字符串变量 stfFileName 中。因为在输入路径结束时按了 Enter 键，所以产生了回车换行符“\r\n”，因而第 16 行是去掉滞留在缓冲区中的换行符“\n”。第 17 行是以输入的路径和文件名为参数，创建一个文件型对象 readFrom。第 18 行是判断语句，如果该文件型对象是文件且可读可写，则第 19 行以该带有路径的文件名为参数创建一个可随机访问的文件对象 rafFile。第 20、21 行是判断文件指针的位置是否超过文件的长度，若没有超过，则输出文件中的每一行，直到结束，然后关闭该可随机读写的文件 rafFile。

本章小结

1. InputStream 与 OutputStream 类及其子类既可用于处理二进制文件，又可用于处理文本文件，但主要以处理二进制位流的字节文件为主。

2. Reader 与 Writer 类是用来处理文本文件的读取和写入操作，通常是以它们的派生类来创建实体对象，再利用它们来处理文本文件读写操作。

3. BufferedWriter 类中的 newLine() 方法可写入回车换行符，而且与操作系统无关。

4. 文件流类 File 的对象对应系统的磁盘文件或文件夹。

5. 随机访问文件类 RandomAccessFile 可以实现对文件的随机读写。

6. 在关闭流对象时，若流对象是在 try 语句块之前定义的，则流对象的关闭最好是放在 finally 语句块中；但若流对象是在 try 语句块中定义的，那么关闭流对象的语句可放在 try 语句块的最后面。

习题

9.1　什么是数据的输入与输出？

9.2　什么是流？Java 语言中分为哪两种流？这两种流有何差异？

9.3　InputStream、OutputStream、Reader 和 Writer 四个类在功能上有何异同？

9.4　编程题。利用基本输入输出流实现从键盘上读入一个字符，然后显示在屏幕上。

9.5　Java 语言中定义的三个标准输入输出流是什么？它们分别对应什么设备？

9.6　编程题。利用文件输出流创建一个文件 file1.txt，写入字符串“文件已被成功创建！”，然后用记事本打开该文件，看一下是否正确写入。

9.7　编程题。利用文件输入流打开 9.6 题中创建的文件 file1.txt，读出其内容并显示在屏幕上。

9.8　编程题。利用文件输入输出流打开 9.6 题中创建的文件 file1.txt，然后在文件的末尾追加一行字符串“又添加了一行文字！”。

9.9　编程题。产生 15 个 20 ～ 9999 的随机整数，然后利用 BufferedWriter 类将其写入文件 file2.txt 中；之后再读取该文件中的数据并将它们按升序排序。

9.10　编程题。用一个新的字符串替换文本文件中所有出现某个字符串的地方，并将替换后的文件保存在另一个文件中，要求文件名和字符串都作为命令行参数传递。

9.11　Java 语言中使用什么类对文件与文件夹进行管理？

第10章 泛型与容器类

本章主要内容

- ★ 类型参数；
- ★ 泛型限制和泛型通配符；
- ★ 列表接口 List 及两个实现类：线性表类 LinkedList 和数组列表类 ArrayList。

泛型技术可以通过一种类型或方法操纵各种不同类型的对象，同时又提供了编译时的类型安全保证。容器则是以类库形式提供的多种数据结构，用户在编程时可直接使用。泛型通常（但不限于）与容器一起使用。

10.1 泛型

泛型的实质就是将数据的类型参数化，通过为类、接口及方法设置类型参数来定义泛型。泛型使一个类或一个方法可在多种不同类型的对象上进行操作，运用泛型意味着编写的代码可以被多种类型不同的对象所重用，从而减少数据类型转换的潜在错误。

10.1.1 泛型的概念

泛型就是在定义类、接口或方法时通过为其增加“类型参数”来实现的。即泛型所操作的数据类型被指定为一个参数，这个参数被称为类型参数（type parameter），也称泛型类型。所以说泛型的实质是将数据的类型参数化。当这种类型参数用在类、接口以及方法的声明中时，分别称为泛型类、泛型接口和泛型方法。其定义的格式是在一般类、接口和方法定义的基础上加一个或多个用尖括号括起来的“类型参数”实现的，类型参数其实就是一种“类型形式参数”。按通常的惯例，用 T 或 E 这样的单个大写字母来表示类型参数。泛型类的定义是在类名后面加上 <T>，泛型接口的定义是在接口名后面加上 <T>，而泛型方法的定义是在方法的返回值类型前面加上 <T>，其头部定义分别如下：

泛型类的定义：[修饰符] class 类名 <T>

泛型接口的定义：[public] interface 接口名 <T>

泛型方法的定义：[public] [static] <T> 返回值类型 方法名（T 参数）

定义泛型之后，就可以在代码中使用类型参数 T 来表示某一种数据的类型而非数据的值，T 可以看作泛型类的一种“类型形式参数”。在定义类型参数后，就可以在类体或接口体中定义的各个部分直接使用这些类型参数。而在应用这些具有泛型特性的类或接口时，需要指明实际的具体类型，即用“类型实际参数”来替换“类型形式参数”，也就是说用泛型类创建的对象即在类体内的每个类型参数 T 处分别用这个具体的实际类型替代，所以说 T 是实际类型的占位符。泛型的实际参数必须是类类型，利用泛型类创建的对象称为泛型对象，这个过程也称为泛型实例化。所以说泛型的概念实际上是基于“类型也可以像变量一样实现参数化”这一简单的设计理念实现的，因此泛型也称为参数多态。

10.1.2 泛型类及应用

在使用泛型定义的类创建对象时，即在泛型实例化时，可以根据不同的需求给出类型参数 T 的具体类型。而在调用泛型类的方法传递或返回数据类型时可以不用进行类型转换，而是直接用 T 作为类型来代替参数类型或返值的类型。

说明： 在泛型实例化过程中，实际类型必须是引用类型，即必须是类类型，不能用如 int、double 或 char 等这样的基本类型来替代类型参数 T。

泛型实例化时的语法格式如下：

```
类名 < 类型实参列表 > 对象名 =new 类名 < 类型实参列表 > ([ 构造方法参数列表 ]);
```

泛型实例化时只需在左侧尖括号“< >”内给出类型实参即可，Java 可以推断出另一个尖括号中的泛型信息。将一对尖括号放在一起像一个菱形，因此也称菱形语法。菱形语法创建泛型对象的语法格式如下：

```
类名 < 类型实参列表 > 对象名 =new 类名 <>([ 构造方法参数列表 ]);
```

在实际应用中这两种格式都可用，但最好使用菱形语法格式来创建泛型对象。

【例 10.1】泛型类的定义及应用。

```
//FileName: App10_1.java         泛型类的应用
public class App10_1<T>{           //定义泛型类，T是类型参数
  private T obj;                   //定义泛型类的成员变量
  public T getObj(){               //定义泛型类的方法 getObj()
    return obj;
  }
  public void setObj(T obj){       //定义泛型类的方法 setObj()
    this.obj=obj;
  }
```

```
10  public static void main(String[] args){
11    App10_1<Integer> age=new App10_1<Integer>();// 创建泛型对象
12    App10_1<String> name=new App10_1<>();      // 使用菱形语法创建泛型对象
13    name.setObj("陈  磊");
14    String newName=name.getObj();
15    System.out.println("姓名："+newName);
16    age.setObj(25);                   //Java 自动将 25 包装为 new Integer(25)
17    int newAge=age.getObj();          //Java 将 Integer 类型自动解包为 int 类型
18    System.out.println("年龄："+newAge);
19  }
20 }
```

程序运行结果：

```
姓名：陈  磊
年龄：25
```

例 10.1 程序第 2 行定义的类 App10_1<T> 是泛型类，其中尖括号中的 T 就是类型参数，它相当于类的“类型形式参数”，因为类型参数所表示的数据类型不是固定的，所以 T 可代表任意一种数据类型，并可用该类型来声明类成员变量、成员方法的参数或返回值等。第 3 行定义的成员变量 obj 的类型被指定为类型参数 T。第 4 行定义的方法的返回值和第 7 行定义的方法的参数等也均被指定为类型参数 T。第 11 行使用泛型类 App10_1<Integer> 创建泛型对象 age 时，则是使用 Integer 来代替类型参数 T，Integer 就是类型实参，即类型参数由实际对象的类型决定，因此凡是在类体中出现 T 的地方均被替换成 Integer。所以若将第 16 行语句改为 age.setObj(25.0)，则在编译时就会因为类型不对而报错，因为 25.0 不是整数。同理，在第 12 行使用泛型类 App10_1<String> 创建泛型对象 name 时，则使用 String 来代替类型参数 T，String 就是类型实参，因此凡是在类体中出现 T 的地方均被替换成 String。从代码可以看出，第 12 行创建泛型对象 name 时使用了菱形语法格式。

通过例 10.1 可以看出，泛型类的定义并不复杂，可以将类型参数 T 看作一种特殊的“变量”，该变量的“值”在创建泛型对象时指定，它可以是除了基本类型之外的任意类型，包括类、接口等引用类型。

在创建泛型对象时 Java 支持以 var 作为变量名的局部变量类型推断功能。所以例 10.1 中的第 11 行可以改写为：

```
var age=new App10_1<Integer>();
```

此时 age 的类型被推断为 App10_1<Integer>，因为这是它初始值的类型。但不提倡使用菱形语法格式的局部变量类型推断。

说明： 当一个泛型有多个类型参数时，每个类型参数在该泛型中都应该是唯一的。如不能定义 Map<K,K> 形式的泛型，但可以定义 Map<K,V> 形式的泛型。

10.1.3 泛型方法

一个方法是否是泛型方法与其所在的类是否是泛型类没有关系。要定义泛型方法，只需将泛型的类型参数 <T> 置于方法返回值类型前即可。在 Java 中任何方法（包括静态方法和构造方法）都可声明为泛型方法。泛型方法除了定义不同，调用时与普通方法一样。

【例 10.2】泛型方法的应用。

```
1  //FileName: App10_2.java
2  public class App10_2{                  // 定义一般类，即非泛型类
3    public static void main(String[] args){
4      Integer[] num={1,2,3,4,5};     // 定义数组
5      String[] str={"红","橙","黄","绿","青","蓝","紫"};
6      App10_2.display(num);          // 用类名调用静态泛型方法
7      App10_2.display(str);
8    }
9    public static <E> void display(E[] list){// 定义泛型方法，E 为类型参数
10     for(int i=0;i < list.length;i++)
11       System.out.print(list[i]+ "  ");
12     System.out.println();
13   }
14 }
```

程序运行结果：

```
1  2  3  4  5
红 橙 黄 绿 青 蓝 紫
```

例 10.2 程序定义的类 App10_2 不是泛型类，但该类内的第 9 ～ 13 行却定义了一个泛型方法 display()，所以在返回值类型前给出一个类型参数 E。同样，该方法的参数接收的是 E 类型的数组，而方法体则是输出参数 list 接收的数组的每个元素。

说明： *在调用泛型方法时，为了强调是泛型方法，也可将实际类型放在尖括号内作为方法名的前缀。如例 10.2 中的第 6、7 行可分别改为 App10_2.<Integer>display(num) 和 App10_2.<String>display(str)。*

一般来说编写 Java 泛型方法时，返回值类型和至少一个参数类型应该是泛型，而且类型应该是一致的，如果只有返回值类型或参数类型之一使用了泛型，这个泛型方法的使用就大大地受限制，基本限制到与不用泛型一样的程度。所以推荐使用返回值类型和参数类型一致的泛型方法。Java 泛型方法广泛应用在方法返回值和参数均是容器类对象的情况。

注意： *若泛型方法的多个形式参数使用了相同的类型参数，并且对应的多个类型实参具有不同的类型，则编译器会将该类型参数指定为这多个类型实参所具有的"最近"共同父类直至 Object。*

说明： *一个 static 方法无法访问泛型类的类型参数，所以如果 static 方法需要使用泛型能力，则必须使其成为泛型方法。*

当使用泛型类时，必须在创建泛型对象时指定类型参数的实际值，而调用泛型方法

时，通常不必为实参指明参数的类型，因为编译器有个“类型参数推断”功能，编译器会推断出实参的具体类型。类型推断只对赋值操作有效，其他时候并不起作用。

【例 10.3】在泛型类中定义泛型方法，然后分别输出泛型类的类型参数和泛型方法的类型参数所属的类，从而说明类的类型参数与泛型方法的类型参数是不同的。

```
1  //FileName: App10_3.java       在泛型类中定义泛型方法
2  class GenMet<T>{                        //定义泛型类
3    private T t;                          //定义泛型变量
4    public T getObj(){                    //定义泛型类的方法 getObj()
5      return t;
6    }
7    public void setObj(T t){              //定义泛型类的方法 setObj()
8      this.t=t;
9    }
10   public <U> void display(U u){     //定义泛型方法
11     System.out.println("泛型类的类型参数 T: "+t.getClass().getName());
12     System.out.println("泛型方法的类型参数 U: "+u.getClass().getName());
13   }
14 }
15 public class App10_3{
16   public static void main(String[] args){
17     GenMet<Integer> gen=new GenMet<>();  //利用菱形语法创建泛型对象
18     gen.setObj(5);
19     System.out.println("第一次输出: ");
20     gen.display("我是文本");                  //用字符串调用泛型方法
21     System.out.println("第二次输出: ");
22     gen.display(8.0);                         //用实数调用泛型方法
23   }
24 }
```

程序运行结果：

```
第一次输出:
泛型类的类型参数 T: java.lang.Integer
泛型方法的类型参数 U: java.lang.String
第二次输出:
泛型类的类型参数 T: java.lang.Integer
泛型方法的类型参数 U: java.lang.Double
```

例 10.3 程序的第 2 ～ 14 行定义了具有类型参数 T 的泛型类 GenMet，其中第 10 ～ 13 行定义了具有类型参数 U 的泛型方法 display()。该方法分别输出类的类型参数 T 和泛型方法的类型参数 U 的类型。第 20 行调用泛型方法 display()，参数接收的是字符串型的量，而第 22 行调用泛型方法 display() 时，参数接收的是 Double 型的数据。

从泛型方法的调用可以看出，在调用泛型方法 display() 时，并没有显式地传入实参的类型，而是像普通方法调用一样用实参的值去调用该方法。这就是 Java 编译器的类型参数推断，它会根据调用方法时实参的类型，推断得出被调用方法类型参数的具体类型，并据此检查方法调用中类型的正确性。

泛型方法与泛型类在传递类型实参方面的一个重要区别是：对于泛型方法，不需要把实际的类型传递给泛型方法；但泛型类却恰恰相反，在创建泛型对象时必须把实际的类型参数传递给泛型类。

10.1.4 限制泛型的可用类型

在定义泛型类时，默认可以使用任何类型来实例化一个泛型对象，但 Java 语言也可以在用泛型类创建对象时对数据类型做出限制。其语法如下：

```
class ClassName<T extends anyClass>
```

其中，anyClass 是指某个类或接口。

该语句表示“T 是 ClassName 类的类型参数，且 T 有一个限制，即 T 必须是 anyClass 类或是继承了 anyClass 类的子类或是实现了 anyClass 接口的类”。这意味着当用该类创建对象时，类型实际参数必须是 anyClass 类或其子类或是实现了 anyClass 接口的类。且无论 anyClass 是类或接口，在进行泛型限制时都必须使用 extends 关键字。

注意： 对于实现了某接口的有限制泛型，也是用 extends 关键字，而不是用 implements 关键字。

【例 10.4】有限制的泛型类。

```
//FileName: App10_4.java
class GeneralType<T extends Number>{// 类型参数 T 必须是 Number 类或其子类
  T obj;
  public GeneralType(T obj){       // 定义泛型类的构造方法
    this.obj=obj;
  }
  public T getObj(){               // 定义泛型类的方法
    return obj;
  }
}
public class App10_4{              // 定义主类 App10_4
  public static void main(String[] args){
    GeneralType<Integer> num=new GeneralType<>(5);     // 创建泛型对象 num
    System.out.println(" 给出的参数是: "+num.getObj());
    // 下面的两行语句是非法的，因实际参数 String 不是 Number 或 Number的子类
    //GeneralType<String> s=new GeneralType<>("Hello");
    //System.out.println(" 给出的参数是: "+s.getObj());
  }
}
```

程序运行结果：

```
给出的参数是：5
```

在例 10.4 中定义泛型类 GeneralType 时限制了类型参数 T 只能是 Number 或 Number 的子类，所以第 16 行创建 GeneralType<String> s 是非法的，第 17 行也无法执行。但如果将第 2 行的 <T extends Number> 改为 <T extends String>，则第 16、17 行是正确的，但第 13、14 行就是非法的。

在使用 <T extends anyClass> 定义泛型类时，若 anyClass 是接口，那么在创建泛型对象时，若给出的类型实参不是实现接口 anyClass 的类，则编译不能通过。例如定义了泛型类 class ListGeneral<T extends List>，因为 List 是接口，所以在用该类创建泛型对象时的实际参数必须是实现 List 接口的类。已知 java.util.LinkedList 与 java.util.ArrayList 均是实现了接口 java.util.List 的类，所以下列语句是正确的。

```
ListGeneral<LinkedList> x=new ListGeneral<LinkedList>();
ListGeneral<ArrayList> y= new ListGeneral<ArrayList>();
```

但因为 HashMap 没有实现 List 接口，所以下列语句是错误的。

```
ListGeneral<HashMap> z= new ListGeneral<HashMap>();
```

说明： 在定义泛型类时若没有使用 extends 关键字限制泛型的类型参数，则默认是 Object 类下的所有子类，即 <T> 和 <T extends Object> 是等价的。

在 7.1.3 节中介绍过，Java 中父类的对象可以指向子类的对象，因为子类被认为是与父类兼容的类型。但在使用泛型时，要注意它们之间的关系。例如，虽然 Integer 是 Number 的子类，但 GeneralType<Integer> 与 GeneralType<Number> 没有父子关系，即 GeneralType<Integer> 不是 GeneralType<Number> 的子类，所以不能将“子类对象”赋值给“父类对象”，这种限定称为泛型不是协变的。也就是说，利用泛型进行实例化时，若泛型的实际参数的类之间有父子关系时，参数化后得到的泛型类之间并不会具有同样的父子类关系，即子类泛型“并不是一种”父类泛型。

10.1.5 泛型的类型通配符和泛型数组的应用

在泛型机制中除了 10.1.4 节介绍的有限制的泛型类之外，还引入了通配符“?”的概念，其目的是在创建对象时对类型参数的取值范围进行限制，并且利用通配符还可以解决泛型无法协变的问题。通配符不是类型参数，它是一种规则，规定能传递哪些参数。因此，可以将通配符理解为一个特殊的实际类型参数。

注意： 通配符“?”通常用于泛型类方法或泛型方法的代码和形参中，不能用于定义泛型类、泛型接口和泛型方法，即通配符“?”不允许出现在泛型定义的 <> 中，但可以用通配符作为类型实参创建泛型对象。

在定义泛型类的方法时或实例化泛型对象时，若还不能确定泛型 T 的类型实参，就可以使用通配符“？”代替确定的泛型数据类型。通配符的主要作用有三方面：一是在创建一个泛型对象时限制该泛型类的实参类型必须继承某个类或实现某个接口；二是用在方法的参数中，限制传入不想要的类型实参；三是用于创建可重新赋值但不可修改其内容的泛型对象。

在创建泛型对象时，必须要用具体的类型实参替换类型形参 T，但通配符“？”可以看作特殊的类型实参，所以在创建泛型对象中可以使用通配符，也就是说，当不知道类型实参具体是什么类型时，可以用通配符。例如：

```
GeneralType<?> obj;            // 可以用通配符"?"作为类型实参声明泛型对象
GeneralType<T> obj;            // 不可以用类型参数 T 作为实参声明泛型对象
```

在对泛型使用过程中可以对类型参数 T 进行操作，但不能对通配符“？”进行操作，例如：

```
T t = getObj();                // 可以
? u = getObj();                // 不可以
```

当需要在一个程序中使用同一个泛型对象名去引用不同的泛型对象时，就需要使用通配符“?”创建泛型对象，但条件是被创建的这些不同泛型对象的类型实参必须是某个类或是继承该类的子类或是实现某个接口的类。也就是说，只知道通配符“?”表示是某个类或是继承该类的子类或是实现某个接口的类，但具体什么类型不知道。如下面语句是用泛型类创建泛型对象。

```
泛型类名<? extends T> o=null;  // 声明泛型对象 o
```

其中，“? extends T”表示是 T 或 T 的未知子类型或是实现接口 T 的类。所以在创建泛型对象 o 时，若给出的类型实参不是类 T 或 T 的子类或是实现接口 T 的类，则编译时报告出错。如已知 LinkedList 与 ArrayList 均是实现了接口 List 的类，则对于例 10.1 中所定义的泛型类 App10_1<T> 而言，下列语句是正确的。

```
App10_1<? extends List> x=null;
x=new App10_1<LinkedList>();   //LinkedList 类实现了 List 接口
```

因为 LinkedList 类实现了 List 接口，所以可以将“父类对象”指向“子类对象”。这就解决了泛型协变问题。即利用 <? extends T> 形式的通配符，可以实现泛型的向上转型。当对泛型对象 x 重新赋值时，只要类型实参实现了 List 接口即可，所以下列语句是正确的。

```
x=new App10_1<ArrayList>();    //ArrayList 类实现了 List 接口
```

但因为 HashMap 没有实现 List 接口，所以下列语句是错误的。

```
App10_1<? extends List> x=new App10_1<HashMap>();
```

通配符“?”除了在创建泛型对象时限制泛型类的类型外，还可以将由通配符限制的泛型对象用在方法的参数中以防止传入不允许接收的类型实参。

【例 10.5】类型通配符“?”的使用方法。

```
1  //FileName: App10_5.java
2  class GeneralType<T>{                        // 定义泛型类，T 是类型参数
3    T obj;                                     // 定义泛型类的成员变量
4    public void setObj(T obj){                 // 定义泛型类的方法
5      this.obj=obj;
6    }
7    public T getObj(){                         // 定义泛型类的方法
8      return obj;
9    }
10   // 下面方法接收的泛型对象参数中的类型参数只能是 String 或 String的子类
11   public static void showObj(GeneralType<? extends String> o){
12     System.out.println("给出的值是："+o.getObj());
13   }
14 }
15 public class App10_5{ // 定义主类 App10_5
16   public static void main(String[] args){
17     var n=new GeneralType<String>();         // 使用局部变量类型推断功能
18     n.setObj("陈  磊");
19     GeneralType.showObj(n);                  // 用类名调用 showObj() 方法输出
20     GeneralType<Double> num=new GeneralType<>();
21     num.setObj(25.0);
22     System.out.println("数值型值："+num.getObj()); // 不可用 showObj(num) 输出
23   }
24 }
```

程序运行结果：

```
给出的值是：陈  磊
数值型值：25.0
```

例 10.5 程序第 11 ～ 13 行定义的方法 showObj() 的参数只接收 GeneralType<? extends String> 类型的对象，其中“<? extends String>”表示实际类型只要是 String 或是其子类就行，但具体是什么类型未知。第 19 行调用 showObj() 方法的实参对象 n 就声明是 GeneralType<String> 类型。第 20 行创建了 GeneralType<Double> 类型的对象 num，但若将第 22 行改为“GeneralType.showObj(num);”输出时，则编译不能通过，因为 Double 既不是 String 类又不是其子类，或者说 Double 不是 GeneralType<? extends String> 的实例，因为 showObj() 不接收 Double 类型。

在创建泛型对象时，如果只使用了通配符“?”，则默认是“? extends Object”，所以“?”也被称为非受限通配符。对于一个泛型类 GeneralType<T> 来说，在创建相应的泛型对象时，类型参数 T 除了用某个实际类型替换外，还可用通配符“?”，但这两者的用法是不一样的，例如：

```
GeneralType<String> gen1=new GeneralType<>();
GeneralType<?> gen=null;
```

可以这样赋值：

```
gen=gen1;
```

但不可以这样赋值：

```
gen1=gen;
```

由此可知，直接用通配符 <?> 创建泛型对象具有通用性，即该泛型类的其他对象可以赋值给用通配符“?”创建的泛型对象，因为“?”等价于“? extends Object”，反之不可。

因为在定义泛型对象时，对象的类型参数是要被确定的，所以不可使用“GeneralType<?> gen=new GeneralType<>();”方式创建对象，但可以使用“GeneralType<?> gen=null;”方式创建对象，这是因为 Java 语言中任何类的对象都可以置为 null。用通配符“? ”创建的对象只能获取或删除其中的数据，但不能对其赋予新的数据。例如：

```
System.out.println(gen.getObj());    //获取 gen 对象内的数据
gen.setObj(null);                    //删除 gen 对象内的数据
gen.setObj("张三丰");                //错误，不可为 gen 对象设置新的数据
```

在泛型通配符“? extends T”中，因为 T 被认为是类型参数“?”的上限，所以“? extends T”也被称为上限通配；当然，也可以对类型参数进行下限限制，此时只需将 extends 改为 super 即可，因此“? super T”表示是 T 或 T 的一个未知父类型，T 表示类型参数“?”的下限，所以被称为下限通配。例如，“GeneralType<? super List> x=null;”这样定义后，泛型对象 x 只接收 List 接口或上层父类类型，如“x=new GeneralType<Object>();”。有界通配符为类型参数指定上界或下界，从而可限制方法能够操作的对象类型。

由于通配符支持泛型中的子类，从而实现多态。如果泛型方法的目的只是能够适用于多种不同类型或支持多态，则应选用通配符。泛型方法中类型参数的优势是可以表达多个参数之间或参数与返回值之间的类型依赖关系，如果方法中并不存在类型之间的依赖关系，则可以不使用泛型方法，而选用通配符。一般地，由于通配符更清晰、简明，因此在程序开发过程中建议尽量采用通配符。

总之，泛型通配符可以将对象的类型任意化，而不是固定的哪个类。这样代码更加灵活，可以适配更多场合。利用泛型通配符，还可以设置泛型的上限和下限，这样可以更好地控制对象类型的范围。

【例 10.6】定义泛型类时也可以声明数组，并在该类中利用类型参数声明数组。

```
//FileName: App10_6.java
public class App10_6<T>{                  //定义泛型类
  private T[] array;                      //用类型参数声明数组，即定义泛型数组
  public void setT(T[] array){            //方法的参数接收的是 T 类型的数组
    this.array=array;
```

```
6     }
7     public T[] getT(){                    //方法返回值是类型参数T类型的数组
8       return array;
9     }
10    public static void main(String[] args){
11      App10_6<String> a=new App10_6<>();   //创建泛型对象
12      String[] array={"红色","橙色","黄色","绿色","青色","蓝色","紫色"};
13      a.setT(array);                       //用数组调用setT()方法
14      for(int i=0;i<a.getT().length;i++)
15        System.out.print(a.getT()[i]+" "); //调用getT()方法输出数组中的值
16    }
17  }
```

程序运行结果：

```
红色 橙色 黄色 绿色 青色 蓝色 紫色
```

例10.6程序的第2行定义的是泛型类，第3行利用类型参数T声明了一个数组array，第4行定义的方法setT()的参数接收的是类型参数T类型的数组，同样第7行定义的getT()方法的返回值也是类型参数T类型的数组。在主方法中，第13行则是用字符串数组调用setT()方法，第14～15行是利用getT()方法输出数组中的每个元素。

因为JVM只是在编译时对泛型进行安全检查，所以特别强调以下几点。

（1）不能使用泛型的类型参数T创建对象。如T obj=new T()是错误的。

（2）在泛型中可以用类型参数T声明一个数组，但不能使用类型参数T创建数组对象。如T[] a=new T[个数]是错误的。

（3）不能实例化泛型数组，除非是无上限的类型通配符。如“GenMet<String>[] a=new GenMet<String>[10];”是错误的，但“GenMet<?>[] a=new GenMet<?>[10];”是被允许的。

（4）不能在静态环境中使用泛型类的类型参数T。如：

```
public class Test<T>{
  public static T obj;                    //非法，使用了泛型类的类型参数T
  public static void m(T obj1)            //非法，使用了泛型类的类型参数T
  {  }
  static                                  //定义静态初始化器
  {T obj2;}                               //非法，使用了泛型类的类型参数T
}
```

（5）通配符“?”不允许出现在泛型定义中，即不能出现在定义泛型类、泛型接口和泛型方法的尖括号中。

（6）异常类不能是泛型的。即泛型类不能继承java.lang.Throwable类。如

```
public class MyException<T> extends Exception{}
```

是错误的。

10.1.6 继承泛型类与实现泛型接口

被定义为泛型的类或接口可被继承与实现。例如：

```
public class ExtendClass<T1>
{ }
class SubClass<T1,T2,T3> extends ExtendClass<T1>
{ }
```

如果在 SubClass 类继承 ExtendClass 类时保留父类的类型参数，则需要在继承时指明；如果没有指明，直接使用 extends ExtendClass 语句进行继承声明，则 SubClass 类中的 T1、T2 和 T3 都会自动变为 Object，所以在一般情况下都将父类的类型参数保留。

在定义泛型接口时，泛型接口也可被实现。如下面的语句。

```
interface Face<T1>
{ }
class SubClass<T1,T2> implements Face<T1>
{ }
```

10.2 容器类

容器类是 Java 以类库形式供用户开发程序时可直接使用的各种数据结构，数据结构不仅可以存储数据，还支持访问和处理数据的操作。在面向对象思想中，一种数据结构被认为是一个容器。数组是一种简单的数据结构，除数组外 Java 还以类库的形式提供了许多其他数据结构。这些数据结构通常称为容器类或称集合类，容器与集合通常是带有类型参数的泛型结构。

10.2.1 Java 容器框架

Java 容器框架中有两个名称分别为 Collection 和 Set 的接口，为防止名称的冲突，本书将 Collection 译为容器，而将 Set 译为集合。Java 容器框架提供了一些现成的数据结构供使用，这些数据结构是可以存储对象的集合，在这里对象也称为元素。从 JDK5 开始，容器框架全部采用泛型实现，且都存放在 java.util 包中。容器框架中的接口及实现这些接口的类的继承关系如图 10.1 所示。Java 容器框架结构由两棵接口树构成，第一棵接口树根节点为 Collection 接口，它定义了所有容器的基本操作，如添加、删除、遍历等。它的子接口 Set、List 等则提供了更加特殊的功能，其中 Set 的对象用于存储一组不重复元素的集合，而 List 的对象用于存储一个由元素构成的线性表。第二棵接口树根节点为 Map 接口，它保持了“键”到“值”的映射，可以通过键来实现对值的快速访问。

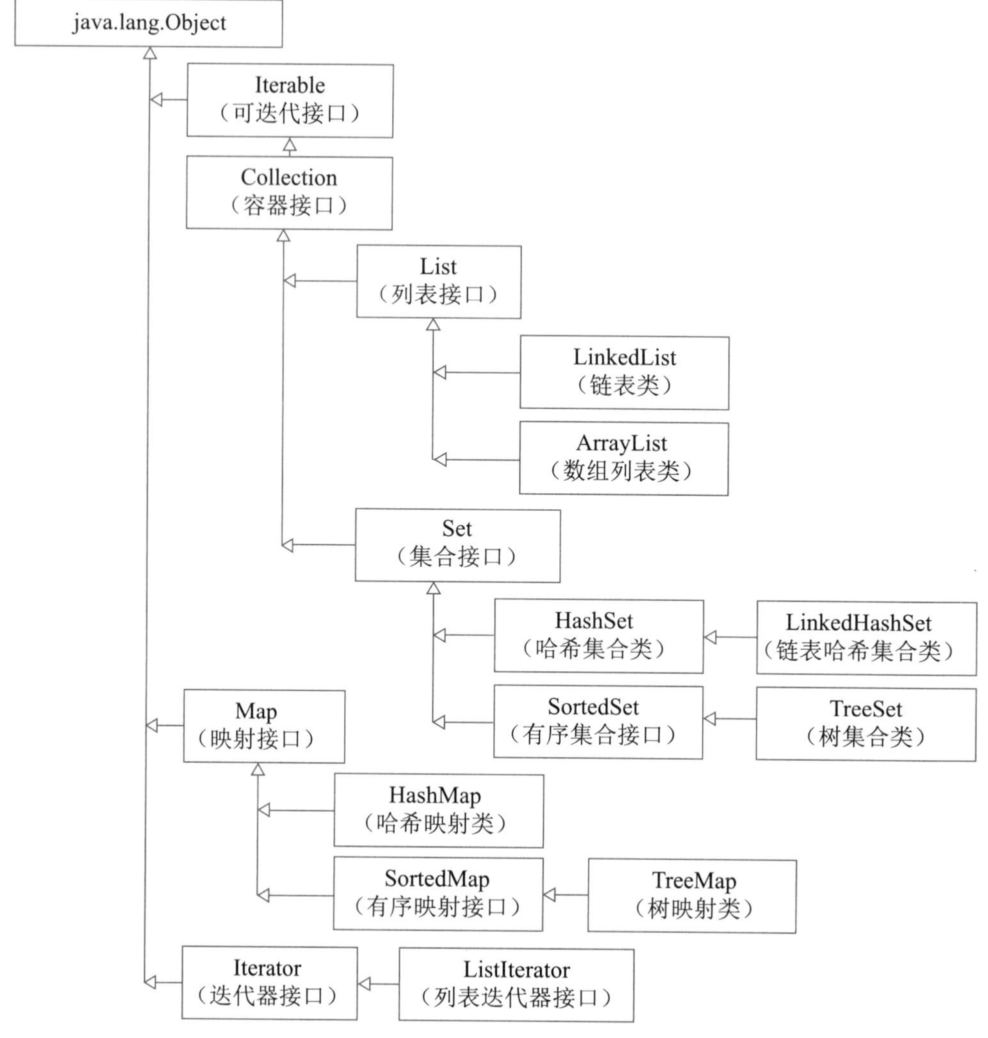

图 10.1　容器框架中的接口和实现接口的类的继承关系

10.2.2　Collection<E> 接口

容器接口 Collection<E> 通常不能直接使用，但该接口提供了添加元素、删除元素、管理数据的方法。由于 List<E> 接口和 Set<E> 接口都继承了 Collection<E> 接口，因此这些方法对列表 List<E> 与集合 Set<E> 是通用的。表 10.1 给出了 Collection<E> 接口的常用方法，其中的方法默认为 public abstract。因为容器框架全部采用泛型实现，所以以泛型的形式给出相应的方法，即带类型参数。

表 10.1　java.util.Collection<E> 接口的常用方法

常用方法	功能说明
int size()	返回容器中元素的个数
boolean isEmpty()	判断容器是否为空

续表

常用方法	功能说明
boolean add(E element)	向容器中添加元素 element，若添加成功则返回 true；若容器中已包含 element，且不允许有重复元素，则返回 false
int hashCode()	返回容器的哈希码值
Object[] toArray()	将容器转换为数组，返回的数组包含容器的所有元素
boolean remove(Object obj)	从容器中删除元素 obj，若删除成功则返回 true；若容器不包含 obj 则返回 false
void clear()	删除容器中的所有元素
Iterator<E> iterator()	返回容器的迭代器
void shuffle(List<?> list)	以随机方式重排 list 中的元素，即洗牌
boolean addAll(Collection<? extends E> c)	将容器 c 中的所有元素添加到当前容器中，集合并运算
boolean removeAll(Collection<?> c)	在当前容器中删除包含在容器 c 中的所有元素，集合差运算
boolean retainAll(Collection<?> c)	仅保留当前容器中也被容器 c 包含的元素，即删除当前容器中未被包含在容器 c 中的所有元素，集合交运算

10.2.3　列表接口 List<E>

列表接口 List<E> 是 Collection<E> 的子接口，它是一种包含有序元素的线性表，其中的元素必须按顺序存放，且可重复，也可以是空值 null。元素之间的顺序关系可由添加到列表的先后来决定，也可由元素值的大小来决定。List<E> 接口使用下标来访问元素。下标范围为 0 ~ size()-1。List<E> 接口新增了许多方法，使之能够在列表中根据具体位置添加和删除元素。表 10.2 给出了 List<E> 接口的常用方法，方法默认修饰符为 public abstract。

表 10.2　java.util.List<E> 接口的常用方法

常用方法	功能说明
E get(int index)	返回列表中指定位置的元素
E set(int index, E element)	用元素 element 取代 index 位置的元素，返回被取代的元素
int indexOf(Object o)	返回元素 o 首次出现的序号，若 o 不存在则返回 -1
void add(int index,E element)	在 index 位置插入元素 element
boolean add(E element)	在列表的最后添加元素 element
E remove(int index)	在列表中删除 index 位置的元素
boolean addAll(Collection<? extends E > c)	在列表的最后添加容器 c 中的所有元素
ListIterator<E> listIterator()	返回列表中元素的列表迭代器
ListIterator<E> listIterator(int index)	返回从 index 位置开始的列表迭代器

实现 List<E> 接口的类主要有两个：链表类 LinkedList<E> 和数组列表类 ArrayList<E>，

它们都是线性表。

LinkedList<E> 链表类采用链表结构保存对象，使用循环双链表实现 List<E>。这种结构向链表中任意位置插入、删除元素时不需要移动其他元素，链表的大小是可以动态增大或减小的，但不具有随机存取特性。

ArrayList<E> 数组列表类使用一维数组实现 List<E>，该类实现的是可变数组，允许所有元素，包括 null。数组列表具有随机存取特性，插入、删除元素时需要移动其他元素，当元素很多时插入、删除操作的速度较慢。在向 ArrayList<E> 中添加元素时，其容量会自动增大，不能自动缩小，可以使用 trimToSize() 方法将数组的容量减小到数组列表的大小。

如何选用这两种线性表？通常的原则：若需要通过下标随机访问元素，但除了在末尾处之外，不在其他位置插入或删除元素，则应该选择 ArrayList<E> 类；但若需要在线性表的任意位置上进行插入或删除操作，则应选择 LinkedList<E> 类。表 10.3 和表 10.4 分别给出了 LinkedList<E> 类和 ArrayList<E> 类的构造方法。

表 10.3　java.util.LinkedList<E> 类的构造方法

构造方法	功能说明
public LinkedList()	创建空的链表
public LinkedList(Collection<? extends E> c)	创建包含容器 c 中所有元素的链表

表 10.4　java.util.ArrayList<E> 类的构造方法

构造方法	功能说明
public ArrayList()	创建初始容量为 10 的空数组列表
public ArrayList(int initialCapacity)	创建初始容量为 initialCapacity 的空数组列表
public ArrayList(Collection<? extends E> c)	创建包含容器 c 中所有元素的数组列表，元素次序与 c 同

使用线性表时通常声明为 List<E> 接口类型，然后通过不同的实现类来实例化列表。如：

```
List<String> list1=new LinkedList<String>();        //也可采用菱形语法
List<String> list2=new ArrayList<String>();
```

LinkedList<E> 类与 ArrayList<E> 类大部分方法是继承其父类或祖先类，除此之外还各自定义了自己的方法，表 10.5 和表 10.6 分别给出了 LinkedList<E> 类与 ArrayList<E> 类的常用方法。

表 10.5　java.util.LinkedList<E> 类的常用方法

常用方法	功能说明
public void addFirst(E e)	将元素 e 插入列表的开头
public void addLast(E e)	将元素 e 添加到列表的末尾

续表

常用方法	功能说明
public E getFirst()	返回列表中的第一个元素
public E getLast()	返回列表中的最后一个元素
public E removeFirst()	删除并返回列表中的第一个元素
public E removeLast()	删除并返回列表中的最后一个元素

表 10.6 java.util.ArrayList<E> 类的常用方法

常用方法	功能说明
public void trimToSize()	将 ArrayList 对象的容量缩小到该列表的当前大小
public void forEach(Consumer<? super E> action)	对 action 对象执行遍历操作

【例 10.7】利用 LinkedList<E> 类构造一个先进后出的堆栈。

```
//FileName: App10_7.java
import java.util.*;
class StringStack{
  private LinkedList<String> ld=new LinkedList<>();// 创建 LinkedList 对象 ld
  public void push(String name){           // 入栈操作
    ld.addFirst(name);                     // 将 name 添加到链表的头
  }
  public String pop(){                     // 出栈操作
    return ld.removeFirst();               // 获取并移出堆栈中的第一个元素
  }
  public boolean isEmpty(){                // 判断堆栈是否为空
    return ld.isEmpty();
  }
}
public class App10_7{
  public static void main(String[] args){
    Scanner sc=new Scanner(System.in);
    StringStack stack=new StringStack();
    System.out.println("请输入数据（输入 quit 结束）");
    while(true){
      String input=sc.next();              // 从键盘输入数据
      if(input.equals("quit"))
        break;
      stack.push(input);                   // 入栈
    }
    System.out.print("先进后出的顺序：");
    while(!stack.isEmpty())
      System.out.print(stack.pop()+" ");  // 出栈
```

```
29    }
30 }
```

程序运行结果：

```
请输入数据（输入 quit 结束）
你好  我好  他好  她好  大家好 quit↙
先进后出的顺序：大家好  她好  他好  我好  你好
```

例 10.7 程序的第 3 ～ 14 行定义了 StringStack 类。其中，第 4 行创建了一个链表对象 ld，第 5 ～ 7 行定义的 push() 方法是将输入的数据入栈，第 8 ～ 10 行定义的出栈方法 pop() 则是获取并删除栈顶数据，第 11 ～ 13 行重写了 isEmpty() 方法用于判断线性表 ld 是否为空。在主类中，第 20 ～ 25 行则是利用循环将从键盘输入的数据入栈，直到输入 quit 结束入栈操作。第 27、28 行利用循环将栈中的数据以先进后出的顺序输出。

对于容器中元素进行访问时，经常需要按照某种次序对容器中的每个元素访问且仅访问一次，这就是遍历，也称为迭代，遍历是指从容器中获得当前元素的后续元素。对容器的遍历有多种方式。

第 1 种方式是利用 4.1.2 节介绍的 foreach 循环语句，绝大多数的容器都支持该种方式的遍历。

第 2 种方式是利用 Collection<E> 接口中定义的 toArray() 方法将容器对象转换为数组，然后利用循环语句对数组中的每个元素进行访问，如下面的代码段：

```
Object[] e=c.toArray();          //c 是重写了 toArray() 方法的容器所实现类的对象
for(int i=0;i<e.length;i++){
  Object o=e[i];          // 取得数组中的每个元素
   ⋮                             // 对数组中的元素进行操作
}
```

第 3 种方式是利用 size() 和 get() 方法进行遍历。即先获取容器内元素的总个数，然后依次取出每个位置上的元素并访问，如下面的代码段：

```
for(int i=0;i<c.size();i++){ //c 是重写了 size() 方法的容器所实现类的对象
  Object o=c.get(i);             // 并支持按位置获取元素的 get() 方法
  ⋮                              // 对元素 o 进行操作
}
```

第 4 种方式是利用 Java 提供的迭代功能。迭代功能由可迭代接口 Iterable<E> 和迭代器接口 Iterator<E>、ListIterator<E> 实现。迭代器是一种允许对容器中元素进行遍历的对象。由于 Collection<E> 接口声明继承 Iterable<E> 接口，因此每个实现 Collection<E> 接口的容器对象都可调用 iterator() 方法返回一个迭代器。表 10.7 给出了 Iterator<E> 接口的常用方法。

表 10.7　java.util.Iterator<E> 接口的常用方法

常用方法	功能说明
public abstract boolean hasNext()	判断是否还有后续元素，若有则返回 true
public abstract E next()	返回后续元素
public abstract void remove()	删除迭代器当前指向的（即最后被迭代的）元素，即删除由最近一次 next() 或 previous() 方法调用返回的元素

使用迭代器遍历容器的代码段如下：

```
Iterator it=c.iterator();        //c 是重写了 iterator() 方法的容器所实现类的对象
while(it.hasNext()){             // 判断是否仍有元素未被迭代
  Object o=it.next();            // 取得下一个未被迭代的元素
    ⋮                            // 对元素 o 进行操作
}
```

说明： 尽管 Collection<E> 作为容器框架的根接口定义了 toArray()、iterator() 和 size() 方法，但并非所有的容器实现类都重写了这些方法，另外，某些容器实现类不支持第 3 种方式的 get() 方法，所以上述的每一种遍历方式都有一定的局限性。

对于容器中元素的遍历次序，迭代器接口 Iterator<E> 支持对 List<E> 对象从前向后的遍历，但对于其子接口 ListIterator<E> 支持对 List<E> 对象的双向遍历。表 10.8 给出了列表迭代器接口 ListIterator<E> 的常用方法。

表 10.8　java.util.ListIterator<E> 接口的常用方法

常用方法	功能说明
public abstract boolean hasPrevious()	判断是否有前驱元素
public abstract E previous()	返回前驱元素
public abstract void add(E e)	将指定的元素插入列表中。若 next() 方法的返回值非空，则该元素被插入 next() 方法返回的元素之前；若 previous() 方法的返回值非空，则该元素被插入 previous() 方法返回的元素之后；若线性表没有元素，则直接将该元素加入其中
public abstract void set(E e)	用元素 e 替换列表的当前元素
public abstract int nextIndex()	返回基于 next() 调用的元素序号
public abstract int previousIndex()	返回基于 previous() 调用的元素序号

【例 10.8】创建一个数组列表对象并向其添加元素，然后对列表的元素进行修改并遍历。

```
//FileName: App10_8.java
import java.util.*;
public class App10_8{
  public static void main(String[] args){
    List<Integer> al=new ArrayList<>();  // 创建数组列表对象 al
```

```
6        for(int i=1;i < 5;i++)
7          al.add(i);                              // 向数组列表 al 中添加元素
8        System.out.println("数组列表的原始数据: "+al);
9        ListIterator<Integer> listIter=al.listIterator();// 创建数组列表 al 的迭代器
10       listIter.add(0);                          // 在序号为 0 的元素前添加一个元素 0
11       System.out.println("添加数据后数组列表: "+al);
12       if(listIter.hasNext()){                   // 如果有后续元素
13         int i=listIter.nextIndex();// 执行该语句时 i 的值是 1
14         listIter.next();                        // 返回序号为 1 的元素
15         listIter.set(9);                        // 修改数组列表 al 中序号为 1 的元素
16         System.out.println("修改数据后数组列表: "+al);
17       }
18       listIter=al.listIterator(al.size());// 重新创建从 al 最后位置开始的迭代器
19       System.out.print("反向遍历数组列表: ");
20       while(listIter.hasPrevious())
21         System.out.print(listIter.previous()+" ");  // 反向遍历数组列表
22     }
23 }
```

程序运行结果：

```
数组列表的原始数据：[1, 2, 3, 4]
添加数据后数组列表：[0, 1, 2, 3, 4]
修改数据后数组列表：[0, 9, 2, 3, 4]
反向遍历数组列表：4 3 2 9 0
```

例 10.8 程序第 5 行创建了一个元素类型为整型的数组列表对象 al，第 6、7 行是向其中添加 4 个元素。第 9 行创建了一个数组列表对象 al 的迭代器 listIter。第 10 行是在数组列表的最前面添加一个元素。第 12 ～ 17 行是判断如果数组列表中还有未迭代的数据，则对当前序号的元素进行修改，然后输出修改后的数组列表中的数据。第 18 行重新创建数组列表 al 从最后位置开始的迭代器 listIter。第 20、21 行则是反向遍历数组列表并输出其每个元素。

本章小结

1. 用泛型类创建的泛型对象就是在泛型类体内的每个类型参数 T 处分别用某个具体的实际类型替代，这个过程称为泛型实例化，利用泛型类创建的对象称为泛型对象。

2. 泛型方法与泛型类在传递类型参数方面的一个重要区别：对于泛型方法，不需要把实际的类型传递给泛型方法；但泛型类却恰恰相反，即必须把实际的类型参数传递给泛型类。

3. List 是一种包含有序元素的线性表，其中的元素必须按顺序存放，且可重复，也可以是空值 null。实现 List 接口的类主要有链表类 LinkedList 和数组列表类 ArrayList。

4. LinkedList 是实现 List 接口的链表类，采用双向链表结构保存元素，访问元素的时间取决于元素在表中所处的位置，但对链表的增长或缩小没有任何额外的开销。

5. ArrayList 是实现 List 接口的数组列表类，它使用一维数组实现 List，支持元素的快速访问，但在数组的扩展或缩小时需要额外的系统开销。

习题

10.1 什么是泛型的类型参数？泛型的主要优点是什么？在什么情况下使用泛型方法？泛型类与泛型方法传递类型实参的主要区别是什么？

10.2 已知 Integer 是 Number 的子类，GeneralType<Integer> 是 GeneralType<Number> 的子类吗？ GeneralType<Object> 是 GeneralType<T> 的父类吗？

10.3 在泛型中，类型通配符“？”的主要作用是什么？

10.4 简述 LinkedList<E> 与 ArrayList<E> 有何异同。

10.5 编程题。将 1 ～ 10 的整数存放到一个线性表 LinkedList<E> 的对象中，然后将其下标为 4 的元素从线性表中删除。

10.6 编程题。利用 ArrayList<E> 类创建一个对象，并向其添加若干字符串型元素，然后随机选一个元素输出。

第 11 章

内部类、匿名内部类与 Lambda 表达式

本章主要内容

- ★ 内部类与匿名内部类；
- ★ 函数式接口与 Lambda 表达式。

为了能更好地开发应用程序，Java 语言提供了内部类、匿名内部类、Lambda 表达式和方法引用等许多特性供程序员使用。内部类是定义在类中的嵌套类；而匿名内部类则是在定义类的同时就创建该类的一个对象；Lambda 表达式可以看作使用精简语法的匿名内部类，编译器对待一个 Lambda 表达式如同它是从一个匿名内部类创建的对象。

11.1 内部类与匿名内部类

内部类（inner class）是定义在类中的类。内部类的主要作用是将逻辑上相关的类放到一起；而匿名内部类（anonymous inner class）是一种特殊的内部类，它没有类名，在定义类或实现接口的同时，就生成该类的一个对象，因为不会在其他地方用到该类，所以不用取名字，因而被称为匿名内部类。

11.1.1 内部类

内部类是包含在类中的类，所以内部类也称为“嵌套类”，包含内部类的类称为外部类（outer class）。其实内部类可以看作外部类的一个成员，所以内部类也称为“成员类”。与一般类相同，内部类可以拥有自己的成员变量与成员方法，通过建立内部类对象，可以访问其成员变量或调用成员方法。

定义内部类时只需将类的定义置于一个用于封装它的类的内部即可。但需注意的是，内部类不能与外部类同名。如果内部类还有内部类，则内部类的内部类不能与它的任何一层外部类同名。在封装它的类的内部使用内部类，与普通类的使用方式相同，但在外部引用内部类时，则必须在内部类名前冠以其所属外部类的名字才能使用。在用 new 运算符创建内部类时，也要在 new 前面冠以对象变量。

【例 11.1】内部类与外部类的访问规则。

```
1  //FileName: Out.java          内部类与外部类的访问规则
2  public class Out{
3    private int age;                          //声明外部类的私有成员变量
4    public class Student{                     //声明内部类
5      String name;                            //声明内部类的成员变量
6      public Student(String n,int a){         //定义内部类的构造方法
7        name=n;                               //访问内部类的成员变量 name
8        age=a;                                //访问外部类的成员变量 age
9      }
10     public void output(){                   //内部类的成员方法
11       System.out.println("姓名："+this.name+"；年龄："+age);
12     }
13   }
14   public void output(){                     //定义外部类的成员方法
15     Student stu=new Student("刘  洋",24);//创建内部类对象 stu
16     stu.output();                           //通过 stu 调用内部类的成员方法
17   }
18   public static void main(String[] args){
19     Out g=new Out();
20     g.output();                             //用 g 调用外部类的方法
21   }
22 }
```

内部类

程序运行结果：

```
姓名：刘  洋；年龄：24
```

例 11.1 中 Out 是外部类，Student 声明为公共内部类，所以 Student 类是 Out 类的一个成员。在内部类中定义了一个成员变量 name、一个构造方法和一个成员方法 output()；在外部类中定义了一个与内部类同名的成员方法 output()，在主方法内创建了一个外部类 Out 的对象 g，并用 g 调用了外部类的方法 output()。在外部类的 output() 方法内创建了一个内部类 Student 的对象 stu，并用 stu 调用内部类的 output() 方法，输出相应的信息。第 11 行在输出 name 时不加 this 也是可以的。

说明： *在文件管理方面，内部类在编译完成之后，所产生的文件名称为"外部类名 $ 内部类名 .class"。所以例 11.1 在编译后会产生两个文件：Out.class 和 Out$Student.class。*

Java 将内部类作为一个成员，就如同成员变量或成员方法。内部类可以被声明为 public、private、protected 或无修饰符访问权限。外部类与内部类的访问原则：在外部类中，通过一个内部类的对象引用内部类中的成员；反之，在内部类中可以直接引用它的外部类的成员，包括静态成员、实例成员及私有成员。内部类也可以通过创建对象从外部类之外被调用，但必须将内部类声明为 public。

内部类具有如下特性：

- 内部类可以声明为 public、private、protected 或无修饰符访问权限；
- 内部类的前面用 final 修饰，则表明该内部类不能被继承；
- 内部类可以定义为 abstract，但需要被其他的内部类继承或实现；
- 内部类名不能与包含它的外部类名相同；
- 内部类也可以是一个接口，该接口必须由另一个内部类来实现；
- 内部类既可以访问外部类的成员变量，包括静态和实例成员变量，若内部类定义在方法中，它还可以访问内部类所在方法的局部变量。

可以把内部类声明为 static，静态内部类属于外部类本身，而不属于外部类的某个对象，即静态内部类与外部类相关，而不是与外部类的对象相关。所以如果不希望内部类与其外部类对象之间有联系，则可以把内部类声明为静态的。静态内部类可以不依赖外部类实例被实例化，而非静态内部类需要在外部类实例化后才能实例化。一个静态内部类可以使用外部类的名字来访问。静态内部类不能直接访问外部类中的非静态成员。非静态内部类不能声明静态成员，只有静态内部类才能声明静态成员。因为静态内部类有诸多条件限制，所以一般情况下尽量少用静态内部类。

内部类对象通常在外部类中创建，也可以从另外一个类中创建一个内部类的对象。假设 OuterClass 表示外部类，InnerClass 表示内部类，outer 表示外部类对象，inner 表示内部类对象，则创建内部类对象分为两种情况。

第一种情况，如果内部类是非静态的，则必须先创建一个外部类的对象，然后使用如下语法来创建一个内部类的对象：

```
OuterClass.InnerClass inner=outer.new InnerClass();
```

或

```
OuterClass.InnerClass inner=new OuterClass().new InnerClass();
```

第二种情况，如果内部类是静态的，需使用下面的语法创建一个内部类对象：

```
OuterClass.InnerClass inner=new OuterClass.InnerClass();
```

在静态内部类中可以直接访问外部类的静态成员（包括成员方法和成员变量）。通过外部类访问静态内部类静态成员的语法格式为：

```
OuterClass.InnerClass.静态成员
```

通过外部类访问静态内部类的非静态成员时，必须先创建内部类的对象 inner，然后通过对象名去访问非静态成员。语法格式为：

```
inner.成员
```

由于静态内部类与外部类的对象无关，故没有 this 指针指向外部类的对象，也就是静态内部类不能直接访问其外部类中的任何非静态成员，若要访问，只能先在静态内部类中创建一个外部类对象，然后通过该对象来间接访问。

【例 11.2】静态内部类、非静态内部类和外部类的相互访问。

```
1  //FileName: MyOuter.java    外部类与内部类的关系
2  public class MyOuter{                          //外部类
3    private static final double PI=3.14;         //静态成员变量
4    private double r=5;
5    private double h=10;
6    static class SInner{                         //静态内部类
7      static void area(){                        //静态内部类的静态方法可以
8        System.out.println("圆面积= "+PI*2*2);//直接访问外部类的静态成员
9      }
10     void volume(){                             //静态内部类的非静态方法
11       System.out.println("圆体积= "+PI*2*2*10);
12     }
13   }
14   class OInner{                                //非静态内部类
15     void area(){                               //非静态内部类的方法可以直接
16       System.out.println("圆面积= "+PI*r*r);//访问外部类的所有成员
17     }
18   }
19   public static void main(String[] args){
20     MyOuter.SInner.area();                     //用类名直接访问静态内部类的静态方法
21     MyOuter.SInner os=new MyOuter.SInner(); //创建静态内部类对象
22     os.volume();              //只能用静态内部类对象访问静态内部类的非静态方法
23     MyOuter.OInner ns=new MyOuter().new OInner();//创建非静态内部类对象
24     ns.area();                //只能通过非静态内部类对象访问非静态内部类的方法
25   }
26 }
```

程序运行结果：

```
圆面积= 12.56
圆体积= 125.60000000000001
圆面积= 78.5
```

例 11.2 程序的第 6～13 行声明静态内部类 SInner，其中定义了一个静态方法 area() 和一个非静态方法 volume()，因为 area() 是静态方法，所以该方法只能访问静态成员变量 PI，而 volume() 是非静态方法，所以它可以访问所属类的任何成员。第 14～18 行定义非静态内部类OInner，其中定义了一个方法area()，所以该方法可以访问外部类的所有成员。第20行直接用类名访问其静态方法。而要想访问静态内部类的非静态成员，只能先创建静态内部类的对象，然后用该对象访问非静态成员方法，所以第21行创建一个静态内部类对象os，第22行则用os来调用其非静态方法。第23、24行则先创建一个非静态内部类对象ns，然后用ns来调用其方法进行访问。

11.1.2 匿名内部类

定义类的目的是利用该类创建对象，但如果某个类的对象只使用一次，则可以将类的定义与对象的创建在一步内完成，即在定义类的同时就创建该类的一个对象，以这种方式定义的类不用取名字，所以称为匿名内部类（anonymous inner class）。匿名内部类是将定义内部类以及创建该内部类的实例整合在一步中实现。匿名内部类的代码简洁，但可读性差，概念上不易理解，常用于在图形用户界面中实现事件处理，是Java语言实现事件驱动程序设计最重要的机制，所以理解匿名内部类的代码结构非常重要，有助于掌握后面图形用户界面中的事件处理机制。定义匿名内部类时直接用其父类的名字或者它所实现的接口的名字。其语法格式如下：

```
new TypeName(){          //TypeName是父类名或接口名，且括号()内不允许有参数
    匿名类的类体
}
```

因为匿名内部类是一种特殊的内部类，所以它被当作一个内部类对待。匿名内部类可以继承一个类或实现一个接口，其中TypeName是匿名内部类所继承的类或实现的接口。如果是实现一个接口，则该类是Object类的直接子类。匿名内部类继承一个类或实现一个接口不需要使用extends或implements关键字。匿名内部类不能同时既继承一个类又实现一个接口，也不能实现多个接口。

在创建匿名内部类时，其实是调用其父类的无参构造方法来实现的。若匿名内部类实现的是接口，则调用的是Object类的无参构造方法Object()。除了使用父类的构造方法外，还需要定义类体，所以匿名内部类既是一个内部类又是一个子类。因为没有名字，所以不可能先创建匿名内部类，再声明其对象，但却可以在声明匿名内部类时直接用new运算符在父类名或接口名的后面加上圆括号“()”的方式来创建匿名内部的对象。

说明： 声明匿名内部类时不能使用修饰符，也不能定义构造方法，因为它没有名字，所以，在创建对象时也不能带参数，因为默认构造方法没有参数；因为匿名内部类的定义与创建该类的一个对象同时进行，所以类定义的前面是new运算符，而不是使用关键字class。

注意： 匿名内部类中只能访问外部类中的静态成员变量或静态成员方法。

从匿名内部类定义的语法中可以知道，匿名内部类返回的是一个对象的引用，所以可以直接使用或将其赋给一个引用变量。也就是说，虽然匿名内部类没有名字，但却可以为

匿名内部类的对象定义名字。所以若想多次使用该匿名内部类对象，可将其赋值给一个引用变量。如：

```
TypeName obj=new TypeName(){
   匿名内部类的类体
};
```

这种形式创建的匿名内部类对象与一般类创建对象的形式相似，区别在于匿名内部类后面有用花括号括起来的类体。同样，也可以将创建的匿名内部类对象作为方法调用的参数，如：

```
someMethod(new TypeName(){
   匿名内部类的类体
});
```

创建匿名内部类可有效地简化程序代码，也可用来弥补内部类中没有定义到的方法，如下面的例子。

【例 11.3】匿名内部类的使用方法。创建匿名内部类对象并执行在其内定义的方法。

```
1  //FileName: App11_3.java
2  public class App11_3{
3    static int age=25;
4    public static void main(String[] args){
5      new Inner(){               // 用父类的构造方法创建匿名内部类对象
6        void setName(String n){
7          name=n;
8          System.out.println("姓名："+name+"；年龄："+age);
9        }
10     }.setName("艾  欣");      // 执行匿名内部类里所定义的方法
11   }
12   static class Inner{          // 定义内部类
13     String name;
14   }
15 }
```

匿名内部类的应用

利用父类 Inner 创建匿名内部类的对象

弥补内部类Inner中没有定义到的方法

程序运行结果：

```
姓名：艾  欣；年龄：25
```

例 11.3 程序的第 3 行声明了一个初值为 25 的静态变量 age。第 12～14 行声明的内部类 Inner 只定义了成员变量 name，但没有定义对成员变量进行操作的方法 setName()。所以第 5～10 行利用 new 运算符并调用父类 Inner 的构造方法创建了匿名内部类的对象，并在第 6～9 行补充定义了 setName() 方法。虽然类 Inner 是类 App11_3 的内部类，但在创建 Inner 的匿名内部类时，它却是匿名内部类的父类。创建好对象之后，直接在第 10 行调用了 setName() 方法，并传入了参数“艾 欣”。

第 5～10 行调用父类 Inner 的构造方法创建了匿名内部类，但却没有给这个类赋予名称，也就是“匿名”之意。并在创建匿名内部类的同时创建了一个对象，这个对象称为匿名内部类对象，且也没对这个匿名内部类对象命名，即没有将其赋值给引用变量，而是直接使用了这个匿名内部类对象。

说明： 在文件管理方面，匿名内部类在编译完成之后，所产生的文件名称为“外部类名$编号.class”，其中编号为 1～n，每个编号为 *i* 的文件对应于第 *i* 个匿名内部类。所以例 11.3 编译完之后会产生 App11_3.class、App11_3$Inner.class 和 App11_3$1.class 三个文件。

因为匿名内部类是一种特殊的内部类，所以匿名内部类有如下特点。

（1）匿名内部类必须是继承一个父类或实现一个接口，但不能使用 extends 或 implements 关键字。

（2）匿名内部类总是使用它父类的无参构造方法来创建一个实例。如果匿名内部类实现一个接口，则调用的构造方法是 Object()。

（3）匿名内部类可以定义自己的方法，也可以继承父类的方法或覆盖父类的方法。

（4）匿名内部类必须实现父类或接口中的所有抽象方法。

（5）使用匿名内部类时，必然是在某个类中直接使用匿名内部类创建对象，所以匿名内部类一定是内部类，匿名内部类可以访问外部类的成员变量和方法。

（6）匿名内部类中不能声明 static 成员变量和 static 成员方法。

（7）匿名内部类中只能访问外部类中的 static 成员。

【例 11.4】利用接口创建匿名内部类对象并实现接口中的抽象方法。

```
//FileName: App11_4.java    利用接口创建匿名内部类对象
interface IShape{                          // 定义接口 IShape
  void shape();
}
class MyType{                              // 定义类 MyType
  public void outShape(IShape s){ // 方法参数是接口类型的变量
    s.shape();
  }
}
public class App11_4{                      // 定义主类 App11_4
  public static void main(String[] args){
    MyType a=new MyType();                 // 创建 MyType 类的对象 a
    a.outShape(new IShape(){               // 用接口名 IShape 创建匿名内部类对象
       @Override                           // 必须覆盖接口中的 shape() 方法
        public void shape(){               // 实现接口 IShape 中的 shape() 方法
          System.out.println("我可以是任何形状");
        }
      }
    );               // 分号 "; " 不要漏掉
  }
}
```

程序运行结果：

我可以是任何形状

例 11.4 程序的第 2 ～ 4 行定义了接口 IShape，其中只声明了一个抽象方法 shape()。第 5 ～ 9 行声明的 MyType 类中定义的方法 outShape(IShape s) 的参数 s 是接口类型，在该方法体中用参数 s 调用了接口的方法 s.shape()。在主类的第 13 ～ 19 行用接口名 IShape 创建匿名类对象，并在第 15 ～ 17 行中实现了接口中的 shape() 方法。

在 Java 的窗口程序设计中，经常利用匿名内部类的技术来编写处理“事件”（event）的程序代码。

11.2 函数式接口与 Lambda 表达式

函数式接口和 Lambda 表达式均是 JDK 8 新引入的概念。Lambda 表达式开启了 Java 语言支持函数式编程（functional programming）新时代，是实现支持函数式编程技术的基础。Lambda 表达式指的是应用在只含有一个抽象方法的接口环境下的一种简化定义形式，可用于解决匿名内部类的定义复杂问题。

11.2.1 函数式接口

函数式接口（Functional Interface，FI）是指只包含一个抽象方法的接口，因此也称为单抽象方法接口。每一个 Lambda 表达式都对应一个函数式接口，可以将 Lambda 表达式看作实现函数式接口的匿名内部类的一个对象。为了让编译器能确保一个接口满足函数式接口的要求，自 Java 8 开始提供了 @FunctionalInterface 注解，用于检查带该注解的接口是否是只有一个抽象方法的函数式接口。例如，Runnable 接口就是一个函数式接口，下面是它的注解方式：

```
@FunctionalInterface                    //强调下面的接口是一个函数式接口
public interface Runnable{void run();}
```

如果接口使用了 @FunctionalInterface 来注解，而本身并非函数式接口，则在编译时会出错。函数式接口只能有一个抽象方法需要被实现，但如下特殊情况除外：

（1）函数式接口中可以包含有覆盖 Object 类中的方法，也就是 equals()、toString()、hashCode() 等方法。例如，Comparator 接口就是一个函数式接口，它的源代码如下：

```
public interface Comparator<T>{         //该接口为泛型接口，<T> 为类型参数
  int comparator(T o1,T o2);
  boolean equals(object obj);           //父类 Object 中的方法
}
```

该接口中声明了两个方法，但 equals() 方法是 Object 类中的方法。

（2）函数式接口中只能声明一个抽象方法，但用 static 声明的静态方法和用 default 修饰的默认方法不属于抽象方法，因此可以在函数式接口中定义静态方法和默认方法。

11.2.2 Lambda 表达式

Lambda 表达式（λ 表达式）是基于数学中的 λ 演算而得名。Lambda 表达式是可以传递给方法的一段代码。Lambda 表达式可以是一条语句，也可以是一个代码块。因为不需要方法名，所以说 Lambda 表达式是一种匿名方法，即没有方法名的方法。Java 中任何 Lambda 表达式必定有对应的函数式接口，正是因为 Lambda 表达式已经明确要求是在函数式接口上进行的一种操作，但为了分辨出是 Lambda 表达式使用的接口，所以建议最好在接口上使用 @FunctionalInterface 注解声明，这样就表示此接口为函数式接口。函数式接口之所以重要是因为可以使用 Lambda 表达式创建一个与匿名内部类等价的对象，正因为如此，Lambda 表达式可以被看作使用精简语法的匿名内部类。例如，将例 11.4 中第 13 ～ 19 行的代码利用 Lambda 表达式可简化为如下形式：

```
a.outShape(
  ()->{System.out.println("我可以是任何形状"); }
);
```

相对于匿名内部类，Lambda 表达式的语法省略了接口类型与方法名，–> 左边是参数列表，而右边是方法体，所以说 Lambda 表达式定义的方法没有方法名。Lambda 表达式通常由参数列表、箭头和方法体三部分组成，其语法格式如下：

```
(类型 1 参数 1, 类型 2 参数 2, …)–>{Lambda 体}
```

（1）参数列表中的参数都是匿名方法的形参，即输入参数，相当于函数式接口中抽象方法的形参表。参数列表允许省略形参的类型，即一个参数的数据类型既可以显式声明，也可以由编译器的类型推断功能来推断出来；当参数是推断类型时，参数的数据类型将由 JVM 根据上下文自动推断出来。

（2）“–>”是 Lambda 运算符，由英文连字符“–”和大于号“>”两个字符组成。在用语言描述时，可把“–>”表达成“成了”或“进入”。

（3）Lambda 体可以是单一的表达式或多条语句组成的语句组，相当于实现了函数式接口中抽象方法的方法体。如果只有一条语句，则允许省略方法体中的花括号；如果只有一条 return 语句，则 return 关键字也可以省略。

（4）如果 Lambda 表达式需要返回值，且方法体中只有一条省略了 return 关键字的语句，则 Lambda 表达式会自动返回该条语句的结果值。

（5）如果 Lambda 表达式没有参数，则可以只给出圆括号，如上面的代码所示。

（6）如果 Lambda 表达式只有一个参数，并且没有给出显式的数据类型，则圆括号可以省略。

编译器对待一个 Lambda 表达式如同它是从一个匿名内部类创建的对象。下面再看一个用 Lambda 表达式来简化匿名内部类的例子。

【例 11.5】用实现接口的方式创建匿名内部类对象并实现接口中的方法。

```
1  //FileName: App11_5.java    用匿名内部类实现接口中的方法
2  interface IntFun{            // 定义接口 IntFun
3    double dis(int n);         // 只声明一个抽象方法
4  }
5  public class App11_5{        // 定义主类 App11_5
6    public static void main(String[] args){
7      IntFun fun=new IntFun(){ // 斜体部分可以简化为 (i)->
8        public double dis(int i)    // 实现接口中的 dis() 方法
9        {return 2*i;}
10     };
11     double m=fun.dis(3);     // 调用匿名内部类中实现的接口中的 dis() 方法
12     System.out.println(m);
13   }
14 }
```

程序运行结果：

```
6.0
```

分析例 11.5 的代码会发现，在第 7 ～ 10 行创建匿名内部类的过程中有一些冗余信息，首先在第 7 行是将匿名内部类对象赋值给引用变量 fun，当赋值号左边声明变量 fun 时，在其前面给出了接口名 IntFun，但在等号右边又重复写了一遍。其次因为 IntFun 是函数式接口，其内只声明一个抽象方法，在实现该方法时，其方法名一定是 dis，所以也没必要写出。最后就是 dis() 方法的参数，根据编译器具有的类型推断功能，可以推断出其参数的类型为 int 型，所以参数的类型也是多余信息。而使用 Lambda 表达式则可以去掉这些重复的信息。所以用 Lambda 表达式简化匿名内部类的方法就是去掉接口名和方法名等冗余信息，只保留方法的参数和方法体。第 11 行是用匿名内部类对象 fun 调用在匿名内部类中实现的接口中的 dis() 方法，将返回结果赋值给 double 型变量 m，然后第 12 行将其输出。下面的代码就是用 Lambda 表达式简化例 11.5 中的匿名内部类语句。

【例 11.6】用 Lambda 表达式重写例 11.5 中的匿名内部类。

```
//FileName: App11_6.java      用 Lambda 表达式简化创建匿名内部类对象
@FunctionalInterface          // 该注解说明下面声明的接口 IntFun是函数式接口
interface IntFun{             // 定义接口 IntFun
  double dis(int n);
}
public class App11_6{         // 定义主类 App11_6
  public static void main(String[] args){
    IntFun fun=(i)->{return 2*i;};      // 省略了接口类型与方法名
    double m=fun.dis(3);                // 调用实现了接口中的 dis() 方法
    System.out.println(m);
  }
}
```

例 11.6 程序中的第 8 行使用了 Lambda 表达式，编译器可以从 IntFun fun 的声明中得知语法上被省略的信息。因为 IntFun 接口中定义的方法 dis() 中参数 n 的类型为 int 型，所以编译器能自动识别第 8 行中的 i 是一个 int 型的参数，并且 (i)–> 右边花括号中的内容就是方法体。

由 Lambda 表达式的语法格式可以看出，Lambda 表达式只适用于包含一个抽象方法的接口，对于包含有多个抽象方法的接口，编译器则无法编译 Lambda 表达式。所以如果要编译器理解 Lambda 表达式，接口就必须是只包含一个抽象方法的函数式接口。

因为编译器具有类型推断能力，所以 Lambda 表达式在使用上更加灵活简洁。实际上，如果是单参数又无须写出参数类型，则圆括号也可省略。若方法有返回值，且方法体只有一条 return 语句，则 Lambda 表达式中的 return 关键字也可省略。如例 11.6 中的第 8 行可写为：

```
IntFun fun=i- > 2*i;
```

对于这种赋值形式的语句，可以分为两部分，等号右边是 Lambda 表达式，等号左边称为 Lambda 表达式的目标类型（target type）。在只有 Lambda 表达式的情况下，参数的类型必须显式给出，如果有目标类型，则在编译器能推断出参数类型的情况下，可以不写出 Lambda 表达式的参数类型。Lambda 表达式本身是中性的，不代表任何类型的对象，因为只要方法头相同，同样的一个 Lambda 表达式可以用来给不同目标类型的对象赋值。目标类型并不是 Java 新定义的数据类型，而是用已定义的函数式接口来作为 Lambda 表达式的目标类型。即当目标类型的对象由 Lambda 表达式赋值时，就会自动创建实现了该函数式接口的一个类的对象，函数式接口中声明的抽象方法的行为由 Lambda 表达式定义，当通过目标对象调用该方法时，就会执行 Lambda 表达式，如例 11.6中的第 9 行。因此可知 Lambda 表达式提供了一种将代码段转换为对象的方法。

总之，Lambda 表达式是一个匿名方法，Java 中的方法必须声明在类或接口中，而 Lambda 表达式所实现的匿名方法则是在函数式接口中声明的。Lambda 表达式可以作为方法的参数。

下面通过一个例子来进一步理解 Lambda 表达式。在下面程序代码中，利用 Iterable 接口中定义的 forEach(Consumer<? super T> action) 方法采用两种不同的方式输出列表中的内容。forEach() 方法是对参数中的每个元素按照顺序执行遍历操作。forEach() 方法参数 action 的类型声明在 java.util.function 包中的函数式接口 Consumer<T>，其定义如下：

```
public Interface Consumer<T>
{void aeecpt(T t)}
```

accept() 方法没有返回值且接收一个输入参数，是在给定的参数上执行相应的操作。

【例 11.7】分别用匿名内部类和 Lambda 表达式两种方式输出列表 List 中的内容，以加深对 Lambda 表达式的理解。

```
1 //FileName: App11_7.java
2 import java.util.List;                    // 导入列表类 List
3 import java.util.Arrays;                  // 导入数组类 Arrays
4 import java.util.function.Consumer;       // 导入函数式接口 Consumer
5 public class App11_7{
6   public static void main(String[] args){
7     String[] names={"唐僧 ","孙悟空 ","猪八戒 ","沙和尚 "};
8     List<String> al=Arrays.asList(names);// 调用静态方法 asList() 创建列表对象 al
9     System.out.print("用匿名内部类方式遍历输出: ");
10    al.forEach(new Consumer<String>(){    // 创建匿名内部类对象
11        @Override                         // 必须覆盖下面的 accept() 方法
12        public void accept(String s){// 实现函数式接口 Consumer 中的 accept() 方法
13          System.out.print(s);
14        }
15      }
16    );
17    System.out.print("\n使用 Lambda 表达式遍历输出: ");
18    al.forEach((s)->System.out.print(s));// 使用 Lambda 表达式遍历输出 al 的元素
19  }
20 }
```

程序运行结果：

```
用匿名内部类方式遍历输出: 唐僧  孙悟空  猪八戒  沙和尚
使用 Lambda 表达式遍历输出: 唐僧  孙悟空  猪八戒  沙和尚
```

例 11.7 程序的第 8 行调用 Arrays 类的静态方法 asList() 创建了泛型列表对象 al。第 10 ～ 16 行用匿名内部类的方式实现了函数式接口 Consumer 中的 accept() 方法，其中第 10 行的 forEach() 方法是 List 接口从其父接口 Iterable 继承来的方法，forEach() 方法的功能就是遍历参数中的所有元素；第 18 行用 Lambda 表达式调用 forEach() 方法遍历输出 al 中的元素。

用 Lambda 表达式来实现匿名内部类，并不是匿名内部类不好，而是其应用场合有所不同。在许多时候，特别是接口中只有一个抽象方法要实现时，我们就会只关心方法的参数和操作本身（即方法体）而忽略接口名与方法名，而 Lambda 表达式正是只关心方法的参数与方法体的定义而忽略方法名，所以在这种情况下用 Lambda 表达式来实现匿名内部类就非常简单。另外，在使用 Lambda 表达式时不建议用其处理较复杂的语句组，而应尽量使用简单的表达式。

11.2.3 Lambda 表达式作为方法的参数

Lambda 表达式可以作为参数传递给方法，将可执行代码作为参数传递给方法，这也是 Lambda 表达式的一种强大用途，它极大地增强了 Java 语言的表达力，也是 Lambda 表达式支持 Java 语言函数式编程技术的基础。

为了将 Lambda 表达式作为参数传递给方法，接受 Lambda 表达式的参数必须是与该 Lambda 表达式兼容的函数式接口类型。

【例 11.8】将 Lambda 表达式作为参数传递给方法，完成将字符串中的字符转换为大写字符、去掉中间空格、反序等功能。

```
1  //FileName: App11_8.java      Lambda 表达式作为参数传递给方法
2  @FunctionalInterface
3  interface StringFunc{                //定义函数式接口
4    public String func(String s);      //抽象方法
5  }
6  public class App11_8{
7    static String sop(StringFunc sf,String s){//第一个参数 sf 是函数式接口类型
8      return sf.func(s);
9    }
10   public static void main(String[] args){
11     String outStr,inStr="Lambda 表达式 good";
12     System.out.println("原字符串："+inStr);
13     outStr=sop((str)->str.toUpperCase(),inStr);//将字符串 inStr 转换为大写
14     System.out.println("转换为大写字符后："+outStr);
15     outStr=sop((str)->{             //Lambda 表达式作为第一个参数传递给方法
16       String result="";
17       for(int i=0;i<str.length();i++)
18         if(str.charAt(i)!=' ')
19           result+=str.charAt(i);
20       return result;
21     },inStr);
22     System.out.println("去掉空格的字符串："+outStr);
23     StringFunc reverse=(str)->{//将 Lambda 表达式赋值给目标类型对象 reverse
24       String result="";
25       for(int i=str.length()-1;i>=0;i--)
26         result+=str.charAt(i);
27       return result;
28     };
29     System.out.print("反序后的字符串："+sop(reverse,inStr));
30   }
31 }
```

程序运行结果：

```
原字符串：Lambda 表达式 good
转换为大写字符后：LAMBDA 表达式 GOOD
去掉空格的字符串：Lambda表达式good
反序后的字符串：doog 式达表 adbmaL
```

例 11.8 程序中第 7～9 行定义的静态方法 sop() 有两个参数：第一个参数 sf 是函

数式接口类型 StringFunc，因此该参数可以接受对任何 StringFunc 实例的引用，包括由 Lambda 表达式创建的实例；第二个参数 s 是 String 类型，也就是要操作的字符串，该方法的功能是对第二个参数 s 进行处理。第 13 行传递了一个简单的 Lambda 表达式作为参数，这会创建一个函数式接口 StringFunc 的一个实例，并把对该实例的引用传递给 sop() 方法的第一个参数，这就把嵌入在一个类实例中的 Lambda 代码传递给了方法。第 15 ～ 21行是向 sop() 方法传递了 Lambda 代码块作为第一个参数，该 Lambda 表达式的功能是删除第二个参数 inStr 字符串中的空格。因为这个 Lambda 代码块较长，不适合嵌入方法调用中，所以在第 23 ～ 28 行将 Lambda 表达式赋值给函数式接口型引用变量 reverse，然后在第 29 行将该变量作为第一个参数传递给 sop() 方法，将要操作的字符串 inStr 作为第二个参数递给 sop() 方法。

本章小结

1. 匿名内部类不能既继承一个类又实现一个接口，也不能实现多个接口。

2. Lambda 表达式可以被看作是使用精简语法的匿名内部类。

3. 用 Lambda 表达式简化匿名内部类的方法就是去掉接口名和方法名等冗余信息，只保留方法的参数和方法体。

4. 在只有 Lambda 表达式的情况下，参数的类型必须显式给出，如果有目标类型，则在编译器能推断出参数类型的情况下，可以不写出 Lambda 表达式的参数类型。

习题

11.1　内部类的类型有几种？分别在什么情况下使用？它们所起的作用有哪些？

11.2　内部类与外部类的使用有何不同？

11.3　怎样创建匿名内部类对象？

11.4　什么是 Lambda 表达式？ Lambda 表达式的语法是什么样 ?

11.5　什么是函数式接口？为什么 Lambda 表达式只适用于函数式接口？

11.6　Lambda 表达式与匿名内部类有什么样的关系？函数式接口为什么重要？

Java

第 12 章

图形界面设计

本章主要内容

- ⋆ 舞台、场景、场景图；
- ⋆ JavaFX 窗口的结构；
- ⋆ 使用面板、控件和形状等节点创建用户界面；
- ⋆ 属性绑定与绑定属性类型。

图形用户界面是应用程序与用户交互的窗口，利用它可以接收用户的输入并向用户输出程序运行的结果。

12.1 图形用户界面概述及编译与运行 JavaFX 程序

图形用户界面（Graphics User Interface，GUI），是指用图形的方式，借助菜单、按钮等标准界面元素和鼠标操作，帮助用户方便地向计算机系统发出指令、启动操作，并将系统运行的结果以图形方式显示给用户的技术。由于图形用户界面是用户与计算机之间交互的图形化操作界面，因此 GUI 又称为图形用户接口。

Java 语言的早期版本提供两个处理图形用户界面的包：java.awt 和 javax.swing。由于 Java 技术的不断发展，在 JDK 8 版本中，Oracle 公司推出了一个全新的 GUI 平台——JavaFX 替代了 AWT 和 Swing。相对于 Swing 而言，JavaFX 是一个更好的面向对象编程工具，由于 Swing 不会再得到任何改进，Swing 实际上已消亡。JavaFX 为支持触摸设备提供了多点触控支持，并且还内建了对 2D、3D、动画的支持，以及音频和视频的回放功能，因此 JavaFX 程序可以无缝地在桌面或 Web 浏览器中运行。由于自 Java 11 开始 JavaFX 不再包含在 JDK 中，而将其作为一个开源的客户端应用程序平台，适用于基于 Java 的桌面、移动端和嵌入式系统（称为 OpenJFX），因此 JavaFX 需要单独下载与安装。本书使用的

Java GUI 程序是 JavaFX 17 框架，下载的是压缩版 openjfx-17.0.1_windows-x64_bin-sdk.zip（下载地址 https://openjfx.io/），并将其解压在 C:\Program Files\Common Files\Oracle\Java\javafx-sdk-17.0.1 文件夹下。因为 JDK 中不再包含 JavaFX，所以需要设置 JavaFX 库文件所在的路径，为此创建名为 JavaFX_Path 的系统变量，设置方法是在任务栏上单击“文件资源管理器”按钮→右击“此电脑”→选择“属性”→在相关设置下单击“系统高级设计”→在“高级”选项卡中单击“环境变量”按钮→在“系统变量”区域中单击“新建”按钮→弹出“新建系统变量”对话框。其变量值为 "C:\Program Files\Common Files\Oracle\Java\javafx-sdk-17.0.1\lib"，如图 12.1 所示。

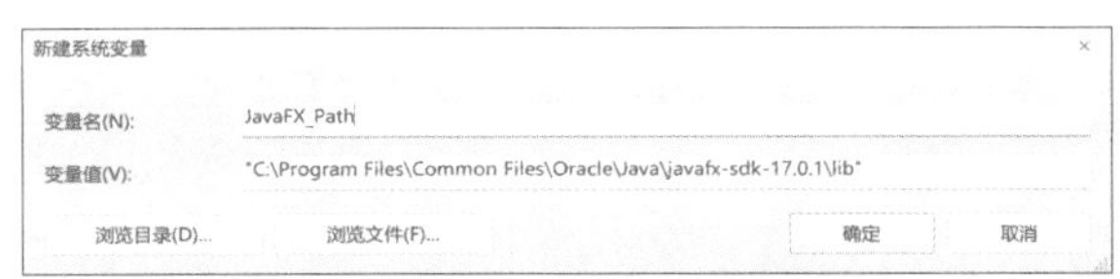

图 12.1 创建 JavaFX 所在的路径

因为 JavaFX 已被作为单独项目而不再包含在 JDK 中，所以 JavaFX 程序的编译与运行需要在命令行中给出相应的选项和参数。设有一个文件名为 MyJavaFX.java 的源文件，其编译命令：

```
javac --module-path %JavaFX_Path% --add-modules javafx.controls MyJavaFX.java↙
```

其中，命令行选项 --module-path 后的值 %JavaFX_Path% 是指出 JavaFX 模块所在的路径；选项 --add-modules 后的值 javafx.controls 是确保添加所需的模块会自动解析传递的依赖关系。

说 明： JavaFX 共有七个模块，分别为 javafx.base、javafx.controls、javafx.fxml、javafx.graphics、javafx.media、javafx.swing 和 javafx.web。需强调的是，不需要添加 javafx.graphics 模块，因为它被 javafx.controls 模块解析。

应用程序可根据需要添加相应的模块，如果使用 MEDIA，则还需要添加 javafx.media 模块。这时所使用的编译命令如下：

```
javac --module-path %JavaFX_Path% --add-modules javafx.controls,javafx.media MyJavaFX.java↙
```

编译后运行字符码文件 MyJavaFX.class 的命令如下：

```
java --module-path %JavaFX_Path% --add-modules javafx.controls,javafx.media MyJavaFX↙
```

12.2 图形用户界面工具包 JavaFX

JavaFX 是一个强大的图形和多媒体处理工具包的集合，它不仅可以用于开发 RIA，而且可以用来开发桌面程序以及移动设备上的程序。JavaFX 是 Java 包的一部分，它为大规模的 GUI 开发提供了丰富的基础结构。JavaFX 主要的类和部分控件类的继承关系如图 12.2 所示。

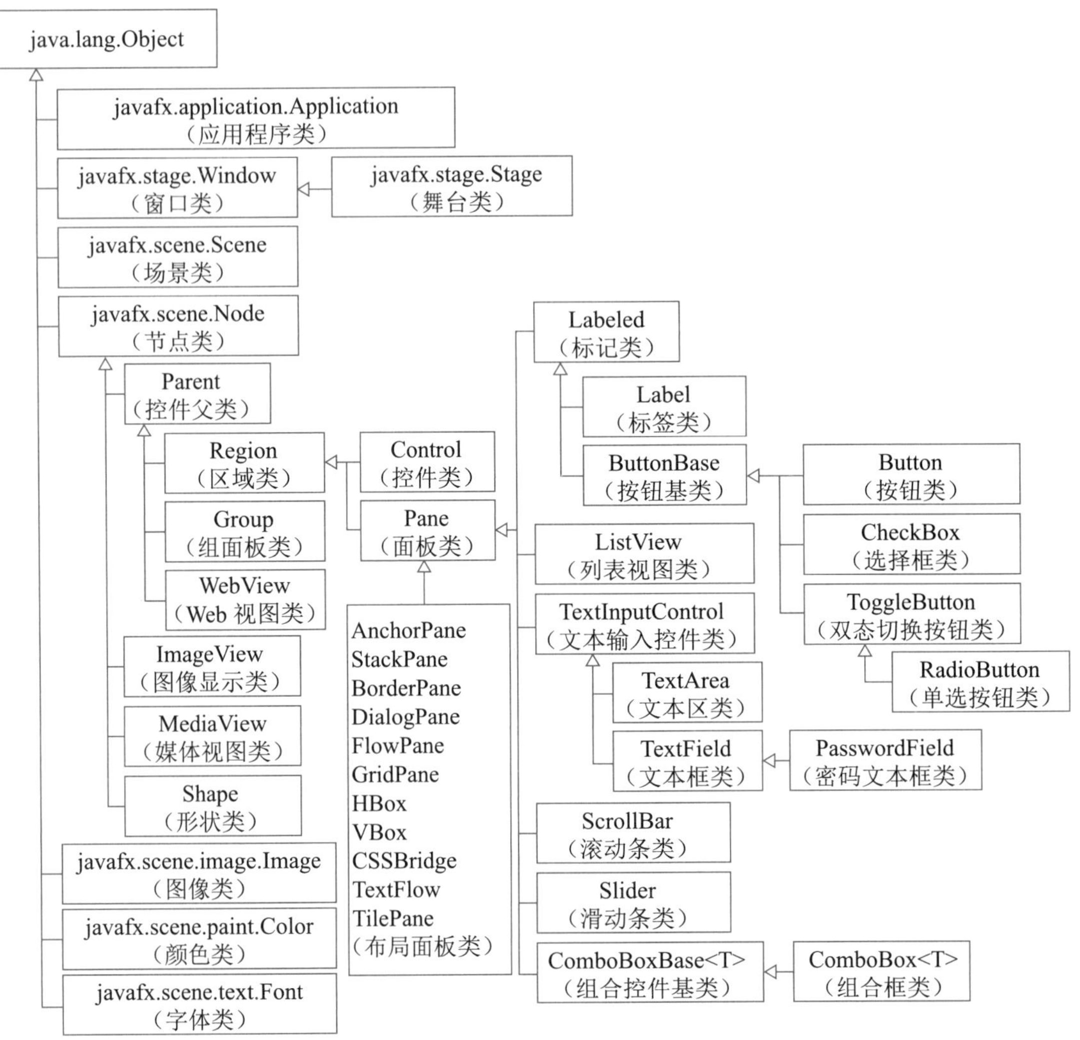

图 12.2　JavaFX 主要的类和部分控件类的继承关系

12.2.1　JavaFX 组件分类

Java 语言中构成图形用户界面的各种元素称为节点（node）。构建图形用户界面的类主要分成三类：面板类（pane class）、控件类（control class）和辅助类（helper class）。面板是一种容器，是用来包含各种控件和形状的类；控件类又称为控件或组件。与面板不同，控件类对象中不能再包含其他控件。控件的作用是完成与用户的交互，包括接收用户命令、接收用户输入的文本或用户的选择、向用户显示文本或图形等；辅助类是用来描述控件属性的，例如，颜色类 Color、字体类 Font、图像类 Image 和图像显示类 ImageView 等。面板和控件等都是 Node 类的子类，但辅助类并不都是 Node 类的子类。

12.2.2　JavaFX 的基本概念

JavaFX 是借用剧院的术语来命名应用程序界面的。如现实中的舞台表演，舞台是有场景的。因此，不严格地说，舞台定义了一个空间，场景定义了在该空间内发生什么。换句话说，舞台是场景的容器，场景是组成场景元素的容器。因此，所有 JavaFX 应用程序具有至少一个舞台和一个场景。JavaFX 应用程序用户界面的顶层称为舞台 Stage，代表窗口。舞台 Stage 中摆放的是场景 Scene，场景 Scene 中可以包含各种布局面板和控件共同组成用户界面。为了能更好地理解窗口的结构，下面介绍几个概念。

舞台 Stage：用于显示场景的窗口，它是 JavaFX 应用程序用户界面的顶层容器。

场景 Scene：摆放在舞台中的对象，是组成场景元素的容器。场景元素包括面板和节点等对象。

节点 Node：可视化的组件。可以是面板、组、控件、图像、视图、形状等。

面板 Pane：其中可以摆放各种节点。JavaFX 提供了多种面板供用户在窗口中组织节点。

控件 Control：包括标签、按钮、复选框、单选按钮、文本框、文本区等。

形状 Shape：指文本、直线、圆、椭圆、矩形、弧、多边形、折线、曲线等。

舞台和场景构建了 JavaFX 程序的图形界面，它是构建应用程序的起点。场景中除了可以包含各种面板、控件、图像、媒体、图表和形状外，还可以包含嵌入式 Web 浏览器等。JavaFX 的媒体功能可以通过 javafx.scene.media 包的 API 实现，JavaFX 支持 MP3、MP4、AIFF、WAV 等音频文件以及 FLV 等视频文件两种视听媒体。

1. JavaFX 窗口结构

任何 JavaFX 程序至少要有一个舞台和一个场景。舞台是一个支持场景的平台，一个程序中只能有一个主舞台，主舞台是应用程序自动访问的一个 Stage 对象，它是在应用程序启动时由系统创建的，通过 start() 方法的参数获得，用户不能自己创建。除主舞台外，用户还可以根据需要在应用程序中创建其他舞台。创建舞台后可以在舞台中放置场景，一个场景是 Scene 类的对象。可以在 Scene 中添加用户的布局面板，然后在场景或面板中放置节点，节点 Node 如同场景中演出的演员。JavaFX 窗口结构示意图如图 12.3 所示。

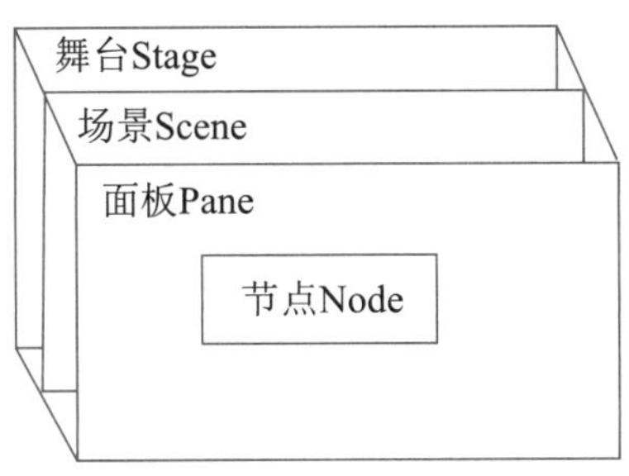

图 12.3 JavaFX 窗口结构示意图

注意： 场景 Scene 中可以包含面板 Pane、组 Group 或控件 Control，但不能包含形状 Shape 和图像显示类 ImageView；面板 Pane 和组 Group 可以包含 Node 的任何子节点；组 Group 是指将节点集合进行分组的容器，当将变换或效果应用在一个组上时，将自动应用于组中的每个节点。

说明： 构建窗口时，可以直接将节点置于场景中，但更好的办法是先将节点放入面板中，然后再将面板放入场景中。

在 JavaFX 应用程序中，场景中的内容是通过层次结构表示的。场景中的元素称为节点，每个节点都表示一个用户界面的可视元素。节点可以有子节点，有子节点的节点称为父节点或分支节点，没有子节点的节点称为叶节点。由此可知，节点也可以是由一组其他节点组成的。场景中所有节点的集合构成所谓的场景图，场景图构成一个节点的树形结构。在场景图中有一个称为根节点的特殊节点，根节点是顶级节点，它是唯一没有父节点的节点。除根节点外，其他节点都有父节点。根节点通常是一个面板，它管理场景图中节点的摆放方式。如流式面板 FlowPane 提供了对节点的流式布局管理，网格面板 GridPane 提供了支持按行列方式的布局管理，它们都是 Node 的子类。从图 12.1 可以看出 Node 是所有节点的根类。

2. 应用程序的父类 Application、舞台 Stage 和场景 Scene

在 Java 应用程序中，所有的 JavaFX 主程序都需要继承抽象类 javafx.application.Application，该类是编写应用程序的基本框架。Application 继承自 java.lang.Object 类，继承了 Application 类的子类必须重写 start() 方法。start() 方法一般用于将控件放入场景中，并在舞台中显示场景。当 JavaFX 程序启动时，会自动调用 start() 方法。表 12.1 给出了 Application 类的常用方法。

表 12.1　javafx.application.Application 类的常用方法

常用方法	功能说明
public static void launch(String... args)	启动一个独立的 JavaFX 程序。利用可变参数 args 接收命令行参数，该方法通常是从 main() 方法调用的。它不能被多次调用，否则将抛出异常
public void init()	程序初始化方法。加载 Application 类之后该方法立即被调用。在此方法中不能创建舞台和场景，但可以创建其他 JavaFX 对象并进行初始化操作，若没有初始化部分，则不用覆盖此方法
public abstract void start(Stage primaryStage)	JavaFX 程序的入口点。参数 primaryStage 是程序的主舞台。可以在其上设置场景。如果需要，程序可以创建其他舞台，但它们不是主舞台，也不会嵌入浏览器中。该方法在 init() 之后被调用
public void stop()	该方法在程序停止时调用，为程序退出和销毁资源提供了方便

JavaFX 程序中必须要有一个窗口，窗口是一个 javafx.stage.Stage 类的对象，表 12.2 和表 12.3 分别给出了 Stage 类的构造方法和常用方法。在舞台上要创建场景，表 12.4 和表 12.5 分别给出了 Scene 类的构造方法和常用方法。

表 12.2 javafx.stage.Stage 类的构造方法

构造方法	功能说明
public Stage()	创建一个新舞台
public Stage(StageStyle style)	以 style 为舞台风格创建一个新舞台，style 的取值是枚举 StageStyle 中的常量： StageStyle.DECORATED：有标题栏装饰，即有“最大化”“最小化”“关闭”按钮（默认选项）； StageStyle.UNDECORATED：纯白背景且无标题栏装饰； StageStyle.TRANSPARENT：透明背景且没有标题栏装饰； StageStyle.UNIFIED：有“最大化”“最小化”等按钮但没有标题栏装饰； StageStyle.UTILITY：有标题栏装饰但只有“关闭”按钮

表 12.3 javafx.stage.Stage 类的常用方法

常用方法	功能说明
public final void show()	显示窗口
public final void setTitle(String value)	设置窗口的标题
public final void setScene(Scene value)	将场景 value 置于窗口中
public final void setMaximized(boolean value)	设置窗口是否可以最大化
public final void setAlwaysOnTop(boolean value)	设置窗口是否在顶层
public final void setResizable(boolean value)	设置是否可以改变窗口大小
public final void initModality(Modality modality)	指定舞台的模态为 modality，modality 的取值是枚举 Modality 中的常量，必须在舞台显示之前调用。 Modality.NONE：非模态； Modality.WINDOW_MODAL：系统模态； Modality.APPLICATION_MODAL：应用模态
public void close()	关闭舞台。等同于调用其父类中的 hide() 方法隐藏窗口

表 12.4 javafx.scene.Scene 类的构造方法

构造方法	功能说明
public Scene(Parent root)	以 root 为根节点创建一个场景，通常使用某种面板对象作为根节点，场景的大小会根据其中节点的大小自动计算
public Scene(Parent root, double width, ouble height)	创建宽为 width，高为 height 像素的场景，并将节点 root 放入场景中
public Scene(Parent root, Paint fill)	创建以 root 为根节点的场景，fill 作为场景的背景填充色
public Scene(Parent root, double width, double height, Paint fill)	创建指定大小和填充色的场景，并将根节点 root 放入场景中

表 12.5　javafx.scene.Scene 类的常用方法

常用方法	功能说明
public final void setFill(Paint value)	设置场景的背景填充色为 value
public final void setRoot(Parent value)	设置场景的根节点

JavaFX 程序通过舞台和场景定义用户界面，而场景 Scene 中摆放的控件多为节点的子类。表 12.6 给出了 Node 类的常用方法。

表 12.6　javafx.scene.Node 类的常用方法

常用方法	功能说明
public final double getLayoutX()	返回节点左上角的 x 坐标
public final double getLayoutY()	返回节点左上角的 y 坐标
public void relocate(double x, double y)	设置节点的左上角坐标位置为 (x,y)
public final void setCache(boolean value)	设置将节点作为位图缓存
public final void fireEvent(Event event)	触发指定的事件
public final void setStyle(String value)	设置面板或节点的样式
public final void autosize()	自动设置节点的首选宽度和高度
public final void setCache(boolean value)	是否为节点设置缓冲，以提高性能
public final void setRotate(double value)	以度为单位，设置节点围绕它的中心旋转 value 角度，若 value 为正，则顺时针旋转，否则逆时针旋转
public final void setTranslateX(double value)	将节点在 x 轴方向上平移 value 像素
public final void setTranslateY(double value)	将节点在 y 轴方向上平移 value 像素
public final void setTranslateZ(double value)	将节点在 z 轴方向上平移 value 像素

下面用例子说明如何通过创建舞台 Stage 和场景 Scene 来构建窗口。为了更好地配合下面的讲解，在此先介绍一个最基本的控件——命令按钮，其他节点以后陆续介绍。命令按钮是窗口程序设计中最常用的控件之一，用户单击它来控制程序运行的流程。javafx.scene.control 包提供了 Button 类，用来处理按钮控件的相关操作。按钮创建之后通过面板的 add() 方法将其放入面板中。表 12.7 给出按钮 Button 类的构造方法，表 12.8 给出 Button 类的常用方法，这些常用方法不一定在 Button 类中，可能在 Button 类的父类中，由于继承的复杂性，将其常用的方法列在一个表中。Button 类还有一些与 Label 类共用的方法，具体见 12.6.1 节。

表 12.7　javafx.scene.control.Button 类的构造方法

构造方法	功能说明
public Button()	创建一个没有文字的按钮
public Button(String text)	创建一个以 text 为文字的按钮
public Button(String text,Node graphic)	创建一个文字为 text、图标为 graphic 的按钮

表 12.8 javafx.scene.control.Button 类的常用方法

常用方法	功能说明
public final void setText(String value)	用 value 设置按钮上的文字
public final void setGraphic(Node value)	用 value 设置按钮上的图标
public void setPrefSize(double prefWidth,double prefHeight)	用指定的宽、高像素值设置按钮尺寸，取代系统自动计算出的默认尺寸
public final void setOnAction(EventHandler<ActionEvent> value)	为按钮注册单击事件监听者

【例 12.1】创建主舞台即窗口，并创建一个场景和一个按钮，然后将按钮放入场景中，再把场景放入舞台上，最后将窗口显示出来。

```
1  //FileName: App12_1.java
2  import javafx.application.Application;   // 导入 Application 类
3  import javafx.stage.Stage;               // 导入舞台类
4  import javafx.scene.Scene;               // 导入场景类
5  import javafx.scene.control.Button;      // 导入命令按钮类
6  public class App12_1 extends Application{ // 定义 App12_1 类继承 Application
7    @Override                              // 强调必须覆盖下面这个父类中的方法
8    public void start(Stage primaryStage){// 定义主舞台为 primaryStage 的 start() 方法
9      Button bt=new Button("我是按钮");      // 创建命令按钮对象 bt
10     Scene scene=new Scene(bt,260,80);    // 创建 260*80 像素的场景并将 bt 放入其中
11     primaryStage.setTitle("我的 JavaFX 窗口"); // 设置窗口的标题
12     primaryStage.setScene(scene); // 将场景 scnce 放入主舞台中由舞台来托管
13     primaryStage.show();                 // 显示主舞台
14   }
15   public static void main(String[] args){
16     Application.launch(args);            // 启动独立的 JavaFX 程序
17   }
18 }
```

在命令行方式下编译与运行该程序的命令分别如下：

```
javac --module-path %JavaFX_Path% --add-modules javafx.controls App12_1.java↙
java --module-path %JavaFX_Path% --add-modules javafx.controls App12_1↙
```

例 12.1 程序的运行结果如图 12.4 所示。窗口可以移动、改变大小、最大化、最小化，单击窗口的“关闭”按钮时，结束程序。因为所有 JavaFX 主程序都需要继承 Application 类，所以第 6 行以 Application 为父类创建了 App12_1 类。第 8 ～ 14 行覆盖了父类 Application 中的 start() 方法，当一个 JavaFX 程序启动时，JVM 将调用 Application 类的无参构造方法来创建类的一个实例，同时自动创建一个主舞台对象作为参数传递给 start() 方法，同时调用该方法。start() 方法一般用于将组件放入场景中，并在舞台中显示该场景。第 9 行创建了一个按钮对象 bt，并在第 10 行将其放入场景 scene 中，同时设置了场景的宽

为 260 像素、高为 80 像素。第 12 行将场景设定在主舞台中，第 13 行显示主舞台。主方法 main() 中第 16 行的 launch() 方法是一个定义在 Application 类中的静态方法用于启动一个独立的 JavaFX 程序，该方法必须在 mian() 方法中调用才会启动 JavaFX 程序。

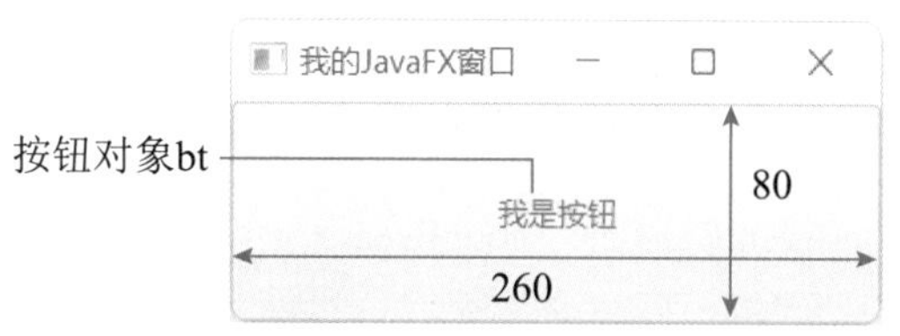

图 12.4　App12_1 运行结果

说明：

（1）舞台默认是不显示的，舞台对象必须调用自己的 show() 方法才能将窗口显示出来。

（2）如果用户是从命令行运行 JavaFX 程序，则主方法 main()不是必需的；当从一个不完全支持 JavaFX 的 IDE 中启动 JavaFX 程序时，可能会需要主方法 main()。

（3）当运行一个有主方法 main() 的 JavaFX 程序时，必须在主方法内调用 launch() 方法，该方法会启动 JavaFX 程序；当运行一个没有主方法 main() 的 JavaFX 程序时，JVM 将自动调用 launch() 方法以运行应用程序。

（4）因为在 JavaFX 程序中主方法 main()不是必需的，且本书中的例子都是在命令行方式下运行的，所以本书中的 JavaFX 程序都将主方法 main() 省略。若有需要，用户可以将 main() 方法加入主类中。

12.3　JavaFX 的布局面板

在例 12.1 中，是将按钮 bt 放入场景中，我们发现无论怎样改变窗口的大小，按钮始终占据整个窗口界面，虽然可以通过设置控件的位置和大小属性来解决这个问题，但前面曾讲过，构建窗口时，虽然可以直接将节点置于场景中，但更好的办法是先将节点放入面板中，再将面板放入场景中。

12.3.1　Pane 面板类和 JavaFX　CSS

面板是一种没有标题栏、没有边框的容器，用来组织节点，面板可以包含 Node 的任何子类。JavaFX 提供了多种布局面板，可自动地将节点摆放在希望的位置并自动调整大小。从图 12.1 类的继承关系中可以看到，面板类 javafx.scene.layout.Pane 是所有其他面板的父类。面板类主要有如下几种：栈面板 StackPane、流式面板 FlowPane、边界面板 BorderPane、网格面板 GridePane、单行面板 HBox 和单列面板 VBox 等几种，这些面板都可以作为根面板使用，也可以作为其他面板的子节点使用，这样处理的好处是将窗口内容结构化，有利于管理、更换、调试。面板类的继承关系如图 12.5 所示。

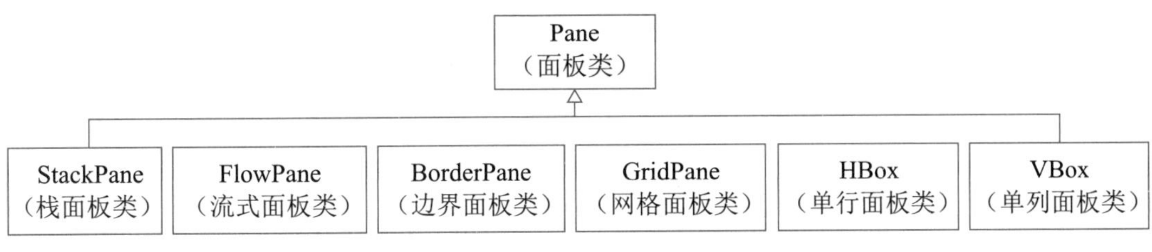

图 12.5 面板类的继承关系

（1）面板类 Pane。Pane 是所有其他面板的根类。面板主要用于需要对控件绝对定位的情况，当面板大小改变时，添加在其上的控件和形状绝对位置不变。Pane 类对象通常用作显示形状的画布，而其子类面板则主要用作摆放节点。表 12.9 给出了 Pane 类的构造方法。

表 12.9 javafx.scene.layout.Pane 类的构造方法

构造方法	功能说明
public Pane()	创建一个空面板，以后可向其添加其他控件和形状
public Pane(Node... children)	创建面板，并将参数指定的多个节点添加到面板中

每个面板都包含一个列表用于存放面板中的节点，这个列表是 javafx.collections.ObservableList 类的实例，ObservableList 类似于 ArrayList，是一个用于存储元素的集合。Pane 类中定义了一个非常有用的方法 getChildren()，该方法返回面板的用于存放节点的列表。在向面板中添加节点时，实际上是添加到 ObservableList 的对象上。因为 Pane 类是其他面板的根类，所以在其子类面板中经常用到该方法。表 12.10 中提供了 Pane 类的常用方法，其中包含 Pane 类从其父类继承来的常用方法。

表 12.10 javafx.scene.layout.Pane 类的常用方法

常用方法	功能说明
public ObservableList<Node> getChildren()	返回面板用于存放节点的列表
public final void setPadding(Insets value)	利用 Insets 对象 value 设置面板四周边缘内侧空白空间的距离，单位是像素
public void setPrefSize(double prefWidth, double prefHeight)	以给定的宽、高值作为偏好尺寸，来代替系统自动对该节点计算出的默认尺寸。即以给定的宽、高值优先设置面板的大小

Pane 类的 getChildren() 方法返回值是一个 ObservableList 对象，调用它的 add(node) 方法可以将一个节点添加到面板中，调用 addAll(node1,node2,⋯,node*n*) 方法可以将多个节点同时添加到面板中，也可以调用 remove()、removeAll() 或 clear() 等方法将节点从面板中移除。

说明：虽然面板是一种容器，用于摆放节点，但如果将一个节点多次加入一个面板中，或将一个节点加入多个不同面板中，将引起运行时错误，所以一个节点只能添加到一个面板中。

（2）JavaFX CSS。节点有许多通用的属性，其中 setStyle() 方法就是 Pane 从其父类 Node 继承来的方法。Node 类包含了许多有用的方法，可以应用于所有节点。setStyle() 方法主要是利用样式属性来设置节点的外观样式，JavaFX 中的每个节点都有自己的样式属性。JavaFX 的样式属性类似于 Web 页面中指定 HTML 元素样式的叠层样式表 (Cascading Style Sheet，CSS)，因此，JavaFX 的样式属性称为 JavaFX CSS。样式属性使用前缀 “-fx-” 进行定义，设置样式属性的语法是 stylename:value。如果一个节点有多个样式属性则可以一起设置，只需用分号 “；” 隔开，若样式名 stylename 由多个单词组成，则各单词间需用连字符 “-” 隔开。如设置面板 pane 边框为红色，背景色为浅灰色的语句：

```
pane.setStyle(-fx-border-color:red;-fx-background-color:lightgray);
```

说明： 如果使用了不正确的 JavaFX CSS 样式属性，程序仍可编译和运行，但样式将被忽略。

12.3.2 栈面板类 StackPane

栈面板是由类 javafx.scene.layout.StackPane 实现的，其布局方式是将所有节点都摆放在面板中央，后加入的节点添加到前一个节点之上，多个节点以叠加的形式放入栈面板中。这种布局很方便用于在形状和图像上显示文字，或将一些简单形状叠加起来制作一个复杂形状。表 12.11 和表 12.12 分别给出了 StackPane 类的构造方法和常用方法。

表 12.11 javafx.scene.layout.StackPane 类的构造方法

构造方法	功能说明
public StackPane()	创建栈面板，面板中的节点默认中心对齐
public StackPane(Node... children)	创建栈面板，并将参数指定的多个节点添加到面板，并中心对齐

表 12.12 javafx.scene.layout.StackPane 类的常用方法

常用方法	功能说明
public static void clearConstraints(Node child)	删除面板的 child 节点
public static void setMargin(Node child,Insets value)	为面板中节点设置外侧边缘周围的空白空间的距离
public static void setAlignment(Node child,Pos value)	设置节点 child 在面板中的对齐方式，value 是取自枚举 Pos 中的枚举常量，见表 12.13
public final void setAlignment(Pos value)	设置节点的整体对齐方式

在 JavaFX 中表示节点摆放位置的量均取自枚举 javafx.geometry.Pos 中的枚举值，表 12.13 给出了 Pos 类中代表对齐方式常用的静态常量。

表 12.13 javafx.geometry.Pos 类中代表对齐方式常用的静态常量

静态常量	对齐方式	静态常量	对齐方式
TOP_CENTER	顶部居中对齐	CENTER_RIGHT	中部右对齐
TOP_LEFT	顶部左对齐	BOTTOM_CENTER	底部居中对齐
TOP_RIGHT	顶部右对齐	BOTTOM_LEFT	底部左对齐

续表

静态常量	对齐方式	静态常量	对齐方式
CENTER	中部居中对齐	BOTTOM_RIGHT	底部右对齐
CENTER_LEFT	中部左对齐		

【例 12.2】创建栈面板，将在其上放置两个按钮，并用样式属性设置按钮和栈面板的外观样式。

```
1  //FileName: App12_2.java          栈面板的应用
2  import javafx.application.Application;
3  import javafx.stage.Stage;
4  import javafx.scene.Scene;
5  import javafx.scene.control.Button;
6  import javafx.scene.layout.StackPane;     //加载栈面板类
7  public class App12_2 extends Application{
8    Button bt=new Button("确定");
9    @Override
10   public void start(Stage primaryStage){
11     StackPane sPane=new StackPane();       //创建栈面板对象
12     bt.setStyle("-fx-border-color:blue");//设置按钮的边框颜色为蓝色
13     Button bt1=new Button("我也是按钮");
14     bt1.setPrefSize(80,50);          //设置按钮的优先大小，即自定义按钮的大小
15     bt1.setStyle("-fx-border-color:green"); //将bt1按钮的边框颜色设置为绿色
16     bt1.setRotate(-45);                      //将bt1按钮逆时针旋转45°
17     sPane.getChildren().addAll(bt1,bt); //将按钮加入栈面板中
18     sPane.setRotate(45);                     //设置将栈面板顺时针旋转45°
19     sPane.setStyle("-fx-border-color:red;-fx-background-color:lightgray");
20     Scene scene=new Scene(sPane,210,100);
21     primaryStage.setTitle("栈面板");
22     primaryStage.setScene(scene);          //将场景托管在舞台内
23     primaryStage.show();
24   }
25 }
```

例 12.2 程序的第 11 行创建一个栈面板对象 sPane。第 12 行利用样式属性调用 setStyle() 方法为按钮 bt 设置了边框的颜色为蓝色。第 14 行设置了按钮 bt1 的优先大小，即用户自定义尺寸优先于系统计算出的默认尺寸，第 15 行设置了按钮 bt1 的边框颜色为绿色，第 16 行将按钮 bt1 逆时针旋转 45°。第 17 行利用面板的 getChildren() 方法的返回值再调用 addAll() 方法将两个按钮加入栈面板中，因为 bt1 先于 bt 按钮加入，所以 bt 按钮放在了 bt1 的上面。第 19 行设置栈面板 sPane 的外观样式：边框颜色为红色、背景颜色为浅灰色。第 20 行创建一个宽 210、高 100 像素的场景并将栈面板 sPane 放入其中。程序运行结果如图 12.6 所示。

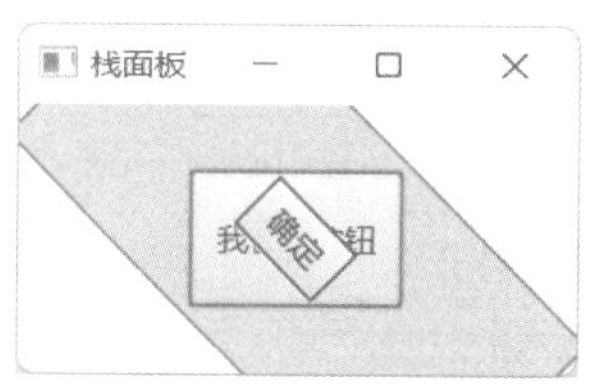

图 12.6　栈面板的应用

说明： 默认情况下，一个控件系统会基于其中的内容计算出默认的尺寸，并将它作为偏好尺寸。例如，对于一个 Button 对象，系统计算出来的尺寸是由按钮上文本的长度、使用的字体以及可能加入的图像的尺寸共同决定的。通常情况下，系统计算出来的尺寸应该刚好能让控件完全显示出来。用户可以使用控件默认的尺寸，也可以调用 setPrefSize() 方法自行设置控件的尺寸优先于默认尺寸，达到想要的效果。

12.3.3　流式面板类 FlowPane

流式面板是由类 javafx.scene.layout.FlowPane 实现的，其布局方式是将节点按水平方式一行一行地摆放，或者是按垂直方式一列一列地摆放。FlowPane 的布局策略是：

（1）节点按照加入流式面板的先后顺序从左向右排列摆放，或者从上向下排列摆放；

（2）一行或一列排满节点之后就自动地转到下一行或下一列继续从左向右或从上向下排列；

（3）每一行或每一列中的组件默认设置为居中排列。

当容器中的组件不多时，使用这种布局策略非常方便，但是当容器内的组件增加时，就显得高低参差不齐。

表 12.14 给出 FlowPane 类的构造方法，表 12.15 给出 FlowPane 类的常用方法，这些方法不一定都在 FlowPane 类中，可能是从其父类继承而来的。

表 12.14　javafx.scene.layout.FlowPane 类的构造方法

构 造 方 法	功 能 说 明
public FlowPane()	创建流式水平布局面板，容器中的节点居中对齐，节点间水平和垂直间距均默认为 0 像素
public FlowPane(double hgap,double vgap)	功能同上，但节点间水平间距为 hgap 像素，垂直间距为 vgap 像素
public FlowPane(Orientation orientation)	创建节点排列方向为 orientation，节点间水平和垂直间距均默认为 0 像素的流式面板。orientation 取值为： Orientation.HORIZONTAL，表示水平布局； Orientation.VERTICAL，表示垂直布局
public FlowPane(double hgap, double vgap, Node...children)	创建流式面板，并将参数指定的多个节点添加到面板，节点间水平间距为 hgap 像素，垂直间距为 vgap 像素
public FlowPane(Orientation orientation, Node...children)	创建节点排列方向为 orientation，并将参数指定的多个节点添加到面板，节点水平和垂直间距均默认为 0 像素

表 12.15　javafx.scene.layout.FlowPane 类的常用方法

常用方法	功能说明
public final void setHgap(double value)	设置布局面板中各节点之间水平间距的像素数
public final void setVgap(double value)	设置布局面板中各节点之间垂直间距的像素数
public final void setOrientation(Orientation value)	设置流式布局中节点的摆放方向，value 取值见表 12.14
public final void setAlignment(Pos value)	设置布局面板中整体对齐方式，value 是枚举 Pos 中的值

调用面板的 getChildren() 方法返回面板存放节点的列表对象后，再调用它的 add(node) 方法可以将一个节点添加到面板中，调用 addAll(node1,node2,…,node*n*) 方法可以将多个节点同时添加到面板中。也可以调用 remove(node) 方法从面板中删除一个节点或调用 removeAll() 方法删除面板中的所有节点。

【例 12.3】创建流式面板，将按钮放入其中，然后再将流式面板加入场景中。

流式面板的应用

```
//FileName: App12_3.java
import javafx.application.Application;
import javafx.stage.Stage;
import javafx.scene.Scene;
import javafx.scene.control.Button;
import javafx.scene.layout.FlowPane;
import javafx.geometry.Orientation;
import javafx.geometry.Insets;
public class App12_3 extends Application{
  Button[] bt=new Button[6];                          //创建按钮数组
  @Override
  public void start(Stage primaryStage){
    FlowPane rootNode=new FlowPane();                 //创建流式面板对象
    rootNode.setOrientation(Orientation.HORIZONTAL);//设置节点水平摆放
    rootNode.setPadding(new Insets(12,13,14,15));//设置面板边缘内侧四周空白的距离
    rootNode.setHgap(8);              //设置面板上节点之间的水平间距为 8 像素
    rootNode.setVgap(5);              //设置面板上节点之间的垂直间距为 5 像素
    for(int i=0;i<bt.length;i++){
      bt[i]=new Button("按钮"+(i+1));
      rootNode.getChildren().add(bt[i]); //将命令按钮 bt[i] 放入流式面板中
    }
    Scene scene=new Scene(rootNode,230,80);
    primaryStage.setTitle("流式面板");
    primaryStage.setScene(scene);           //将场景委托舞台托管
    primaryStage.show();
  }
}
```

例 12.3 程序运行结果如图 12.7 所示。程序的第 13 行创建一个流式面板 rootNode，第 14 行设置节点在流式面板中水平摆放。第 15 行是用 Insets 对象设置面板四周边缘的内侧上、右，下、左空白空间的距离，单位是像素（见图 12.8）。本例中其顶部为 12 像素、右部为 13 像素、下部为 14 像素、左部为 15 像素。第 16、17 行分别设置面板中节点间水平间距 8 像素、垂直间距 5 像素。第 20 行利用流式面板的 getChildren() 方法调用 add(bt[i]) 方法将按钮 bt[i] 放入流式面板中。

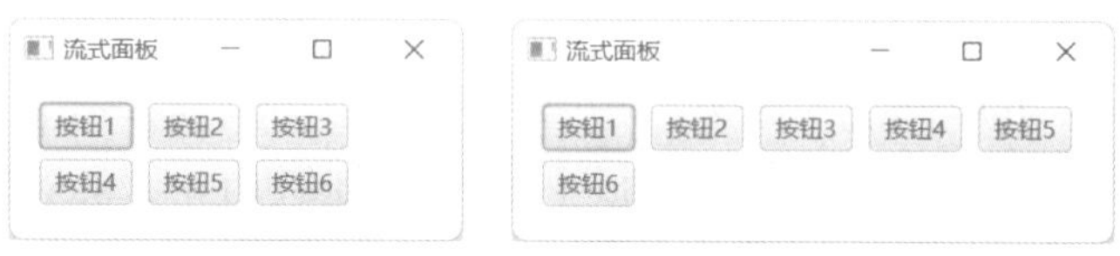

图 12.7　流式面板，右图窗口拉大后节点自动重新排列

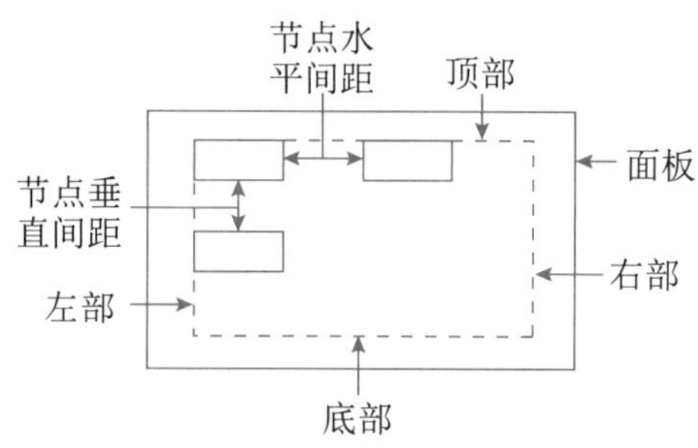

图 12.8　Insets 对象参数示意图

12.3.4　边界面板类 BoderPane

边界面板是由类 javafx.scene.layout.BorderPane 实现的，边界面板将显示区域分为上（top）、下（bottom）、左（left）、右（right）、中（center）五个区域，每个区域可以放置一个控件或其他面板，每个区域的大小是任意的，如果程序不需要某个区域，可以不定义，也不用留出空间。利用边界面板时，如果区域空间大于控件所需空间，则多余的空间分配给中央控件；如果区域空间小于控件所需空间，则区域可能会重叠。

边界面板适合于设计成“顶部有一工具条，底部有状态栏，左部有导航窗格，右部显示其他信息，中部是工作区域”这种应用界面。

表 12.16 和表 12.17 分别给出了 BorderPane 类的构造方法和常用方法。

表 12.16　javafx.scene.layout.BorderPane 类的构造方法

构 造 方 法	功 能 说 明
public BorderPane()	创建边界面板对象
public BorderPane(Node center)	用指定节点 center 为中央区域控件创建边界面板对象
public BorderPane(Node center,Node top,Node right,Node bottom,Node left)	创建边界面板对象，并指定每个区域的节点

表 12.17 javafx.scene.layout.BorderPane 类的常用方法

常用方法	功能说明
public final void setTop(Node value)	将节点 value 放置在边界面板的顶部区域
public final void setBottom(Node value)	将节点 value 放置在边界面板的底部区域
public final void setLeft(Node value)	将节点 value 放置在边界面板的左部区域
public final void setRight(Node value)	将节点 value 放置在边界面板的右部区域
public final void setCenter(Node value)	将节点 value 放置在边界面板的中央区域
public static void setAlignment(Node child,Pos value)	设置节点的对齐方式

【例 12.4】创建边界面板，并在每个区域中放置一个按钮。

```
1  //FileName: App12_4.java          边界面板的应用
2  import javafx.application.Application;
3  import javafx.stage.Stage;
4  import javafx.scene.Scene;
5  import javafx.scene.control.Button;
6  import javafx.scene.layout.BorderPane;
7  import javafx.geometry.Insets;
8  public class App12_4 extends Application{
9    @Override
10   public void start(Stage primaryStage){
11     BorderPane rootPane=new BorderPane();        //创建边界面板对象
12     rootPane.setPadding(new Insets(10));//设置边界面板边缘内侧空白距离均为 10 像素
13     Button bt=new Button("顶部工具条");
14     bt.setPrefSize(280,20);          //设置按钮的优先大小，即自定义按钮的大小
15     rootPane.setTop(bt);             //将按钮放置在边界面板的顶部区域
16     rootPane.setBottom(new Button("底部状态栏"));//将按钮放置在边界面板底部
17     rootPane.setLeft(new Button("左部导航菜单"));//将按钮放置在边界面板左部
18     rootPane.setRight(new Button("显示信息"));//将按钮放置在边界面板右部
19     rootPane.setCenter(new Button("中间工作区"));//将按钮放置在边界面板中央
20     Scene scene=new Scene(rootPane,280,130);
21     primaryStage.setTitle("边界面板");
22     primaryStage.setScene(scene);
23     primaryStage.show();
24   }
25 }
```

例 12.4 程序的第 11 行创建了一个边界面板对象 rootPane。第 12 行设置面板四周边缘内侧空白空间的距离均为 10 像素。第 14 行设置按钮 bt 的优先大小，即自定义按钮的大小。第 15 行将 bt 按钮添加到边界面板的顶部区域。其他四个按钮使用默认尺寸，并是在设置区域的方法中创建的匿名对象。五个按钮摆放在边界面板的五个区域内，其运行结果如图 12.9 所示。

图 12.9　边界面板的五个区域

如果要将某个区域的节点移除，如将顶部区域的节点移除，则可以调用 rootPane.setTop(null) 方法来完成。如果一个区域没有被占用，那么不会分配空间给这个区域。

12.3.5　网格面板类 GridPane

网格面板是由 javafx.scene.layout.GridPane 类实现的，网格面板类似表格，由行和列组成的单元格来放置节点。一个节点可以被放于任何单元格内，也可以根据需要占用多行或者多列摆放。网格面板适用于创建需要按行和列组织节点的布局。网格面板类 GridPane 只有一个构造方法，如表 12.18 所示。

表 12.18　javafx.scene.layout.GridPane 类的构造方法

构造方法	功能说明
public GridPane()	创建网格面板

在网格面板中，网格的行数和列数不能在构造方法中指定，网格的实际行数和列数由添加到网格面板中的控件动态地决定，其左上角单元格的行号和列号均为 0。表 12.19 给出了 GridPane 类及父类中的常用方法。

表 12.19　javafx.scene.layout.GridPane 类及父类中的常用方法

方　法	功能说明
public final void setHgap(double value)	设置面板中节点间的水平间距为 value 像素
public final void setVgap(double value)	设置面板中节点间的垂直间距为 value 像素
public void add(Node child, int columnIndex,int rowIndex)	将节点 child 添加到网格面板的第 columnIndex 列和第 rowIndex 行单元格中
public void add(Node child,int columnIndex,int rowIndex,int colspan,int rowspan)	将节点添加到指定单元格中，并占用 colspan 列和 rowspan 行
public final void setGridLinesVisible(boolean value)	设置是否显示网格线，默认值为 false
public final void setAlignment(Pos value)	设置节点在网格内的对齐方式

在使用网格面板摆放节点时，虽然节点可以放置在网格的任何单元格内，并可以垂直或水平跨越多个单元格，默认情况下，网格面板会将行和列的大小调整为首选大小（根据内容计算或固定计算），但若要显式控制行和列的大小，可通过使用行和列的约

束类 RowConstraints 和 ColumnConstraints 为行和列设置首选宽度、高度和增长优先级。这些是可以用来控制尺寸的独立类。一旦定义行约束和列约束的对象，就可以通过使用 getRowConstraints().addAll() 和 getColumnConstraints().addAll() 方法将它们添加到网格面板中。对网格面板中行和列的布局约束是可选的。关于网格面板的应用，会在后面结合控件一起讲解。

12.3.6 单行面板类 HBox 和单列面板类 VBox

单行面板由类 javafx.scene.layout.HBox 实现，单行面板也称水平面板，是在一行沿水平方向排列节点的方式。表 12.20 给出了 HBox 类的构造方法，表 12.21 给出了 HBox 类及父类的常用方法。

表 12.20 javafx.scene.layout.HBox 类的构造方法

构造方法	功能说明
public HBox()	创建一个空的单行面板
public HBox(Node...children)	创建单行面板，并将参数指定的多个节点添加到面板中，节点的间距为 0 像素
public HBox(double spacing,Node...children)	创建单行面板，并将参数指定的多个节点添加到面板中，节点间距为 spacing 像素

表 12.21 javafx.scene.layout.HBox 类及父类的常用方法

常用方法	功能说明
public final void setSpacing(double value)	设置面板中节点之间的间距
public static void setMargin(Node child,Insets value)	为面板中的节点设置外边距
public final void setAlignment(Pos value)	设置面板中节点整体对齐方式，value 是枚举 Pos 中的值

【例 12.5】创建单行面板，在单行面板中放入两个自定义大小的按钮，并设置每个按钮四周边缘外侧空白部分的距离。

单行面板的应用

```
//FileName: App12_5.java
import javafx.application.Application;
import javafx.stage.Stage;
import javafx.scene.Scene;
import javafx.scene.control.Button;
import javafx.scene.layout.HBox;
import javafx.geometry.Insets;
public class App12_5 extends Application{
  Button bt1=new Button("上一步");
  Button bt2=new Button("下一步");
  @Override
  public void start(Stage primaryStage){
    HBox hB=new HBox();            //创建单行面板对象 hB
```

```
14      bt1.setPrefSize(160,20);        // 自定义按钮大小，即设置按钮的优先大小
15      hB.setMargin(bt1,new Insets(5,5,5,5));// 设置 bt1 四周边缘外侧空白部分的距离均为 5 像素
16      bt2.setPrefSize(80,20);         // 自定义按钮大小
17      hB.setMargin(bt2,new Insets(10));// 设置 bt2 四周边缘外侧空白部分的距离均为 10 像素
18      hB.getChildren().addAll(bt1,bt2); // 将按钮 bt1 和 bt2 放入单行面板中
19      Scene scene=new Scene(hB,300,50);
20      primaryStage.setTitle(" 单行面板 ");
21      primaryStage.setScene(scene); // 将场景委托舞台管理
22      primaryStage.show();
23    }
24 }
```

该程序的第 13 行创建了一个单行面板对象 hB。第 14、16 两行分别自定义了两个按钮的大小。第 15 行设置面板 hB 中按钮 bt1 四周边缘外侧空白部分的距离均为 5 像素，而第 17 行则设置按钮 bt2 四周边缘外侧空白部分的距离均为 10 像素。第 18 行调用 addAll() 方法一次将多个节点同时放入面板中。程序运行结果如图 12.10 所示。

图 12.10 单行面板及节点外边缘

单列面板由 javafx.scene.layout.VBox 类实现，单列面板也称垂直面板，它与单行面板 HBox 相似，只是在将多个节点放入单列面板时，这些节点是在一列上垂直摆放的。VBox 类与 HBox 类的构造方法、常用方法也相似，所以不再介绍。

JavaFX 中还有一个特殊的面板 Group，它位于 javafx.scene 包中。Group 是 Parent 的子类，但不是 Pane 的子类。Group 是将节点进行分组的容器，它包含一个可观察列表类 ObservableList 的对象，用于存放组的节点。这些节点只是按照出现在该组中的顺序显示，并不负责节点的布局，所以添加到 Group 中的控件通常需要绝对定位。因此，在 Group 中的控件有以下四个属性需要了解，分别是 layoutX、layoutY、width、height，它们分别是控件左上角的 *x* 坐标、*y* 坐标、宽度和高度。它们都是 Property 属性，可以将其绑定到任意一个其他 Property 属性中去很方便。关于绑定属性将在 12.5 节中介绍。Group 的主要作用是将一组节点组织在一起，并允许将这些节点作为一个组进行操作。例如，Group 可以把许多图形组成一个图形，事件处理可以只处理组合后的图形。Group 是一个可以通过坐标设置控件位置的容器，而且控件和控件之间可以重叠，例如把两个控件的 layoutX 以及 layoutY 坐标都设置为 0，那么这两个控件都会在 Group 的左上角出现，同时会重叠，所以在编程时，可以针对某一个控件做调整，非常方便。

12.4 JavaFX 的辅助类

辅助类是用来描述节点属性的，例如，颜色类 Color、字体类 Font、图像类 Image 和图像显示类 ImageView 等。辅助类不都是 Node 类的子类。

12.4.1 颜色类 Color

颜色类 javafx.scene.paint.Color 是抽象类 Paint 的子类，Paint 是用于绘制节点的类。Color 类的对象可以由构造方法或静态方法创建。在 JavaFX 中每一种颜色都是由红、绿、蓝三原色和透明度组成的，表 12.22 给出了 Color 类的构造方法。

表 12.22 javafx.scene.paint.Color 类的构造方法

构造方法	功能说明
public Color(double red,double green, double blue,double opacity)	用指定的 red（红）、green（绿）、blue（蓝）三原色值和 opacity（透明度）创建 Color 对象

其中，参数 red、green 和 blue 分别代表红、绿、蓝三种颜色分量，其取值都为 0.0 ～ 1.0，参数值越大就表明这种分量的颜色越浅，所以 0.0 表示该分量的颜色最深，1.0 表示该分量的颜色最浅。参数 opacity 表示颜色的透明度，取值为 0.0 ～ 1.0，透明度值越小其透明度越大，越能透出背景图像；透明度值越大其透明度越小，越不能透出背景图像。透明度取值为 0.0 表示完全透明，取值为 1.0 代表完全不透明。若参数值超过 0.0 ～ 1.0 这个范围，则抛出 IllegalArgumentException 异常。创建颜色对象也可用 Color 类中提供的静态方法来实现。表 12.23 给出了 Color 类的常用方法，用于管理颜色。

表 12.23 javafx.scene.paint.Color 类的常用方法

常用方法	功能说明
public static Color color(double red,double green, double blue)	用 red、green、blue 值创建一个不透明的 Color 对象。参数取值范围均为 0.0 ～ 1.0，与构造方法意义相同
public static Color color(double red,double green, double blue,double opacity)	用 red、green、blue 值及 opacity 创建 Color 对象。参数取值范围均为 0.0 ～ 1.0，与构造方法意义相同
public Color brighter()	返回一个具有更大 red、green、blue 值的 Color 对象
public Color darker()	创建一个比 Color 对象更暗的 Color 对象

另外，Color 类中还定义了 130 多种标准的颜色对象存储在静态常量中，使得对这些标准颜色的引用更为方便。表 12.24 给出了 Color 类中常用的代表颜色的静态常量。

表 12.24 javafx.scene.paint.Color 类中常用的代表颜色的静态常量

静态常量	代表颜色	静态常量	代表颜色	静态常量	代表颜色
BEIGE	浅褐色	BLUE	黑色	CYAN	蓝色
BLACK	棕色	BROWN	蓝青色	DARKGRAY	深灰色

续表

静态常量	代表颜色	静态常量	代表颜色	静态常量	代表颜色
GOLD	金色	MAGENTA	红紫色	RED	红色
GRAY	灰色	NAVY	深蓝色	SILVER	银色
GREEN	绿色	ORANGE	橘黄色	WHITE	白色
LIGHTGRAY	浅灰色	PINK	粉红色	YELLOW	黄色

12.4.2 字体类 Font

字体类 javafx.scene.text.Font 是用来描述字体名、字体粗细、字形和字体大小的类。应用程序在渲染文字时经常用 Font 对象来设置字体信息。设置节点所用字体的样式、大小与字形等属性的许多方法都需要将 Font 类所创建的对象作为它的参数，用以设置节点的字体。表 12.25 给出了字体类 Font 的构造方法。

表 12.25 javafx.scene.text.Font 类的构造方法

构造方法	功能说明
public Font(double size)	创建字体大小为 size 的字体对象，使用默认的 System 字体。size 的单位是磅值，1 磅值为 1/72 英寸
public Font(String name,double size)	用给定的字体名称 name 和大小为 size 的值创建字体对象

要创建字体类对象，除了用 Font 类构造方法外也可以使用字体类的静态方法来创建，表 12.26 给出了 Font 类的常用方法。

表 12.26 javafx.scene.text.Font 类的常用方法

常用方法	功能说明
public static Font font(String family,double size)	创建字体名为 family、大小为 size 的 Font 对象
public static Font font(String family,FontWeight weight, double size)	创建指定名称、字体粗细和字体大小的字体对象。字体粗细 weight 的取值在枚举 FontWeight 中定义，常用的有 BOLD（粗体）、LIGHT（轻体）、NORMAL（正常体）
public static Font font(String family,FontWeight weight, FontPosture posture,double size)	创建指定名称、字体粗细、字形和字体大小的字体对象。字形 posture 的取值在枚举 FontPosture 中定义，有 ITALIC（斜体）和默认的 REGULAR（正常体）
public final double getSize()	返回字体的大小
public final String getStyle()	返回字体样式的名称
public final String getName()	返回完整字体名称。此名称既包括字体集中的字体名，又包括样式

如“Font fon=Font.font("Times New Roman",FontWeight.BOLD,FontPosture.ITALIC, 20);”语句定义了字体名为 Times New Roman、加粗、斜体和 20 磅值大小的字体对象 fon。

12.4.3 图像类 Image 和图像显示类 ImageView

JavaFX 使用 javafx.scene.image.Image 类表示图像。JavaFX 支持的图像格式有 .jpg、.gif、.png 和 .bmp 等。表 12.27 给出了 Image 类的构造方法。

提示： 若使用 JavaFX 不支持的图像格式，可以使用图像处理工具将它们转换为 JavaFX 支持的图像格式，以便在程序中使用。

表 12.27 javafx.scene.image.Image 类的构造方法

构造方法	功能说明
public Image(String url)	用图像的 url 地址创建图像
public Image(String url,boolean backgroundLoading)	用图像的 url 地址创建图像，并设置是否在后台加载（异步加载）图像

当用 Image 类创建的图像被成功加载后，需要使用图像视图类 javafx.scene.image.ImageView 的对象显示图像，即 ImageView 对象是一个可以显示图像的对象。ImageView 是一个包装器对象，用来引用 Image 对象。表 12.28 和表 12.29 分别给出了 ImageView 类的构造方法和常用方法。

表 12.28 javafx.scene.image.ImageView 的构造方法

构造方法	功能说明
public ImageView()	创建一个不包含图像的 ImageView 对象
public ImageView(String url)	用指定图像对象的 url 创建 ImageView 对象
public ImageView(Image image)	用指定图像对象的 image 创建 ImageView 对象

表 12.29 javafx.scene.image.ImageView 类的常用方法

常用方法	功能说明
public final void setImage(Image value)	设置显示的图像
public final void setFitWidth(double value)	设置图像视图的宽度为 value 像素
public final void setFitHeight(double value)	设置图像视图的高度为 value 像素
public final void setPreserveRatio(boolean value)	设置图像是否保持缩放比例
public final void setSmooth(boolean value)	设置是否使用平滑图像算法显示图像

在 ImageView 类中定义了 x 和 y 属性，用于表示 ImageView 图像视图的原点坐标。image 属性表示图像。fitWidth 和 fitHeight 两个属性表示图像改变大小后将边界框调整到适合图像的宽度和高度。

【例 12.6】利用 Image 类创建表示图像的对象，然后用图像视图类 ImageView 显示图像。图像既可以显示在面板上，又可以显示在组件上。

图像与显示

```
//FileName: App12_6.java
import javafx.application.Application;
```

```
3 import javafx.stage.Stage;
4 import javafx.scene.Scene;
5 import javafx.scene.control.Button;
6 import javafx.scene.image.Image;          // 加载图像类
7 import javafx.scene.image.ImageView;      // 加载图像视图类
8 import javafx.scene.layout.HBox;
9 import javafx.scene.layout.BorderPane;
10 import javafx.geometry.Pos;              // 加载 Pos 枚举类
11 public class App12_6 extends Application{
12   @Override
13   public void start(Stage primaryStage){
14     Image imb=new Image("image/ 悟空 .jpg"); // 用 " 悟空 .jpg" 创建图像对象 imb
15     ImageView iv1=new ImageView(imb);    // 创建图像显示对象 iv1
16     Button bt1=new Button(" 悟空 ",iv1);  // 创建具有文字和图像的按钮
17     Button bt2=new Button(" 八戒 ",new ImageView("image/ 八戒 .jpg"));
18     HBox box=new HBox(20);          // 创建水平面板，其上组件间距为 20 像素
19     box.getChildren().addAll(bt1,bt2);  // 将两个按钮添加到水平面板中
20     box.setAlignment(Pos.CENTER);       // 设置水平面板的节点居中对齐
21     Image im=new Image("image/ 花 .jpg"); // 用 " 花 .jpg" 创建图像对象 im
22     ImageView iv2=new ImageView();      // 创建图像显示对象 iv2
23     iv2.setImage(im);               // 将图像对象 im 设置到图像显示对象 iv2 上
24     iv2.setFitWidth(80);                // 设置图像视图的宽度为 80 像素
25     iv2.setPreserveRatio(true);         // 设置保持缩放比例
26     iv2.setSmooth(true);                // 设置平滑显示图像
27     iv2.setCache(true);                 // 设置缓冲以提高性能
28     ImageView iv3=new ImageView();
29     iv3.setImage(im);               // 将图像对象 im 设置到图像显示对象 iv3 上
30     iv3.setRotate(90);                  // 设置将图像顺时针旋转 90°
31     iv3.setFitWidth(100);               // 设置图像视图的宽度为 100 像素
32     iv3.setPreserveRatio(true);         // 设置保持缩放比例
33     BorderPane rootPane=new BorderPane(); // 创建边界面板对象作为根面板
34     rootPane.setBottom(box);            // 将水平面板添加到边界面板的底部区域
35     rootPane.setCenter(iv2);            // 将 " 花 " 添加到边界面板的中央区域
36     rootPane.setRight(iv3);         // 将旋转后的 " 花 " 添加到边界面板的右部区域
37     Scene scene=new Scene(rootPane,230,150);
38     primaryStage.setTitle(" 图像与显示 ");
39     primaryStage.setScene(scene);
40     primaryStage.show();
41 }
42 }
```

例 12.6 程序的第 14 行用图片“悟空 .jpg”创建了一个图像对象 imb，第 15 行则创建了一个显示图像 imb 的图像视图对象 iv1，第 16 行将图像视图 iv1 设置在按钮 bt1 上。第 17 行是直接利用图像视图将图像“八戒 .jpg”设置在按钮 bt2 上。第 19、20 行将两个按

钮添加到水平面板上，并设置按钮在面板上居中对齐。第21行用“花.jpg”创建了图像对象im，并在第23和29行分别将其设置为图像视图对象iv2和iv3显示的图像。第24行设置图像视图的宽度，第25行设置保持缩放比例，第26行设置平滑显示图像，第27行设置了缓冲功能。第30行设置将图像视图iv3顺时针旋转90°，第34行将水平面板添加到边界面板的底部区域，第35、36行分别将两幅花的图片添加到边界面板的中央和右边区域。程序运行结果如图12.11所示。

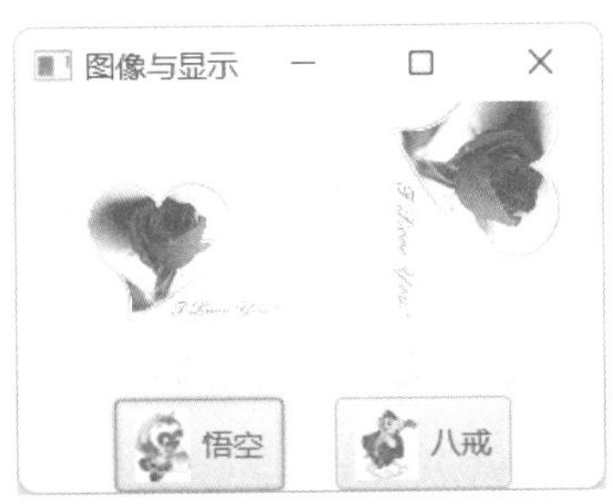

图12.11　图像的应用

说明：

（1）若字节码文件与图片文件放在不同的文件夹下，则要指出图片所在的路径，本例中是将图片文件放在类文件所在的下一级文件夹image中；若与字节码文件放在同一文件夹下，则直接给出文件名即可；若要使用URL来定位图片，则必须使用以http://开头的URL协议形式。

（2）一个Image对象可以被多个ImageView对象所共享，本例中图像对象im被两个ImageView对象iv2和iv3所共享。但ImageView对象是不可以共享的，即不能将一个ImageView对象多次放入一个面板或一个场景中。

（3）由于ImageView类也是Node类的子类，因此也可以对它进行变换、缩放和模糊等特效操作。在应用这些特效时，并不是在原来图像的像素上操作，而是复制一份到ImageView对象，因此可能有多个ImageView对象指向同一个Image对象。

12.5　JavaFX的属性绑定和绑定属性

属性绑定是JavaFX引入的新概念。可以将一个目标对象与一个源对象绑定，如果源对象中的值改变了，目标对象的值也将自动改变，这样就可以保持数据的自动同步。目标对象称为绑定对象或绑定属性，源对象称为可绑定对象或可观察对象。目标对象与源对象的绑定是通过javafx.beans.property.Property接口中定义的void bind(ObservableValue<? extends T> observable)方法实现的。目标target绑定在源source上的语法格式如下：

```
target.bind(source)      //源对象source相当于自变量，目标对象target相当于因变量
```

其中，目标对象target是javafx.beans.property.Property接口的一个对象。源对象source是javafx.beans.value.ObservableValue接口的一个对象。ObservableValue是一个包装了值的实体，它有用来获取和设置所包装的值的方法，以及管理监听者的方法，这样在值发生改变

时能被监听到。在 JavaFX 中许多类的属性既可以作为目标对象，又可以作为源对象。

引入绑定属性概念后，在 JavaFX 类中声明绑定属性的类型时，就不能与一般类中声明属性所用类型相同，而必须用绑定属性类型来声明绑定属性。绑定属性是一个对象。JavaFX 类中声明绑定属性的类型是形如 XxxProperty 样式，其中的 Xxx 是某种已知类型，如声明 String 类型的绑定属性 str 的类型为 StringProperty，即 StringProperty str。其中，str 是绑定属性，而 StringProperty 就是字符串的绑定属性的类型。所以可以将绑定属性类型看作定义变量的又一种数据类型。由于绑定属性是一个对象，JavaFX 为基本类型、字符串类型和集合类型定义了绑定属性类型。如基本类型 double 的绑定属性类型是 DoubleProperty，该类型是抽象类，所以不能用它创建对象，而必须用其子类 SimpleDoubleProperty 来创建具体的对象。从而可知，绑定属性类型是用于包装与其对应的数据类型。表 12.30 给出了某些数据类型所对应的绑定属性类型及用于创建绑定属性对象所对应的子类。

表 12.30　JavaFX 某些数据类型所对应的绑定属性类型及用于创建绑定属性对象所对应的子类

类　　型	绑定属性类型（抽象类）	用于创建绑定属性对象的子类
int	IntegerProperty	SimpleIntegerProperty
long	LongProperty	SimpleLongProperty
float	FloatProperty	SimpleFloatProperty
double	DoubleProperty	SimpleDoubleProperty
boolean	BooleanProperty	SimpleBooleanProperty
String	StringProperty	SimpleStringProperty
List	ListProperty	SimpleListProperty
Set	SetProperty	SimpleSetProperty
Map	MapProperty	SimpleMapProperty
Object	ObjectProperty	SimpleObjectProperty

表 12.30 只给出了基本数据类型、字符串和某些容器类型所对应的绑定属性类型，对于与其他类型对应的绑定属性类型，可以到 javafx.beans.property.Property 接口中去查找。虽然绑定属性要用相应的绑定属性类型来声明，但创建该绑定属性时却要用其相应的子类（表 12.30 中的最后一列）的相应构造方法来创建，根据参数的不同相应的构造方法也有多个。

因为 ObservableValue 是一个包装了值的实体，所以绑定属性类型都是 ObservableValue 的子类型，因此它们也都可以作为源对象来进行属性绑定。

为了进一步理解属性绑定的概念，先以 JavaFX 圆形类 Circle 的对象及中心坐标属性 centerX 和 centerY 为例来说明。一般而言，JavaFX 类（如 Circle）中的每个绑定属性（如

centerX）都有三个关于属性的方法。

第一个是形如 getXxx() 的方法，该方法称为值获取方法（如 getCenterX()），用于返回属性值；

第二个是形如 setXxx() 的方法，该方法称为值设置方法（如 setCenterX(double,x)），用于修改属性值；

第三个是返回属性本身的形如 XxxProperty() 的方法，该方法称为属性获取方法。属性获取方法的命名习惯是在属性名后面加上单词 Property（如 centerXProperty()）。

因此可知 centerX 的属性获取方法是 centerXProperty()，它返回的是一个 DoubleProperty 类型的对象 centerX；而 getCenterX() 是值获取方法，因为该方法返回的是一个 double 型的值；setCenterX(double,x) 用于设置属性值，所以它是值设置方法。

通过上面的讨论可知，绑定属性和属性绑定是两个不同的概念。绑定属性是指在类中声明为一种特殊数据类型的成员变量；而属性绑定则是指在两个绑定属性之间建立起一种绑定关系，这样当源对象的绑定属性值发生变化时，目标对象的绑定属性值就会随之变化。

对于数值类型的绑定属性（如 DoubleProperty）都具有 add()、subtract()、multiply()、divide() 方法，用于对一个绑定属性中的值进行加、减、乘、除运算，并返回一个新的源属性。

【例 12.7】利用 Circle 类在面板上画一个圆，没有属性绑定时，圆的圆心位置不会随窗口的缩放而变化，而当圆心坐标与面板中心点绑定后，无论如何缩放窗口，圆心永远在窗口正中央。

```
//FileName: App12_7.java                    属性绑定的应用
import javafx.application.Application;
import javafx.stage.Stage;
import javafx.scene.Scene;
import javafx.scene.layout.Pane;            //加载面板类
import javafx.scene.paint.Color;            //加载颜色类
import javafx.scene.shape.Circle;           //加载圆类
public class App12_7 extends Application{
  @Override
  public void start(Stage primaryStage){
    Pane pane=new Pane();                   //创建面板对象
    Circle c=new Circle();
    c.setCenterX(100);                      //设置圆中心的 x 坐标为 100 像素
    c.setCenterY(100);                      //设置圆中心的 y 坐标为 100 像素
    //将圆 c 的 centerX 和 centerY 属性分别绑定在面板 pane 宽度和高度的一半上
    c.centerXProperty().bind(pane.widthProperty().divide(2));
    c.centerYProperty().bind(pane.heightProperty().divide(2));
```

```
18      c.setRadius(50);                      // 设置圆半径为 50 像素
19      c.setStroke(Color.RED);               // 设置用红色画圆
20      c.setFill(Color.WHITE);               // 设置填充圆的颜色为白色
21      pane.getChildren().add(c);            // 将圆 c 加入面板中
22      Scene scene=new Scene(pane,250,180);
23      primaryStage.setTitle(" 圆的绑定属性 ");
24      primaryStage.setScene(scene);
25      primaryStage.show();
26    }
27 }
```

例 12.7 程序运行时，当缩放窗口时，圆心的坐标始终位于窗口的中心。这是因为在第 16、17 行对圆心坐标进行了绑定。若将第 16、17 行注释掉，则圆心是绝对坐标，所以当窗口缩放时，圆心坐标不随窗口的变化而变化。程序运行结果如图 12.12 所示。

（a）程序运行后圆的初始位置

（b）没有属性绑定

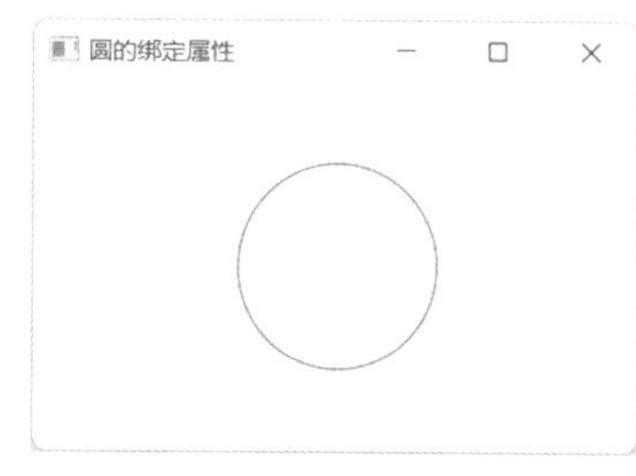

（c）有属性绑定

图 12.12　属性绑定的应用

第 16、17 行是将圆 c 的中心坐标 centerX 和 centerY 属性分别绑定在面板 pane 宽度和高度的一半上，c.centerXProperty()返回圆 c 的 centerX 属性，pane.widthProperty()返回面板 pane 的 width 属性。centerX 和 width 都是 DoubleProperty 类型的绑定属性。由于对于数值类型的绑定属性可以调用 add()、subtract()、multiply()、divide()等方法，可以对一个绑定属性中的值进行加、减、乘、除运算，并返回一个新的源属性，因此，pane.widthProperty().divide(2)返回一个代表面板 pane 的一半宽度的新源属性，所以目标属性圆 c 的 centerX 坐标会随着面板 pane 宽度的改变而改变。

由于 JavaFX 为基本类型等定义了绑定属性类型，因此下面举例说明利用 SimpleDoubleProperty 类创建 DoubleProperty 类型对象，因为 DoubleProperty 是抽象类，所以在创建对象时要用其子类 SimpleDoubleProperty。对于绑定属性，可以用 T get()或 T getValue()方法返回属性实际的包装值，用 void set(T value)或 void setValue(T value)方法修改其属性值。

【例 12.8】用基本类型 double 的绑定属性类型 DoubleProperty 声明对象，并用其子类 SimpleDoubleProperty 创建该对象，然后进行属性绑定，并观察它们之间的变化。

```
1 //FileName: App12_8.java          //属性单向绑定的应用
2 import javafx.beans.property.DoubleProperty;
3 import javafx.beans.property.SimpleDoubleProperty;
4 public class App12_8{
5   public static void main(String[] args){
6     DoubleProperty y=new SimpleDoubleProperty(6); //声明并创建绑定属性y
7     DoubleProperty x=new SimpleDoubleProperty(9); //声明并创建绑定属性x
8     System.out.println("绑定前: x值="+x.getValue()+"; y值="+ y.getValue());
9     y.bind(x);       //将目标y绑定到源x上
10    System.out.println("绑定后: x值="+x.getValue()+"; y值="+ y.getValue());
11    x.setValue(10); //改变源对象x的值，目标对象y的值也会随着变化
12    System.out.println("修改源后: x值="+x.getValue()+"; y值="+ y.getValue());
13  }
14 }
```

程序运行结果：

```
绑定前: x值=9.0; y值=6.0
绑定后: x值=9.0; y值=9.0
修改源后: x值=10.0; y值=10.0
```

例12.8程序中第6、7行分别创建绑定属性类型的变量y和x，其类型均为DoubleProperty，同时设置其初值分别为6和9。第8行输出属性绑定前x和y的属性值。第9行将目标y绑定到源x上，这样目标对象y就会自动监听源对象x的变化，第11行修改源属性x的属性值，这样一旦源发生变化，目标将自动更新。这从运行结果中可以看出。

JavaFX绑定属性的主要功能是属性绑定和属性级事件处理。通过调用绑定属性的addListener()方法可以为其注册监听者，从而实现属性级的事件监听与处理，关于属性级的事件监听与处理在13.6节中进行介绍。

12.6 JavaFX常用控件

JavaFX控件有许多种，主要包括标签、按钮、复选框、单选按钮、文本框、文本区、组合框、列表视图等，控件是节点Node的子类。与面板不同，控件对象不能再包含其他控件，控件的作用是完成与用户的交互，包括接收用户的命令、接收用户的输入、接收用户的选择或向用户显示信息等。JavaFX的控件类定义在javafx.scene.control包中，表12.31给出了JavaFX的常用控件。

表12.31 JavaFX的常用控件

控件名	类名	控件名	类名
标签	Label	菜单条	MenuBar
命令按钮	Button	菜单	Menu

续表

控件名	类名	控件名	类名
单选按钮	RadioButton	菜单项	MenuItem
文本框	TextField	单选菜单按钮	RadioMenuItem
密码文本框	PasswordField	复选菜单项	CheckMenuItem
文本区	TextArea	弹出菜单	ContextMenu
复选框	CheckBox	滚动条	ScrollBar
组合框	ComboBox	进度条	ProgressBar
选择框	ChoiceBox	滑动条	Slider
列表视图	ListView	工具栏	ToolBar
表格视图	TableView	工具提示	ToolTip
树视图	TreeView	颜色选择器	ColorPicker
选项卡面板	TabPane	日期选择器	DatePicker
选项卡	Tab	对话框	Dialog
微调选择器	Spinner	超链接	Hyperlink

12.6.1 标签类 Label

标签是由 javafx.scene.control.Label 类实现的，主要是用来显示文字、图片的控件，标签上的内容只能显示不可编辑，所以标签常用来给文本控件或其他控件做提示。表 12.32 给出了 Label 类的构造方法。

表 12.32 javafx.scene.control.Label 类的构造方法

构造方法	功能说明
public Label()	创建一个没有文字与图像的标签
public Label(String text)	创建标签，并以 text 为标签上的文字
public Label(String text,Node graphic)	以 text 为文字、以 graphic 为图形创建标签

因为标签类 Label 继承了 javafx.scene.control.Labeled 类，且按钮类 Button 也是 Labeled 类的子类，所以 Labeled 类中定义的方法可为标签和按钮所共用。表 12.33 给出了 Labeled 类中标签和按钮通用的方法。

表 12.33 javafx.scene.control.Labeled 类中标签和按钮通用的方法

方法	功能说明
public final void setText(String value)	设置控件上的文本
public final void setFont(Font value)	设置控件上的字体
public final void setGraphic(Node value)	设置控件上的图形为 value

续表

方　法	功能说明
public final void setAlignment(Pos value)	设置控件上文本和节点的对齐方式为 value
public final void setTextFill(Paint value)	设置文本的颜色
public final void setWrapText(boolean value)	设置如果文本超出宽度是否自动换行
public final void setUnderline(boolean value)	设置文本是否加下画线
public final void setContentDisplay(ContentDisplay value)	使用枚举 ContentDisplay 的常量值 TOP、BOTTOM、LEFT、RIGHT、CENTER、GRAPHIC_ONLY 和 TEXT_ONLY 等设置节点相对于文本的位置

【例 12.9】在单行面板上添加两个标签，并调用相应的方法设置标签上的元素和相应属性。

```
//FileName: App12_9.java                    标签的应用
import javafx.application.Application;
import javafx.stage.Stage;
import javafx.scene.Scene;
import javafx.scene.control.Label;          //加载标签类
import javafx.scene.paint.Color;
import javafx.scene.text.Font;
import javafx.scene.image.Image;            //加载图像类
import javafx.scene.image.ImageView;        //加载图像视图类
import javafx.geometry.Insets;
import javafx.scene.control.Tooltip;        //加载信息提示工具类
import javafx.scene.layout.HBox;
public class App12_9 extends Application{
  Label lab1=new Label("JavaFX");           //创建标签
  Label lab2=new Label("花的世界");
  Font fon=new Font("Cambria",30);          //创建字体对象
  @Override
  public void start(Stage primaryStage){
    HBox hbp=new HBox();                    //创建单行面板对象
    hbp.setSpacing(5);                      //设置面板中节点之间的间距
    hbp.setPadding(new Insets(10,10,10,10)); //设置面板四周边缘内侧空白距离
    Image imb=new Image("花.jpg");          //用"花.jpg"创建图像对象 imb
    ImageView iv1=new ImageView(imb);       //创建显示图像对象 iv1
    iv1.setFitWidth(120);                   //设置图像视图的宽度为 120 像素
    iv1.setPreserveRatio(true);             //设置保持缩放比例
    lab1.setGraphic(iv1);                   //将图像图片"花.jpg"设置在标签上
    lab1.setTextFill(Color.RED);            //设置标签上文字的颜色为红色
    lab1.setFont(fon);                      //设置标签上文字的字体
    lab2.setFont(new Font("黑体",20));      //设置标签上文字的字体和大小
    lab2.setRotate(270);                    //设置将标签顺时针旋转 270°
```

```
31      lab2.setTranslateY(50);              // 垂直方向向下平移 50 像素
32      lab2.setStyle("-fx-border-color:blue"); // 设置标签 lab2 的边框颜色为蓝色
33      Tooltip t=new Tooltip(" 我是标签 2");  // 创建提示信息对象
34      t.setStyle("-fx-background-color:green;-fx-opacity:0.8");
35      Tooltip.install(lab2,t);        // 设置当光标悬停在标签 lab2 上的提示信息
36      hbp.getChildren().addAll(lab1,lab2); // 将标签添加到面板 hbp 中
37      hbp.setStyle("-fx-border-color:red;-fx-background-color:lightgray");
38      Scene scene=new Scene(hbp,400,150);
39      primaryStage.setTitle(" 标签的应用 ");
40      primaryStage.setScene(scene);          // 将场景委托舞台托管
41      primaryStage.show();
42    }
43 }
```

例 12.9 程序运行结果如图 12.13 所示。程序的第 14、15 行创建了两个标签对象。本例中用到了信息提示工具，所以在第 11 行加载了信息提示工具类，并在第 33 ～ 35 行设置了当鼠标悬停在标签 lab2 上的提示信息，其中第 34 行设置了提示信息框的背景色为绿色、透明度为 0.8。第 22 ～ 25 行创建了图像视图并设置了在图像宽度固定情况下保持其缩放比例。第 26 行将图像加在标签 lab1 上，第 27 行设置标签上文字的颜色为红色，第 28、29 行设置标签上文字的字体和大小，第 31 行将顺时针旋转 270° 的标签 lab2 垂直下移 50 像素。为了清楚起见，第 32、37 行分别设置了标签 lab2 和面板 hbp 的外观样式，这样就可分清窗口中面板和面板中的两个标签。

图 12.13　标签的应用示例

12.6.2　文本编辑控件类 TextField、PasswordField、TextArea 与滚动面板类 ScrollPane

文本编辑控件是可以接收用户输入并具有一定编辑功能的界面元素。这些编辑功能包括修改、删除、复制、粘贴等。文本编辑控件分为三种：第一种是单行文本编辑控件，简称文本框，也称文本行，是通过 TextField 类实现的；第二种是密码文本框控件，是通过 PasswordField 类实现的；第三种是多行文本编辑控件，简称文本区，是通过 TextArea 类实现的。文本框控件中只有一行文本，即使文本内容超出了文本框的宽度也不会换行；密码文本框具有文本框的所有功能，但与文本框不同的是，当在其中输入字符时，所输入的字符被显示成●符号，这样可以避免将输入的实际内容显示在屏幕上；而文本区可以实现

多行文本的输入，且可以设置是否自动换行。

TextField 类和 TextArea 类是 javafx.scene.control.TextInputControl 类的子类，而 PasswordField 类是 TextField 的子类。类 TextField、PasswordField 和 TextArea 所使用的方法大多继承自其父类，表 12.34 给出了其父类 TextInputControl 的常用方法。

表 12.34 javafx.scene.control.TextInputControl 类的常用方法

常用方法	功能说明
public void appendText(String text)	将文本 text 追加到文本框中
public void clear()	清除文本控件中的所有文本
public void deleteText(int start,int end)	在文本控件中删除 start 与 end 之间的文本
public final String getSelectedText()	返回选中的文本
public final String getText()	返回文本组件中的所有文本
public String getText(int start,int end)	返回 start 与 end 之间的文本
public final void setEditable(boolean value)	设置文本控件是否可编辑
public final boolean isEditable()	判断文本控件是否可编辑
public void paste()	将剪贴板中的内容粘贴到文本中，用于替换当前选择的文本。如果没有选择的文本，则插入当前光标所在的位置
public void selectAll()	选中文本控件中的所有文本
public final void setFont(Font value)	设置文本控件中文本的字体
public final void setText(String value)	将字符串 value 设置为文本控件中的文本
public final void setPromptText(String value)	设置文本框的提示文本

1. 文本框控件类 TextField

文本框控件是一个能够接收用户键盘输入的文本编辑控件。JavaFX 用 javafx.scene.control.TextField 类来创建文本框，表 12.35 和表 12.36 分别给出了 TextField 类的构造方法和常用方法。

表 12.35 javafx.scene.control.TextField 类的构造方法

构造方法	功能说明
public TextField()	创建一个不包含文本的空文本框
public TextField(String text)	创建初始文本为 text 的文本框

表 12.36 javafx.scene.control.TextField 类的常用方法

常用方法	功能说明
public final void setAlignment(Pos value)	设置文本框中文本的对齐方式
public final void setPrefColumnCount(int value)	设置文本框的显示宽度为 value 列
public final void setOnAction(EventHandler<ActionEvent> value)	设置文本框动作事件的事件监听者

2. 密码文本框控件类 PasswordField

密码文本框控件类 javafx.scene.control.PasswordField 只有一个无参的构造方法 public PasswordField()。密码文本框控件多用其父类的方法。

3. 文本区控件类 TextArea 与滚动面板类 ScrollPane

文本区实际上是多行文本输入框，因为文本框只能输入一行文字，所以在需要输入和显示较多的文字时，就可使用文本区。文本区是由 javafx.scene.control.TextArea 类来实现的。表 12.37 和表 12.38 分别给出了 TextArea 类的构造方法和常用方法。

表 12.37　javafx.scene.control.TextArea 类的构造方法

构造方法	功能说明
public TextArea()	创建一个不包含文本的空文本区
public TextArea(String text)	创建一个默认文本为 text 的文本区

表 12.38　javafx.scene.control.TextArea 类的常用方法

常用方法	功能说明
public final void setPrefColumnCount(int value)	设置文本区的显示列数为 value
public final void setPrefRowCount(int value)	设置文本区的显示行数为 value
public final void setWrapText(boolean value)	设置当文本区行的长度大于文本区的宽度时是否自动换行，value 的默认值为 false，表示不换行

文本区中显示的文本行数和列数都有可能超出文本区的范围，这时就需要使用滚动条来进行滚动操作。但 JavaFX 文本区没有集成滚动条，如果需要滚动条，就必须将文本区放入滚动面板中。JavaFX 专门提供了一个用来处理滚动功能的滚动面板类 javafx.scene.control.ScrollPane。应用滚动面板非常简单，只要创建一个 ScrollPane 对象，并为其指定一个要显示的控件即可。

【例 12.10】在窗口中利用网格面板组织文本编辑控件，并利用滚动面板实现文本区的滚动功能。

```
//FileName: App12_10.java       网格面板、文本编辑控件与滚动面板的应用
import javafx.application.Application;
import javafx.stage.Stage;
import javafx.scene.Scene;
import javafx.scene.control.Label;
import javafx.scene.control.Button;
import javafx.scene.control.TextField;
import javafx.scene.control.PasswordField;
import javafx.scene.control.TextArea;
import javafx.scene.layout.GridPane;
import javafx.scene.control.ScrollPane;
```

```
12 import javafx.geometry.Insets;
13 public class App12_10 extends Application{
14   final Label lab1=new Label("用户名：");
15   final Label lab2=new Label("密  码：");
16   final PasswordField pf=new PasswordField();   //创建密码文本框 pf
17   final TextField tf=new TextField();           //创建文本框对象 tf
18   final TextArea ta=new TextArea("你好，我是文本区"); //创建文本区对象 ta
19   @Override
20   public void start(Stage primaryStage){
21     GridPane rootGP=new GridPane();      //创建网格面板对象 rootGP
22     rootGP.setPadding(new Insets(10,8,10,8)); //设置面板边缘内侧四周空白距离
23     rootGP.setHgap(5);                   //设置面板上节点之间的水平间距
24     rootGP.setVgap(5);                   //设置面板上节点之间的垂直间距
25     tf.setPromptText("输入用户名");       //设置用户名文本框中的提示文本
26     rootGP.add(lab1,0,0);  //将 lab1 添加到网格面板的第 0 列第 0 行单元格
27     rootGP.add(tf,1,0);    //将 tf 添加到网格面板的第 1 列第 0 行单元格
28     pf.setPromptText("输入密码");         //设置密码文本框中的提示文本
29     rootGP.add(lab2,0,1);  //将 lab2 添加到网格面板的第 0 列第 1 行单元格
30     rootGP.add(pf,1,1);    //将 pf 添加到网格面板的第 1 列第 1 行单元格
31     Button bt1=new Button("确认密码");
32     Button bt2=new Button("编辑文本");
33     rootGP.add(bt1,0,2);   //将 bt1 添加到网格面板的第 0 列第 2 行单元格
34     rootGP.add(bt2,1,2);   //将 bt2 添加到网格面板的第 1 列第 2 行单元格
35     final ScrollPane scro=new ScrollPane(ta);//创建滚动面板，显示内容设置为 ta
36     ta.setPrefColumnCount(12);           //设置文本区的显示宽度为 12 列
37     ta.setEditable(false);               //设置文本区不可编辑
38     rootGP.add(scro,2,0,4,3);//将滚动面板添加到网格的第 2 列第 0 行，且占 4 列 3 行
39     Scene scene=new Scene(rootGP,400,120);
40     primaryStage.setTitle("网格与文本控件");
41     primaryStage.setScene(scene);
42     primaryStage.show();
43   }
44 }
```

例 12.10 程序第 14 ～ 18 行创建了标签和文本编辑控件。第 21 行创建了一个网络面板，网格面板左上角单元格位置是第 0 列第 0 行。第 25 行设置显示在文本框中的提示文本为“输入用户名”，所谓提示文本就是当光标不在文本框且文本框中没有输入任何字符时，显示在文本框中的文字，而当文本框获取焦点，或文本框中已有输入信息时，提示文本则被隐藏。第 28 行为密码文本框设置提示文本“输入密码”。第 26 行将标签 lab1 添加到网格面板的第 0 列第 0 行单元格，第 27 行将文本框 tf 添加到网格面板的第 1 列第 0 行单元格。同理，第 29 ～ 38 行将相应的控件添加到网格面板的相应单元格中。第 18 行创建了一个默认文本为“你好，我是文本区”的文本区对象 ta，第 35 行创建了滚动面板

scro 并将文本区对象 ta 放入滚动面板中作为其显示内容。第 36、37 行分别设置了文本区的显示宽度为 12 列和不可编辑。第 38 行将滚动面板 scro 添加到网格面板的第 2 列第 0 行，且占 4 列 3 行单元格。程序运行结果如图 12.14 所示。

图 12.14　网格面板与文本控件的应用

说明： JavaFX 的任何节点都可放置在滚动面板 ScrollPane 中。如果控件太大以致不能在显示区内完整显示时，滚动面板 ScrollPane 提供了垂直和水平方向的滚动支持。

12.6.3　复选框类 CheckBox 和单选按钮类 RadioButton

复选框和单选按钮是让用户选取项目的一种控件，用户利用该控件来获得相应的输入。它具有状态属性，用户可以通过单击操作来设置其状态为“选中”(true)或“非选中”(false)。JavaFX 使用 javafx.scene.control.CheckBox 类来创建复选框，用 javafx.scene.control.RadioButton 类创建单选按钮。其中，复选框类 CheckBox 可以单独使用，而单选按钮类必须配合 javafx.scene.control.ToggleGroup 类将其组成单选按钮组来使用，所有隶属于同一 ToggleGroup 组的 RadioButton 控件具有互斥属性，即当选中其中一个单选按钮时，同一组中的其他单选按钮变成非选中状态，若没有将单选按钮分组，则单选按钮将是独立的。复选框类 CheckBox 和单选按钮类 RadioButton 所使用的方法大部分从其父类继承而来。表 12.39 和表 12.40 分别给出 CheckBox 类的构造方法和常用方法。

表 12.39　javafx.scene.control.CheckBox 类的构造方法

构造方法	功能说明
public CheckBox()	创建一个没有文字、初始状态未被选中的复选框
public CheckBox(String text)	创建一个以 text 为文字、初始状态未被选中的复选框

表 12.40　javafx.scene.control.CheckBox 类的常用方法

常用方法	功能说明
public final void setSelected(boolean value)	设置复选框是否被选中
public final boolean isSelected()	判断复选框是否被选中，若选中则返回 true，否则返回 false
public final void setText(String value)	设置复选框上文字为 value

RadioButton 类的构造方法 RadioButton() 的参数与 CheckBox 类构造方法的参数相同，在此略去。RadioButton 类的常用方法主要继承自父类。

【例 12.11】在窗口中组织复选框和单选按钮。

```
//FileName: App12_11.java          //复选框和单选按钮的应用
import javafx.application.Application;
import javafx.stage.Stage;
import javafx.scene.Scene;
import javafx.scene.control.Button;
import javafx.scene.control.TextArea;
import javafx.scene.control.CheckBox;
import javafx.scene.control.RadioButton;
import javafx.scene.control.ToggleGroup;
import javafx.scene.layout.BorderPane;
import javafx.scene.layout.HBox;
import javafx.scene.layout.VBox;
import javafx.geometry.Pos;
public class App12_11 extends Application{
  final CheckBox chk1=new CheckBox("粗体");      //创建复选框 chk1
  final CheckBox chk2=new CheckBox("斜体");
  final CheckBox chk3=new CheckBox("楷体");
  final RadioButton rb1=new RadioButton("红色"); //创建单选按钮 rb1
  final RadioButton rb2=new RadioButton("绿色");
  final RadioButton rb3=new RadioButton("蓝色");
  final Button bt1=new Button("确认");
  final Button bt2=new Button("取消");
  final TextArea ta=new TextArea("我是文本区"); //创建文本区对象 ta
  @Override
  public void start(Stage primaryStage){
    chk2.setSelected(true);          //设置"斜体"复选框为选中状态
    VBox vbL=new VBox(3);            //创建单列面板 vbL，组件间距为 3 像素
    vbL.getChildren().addAll(chk1,chk2,chk3);//将复选框添加到 vbL 面板中
    rb1.setSelected(true);           //设置"红色"单选按钮为选中状态
    final ToggleGroup gro=new ToggleGroup();     //创建单选按钮组 gro
    rb1.setToggleGroup(gro);         //将单选按钮 rb1 加入单选按钮组 gro 中
    rb2.setToggleGroup(gro);         //即将单选按钮 rb2 加入单选按钮组 gro 内
    rb3.setToggleGroup(gro);
    VBox vbR=new VBox(3);            //创建单列面板 vbR
    vbR.getChildren().addAll(rb1,rb2,rb3);//将 3 个单选按钮添加到 vbR 面板中
    HBox hB=new HBox(20);            //创建单行面板 hB，组件间距为 20 像素
    hB.getChildren().addAll(bt1,bt2);     //将命令按钮添加到单行面板中
    hB.setAlignment(Pos.CENTER);          //设置水平面板中的节点居中对齐
    BorderPane rootBP=new BorderPane(); //创建边界面板 rootBP 作为根面板
    ta.setPrefColumnCount(10);            //设置文本区的显示宽度为 10 列
    ta.setPrefRowCount(3); //设置文本区的显示高度为 3 行
    ta. setWrapText(true); //设置文本区自动换行
    rootBP.setLeft(vbL);    //将复选框的面板 vbL 放置在边界面板的左部区域
```

```
44      rootBP.setRight(vbR);  //将单选按钮的面板 vbR 放置在边界面板的右部区域
45      rootBP.setCenter(ta);  //将文本区 ta 放置在边界面板的中央区域
46      rootBP.setBottom(hB);  //将按钮的面板 hB 放置在边界面板的底部区域
47      Scene scene=new Scene(rootBP);
48      primaryStage.setTitle("复选框与单选按钮");
49      primaryStage.setScene(scene);
50      primaryStage.show();
51    }
52 }
```

例 12.11 程序的第 2 ～ 13 行导入了相应的类，第 15 ～ 23 行创建了复选框、单选按钮、命令按钮和文本区组件。其中，第 26 行设置“斜体”复选框 chk2 初始为选中状态。第 28 行将三个复选框添加到单列面板 vbL 中。第 29 行将“红色”单选按钮 rb1 初始状态设置为选中。第 30 行创建一个单选按钮组 gro。第 31 ～ 33 行将单选按钮添加到单选按钮组 gro 中，将这三个对象设置为单选按钮组中的成员。第 35 行将三个单选按钮添加到单列面板 vbR 中。第 37 行将两个命令按钮添加到单行面板 hB 中。第 43 ～ 46 行分别将添加有字体复选框的面板 vbL 放置在以边界面板作为根面板的左侧区域，将添加有颜色单选按钮的面板 vbR 放置在根面板的右侧区域，将文本区 ta 放置在根面板的中央区域、将装有命令按钮的单行面板 hB 放置在根面板的底部区域。程序运行结果如图 12.15 所示。

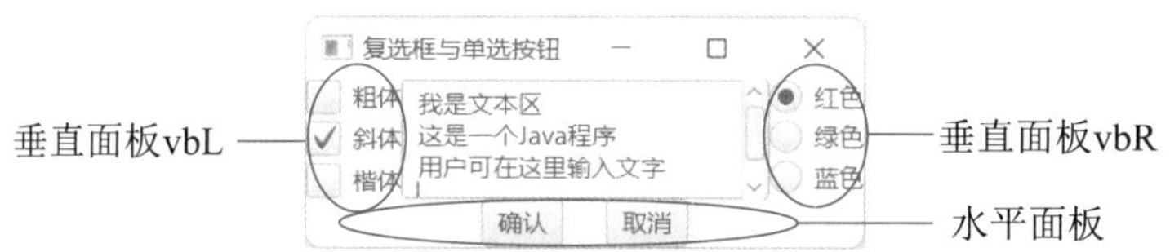

图 12.15　复选框和单选按钮的应用

说明：

（1）设置文本区自动换行后，当在文本区中输入文本的行数超过设置的行数后，文本区自动出现垂直滚动条。

（2）因为单选按钮组类 ToggleGroup 不是节点类 Node 的子类，所以 ToggleGroup 对象不能添加到面板中。

本章小结

1. JavaFX 的主类必须继承 javafx.application.Application 类并实现 start() 方法。

2. 任何 JavaFX 程序至少要有一个舞台和一个场景，舞台和场景共同构建了 JavaFX 程序的图形界面，它是构建应用程序的起点。

3. 场景 Scene 中可以包含面板 Pane 或控件 Control，但不能包含形状 Shape 和图像显示类 ImageView。

4. 场景图是场景中所有节点构成的树形结构图。

5. Pane 类是所有面板的基类，该类的 getChildren() 方法返回值是一个 ObservableList 对象，该对象是一个用于存储面板中节点的列表。

6. 绑定属性和属性绑定是两个不同的概念。绑定属性是指在类中声明为一种特殊数据类型的成员变量；而属性绑定则是指在两个绑定属性之间建立起一种绑定关系，这样当源对象的绑定属性值发生变化时，目标对象的绑定属性值就会随之变化。

7. 因为 ToggleGroup 类不是节点类 Node 的子类，所以 ToggleGroup 类创建的单选按钮组对象不能加入面板中。

8. JavaFX 的任何节点都可放置在滚动面板 ScrollPane 中。

习题

12.1 JavaFX 窗口的结构包含哪些内容？

12.2 JavaFX 程序的主舞台是如何生成的？主舞台与其他舞台有何区别？如何显示一个舞台？

12.3 如何创建 Scene 对象？如何在舞台中设置场景？

12.4 什么是节点？什么是面板？什么是场景图？

12.5 可以直接将控件 Control 和面板 Pane 加入场景 Scene 中吗？可以直接将形状 Shape 或者图像视图 ImageView 加入场景 Scene 中吗？

12.6 什么是属性绑定？单向绑定和双向绑定有何区别？是否所有属性都可进行双向绑定？

12.7 创建 Color 对象一定要用其构造方法吗？创建 Font 对象一定要用其构造方法吗？

12.8 编程实现输出系统中所有的可用字体。

12.9 可以将一个 Image 对象设置到多个 ImageView 对象上吗？可以将一个 ImageView 对象显示多次吗？

12.10 如何将一个节点加入面板中？

12.11 编写一个 JavaFX 程序，创建一个 HBox 面板对象，并设置其上控件间距为 10 像素，然后将两个带有文字和图像的按钮添加到 HBox 面板中，再将 HBox 面板对象添加到窗口中。

12.12 编写一个 JavaFX 程序，创建一个栈面板对象，并将一幅图像放置在栈面板中，然后将栈面板逆时针旋转 45º，再将栈面板添加到窗口中。

12.13 编写一个 JavaFX 程序，在网格面板中，第一行放置标签和文本框，第二行设置文本区和按钮。

12.14 编写一个 JavaFX 程序，顺时针旋转 90º 显示三行文字，并对每行文字设置一个随机颜色和透明度，并设置不同的外观样式。

第13章

事件处理

本章主要内容

- ★ 委托事件模型；
- ★ 担任监听者的条件；
- ★ JavaFX 的事件类；
- ★ 用户动作、事件源、事件类型和事件注册方法。

第 12 章介绍了图形界面设计，但设计一个图形界面，不仅仅需要创建窗口并添加控件，更重要的是为控件设计相应的程序，使控件能够响应并处理用户的操作，这就是事件处理。例如，当用户单击一个命令按钮时，就触发了一个“按钮被单击”事件，然后由该命令按钮中的代码来做相应的操作。所以说事件处理技术是用户界面程序设计中一个十分重要的技术。消息处理、事件驱动是面向对象编程技术的主要特点。因为 Java 程序一旦构建完 GUI 后，它就不再工作，而是等待用户通过鼠标、键盘给它通知（消息驱动），它再根据这个通知的内容进行相应的处理（事件驱动）。总之，要设计一个完整的应用程序通常包括如下几个步骤。

（1）创建窗口：利用主舞台和场景创建窗口。

（2）创建节点：创建组成图形界面元素的各种节点，如按钮、文本框等。

（3）构建场景图：根据具体需要利用面板组织窗口中各节点的布局。

（4）响应事件：定义图形用户界面的事件和界面各元素对不同事件的响应，从而实现图形用户界面与用户的交互功能。

13.1 Java 语言的事件处理机制——委托事件模型

用户在界面中输入命令是通过键盘或对特定界面元素（如按钮）单击来实现的。为了能够接收用户的命令，界面系统首先应该能够识别这些鼠标或键盘操作并做出相应的响应。通常一个键盘或鼠标操作会引发一个系统预先定义好的事件，用户只需要编写程序代码，定义每个特定事件发生时程序应做出何种响应即可。这些代码将在它们对应的事件发生时由系统自动调用，这就是图形用户界面程序设计中事件和事件响应的基本原理。

1. 基本概念

下面介绍与委托事件模型和事件处理相关的一些概念。

（1）事件。所谓事件（event）就是用户使用鼠标或键盘对窗口中的控件进行交互时所发生的事情。事件可以由外部用户操作触发，如单击按钮、输入文字、单击鼠标等。事件也可以由系统触发，如时间轴动画等。事件用于描述发生了什么事情，对这些事件做出响应的程序称为事件处理（event handler）程序。

（2）事件源。所谓事件源（event source）就是能够产生事件并触发它的控件，如一个按钮就是按钮被单击动作事件的事件源。

（3）事件监听者。Java 程序把对事件进行处理的方法放在一个类对象中，这个类对象就是事件监听者（listener），简称监听者。事件源通过调用相应的方法将某个对象设置为自己的监听者，监听者有专门的方法来处理事件。事件监听者就是一个对事件源进行监视的对象，当事件源上发生事件时，事件监听者能够监听到，并调用相应的方法对发生的事件做出相应的处理。对于触发事件的每一种情况，都对应着事件监听者对象中的一个方法。

（4）事件处理程序。JavaFX 中的 javafx.event 包中包含了事件类和用来处理事件的接口。用于事件处理的方法就声明在这些接口中。这些包含有事件处理方法的接口称为监听者接口，监听者负责处理事件源发生的事件。为了处理事件源发生的事件，监听者会自动调用一个方法来处理事件。Java 语言规定：为了让监听者能对事件源发生的事件进行处理，创建该监听者对象的类必须声明实现相应的监听者接口，即必须在类体中实现该接口中的所有方法，以供监听者自动调用相应事件处理方法来完成对应事件处理的任务，这些处理事件的方法就是事件处理程序。

2. 委托事件模型

在 Java 语言中对事件的处理采用的是委托事件模型（delegation event model）机制。委托事件模型将事件源（如命令按钮）和对事件做出的具体处理（利用监听者来对事件进行具体的处理）分离开来。一般情况下，控件（事件源）不处理自己的事件，而是将事件处理委托给外部的处理实体（监听者），这种事件处理模型就是事件的委托处理模型，即事件源将事件处理任务委托给了监听者。具体地讲，所谓委托事件模型是指当事件发生时，产生事件的对象即事件源会把此“信息”转给事件监听者处理的一种方式，而这里所指的“信息”事实上就是 javafx.event 事件类库中某个类所创建的对象，我们把它称为“事件对象”（event object）。事件对象表示事件的内容，包含了与事件相关的任何属性，事件对象内部封装了一个对事件源的引用和其他信息，这个事件对象将作为参数自动传递给处理该事件的方法。

总的来说，委托事件模型就是由产生事件的对象（事件源）、事件对象以及事件监听者对象之间所组成的关联关系。而其中的“事件监听者”就是用来处理事件的对象，也就是说，监听者对象会等待事件的发生，并在事件发生时收到通知。事件源会在事件发生时将关于该事件的信息封装在一个对象中，也就是“事件对象”，并将该事件对象作为参数传递给事件监听者，事件监听者就可以根据该事件对象内的信息决定适当的处理方式，即调用相应的事件处理程序。

例如，当按钮被单击时，会触发一个动作事件（action event），JavaFX 程序就会产生一个事件对象来表示这个事件，然后把这个事件对象传递给事件监听者，事件监听者再依据事件对象的种类把工作指派给相应的事件处理者，即事件处理程序。在这里按钮就是一个事件源。为了让事件源（如按钮）知道要把事件对象传递给哪一个事件监听者，事先必须把事件监听者向事件源注册（register），这个操作也就是告知事件源在事件发生时要把事件对象传递给它。图 13.1 说明了委托事件模型的工作原理。

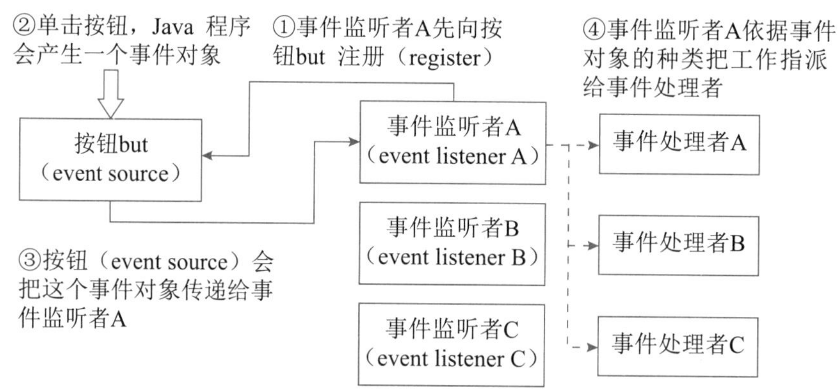

图 13.1　委托事件模型的工作原理

委托事件模型中可以有多个事件监听者，使得不同的控件可以重复执行同样的事件处理程序。当事件发生时，所有注册的监听者都可以调用与其相应的事件处理程序。如果一个控件需要响应多个事件，则可以注册多个事件监听者；如果多个控件需要响应同一个事件，则可以注册同一个事件监听者。所以，事件源和监听者之间是“多对多”的关系：一个监听者可以为很多事件源服务，一个事件源可以有多个相同或不同类型的监听者。委托事件模型的优点在于，事件对象只传递给向控件注册的监听者，不会意外地被其他控件或容器的监听者获得，这样可以有效地在不同的类之间进行分工合作。明白了委托事件模型的工作原理之后，一个重要的问题就是充当监听者要具备什么条件，其实如果一个对象要成为事件源的事件监听者，需满足两个条件。

一是事件监听者必须是一个对应的事件监听者接口的实例，从而保证该监听者具有正确的事件处理方法。JavaFX 为事件 T 定义了一个统一的监听者接口 EventHandler<T

extends Event>，即定义了所有监听者的共同行为。该接口中声明了 handle(T e) 方法用于处理事件。例如，对于 ActionEvent 来说，监听者接口是 EventHandler<ActionEvent>。ActionEvent 的每个监听者接口都应实现 handle(ActionEvent e) 方法，从而处理一个动作事件 ActionEvent。

二是事件监听者对象必须注册到事件源对象上，注册方法依赖于事件类型。对于动作事件 ActionEvent，事件源是使用 setOnAction() 方法进行注册的；对于单击事件，事件源是使用 setOnMouseClicked() 方法进行注册的；对于一个按键事件，事件源是使用 setOnKeyPressed() 方法进行注册的。

（1）定义内部类并让内部类对象来担任监听者。因为命令按钮所触发的事件是动作事件 ActionEvent，下面的例子定义一个内部类来实现监听者接口 EventHandler <ActionEvent>，再让该类产生的对象来充当按钮的监听者。即把实现接口的类定义成内部类，这是因为内部类可以访问外部类的成员方法与成员变量，包括私有成员。

【例 13.1】在一个窗口中摆放两个控件：一个是命令按钮；另一个是文本区。单击命令按钮后，将文本区中的字体颜色设置为红色。由于按钮触发动作事件，因此触发按钮便把 ActionEvent 的事件对象传递给向它注册的监听者，请它负责处理。

```
//FileName: App13_1.java       动作事件处理程序
import javafx.application.Application;
import javafx.stage.Stage;
import javafx.scene.Scene;
import javafx.event.ActionEvent;              // 导入动作事件类
import javafx.event.EventHandler;             // 导入事件监听者接口
import javafx.geometry.Pos;                   // 导入位置枚举 Pos
import javafx.scene.control.TextArea;
import javafx.scene.control.Button;
import javafx.scene.layout.BorderPane;
public class App13_1 extends Application{
  Button bt=new Button("设置字体颜色");
  TextArea ta=new TextArea("字体颜色");
  @Override
  public void start(Stage primaryStage){
    BorderPane bPane=new BorderPane();
    bPane.setCenter(ta);
    bPane.setBottom(bt);
    BorderPane.setAlignment(bt,Pos.CENTER);// 设置按钮居中对齐
    Han eh=new Han();                         // 创建监听者对象 eh
    bt.setOnAction(eh);                       // 监听者 eh 向事件源 bt 注册
    Scene scene=new Scene(bPane,230,100);
    primaryStage.setTitle("操作事件");
    primaryStage.setScene(scene);
    primaryStage.show();
```

```
26     }
27     class Han implements EventHandler<ActionEvent>{// 创建 Han 类并实现动作事件接口
28       @Override
29       public void handle(ActionEvent e){   // 单击按钮 bt 事件发生时的处理操作
30         ta.setStyle("-fx-text-fill:red");  // 将文本区中文字设置为红色
31       }
32     }
33 }
```

例 13.1 的功能是处理单击按钮 bt 的动作事件 ActionEvent，所以按钮 bt 就是事件源。因为按钮触发的动作事件是由 EventHandler<ActionEvent> 接口来监听的，所以只要实现 EventHandler<ActionEvent> 接口即可，因此第 27 ～ 32 行定义监听者类 Han 的同时并实现了该接口。

确定了事件源与监听者之后，接下来就是把监听者类 Han 的对象 eh 向事件源 bt 注册。其方法是第 21 行语句。这样当单击按钮 bt 时，它就会创建一个代表此事件的事件对象，本例中是 ActionEvent类类型的对象，这个事件对象包含了此事件与它的触发者 bt 按钮等相关信息。由于在 Java 语言中，任何事件都是以对象来表示的，因此该事件对象也会被当成参数传递给处理事件的方法。

类在实现监听者接口时，必须在类中具体实现该接口中只声明而未定义的所有方法。因为监听者接口 EventHandler<ActionEvent> 中只提供了一个抽象方法 handle(ActionEvent e)，该方法正是要把事件处理程序编写在里面的方法，本例的事件处理只是把文本区控件中的文字颜色设置为红色，所以第 29 ～ 31 行定义的方法就是事件处理的程序代码。

handle() 方法将会接收 ActionEvent 类型的对象 e，这个对象正是事件源 bt 按钮被单击后所传过来的事件对象。正是因为程序中要用到 ActionEvent 类和事件监听者接口 EventHandler，所以在第 5、6 行分别将其导入。该程序运行时，单击“设置字体颜色”按钮后，文本区内的文字将变成红色。程序运行结果如图 13.2 所示。

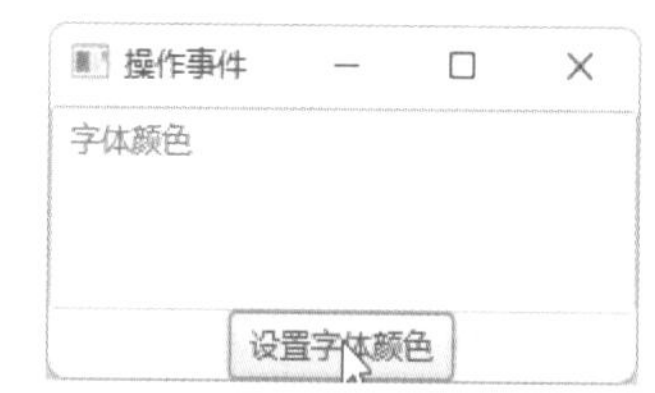

图 13.2　用单击事件处理设置字符的颜色

（2）使用匿名内部类来担任监听者。使用匿名内部类充当监听者这种方式，使程序看起来比较清楚明了。

【例 13.2】改写例 13.1，在事件处理过程中利用匿名内部类充当监听者。

```
//FileName: App13_2.java      动作事件处理程序
import javafx.application.Application;
import javafx.stage.Stage;
import javafx.scene.Scene;
import javafx.event.ActionEvent;     // 导入动作事件类
import javafx.event.EventHandler;    // 导入事件监听者接口
import javafx.geometry.Pos;
```

```
8 import javafx.scene.control.TextArea;
9 import javafx.scene.control.Button;
10 import javafx.scene.layout.BorderPane;
11 public class App13_2 extends Application{
12   Button bt=new Button("设置字体颜色 ");
13   TextArea ta=new TextArea("字体颜色 ");
14   @Override
15   public void start(Stage primaryStage){
16     BorderPane bPane=new BorderPane();
17     bPane.setCenter(ta);
18     bPane.setBottom(bt);
19     BorderPane.setAlignment(bt,Pos.CENTER);
20     //下面的语句创建匿名内部类对象充当监听者，并同时向事件源 bt 注册
21     bt.setOnAction(new EventHandler<ActionEvent>(){
22       @Override
23       public void handle(ActionEvent e){//单击按钮 bt 事件发生时的处理操作
24         ta.setStyle("-fx-text-fill:red");//将文本区中文字设置为红色
25       }
26     });
27     Scene scene=new Scene(bPane,230,100);
28     primaryStage.setTitle("操作事件 ");
29     primaryStage.setScene(scene);
30     primaryStage.show();
31   }
32 }
```

例 13.2程序的第 21 ～26 行创建了匿名内部类对象充当监听者，同时向事件源 bt 按钮注册。其作用与例 13.1 中的利用内部类对象担任监听者的工作方式是一样的。该程序的运行结果与图 13.2 相同。

（3）使用 Lambda 表达式来担任监听者。因为 Lambda 表达式可以被看作使用精简语法的匿名内部类，所以使用 Lambda 表达式可以创建一个与匿名内部类等价的对象来充当监听者。

【例 13.3】改写例 13.2，在事件处理过程中用 Lambda 表达式取代匿名内部类充当监听者。

```
//FileName: App13_3.java        动作事件处理程序
import javafx.application.Application;
import javafx.stage.Stage;
import javafx.scene.Scene;
import javafx.geometry.Pos;
import javafx.scene.control.TextArea;
import javafx.scene.control.Button;
import javafx.scene.layout.BorderPane;
public class App13_3 extends Application{
```

```
10   Button bt=new Button("设置字体颜色 ");
11   TextArea ta=new TextArea("字体颜色 ");
12   @Override
13   public void start(Stage primaryStage){
14     BorderPane bPane=new BorderPane();
15     bPane.setCenter(ta);
16     bPane.setBottom(bt);
17     BorderPane.setAlignment(bt,Pos.CENTER);
18     bt.setOnAction(e-> ta.setStyle("-fx-text-fill:red"));
19     Scene scene=new Scene(bPane,230,100);
20     primaryStage.setTitle("操作事件 ");
21     primaryStage.setScene(scene);
22     primaryStage.show();
23   }
24 }
```

例 13.3 程序的第 18 行用 Lambda 表达式代替了匿名内部类，编译器对待一个 Lambda 表达式如同它是从一个匿名内部类创建的对象。本例中编译器将这个对象理解为 EventHandler<ActionEvent> 的实例。因为 EventHandler 接口只声明了一个具有 ActionEvent 类型参数的方法 handle()，所以编译器自动识别 e 是一个 ActionEvent 类型的参数，并且 Lambda 表达式右边的语句就是 handle()方法的方法体。由该例可以看出使用 Lambda 表达式可以极大地简化事件处理程序代码的编写。

13.2 Java 语言的事件类

在前面介绍的事件处理模型及事件处理机制中，涉及 ActionEvent 事件类，其实 JavaFX 中定义了许多事件类用于处理各种用户操作所产生的事件。在 Java 语言中，Java 事件类的根是 java.util.EventObject，JavaFX 事件类的根是 javafx.event.Event。图 13.3 给出了某些事件类的继承关系。

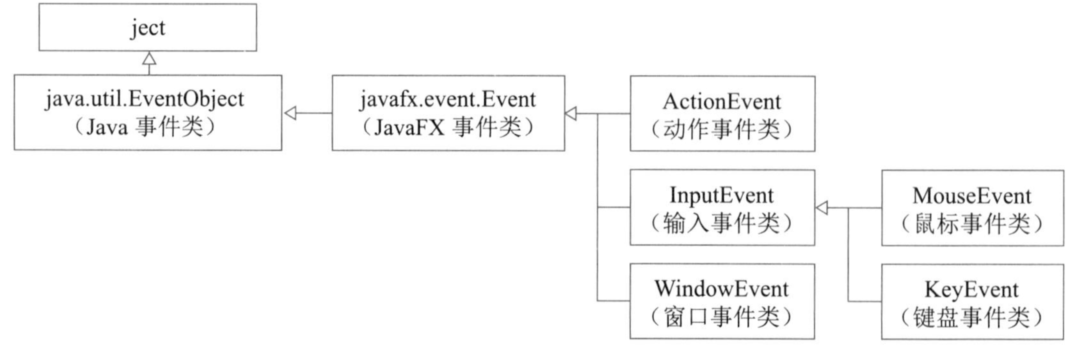

图 13.3 JavaFX 主要事件类的继承关系

在 EventObject 类中定义了一个非常有用的方法 getSource()，该方法的功能是从事件对象中获取触发事件的事件源，为编写事件处理的代码提供方便。该方法的格式如下：

```
public Object getSource()
```

不论事件源是何种具体类型，该方法返回的都是 Object 类型的对象，所以开发人员需要自己编写代码进行对象的强制类型转换。

EventObject 的子类处理特定类型的事件，如动作事件、鼠标事件、键盘事件及窗口事件等。表 13.1 给出了用户动作、事件源、事件类型和事件注册方法。

表 13.1 用户动作、事件源、事件类型和事件注册方法

用户动作	事件源	触发的事件类型	事件注册方法
单击按钮	Button	ActionEvent	setOnAction(EventHandler<ActionEvent> e)
在文本框中按 Enter 键	TextField		
选中或取消选中	RadioButton		
选中或取消选中	CheckBox		
选择一个新选项	ComboBox		
按下鼠标	Node、Scene	MouseEvent	setOnMousePressed(EventHandler<MouseEvent> e)
释放鼠标			setOnMouseReleased(EventHandler<MouseEvent> e)
单击鼠标			setOnMouseClicked(EventHandler<MouseEvent> e)
鼠标进入			setOnMouseEntered(EventHandler<MouseEvent> e)
鼠标离开			setOnMouseExited(EventHandler<MouseEvent> e)
鼠标移动			setOnMouseMoved(EventHandler<MouseEvent> e)
鼠标拖动			setOnMouseDragged(EventHandler<MouseEvent> e)
按下键	Node、Scene	KeyEvent	setOnKeyPressed (EventHandler<KeyEvent> e)
释放键			setOnKeyReleased(EventHandler<KeyEvent> e)
单击键			setOnKeyTyped(EventHandler<KeyEvent> e)

说明： 如果一个节点可以触发一个事件，那么这个节点的任何子节点都可以触发同样类型的事件。例如，每个 JavaFX 形状、面板和控件都可以触发 MouseEvent 和 KeyEvent 事件，因为 Node 是形状、面板和控件的父类。

如果要删除一个事件源的事件监听者只需用 null 作为参数，传递给事件注册方法即可。表 13.2 给出了常用事件类型、用户动作和事件注册方法所在的类。许多事件注册方法定义在 Node 类中，其所有子类都可以调用。

表 13.2 事件类型、用户动作和事件注册方法所在的类

事件类型	用户动作	事件注册方法所在的类
ActionEvent	单击按钮或选择菜单项	ButtonBase、ComboBoxBase、ContextMenu、MenuItem、TextField

续表

<table>
<tr><th>事件类型</th><th>用户动作</th><th>事件注册方法所在的类</th></tr>
<tr><td>KeyEvent</td><td>键盘操作</td><td rowspan="9">Node、Scene</td></tr>
<tr><td>MouseEvent</td><td>鼠标移动或按下按钮</td></tr>
<tr><td>MouseDragEvent</td><td>按下鼠标、拖放操作</td></tr>
<tr><td>InputMethodEvent</td><td>输入字符操作</td></tr>
<tr><td>DragEvent</td><td>平台支持的拖放操作</td></tr>
<tr><td>ScrollEvent</td><td>对象滚动</td></tr>
<tr><td>ContextMenuEvent</td><td>快捷菜单被请求</td></tr>
<tr><td>TextEvent</td><td>文本事件</td></tr>
<tr><td>WindowEvent</td><td>窗口事件</td></tr>
<tr><td>ListView.EditEvent</td><td>ListView 条目被编辑</td><td>ListView</td></tr>
<tr><td>TreeView.EditEvent</td><td>TreeView 条目被编辑</td><td>TreeView</td></tr>
<tr><td>TableColumn.CellEditEvent</td><td>表格列被编辑</td><td>TableColumn</td></tr>
</table>

JavaFX 事件类 javafx.event.Event 的方法如表 13.3 所示。

表 13.3　事件类 javafx.event.Event 的方法

常用方法	功能说明
public Object clone()	克隆事件，即返回事件的副本
public EventTarget getTarget()	返回事件的目标，即事件发布链中的最后一个节点
public EventType<? extends Event> getEventType()	返回事件的类型
public void consume()	将事件标记为已使用
public boolean isConsumed()	判断事件是否被使用
public static void fireEvent(EventTarget eventTarget, Event event)	触发指定的事件。eventTarget 指定事件通过的路径
public Event copyFor(Object newSource, EventTarget newTarget)	使用指定的事件源和目标创建并返回此事件的副本

13.2.1　动作事件类 ActionEvent

动作事件 javafx.event.ActionEvent 也称操作事件。当用户单击按钮 Button、在文本框 TextField 中输入文字后按 Enter 键、在单选按钮 RadioButton 或复选框 CheckBox 中选中或取消选中、在组合框 ComboBox 选择选项及选择菜单项 MenuItem 等均会触发动作事件，此时触发动作事件的控件便把 ActionEvent 类的对象即事件对象传递给向它注册的监听者，请它负责处理。处理 ActionEvent 事件时，监听者向事件源注册使用“事件源对象 .setOnAction(listener)”语句，参数 listener 是动作事件的监听者对象。动作事件类

ActionEvent 的方法均继承自其父类 javafx.event.Event。

实现监听者接口的方式有如下几种：通过内部实现、通过匿名内部类或通过 Lambda 表达式实现。这几种实现方式在前面的例子中均用过。

13.2.2 鼠标事件类 MouseEvent

鼠标事件 javafx.scene.input.MouseEvent 是一些常见的鼠标操作。如用鼠标单击事件源、鼠标指针进入或离开事件源，或移动、拖动鼠标等操作均会触发鼠标事件，处理鼠标事件 MouseEvent 的监听者接口是 EventHandler<MouseEvent>。鼠标事件类 MouseEvent 的常用方法如表 13.4 所示。

表 13.4　鼠标事件类 javafx.scene.input.MouseEvent 的常用方法

常用方法	功能说明
public final MouseButton getButton()	返回被单击的鼠标按键。返回的是枚举值，含义如下： MouseButton.PRIMARY：鼠标左按键（第一个按键）； MouseButton.MIDDLE：鼠标中按键（第二个按键）； MouseButton.SECONDARY：鼠标右按键（第三个按键）； MouseButton.NONE：没有鼠标按键
public final double getX()	返回事件源节点中鼠标点的 x 坐标
public final double getY()	返回事件源节点中鼠标点的 y 坐标
public final double getSceneX()	返回场景中鼠标点的 x 坐标
public final double getSceneY()	返回场景中鼠标点的 y 坐标
public final double getScreenX()	返回屏幕中鼠标点的 x 坐标
public final double getScreenY()	返回屏幕中鼠标点的 y 坐标
public final boolean isAltDown()	如果该事件中 Alt 键被按下，则返回 true
public final boolean isControlDown()	如果该事件中 Ctrl 键被按下，则返回 true
public final boolean isShiftDown()	如果该事件中 Shift 键被按下，则返回 true
public final int getClickCount()	返回事件中单击的次数

在 javafx.scene.input.MouseButton 类中定义了 PRIMARY、MIDDLE、SECONDARY 和 NONE 四个常数，分别表示鼠标的左、中、右按键和无按键。可以使用 getButton() 方法的返回值来判断鼠标上的哪个按键被按下。如 getButton()==MouseButton.SECONDARY 为 true，则表示鼠标右按键被按下。

通过表 13.1 可知，为鼠标注册监听者，根据不同的鼠标操作可以有七种不同的注册方法。

由于后面例子的需要，先来介绍一个文本类 javafx.scene.text.Text，Text 是 Shape 类的子类，主要用于绘制一个文本，用于在起始点 (x,y) 处显示一个字符串，Text 对象通常放在一个面板 pane 中。面板左上角坐标为 (0,0)，向左为 x 轴方向，向下为 y 轴方向，右

下角坐标为 (pane.getWidth(),pane.getHeight())。一个字符串可以通过转义符“\n”显示为多行。因为 Text 类是 Shape 类的子类，所以它继承了 Shape 类的许多功能，如缩放、变换、旋转等。表 13.5 和表 13.6 分别给出了 Text 类的构造方法和常用方法。

表 13.5　javafx.scene.text.Text 类的构造方法

构造方法	功能说明
public Text()	创建一个空文本对象
public Text(String text)	以字符串 text 作为文字创建文本对象
public Text(double x,double y,String text)	以给定的坐标及字符串创建文本对象

表 13.6　javafx.scene.text.Text 类的常用方法

常用方法	功能说明
public final String getText()	返回文本对象中的文字
public final void setText(String value)	设置文本对象中的文字
public final double getX()	返回文本对象的 x 坐标
public final double getY()	返回文本对象的 y 坐标
public final void setX(double value)	设置文本对象的 x 坐标
public final void setY(double value)	设置文本对象的 y 坐标
public final Font getFont()	返回文本对象中文字的字体
public final void setFont(Font value)	设置文本对象中文字的字体
public final void setUnderline(boolean value)	设置文本是否有下画线
public final double getWrappingWidth()	返回文本宽度的像素数
public final void setTextOrigin(VPos value)	设置在垂直方向上开始显示文本位置的原点。 VPos.BASELINE：显示从文本的基线开始到最底部的部分，此为默认值； VPos.TOP：显示从文本的最顶部到最底部的部分，也就是显示整个文本； VPos.BOTTOM：显示从文本的底部开始到最底部的部分，也就是整个文本都不显示

【例 13.4】在窗口中放置一个文本控件，然后用鼠标在窗口中拖动文本对象。

鼠标拖动操作

```
//FileName: App13_4.java
import javafx.application.Application;
import javafx.stage.Stage;
import javafx.scene.Scene;
import javafx.scene.input.MouseEvent;
import javafx.scene.text.Text;
import javafx.scene.layout.Pane;
public class App13_4 extends Application{
```

```
9    private double tOffX,tOffY;
10   Text t=new Text(20,20,"拖动我");
11   @Override
12   public void start(Stage stage){
13     Pane pane=new Pane();
14     pane.getChildren().add(t);
15     Scene scene=new Scene(pane,230,100);
16     t.setOnMousePressed(e->handleMousePressed(e));//Lambda 表达式为监听者
17     t.setOnMouseDragged(e->handleMouseDragged(e));
18     stage.setTitle("拖动操作");
19     stage.setScene(scene);
20     stage.show();
21   }
22   protected void handleMousePressed(MouseEvent e){//鼠标被按下的事件处理方法
23     tOffX=e.getSceneX()-t.getX();
24     tOffY=e.getSceneY()-t.getY();
25   }
26   protected void handleMouseDragged(MouseEvent e){//拖动鼠标的事件处理方法
27     t.setX(e.getSceneX()-tOffX);
28     t.setY(e.getSceneY()-tOffY);
29   }
30 }
```

例 13.4 程序的第 16、17 行分别为文本控件 t 注册了鼠标按下和拖动操作的事件监听者，第 22 ～ 25 行定义了鼠标被按下的事件处理方法，第 23 行用于计算当鼠标被按下时鼠标指针与文本 t 左边缘的距离 tOffX；同理，第 24 行计算 tOffY 的值。第 26 ～ 29 行定义了鼠标拖动时的处理操作，其作用是计算拖动过程中文本 t 的边缘与窗口边界的距离，并用其距离值设置文本 t 的位置，其原理如图 13.4（a）所示。程序运行结果如图 13.4（b）所示。

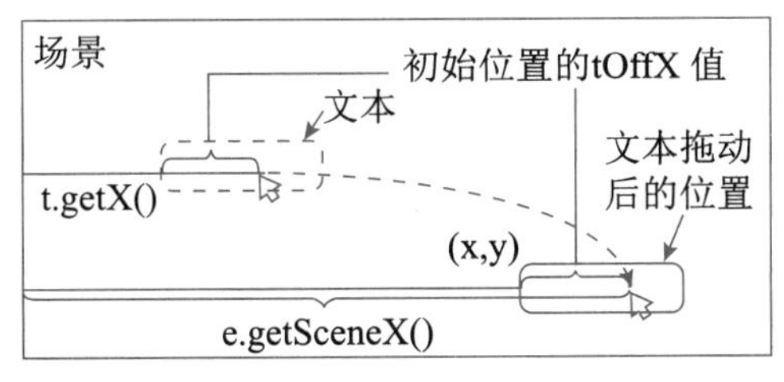

（a）用鼠标拖动控件的原理

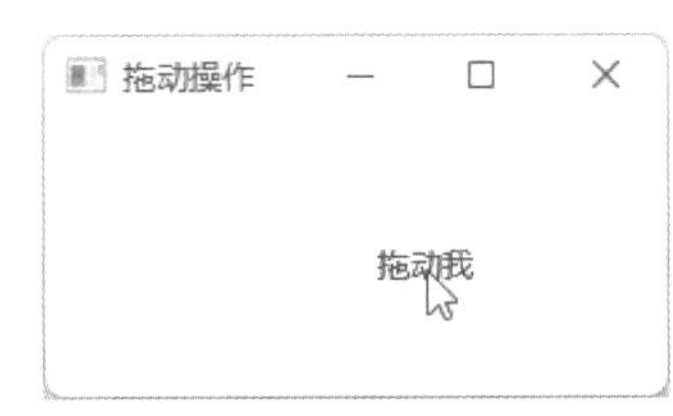

（b）程序运行结果

图 13.4　鼠标事件处理

13.2.3　键盘事件类 KeyEvent

键盘事件 javafx.scene.input.KeyEvent 是指当用户在一个节点或一个场景上操作键盘时所触发的事件，如按下、释放、敲击键盘按键等，都会触发 KeyEvent 事件。处理键盘事件 KeyEvent 的监听者接口是 EventHandler<KeyEvent>。为键盘注册监听者，可根据不同的键盘操作有三种不同的注册方法。表 13.7 给出了键盘事件类 KeyEvent 的常用方法，表 13.8 给出了字符的键码值。

表 13.7　键盘事件类 javafx.scene.input.KeyEvent 的常用方法

常用方法	功能说明
public final String getCharacter()	返回按下的 Unicode 字符
public final KeyCode getCode()	返回按下字符的键码值，键码值由枚举 KeyCode 定义，见表 13.8
public final String getText()	返回键码值对应的字符串
public final boolean isAltDown()	若 Alt 键被按下则返回 true
public final boolean isControlDown()	若 Ctrl 键被按下则返回 true
public final boolean isShiftDown()	若 Shift 键被按下则返回 true

表 13.8　由枚举 javafx.scene.input.KeyCode 定义的字符键码值

表示键码的枚举值	键描述	表示键码的枚举值	键描述
A ～ Z	字母键 A ～ Z	UP	上箭头键
0 ～ 9	数字键 0 ～ 9	DOWN	下箭头键
F1 ～ F12	功能键 F1 ～ F12	LEFT	左箭头键
HOME	Home 键	RIGHT	右箭头键
END	End 键	KP_UP	小键盘上的上箭头键
PAGE_UP	PageUp 键	KP_DOWN	小键盘上的下箭头键
PAGE_DOWN	PageDown 键	KP_LEFT	小键盘上的左箭头键
CONTROL	Ctrl 键	KP_RIGHT	小键盘上的右箭头键
SHIFT	Shift 键	COMMA	逗号键
ALT	Alt 键	SEMICOLON	分号键
TAB	Tab 键	COLON	冒号键
ESCAPE	Esc 键	PERIOD	. 键
ENTER	Enter 键	SLASH	/ 键
INSERT	Insert 键	BACK_ SLASH	\ 键
DELETE	Del 键	QUOTE	左单引号 ‘ 键
CAPS	大写字母锁定键	BACK_QUOTE	右单引号 ’ 键
NUM_LOCK	数字锁定键	OPEN_BRACKET	[键
PAUSE	暂停键	CLOSE_ BRACKET	] 键
PRINTSCREEN	打印屏幕键	EQUALS	= 键
BACK_SPACE	退格键	NUMPAD0 ～ NUMPAD9	小键盘上 0 ～ 9 键

续表

表示键码的枚举值	键 描 述	表示键码的枚举值	键 描 述
SPACE	空格键	CANCLE	取消键
UNDERSCORE	下画线	CLEAR	清除键
WINDOWS	Windows 键	UNDEFINED	未知的键

说明：

（1）对于按下键 Pressed 和释放键 Released 事件，getCode() 方法返回表 13.8 中的键码值，getText() 方法返回键码对应的字符串，而 getCharacter() 方法则返回一个空字符串。

（2）对于单击键事件 KeyTyped，getCode() 方法返回 UNDEFINED，getCharacter() 方法返回相应的 Unicode 字符或与单击键事件相关的一个字符序列。

【例 13.5】在窗口中放置一个文本 Text 对象，然后利用键盘上的方向键移动该文本。

```
//FileName: App13_5.java      键盘移动操作
import javafx.application.Application;
import javafx.stage.Stage;
import javafx.scene.Scene;
import javafx.scene.text.Text;
import javafx.scene.layout.Pane;
public class App13_5 extends Application{
  @Override
  public void start(Stage stage){
    Text t=new Text(20,20,"移动我");
    Pane pane=new Pane();
    pane.getChildren().add(t);
    t.setOnKeyPressed(e->{
      switch(e.getCode()){          // getCode()方法返回键码值
        case UP:                    //上箭头键
        case KP_UP:                 //小键盘上的上箭头键
          t.setY(t.getY()-5);
          break;
        case DOWN:                  //下箭头键
        case KP_DOWN:               //小键盘上的下箭头键
          t.setY(t.getY()+5);
          break;
        case LEFT:                  //左箭头键
        case KP_LEFT:               //小键盘上的左箭头键
          t.setX(t.getX()-5);
          break;
        case RIGHT:                 //右箭头键
        case KP_RIGHT:              //小键盘上的右箭头键
          t.setX(t.getX()+5);
          break;
```

```
31         default:
32           t.setText(e.getText()); // 将按键的字符显示为文本
33       }
34     });
35     Scene scene=new Scene(pane,230,100);
36     stage.setTitle(" 移动操作 ");
37     stage.setScene(scene);
38     stage.show();
39     t.requestFocus();            // 设置文本对象获得焦点，接收用户输入
40   }
41 }
```

例 13.5 程序的第 10 行创建了一个文本对象 t，第 12 行将文本对象放置在面板 pane 中。第 13 ～ 34 行利用 setOnKeyPressed() 方法将 Lambda 表达式设置为文本 t 的监听者，以响应按键事件。当一个按键被按下后事件处理程序被调用。然后，第 14 行的 switch 语句利用 e.getCode() 方法获取键码值，根据所按方向键的不同，而设置文本相应的坐标值 x 和 y。如果所按的键不是上、下、左、右方向键，则在第 32 行用 e.getText() 方法来得到该键的字符，并调用 t.setText(e.getText()) 方法将所按键的字符显示在文本中。因为只有当一个节点获得焦点后才能接收 KeyEvent 事件，所以第 39 行在文本对象 t 上调用 requestFocus() 方法（在父类 Node 中）使 t 获得焦点并接收键盘输入，但需注意的是，该方法必须在舞台显示后调用。程序运行结果如图 13.5 所示。

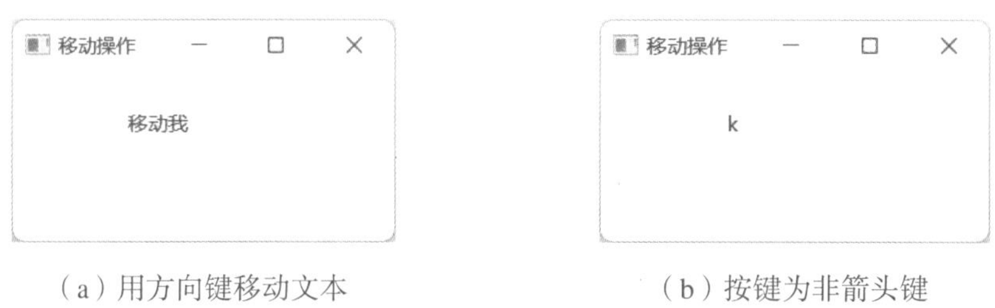

（a）用方向键移动文本　　（b）按键为非箭头键

图 13.5　键盘移动操作

13.3　复选框和单选按钮及相应的事件处理

由表 13.1 可知，当单击一个复选框 CheckBox 选中或取消选中它时，将会触发动作事件 ActionEvent。要判断一个复选框是否被选中，可以调用 isSelected()方法；同理，当单击单选按钮 RadioButton 改变它的选中或取消选中状态时，也将触发动作事件 ActionEvent，也是调用 isSelected()方法来判断单选按钮是否被选中。

【例 13.6】利用复选框和单选按钮设置文本对象上文字的字体和颜色。

```
//FileName: App13_6.java        复选框和单选按钮的应用
import javafx.application.Application;
import javafx.stage.Stage;
```

```
import javafx.scene.Scene;
import javafx.scene.text.Text;
import javafx.scene.control.CheckBox;
import javafx.scene.control.RadioButton;
import javafx.scene.control.ToggleGroup;
import javafx.scene.layout.BorderPane;
import javafx.scene.paint.Color;
import javafx.scene.text.Font;
import javafx.scene.text.FontWeight;            // 导入字体粗细类
import javafx.scene.text.FontPosture;           // 导入字体字形类
import javafx.scene.layout.VBox;
import javafx.event.ActionEvent;                // 导入动作事件类
import javafx.event.EventHandler;               // 导入事件监听者接口
public class App13_6 extends Application{
  Font fN=Font.font("Times New Roman",FontWeight.NORMAL,FontPosture.REGULAR,16);
  Font fB=Font.font("Times New Roman",FontWeight.BOLD,FontPosture.REGULAR,16);
  Font fI=Font.font("Times New Roman",FontWeight.NORMAL,FontPosture.ITALIC,16);
  Font fBI=Font.font("Times New Roman",FontWeight.BOLD,FontPosture.ITALIC,16);
  CheckBox chkB=new CheckBox("粗体");           // 创建复选框 chkB
  CheckBox chkI=new CheckBox("斜体");
  RadioButton r=new RadioButton("红色");        // 创建单选按钮 r
  RadioButton g=new RadioButton("绿色");
  RadioButton b=new RadioButton("蓝色");
  Text t=new Text("我喜欢 JavaFX 编程");         // 创建文本对象 t
  @Override
  public void start(Stage primaryStage){
    VBox vbL=new VBox(20);                      // 创建单列面板 vbL
    vbL.setStyle("-fx-border-color:green");// 设置面板 vbL 的边框颜色为绿色
    vbL.getChildren().addAll(chkB,chkI);     // 将复选框添加到 vbL 面板中
    ToggleGroup gro=new ToggleGroup();       // 创建单选按钮组 gro
    r.setToggleGroup(gro);          // 将单选按钮 r 加入单选按钮组 gro 中
    g.setToggleGroup(gro);
    b.setToggleGroup(gro);
    VBox vbR=new VBox();                        // 创建单列面板 vbR
    vbR.setStyle("-fx-border-color:blue"); // 设置面板 vbR 边框颜色为蓝色
    vbR.getChildren().addAll(r,g,b);          // 将单选按钮添加到 vbR 面板中
    BorderPane rootBP=new BorderPane();      // 创建边界面板 rootBP 作为根面板
    t.setFont(fN);
    rootBP.setLeft(vbL);            // 将复选框所在面板 vbL 放在边界面板的左部
    rootBP.setRight(vbR);           // 将单选按钮所在面板 vbR 放在边界面板的右部
    rootBP.setCenter(t);            // 将文本对象 t 放在边界面板的中央区域
    Han hand=new Han();             // 创建内部类 Han 对象 hand 作为监听者
    r.setOnAction(hand);            // 监听者 hand 向事件源 r 注册
    g.setOnAction(hand);
```

```
48      b.setOnAction(hand);
49      chkB.setOnAction(hand);
50      chkI.setOnAction(hand);
51      Scene scene=new Scene(rootBP,260,60);
52      primaryStage.setTitle("复选框与单选按钮 ");
53      primaryStage.setScene(scene);
54      primaryStage.show();
55    }
56    class Han implements EventHandler<ActionEvent>{// 创建 Han 类实现动作事件监听者接口
57      @Override
58      public void handle(ActionEvent e){    // 实现处理动作事件的方法
59        if(r.isSelected()) t.setFill(Color.RED);// 选中红色单选按钮，文本设置为红色
60        if(g.isSelected()) t.setFill(Color.GREEN);
61        if(b.isSelected()) t.setFill(Color.BLUE);
62        if(chkB.isSelected()&& chkI.isSelected())// 若同时选中粗体和斜体
63          t.setFont(fBI);               // 则将文本对象中文字设置为粗体和斜体
64        else if(chkB.isSelected())  // 若选中粗体
65          t.setFont(fB);                // 则将文本对象中文字设置为粗体
66        else if(chkI.isSelected())  // 若选中斜体
67          t.setFont(fI);                // 则将文本对象中文字设置为粗体
68        else
69          t.setFont(fN);                // 将文本对象中文字设置为正常体
70      }
71    }
72 }
```

例 13.6 程序的第 18 ～ 27 行分别定义了字体、复选框、单选按钮和文本对象。第 30 ～ 44 行对控件进行布局设计。第 56 ～ 71 行定义了内部类 Han 并实现了 EventHandler <ActionEvent> 接口，在 handle()方法中利用 isSelected()方法来判断单选按钮或复选框是否被选中，并根据判断结果设置文本的颜色和字体。第 45 行创建内部 Han 的对象 hand 作为监听者，并在第 46 ～ 50 行分别向事件源进行注册。程序运行结果如图 13.6 所示。

图 13.6　复选框和单选按钮的应用

13.4　文本编辑控件及相应的事件处理

控件类 TextField 是单行文本框，用于接收输入的文本。密码文本框 PresswordField 是 TextField 的子类，在密码文本框中输入的文本不回显，字符显示一个黑点。对于这两个文本框，当焦点位于其中时，按 Enter 键均触发动作事件 ActionEvent。

【例 13.7】在窗口中摆放一个“用户名”文本框、一个“密码”文本框和一个初始状态为不可编辑的文本区控件。当用户输入的用户名和密码正确后，文本区组件变为可编辑状态。

文本编辑控件的 ActionEvent 事件

```
//FileName: App13_7.java
import javafx.application.Application;
import javafx.stage.Stage;
import javafx.scene.Scene;
import javafx.scene.control.Label;
import javafx.scene.control.TextField;
import javafx.scene.control.PasswordField;
import javafx.scene.control.TextArea;
import javafx.scene.layout.GridPane;
import javafx.scene.control.ScrollPane;
public class App13_7 extends Application{
  private TextField tf=new TextField();                  //创建文本框对象 tf
  private PasswordField pf=new PasswordField();          //创建"密码"文本框 pf
  private TextArea ta=new TextArea("我现在不可编辑");//创建文本区对象 ta
  @Override
  public void start(Stage Stage){
    GridPane rootGP=new GridPane(); //创建网格面板
    final Label lab1=new Label("用户名：");
    final Label lab2=new Label("密  码：");
    tf.setPromptText("输入用户名");//设置用户名文本框的提示文本
    pf.setPromptText("输入密码"); //设置密码文本框的提示文本
    rootGP.add(lab1,0,0);          //将 lab1 添加到网格面板的 0 列 0 行单元格
    rootGP.add(tf,1,0);            //将 tf 添加到网格面板的 1 列 0 行单元格
    rootGP.add(lab2,0,1);          //将 lab2 添加到网格面板的 0 列 1 行单元格
    rootGP.add(pf,1,1);            //将 pf 添加到网格面板的 1 列 1 行单元格
    final ScrollPane scro=new ScrollPane(ta);//创建滚动面板，显示内容为 ta
    ta.setPrefColumnCount(20);     //设置文本区的显示宽度为 20 列
    ta.setEditable(false);         //设置文本区不可编辑
    pf.setOnAction(e->{            //用 Lambda 表达式作为事件监听者
      if(tf.getText().equals("abc")&& pf.getText().equals("123")){
        ta.setEditable(true);      //设置文本区可编辑
        ta.setWrapText(true);      //设置文本区可自动换行
        ta.setStyle("-fx-text-fill:red");//设置文本区中字符为红色
        ta.setText("恭喜你！！\n哈哈，可以编辑我了");
      }
    });
    rootGP.add(scro,0,3,4,3);//将滚动面板添加到网格的 0 列 3 行，且占 4 列 3 行
    Scene scene=new Scene(rootGP,250,120);
    Stage.setTitle("文本控件应用");
    Stage.setScene(scene);
    Stage.show();
  }
}
```

例 13.7 程序第 17 行创建了一个网格面板 rootGP，然后将标签、文本框和文本区分别放入网格面板的相应单元格中。程序中只给“密码”文本框 pf 设置了事件监听者，第 29 ～ 36 行由 Lambda 表达式实现事件监听者并向事件源 pf 注册。程序运行时只有输入正确的用户名和密码后才能对文本区进行编辑。程序运行结果如图 13.7 所示。

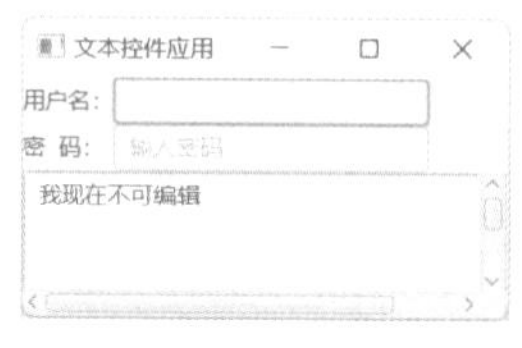

（a）程序运行初始状态

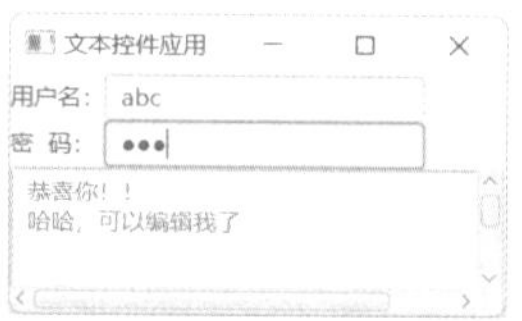

（b）用户名和密码正确

图 13.7　文本组件的应用

13.5　组合框及相应的事件处理

组合框（combo box）也称为下拉列表框，是由 javafx.scene.control.ComboBox<T> 类实现的，它是一个有许多选项的选择控件，但组合框中的所有选项都被折叠收藏起来，只将用户所选择的单个选项显示在显示栏上（显示栏是一个文本框，也称为显示文本框），要改变被选中的选项，可以单击组合框右边的向下箭头（也称为下拉按钮），然后从伸展开的选项框中选择一个选项即可，组合框只能进行单项选择。组合框有两种非常不一样的模式，默认状态是不可编辑模式，在这种模式下用户只能在下拉列表提供的内容中选择一项；另一种是可编辑模式，其特点是可以在显示栏中输入组合框列表中不包括的内容。JavaFX 是用带有类型参数的泛型类 ComboBox<T> 来创建组合框控件的，类型参数 T 为保存在组合框中的元素（选项）指定数据类型。表 13.9 给出了组合框 ComboBox<T> 的构造方法。

表 13.9　javafx.scene.control.ComboBox<T> 类的构造方法

构造方法	功能说明
public ComboBox()	创建空的组合框对象
public ComboBox(ObservableList<T> items)	创建一个具有指定选项 items 的组合框

组合框构造方法的参数类型 ObservableList<T> 是位于 javafx.collections 包中的一个集合，它定义了一个可观察对象的列表，它能够在添加、更新和删除对象时通知控件。ObservableList<T> 通常用于列表控件，如 ComboBox、ListView 和 TableView 等。ObservableList<T> 是 java.util.List<T> 的子接口，所以定义在 List<T> 接口中的所有方法都可用于 ObservableList<T> 类。如果想使用 ObservableList<T>，最简单的方法就是使用 javafx.collections.FXCollections 类中提供的静态方法 observableArrayList(ArrayOfElements) 用数组 ArrayOfElements 的元素创建一个 ObservableList 类对象。

ComboBox<T> 继承自 javafx.scene.control.ComboBoxBase<T> 类，所以 ComboBoxBase<T> 类中的方法都可用于组合框 ComboBox<T>。表 13.10 给出了 ComboBox<T> 类的常用方法。

表 13.10 javafx.scene.control.ComboBox<T> 类的常用方法

常用方法	功能说明
public final void setValue(T value)	设置在组合框中选中的选项值为 value
public final T getValue()	返回在组合框中选中的选项值
public final void setItems(ObservableList<T> value)	用 value 设置组合框中的选项值
public final ObservableList<T> getItems()	返回组合框中存储元素的列表
public final void setEditable(boolean value)	设置组合框是否可编辑

组合框中包含一个用于存放选项的列表，该列表是 ObservableList<T> 类的实例，在向组合框中添加选项时，实际上是添加到 ObservableList<T> 对象上。可调用方法 getItems() 返回组合框的 ObservableList<T> 实例，然后调用它的 add() 或 addAll() 方法将选项添加到组合框中。组合框中选项的序号是从 0 开始的。当在组合框 ComboBox<T> 中选中一个选项时，会触发动作事件 ActionEvent。

【例 13.8】在组合框中显示若干颜色选项，当选中某个颜色时，将文本区中的文本设置为所选颜色。

```
//FileName: App13_8.java        组合框的 ActionEvent 事件处理方法
import javafx.application.Application;
import javafx.stage.Stage;
import javafx.scene.Scene;
import javafx.event.ActionEvent;
import javafx.event.EventHandler;
import javafx.collections.FXCollections;
import javafx.scene.control.ComboBox;
import javafx.collections.ObservableList;
import javafx.scene.control.TextArea;
import javafx.scene.layout.BorderPane;
public class App13_8 extends Application{
  private ComboBox<String> cbo=new ComboBox<String>();// 创建组合框对象 cbo
  private String[] color={"红色","绿色","蓝色"};
  private TextArea ta=new TextArea("我喜欢用 JavaFX 编程");
  @Override
  public void start(Stage primaryStage){
    ObservableList<String> items=FXCollections.observableArrayList(color);
    cbo.getItems().addAll(items); // 也可用语句 cbo.setItems(items);
    cbo.setPrefWidth(230);         // 设置组合框的宽度为 230 像素
    cbo.setValue("红色");          // 设置组合框显示栏中的显示内容
```

```
22      BorderPane bPane=new BorderPane();
23      ta.setPrefColumnCount(10);       // 设置文本区的显示宽度为 10 列
24      ta.setWrapText(true);            // 设置文本区可自动换行
25      bPane.setTop(cbo);               // 将组合框放置在边界面板的顶部区域
26      bPane.setCenter(ta);
27      cbo.setOnAction(new EventHandler<ActionEvent >(){// 创建匿名内部类对象充当监听者
28        @Override
29        public void handle(ActionEvent e){       // 组合框动作事件的处理方法
30        if(cbo.getValue().equals(" 红色 ")) ta.setStyle("-fx-text-fill:red");
31        if(cbo.getValue().equals(" 绿色 ")) ta.setStyle("-fx-text-fill:green");
32        if(cbo.getValue().equals(" 蓝色 ")) ta.setStyle("-fx-text-fill:blue");
33        }
34      });
35      Scene scene=new Scene(bPane,230,100);
36      primaryStage.setTitle(" 组合框应用 ");
37      primaryStage.setScene(scene);
38      primaryStage.show();
39    }
40 }
```

例 13.8 程序的第 13 行创建了一个类型参数为 String 型的组合框 cbo，第 18 行以数组 color 中的元素为选项创建一个 ObservableList 对象 items，并在第 19 行将 items 对象添加到组合框中。第 27 ～ 34 行创建匿名内部类对象充当监听者，同时向事件源 cbo 注册。程序运行结果如图 13.8 所示。

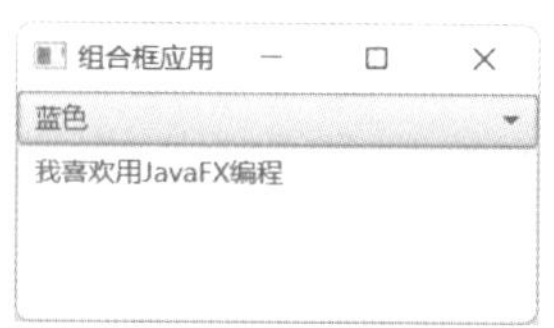

图 13.8　组合框及相应事件处理

13.6　为绑定属性注册监听者

在此之前介绍的事件处理都是基于控件的，即为控件注册监听者的方式是“控件名 .setOnXxx()”，所以这种事件处理是属于控件级的。除此之外，JavaFX 还定义了属性级别的监听，即所有跟绑定属性变化相关的事件，都可以用“绑定属性名 .addListener(listener)”的形式来进行事件监听。这样通过为属性添加一个监听者就可以处理一个可观察对象中值的变化。对于大多数 JavaFX 节点来说，都可以通过为绑定属性注册监听者的方法来处理属性值变化的事件。属性可以通知值变化事件处理程序，以便在属性变化时进行响应处理相关操作。

JavaFX 绑定属性对象包含一个 addListener()方法，它接受两种类型功能的函数式接口 ChangeListener 和 InvalidationListener 的实例来作为绑定属性自身的监听者。JavaFX 所有实现了 javafx.beans.Observable 和 javafx.beans.value.ObservableValue<T> 接口的绑定属性，都分别为 InvalidationListener 和 ChangeListener 这两个接口提供了 addListener()方法。这样当一个属性值发生变化时可以通知监听者对象。Observable 与 ObservableValue<T> 接口则会触发变化通知，而 InvalidationListener 和 ChangeListener 接口就会接收通知。InvalidationListener 和 ChangeListener 之间的区别在于：使用 InvalidationListener 只获取 Observable 对象，而使用 ChangeListener 将可获取 ObservableValue 对象的旧值和新值。

ObservableValue<T> 接口继承自 Observable 接口。JavaFX 节点的绑定属性若实现了 Observable 接口，则它们的实例称为可观察对象，该接口中包含表 13.11 给出的两个方法。

表 13.11　javafx.beans.Observable 接口的常用方法

常用方法	功能说明
void addListener(InvalidationListener listener)	为可观察对象注册监听者
void removeListener(InvalidationListener listener)	删除为可观察对象注册的监听者

作为参数的监听者 listener 必须实现 InvalidationListener 接口，以覆盖该接口中定义的 void invalidated(Observable observable) 方法，从而可以处理属性值的改变，一旦 Observable 对象的属性值发生变化。注册的监听者对象将得到通知并调用 invalidated() 方法进行事件处理。

而对于 JavaFX 节点的绑定属性若实现了可观察对象值 ObservableValue<T> 接口的实例，绑定属性值对象 ObservableValue<T> 的值若改变，则可通过调用 changed() 方法得到通知。该接口中包含了表 13.12 中给出的方法。

表 13.12　javafx.beans.value.ObservableValue<T> 接口的常用方法

常用方法	功能说明
void addListener(ChangeListener<? super T> listener)	属性改变事件在每次属性值更改时触发，同时必须将新值传递给属性更改监听者
T getValue()	返回 ObservableValue 的当前值，即返回它包装的值
void removeListener(ChangeListener<? super T> listener)	删除为可观察对象值注册的监听者

作为参数的监听者 listener 必须实现 ChangeListener<? super T> 接口，以覆盖该接口中定义的方法 void changed(ObservableValue<? extends T> observable,T oldValue,T newValue)，从而可以处理属性值的改变，一旦 ObservableValue<T> 对象的属性值发生变化。注册的监听者对象将得到通知并调用 changed() 方法进行事件处理。ObservableValue<T> 接口继承自 Observable 接口，因为一个 ObservableValue<T> 对象包装一个值，所以可以观察到更改。下面通过两个例子说明 InvalidationListener 和 ChangeListener 接口之间的区别。

【例 13.9】创建一个实现 InvalidationListener 接口的匿名内部类对象，并向绑定属性注册监听者。随着绑定属性的值改变，将调用 invalidated() 方法。

```
1  //FileName: App13_9.java    实现 InvalidationListener 接口作为监听者
2  import javafx.beans.InvalidationListener;
3  import javafx.beans.Observable;
4  import javafx.beans.property.SimpleIntegerProperty;
5  public class App13_9{
6    public static void main(String[] args){
7      SimpleIntegerProperty xProperty=new SimpleIntegerProperty(0);
8      xProperty.addListener(new InvalidationListener(){// 匿名内部类为监听者
9        @Override
10       public void invalidated(Observable obj){
11         System.out.println("Observable="+obj.toString());
12       }
13     });
14     xProperty.setValue(8); // 对属性 xProperty 重新赋值，以更改属性值
15   }
16 }
```

程序运行结果：

```
Observable=IntegerProperty [value: 8]
```

例 13.9 程序第 7 行创建了整型绑定属性 xProperty 并赋初值 0。当属性值发生改变时，Observable 对象则触发变化通知，这时 InvalidationListener 监听者对象就能监听到属性变化，而后调用 invalidated() 方法执行相应的操作。第 8 ～ 13 行也可用如下 Lambda 表达式作为绑定属性 xProperty 的事件监听者。

```
xProperty.addListener((Observable obj)->{
  System.out.println("Observable="+obj.toString());
});
```

【例 13.10】为属性注册属性变化事件监听者，即利用实现 ChangeListener 接口的匿名内部类作为绑定属性的监听者。当绑定属性的值发生变化时，将调用 change() 方法输出属性值变化前后的值。

```
//FileName: App13_10.java    实现 ChangeListener 接口作为监听者
import javafx.beans.property.SimpleIntegerProperty;
import javafx.beans.value.ChangeListener;
import javafx.beans.value.ObservableValue;
public class App13_10{
  public static void main(String[] args){
    SimpleIntegerProperty xProperty=new SimpleIntegerProperty(0);
    xProperty.addListener(new ChangeListener<Number>(){
      @Override
      public void changed(ObservableValue<? extends Number> ov,
```

```
11                  Number oldVal,Number newVal){
12              System.out.println("ObservableValue="+ov.toString());
13              System.out.println(" 属性值改变之前的值 ="+oldVal);
14              System.out.println(" 属性值改变之后的值 ="+newVal);
15          }
16      });
17      xProperty.setValue(8);      // 对属性 xProperty 重新赋值，以更改属性值
18    }
19 }
```

程序运行结果：

```
ObservableValue=IntegerProperty [value: 8]
属性值改变之前的值 =0
属性值改变之前的值 =8
```

从例 13.10 程序可看出，当属性值发生变化时 ObservableValue<T> 对象会触发变化通知，这时 ChangeListener 监听者对象则会接收通知，然后调用 changed() 方法执行相应的操作。第 8 ～ 16 行也可用如下 Lambda 表达式作为绑定属性 xProperty 的事件监听者。

```
xProperty.addListener((ObservableValue<? extends Number> ov,Number oldVal,
            Number newVal)-> {
  System.out.println("ObservableValue="+ov.toString());
  System.out.println(" 属性值改变之前的值 ="+oldVal);
  System.out.println(" 属性值改变之前的值 ="+newVal);
});
```

注意： 从上面这两个例子的代码中可以明显看出，当属性值更改时，使用 ChangeListener 将可获取 ObservableValue<T> 对象变化之前的旧值和改变之后的新值，而使用 InvalidationListener 只获取 Observable 对象。

13.7 滑动条及相应的事件处理

滑动条是由类 javafx.scene.control.Slider 实现的，是非常简单而常用的控件，它是一个水平或垂直的滑动轨道，其上有一个滑块可以让用户拖曳，滑块所在位置表示一个值，滑动条允许用户在一个有界的区间范围内选取一个值。滑动条可以是水平的也可以是垂直的，还可以设置是否带有刻度线和表明取值范围的标签。表 13.13 与表 13.14 分别给出了 Slider 类的构造方法和常用方法。

表 13.13 javafx.scene.control.Slider 类的构造方法

构 造 方 法	功 能 说 明
public Slider()	创建一个默认的水平滑动条
public Slider(double min,double max,double value)	创建最小值 min、最大值 max 且初始值为 value 的滑动条

表 13.14　javafx.scene.control.Slider 类的常用方法

常用方法	功能说明
public final double getValue()	返回滑块所在位置的值
public final void setValue(double value)	设置滑动条的当前值
public final void setBlockIncrement(double value)	设置单击滑块轨道时的调节值（块增量），默认值是 10
public final void setMax(double value)	设置滑动条区间范围的最大值，默认值是 100
public final void setMin(double value)	设置滑动条区间范围的最小值，默认值是 0
public final void setMajorTickUnit(double value)	设置滑动条上主刻度线的间隔，单位是像素
public final void setMinorTickCount(int value)	设置两个主刻度线之间次刻度线的间隔，单位是像素
public final void setOrientation(Orientation value)	设置滑动条的方向。value 其取值如下： Orientation.HORIZONTAL：水平方向，此为默认值； Orientation.VERTICAL：垂直方向
public final void setShowTickLabels(boolean value)	设置是否显示刻度值
public final void setShowTickMarks(boolean value)	设置是否显示刻度线
public final DoubleProperty valueProperty()	返回滑动条值的属性

因为滑动条的 valueProperty 是一个绑定属性，所以可以在 valueProperty 属性上加一个监听者 addListener(InvalidationListener listener)，这样当用户要在滑动条中拖曳滑块时，就能监听到其值的变化并能自动进行处理属性值的变化。

【例 13.11】在边界面板的中央区域放一个文本，下边区域放一个滑动条，当拖动滑块时，文本中的字号随着变化。在左、上、右三个区域各放置一个滑动条，分别代表红、绿、蓝三原色，拖动滑动条上的滑块，将文本字体设置为对应的颜色。

```
//FileName: App13_11.java          滑动条绑定属性的事件处理方法
import javafx.application.Application;
import javafx.stage.Stage;
import javafx.scene.Scene;
import javafx.scene.control.Slider;
import javafx.geometry.Orientation;
import javafx.beans.InvalidationListener;      //导入属性监听者接口
import javafx.beans.Observable;
import javafx.scene.text.Text;
import javafx.scene.text.Font;
import javafx.scene.paint.Color;
import javafx.scene.layout.StackPane;
import javafx.scene.layout.BorderPane;
public class App13_11 extends Application{
  private Slider sl=new Slider();                    //创建默认的滑动条
  private Slider rsl=new Slider(0.0,1.0,0.5);        //创建三个滑动区间均
```

```
private Slider gsl=new Slider(0.0,1.0,0.5);    //为0.0～1.0,初值为0.5
private Slider bsl=new Slider(0.0,1.0,0.5);    //的滑动条
private Text t=new Text("JavaFX 编程 ");
@Override
public void start(Stage primaryStage){
  sl.setShowTickLabels(true);        //设置显示刻度值
  sl.setShowTickMarks(true);         //设置显示刻度线
  sl.setValue(t.getFont().getSize());//用文本t字体的大小设置滑动条的当前值
  rsl.setOrientation(Orientation.VERTICAL);  //设置滑动条为垂直方向
  bsl.setOrientation(Orientation.VERTICAL);
  rsl.setShowTickLabels(true);                  //设置显示刻度值
  gsl.setShowTickLabels(true);
  bsl.setShowTickLabels(true);
  IListener fc=new IListener();                 //创建内部类对象作为监听者
  rsl.valueProperty().addListener(fc);          //监听者向事件源注册
  gsl.valueProperty().addListener(fc);
  bsl.valueProperty().addListener(fc);
  StackPane sPane=new StackPane();
  sPane.getChildren().add(t);
  sl.valueProperty().addListener(ov->{ //用Lambda表达式作为事件监听者
     double size=sl.getValue();
     Font font=new Font(size);
     t.setFont(font);
   });
  BorderPane rootBP=new BorderPane();
  rootBP.setLeft(rsl); rootBP.setTop(gsl); rootBP.setRight(bsl);
  rootBP.setBottom(sl); rootBP.setCenter(sPane);
  Scene scene=new Scene(rootBP,360,200);
  primaryStage.setTitle(" 滑动条的应用 ");
  primaryStage.setScene(scene);
  primaryStage.show();
}
class IListener implements InvalidationListener{//创建内部类并实现监听者接口
  @Override
  public void invalidated(Observable ov){
    double r=rsl.getValue();        //返回滑块rsl当前所在位置的值
    double g=gsl.getValue();
    double b=bsl.getValue();
    Color c=Color.color(r,g,b);     //用滑动条上返回的当前值创建颜色对象
    t.setFill(c);                   //用颜色对象设置文本的颜色
  }
}
}
```

例 13.11 程序的第 15 行创建一个默认滑动条 sl，第 16 ～ 18 行创建了三个取值范围均为 0.0 ～ 1.0，滑块初始位置值为 0.5 的滑动条。第 35 行将文本对象 t 加入栈面板 sPane 中。第 42、43 行将四个滑动条分别放在边界面板 rootBP 的四周，将栈面板 sPane 放在中央区域。第 49 ～ 58 行创建了内部类 IListener 并实现了属性监听者接口 InvalidationListener，第 31 ～ 33 行分别为三个表示颜色的滑动条的绑定属性 valueProperty 注册监听者。第 36 ～ 40 行用 Lambda 表达式作为监听者并实现对滑动条 sl 的注册，用于对文本字号大小的设置。程序运行结果如图 13.9 所示。

说明： 垂直滑动条的值从上向下是减少的。

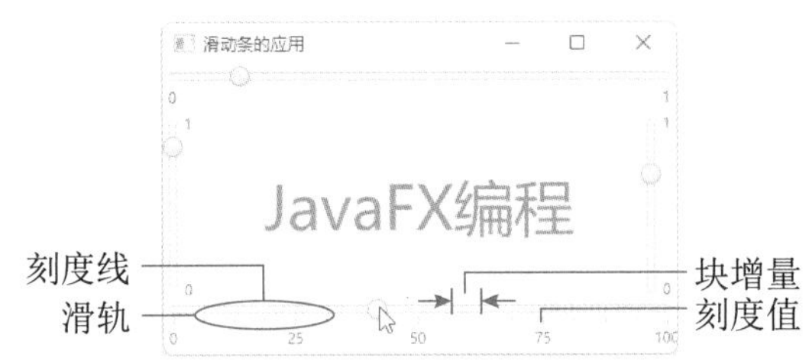

图 13.9　滑动条及相应的事件处理

JavaFX 还提供了一个与滑动条 Slider 功能相似的滚动条控件 ScrollBar。滚动条是由类 javafx.scene.control.ScrollBar 实现的，也是一个允许用户从一个范围内的值中进行选择的控件。用户可以拖动滚动块、单击滚动条轨道或者单击滚动条左右两边的按钮来改变滚动条的值。因为滚动条的 valueProperty 是一个绑定属性，所以可以为 valueProperty 属性添加一个监听者 addListener()，这样当用户拖曳滚动条中的滚动块而改变其位置时，就能监听到并处理属性值的变化。

13.8　音频与视频程序设计

音频与视频等媒体程序设计是现代软件中很重要的应用，JavaFX 提供了丰富的媒体类用于媒体的播放，主要有 Media、MediaPlayer、MediaView 等类。目前 JavaFX 支持的音频格式有 MP3、AIFF、WAV 及 MP4 等，支持的视频格式有 MP4 和 FLV 等。视频媒体程序主要用到的控件包括媒体源、媒体播放器和媒体视图。

媒体源是由类 javafx.scene.media.Media 实现的，它既可以是音频又可以是视频，表 13.15 和表 13.16 分别给出了媒体类 Media 的构造方法和常用方法。

表 13.15　javafx.scene.media.Media 类的构造方法

构造方法	功能说明
public Media(String source)	用名字 source 创建一个媒体对象，目前它仅支持 HTTP、FILE、URL 和 JAR 格式的媒体源路径，设置后不可改变

表 13.16　javafx.scene.media.Media 类的常用方法

常用方法	功能说明
public final Duration getDuration()	返回媒体源以秒计时的持续时间对象
public final int getWidth()	返回媒体视频以像素为单位的宽度
public final int getHeight()	返回媒体视频以像素为单位的高度

媒体播放器是由类 javafx.scene.media.MediaPlayer 实现的，并可以通过一些属性控制媒体的播放。表 13.17 和表 13.18 分别给出了媒体播放器类 MediaPlayer 的构造方法和常用方法。

表 13.17　javafx.scene.media.MediaPlayer 类的构造方法

构造方法	功能说明
public MediaPlayer(Media media)	为媒体 media 创建一个播放器

表 13.18　javafx.scene.media.MediaPlayer 类的常用方法

常用方法	功能说明
public final void setAutoPlay(boolean value)	设置媒体是否自动播放
public final void setCycleCount(int value)	设置媒体播放次数
public final void setVolume(double value)	设置音频音量的大小，取值为 0.0 ～ 1.0（最大）
public final void setMute(boolean value)	设置音频是否禁音
public final void setBalance(double value)	设置左右声道平衡值，最左边为 -1，中间为 0，最右边为 1
public void play()	播放媒体
public void pause()	暂停媒体播放
public void stop()	停止媒体播放
public void seek(Duration seekTime)	将播放器定位到一个新的播放时间点

媒体视图是由 javafx.scene.media.MediaView 类实现的，它为媒体播放器提供了一个用于观看媒体的视图。表 13.19 和表 13.20 分别给出了媒体视图类 MediaView 的构造方法和常用方法。

表 13.19　javafx.scene.media.MediaView 类的构造方法

构造方法	功能说明
public MediaView()	创建不与媒体播放器关联的媒体视图
public MediaView(MediaPlayer mediaPlayer)	创建与指定媒体播放器 mediaPlayer 关联的媒体视图

表 13.20　javafx.scene.media.MediaView 类的常用方法

常用方法	功能说明
public final void setX(double value)	设置媒体视图的 x 坐标

续表

常用方法	功能说明
public final void setY(double value)	设置媒体视图的 y 坐标
public final void setFitWidth(double value)	设置媒体视图的宽度
public final void setFitHeight(double value)	设置媒体视图的高度
public final void setPreserveRatio(boolean value)	设置缩放时是否保留媒体视图的纵横比
public final void setMediaPlayer(MediaPlayer value)	设置媒体视图的播放器为 value

要想播放一个媒体，首先通过一个 URL 字符串创建一个媒体源 Media 对象，其次是创建一个播放器 MediaPlayer 对象来播放它，最后创建一个媒体视图 MediaView 对象来显示播放器。一个 Media 对象支持实时流媒体，可以下载一个大的媒体文件并同时播放它，一个 Media 对象可以被多个媒体播放器所共享，一个 MediaPlayer 也可以被多个 MediaView 所使用。

【例 13.12】在一个媒体视图中播放视频，并可以通过按钮的播放和暂停操作来播放或暂停视频，并可以使用滑动条来调节音量大小。

```
//FileName: App13_12.java       媒体播放程序设计
import javafx.application.Application;
import javafx.stage.Stage;
import javafx.scene.Scene;
import javafx.geometry.Pos;
import javafx.scene.control.Button;
import javafx.scene.control.Label;
import javafx.scene.control.Slider;
import javafx.scene.layout.BorderPane;
import javafx.scene.layout.HBox;
import javafx.scene.media.Media;
import javafx.scene.media.MediaPlayer;
import javafx.scene.media.MediaView;
import javafx.util.Duration;
public class App13_12 extends Application{
  private String eURL="file:///D:/java/dance.mp4";// 创建字符串格式的媒体源的路径
  @Override
  public void start(Stage stage){
    Media media=new Media(eURL);          // 创建媒体对象
    MediaPlayer mPlayer=new MediaPlayer(media);         // 创建媒体播放器
    MediaView mView=new MediaView(mPlayer);             // 创建媒体播放视图
    mView.setPreserveRatio(true); // 设置窗口缩放时保持视频媒体视图的纵横比
    Button pBut=new Button(">");                       // 播放按钮
    pBut.setOnAction(e->{
      if(pBut.getText().equals(">")){          // 判断是否要求播放
```

```
26          mPlayer.play();              //播放视频
27          pBut.setText("||");          //将按钮上的文字改为"||"
28        }
29        else{                          //判断是否要求暂停播放
30          mPlayer.pause();             //暂停播放视频
31          pBut.setText(">");           //将按钮上的文字改为">"
32        }
33      });
34    Button rBut=new Button("<<"); //创建重播按钮
35    rBut.setOnAction(e->mPlayer.seek(Duration.ZERO));//返回到起点播放
36    Slider sVol=new Slider();        //创建滑动条
37    sVol.setMinWidth(30);            //设置滑动条的最小宽度
38    sVol.setPrefWidth(150);          //设置滑动条的宽度优先
39    sVol.setValue(50);
40    mPlayer.volumeProperty().bind(sVol.valueProperty().divide(100));
41    HBox hB=new HBox(10);            //创建水平面板，其上控件间距为10像素
42    hB.setAlignment(Pos.CENTER);     //设置水平面板上的控件居中对齐
43    Label vol=new Label("音量");
44    hB.getChildren().addAll(pBut,rBut,vol,sVol);
45    BorderPane bPane=new BorderPane();
46    bPane.setCenter(mView);          //将播放视图放在边界面板的中央区域
47    bPane.setBottom(hB);             //将水平面板放在边界面板的底部区域
48    mView.fitWidthProperty().bind(bPane.widthProperty());
49    mView.fitHeightProperty().bind(bPane.heightProperty().subtract(30));
50    Scene scene=new Scene(bPane,380,230);
51    stage.setTitle("视频播放器");
52    stage.setScene(scene);
53    stage.show();
54  }
55 }
```

编译时选项 --add-modules 后需给出两个模块 javafx.controls 和 javafx.media。

例 13.12 程序的第 16 行利用本地文件协议格式创建一个表示媒体源地址的字符串 eURL，其中 dance.mp4 是本地视频文件。第 19 行利用该地址字符串创建了一个媒体对象 media，第 20 行用 media 对象创建一个媒体播放器对象 mPlayer，并在第 21 行用该播放器对象创建了一个媒体视图对象 mView。第 24 行利用 Lambda 表达式作为播放按钮的监听者，如果按钮 pBut 上当前文字为“＞”，单击后则变为“||”，并开始播放；若播放按钮上当前文字为“||”，单击后则变为“＞”，并且暂停播放。第 35 行设置当单击重播按钮 rBut 后，将从头开始播放视频。第 40 行是将播放器 mPlayer 的音量属性绑定到滑动条 sVol 值 value/100 上。程序运行结果如图 13.10 所示。

说明： 第 16 行也可改为如下语句，但需导入 java.io.File 类。

```
private String eURL=new File("dance.mp4").toURI().toString();
```

图 13.10　视频播放器应用程序

本章小结

1. 委托事件模型是指当事件发生时，产生事件的对象会把此“信息”转给事件监听者处理的一种方式，而这个“信息”事实上是 JavaFX 中的 javafx.event 事件包中的某个类所创建的对象。

2. JavaFX 中 javafx.event.Event 类中包含了用来处理事件的监听者接口，用于事件处理的方法就声明在这些接口中。

3. 一个对象要成为事件源的事件监听者，需满足两个条件：一是事件监听者必须是一个对应的事件监听者接口的实例，从而保证该监听者具有正确的事件处理方法；二是事件监听者对象必须通过事件源进行注册，注册方法依赖于事件类型。

4. JavaFX 的监听分为两种：组件级别监听和属性级别监听。属性级别监听主要用于绑定属性。

习题

13.1　什么是事件？简述 Java 语言的委托事件模型。

13.2　若要处理事件，就必须要有事件监听者，担任监听者需满足什么条件？

13.3　对于按下键和释放键的键盘事件，使用什么方法来获得键的编码值？使用什么方法从一个键的单击事件中获得该键的字符？

13.4　设计一个窗口，在窗口内摆放一个按钮，当不断地单击该按钮时，在其上显示它被单击的次数。

13.5　在窗口中放入一个文本，在底部摆放四个按钮，利用按钮上、下、左、右键移动文本。

13.6　创建一个窗口，隐藏窗口的标题栏和边框，并在其上添加一个“退出”按钮。

将鼠标指针放在窗口内的任意位置进行拖动窗口，当单击“退出”命令按钮后，结束程序运行。

13.7 在窗口的中央区域放置一个文本区控件，在窗口的下部区域添加“红”“绿”“蓝”三个单选按钮，并用其设置文本区中文本的颜色。

13.8 在窗口的中央区域放置一个文本区控件，在窗口的下部区域添加“粗体”和“斜体”两个复选框，并用其设置文本区中文本的字体。

13.9 编程实现利用在滑动条中拖动滑块的方法对文本字体的大小进行设置。

13.10 编写一个简单的音频播放器，在程序中创建一个 MediaPlayer 对象，并用命令按钮实现播放、暂停和重放功能。

Java

第 14 章

绘图与动画程序设计

本章主要内容

- ★ 形状类与图形绘制；
- ★ 过渡动画；
- ★ 关键帧、关键值、插值器、时间轴动画。

绘图与动画是程序设计中非常重要的技术，JavaFX 提供了多种形状类，用于绘制文本、直线、矩形、圆、椭圆、弧、折线和多边形等。时间轴是动画技术的关键，通过本章的学习，可以进一步掌握图形绘制与动画制作技术。

14.1 图形坐标系与形状类

在 JavaFX 场景中可添加各种形状。形状类 Shape 是抽象类，它所派生的子类主要有 Text、Line、Rectangle、Circle、Ellipse、Arc、Polygon、Polyline 等。形状类的继承关系如图 14.1 所示，其中文本类 Text 前面已经介绍过。因为 Shape 类是 Node 类的子类，所以形状类作为节点可以添加到面板上。Pane 类通常用作显示形状的画布，当然也可以作为

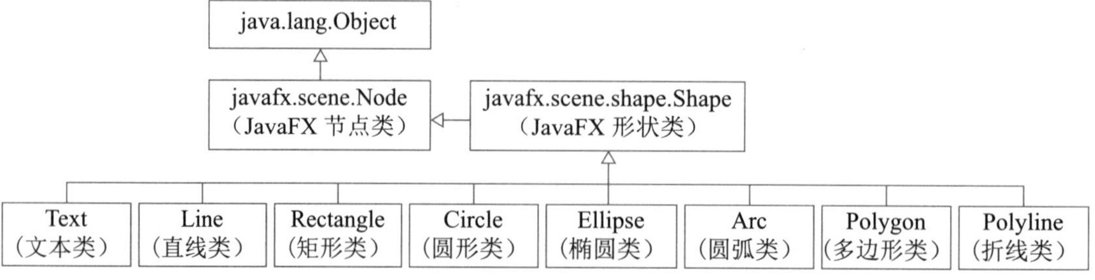

图 14.1 形状类的继承关系

其他节点的容器。每个形状类都具有大小、位置、形状、颜色、维数等属性。在 Java 坐标系中，面板的左上角坐标是 (0,0)，向右为 x 轴方向，向下为 y 轴方向，坐标系内的任一点用 (*x*,*y*) 来表示，坐标系以像素为单位，如图 14.2 所示。

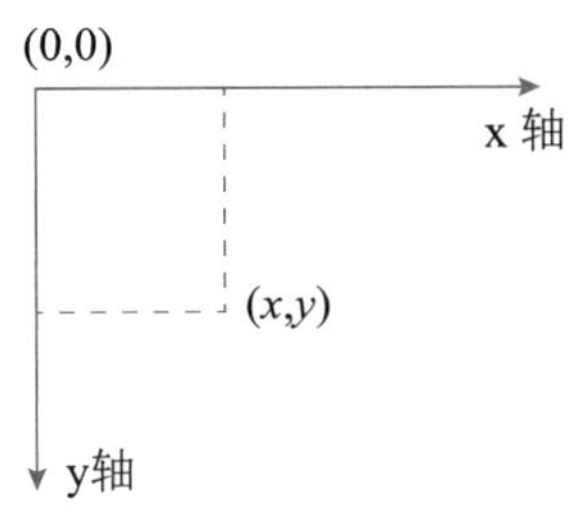

图 14.2 Java 屏幕坐标系

在形状类 Shape 中定义许多对所有子类都通用的属性与方法。表 14.1 给出了 Shape 类的常用方法。

表 14.1 javafx.scene.shape.Shape 类的常用方法

常用方法	功能说明
public final void setFill(Paint value)	设置填充形状内部区域的颜色为 value
public final void setStroke(Paint value)	设置画笔颜色为 value
public final void setStrokeWidth(double value)	设置画笔宽度为 value
public final void setStrokeDashOffset(double value)	设置虚线的起始偏移量为 value，即虚线往后移的量
public final ObservableList<Double> getStrokeDashArray()	返回一个双精度值列表作为表示虚线段长度的数组，数组中的值依次为不透明和透明段长度
public final void setStrokeLineCap(StrokeLineCap value)	设置形状端点的风格，参数 value 取值如下： StrokeLineCap.BUTT：线条末端平直，此为默认值； StrokeLineCap.ROUND：端点加一圆形线帽； StrokeLineCap.SQUARE：端点加一个正方形线帽

14.1.1 直线类 Line

在 JavaFX 中直线是由 javafx.scene.shape.Line 类实现的，一条直线有起点、终点、线宽、颜色等属性，用户可根据这些属性画出需要的直线。表 14.2 和表 14.3 分别给出了 Line 类的构造方法和常用方法。

表 14.2 javafx.scene.shape.Line 类的构造方法

构造方法	功能说明
public Line()	创建一个空的直线
public Line(double startX,double startY, double endX,double endY)	以 (startX,startY) 为起点，以 (endX,endY) 为终点创建一条直线

表 14.3 javafx.scene.shape.Line 类的常用方法

常用方法	功能说明
public final void setStartX(double value)	设置起点的 x 坐标
public final void setStartY(double value)	设置起点的 y 坐标
public final void setEndX(double value)	设置终点的 x 坐标
public final void setEndY(double value)	设置终点的 y 坐标

【例 14.1】绘制红、绿、蓝三条直线，红线设置为虚线。绿、蓝两条直线通过坐标的属性绑定使它们成为交叉线。

```
//FileName: App14_1.java       直线程序设计
import javafx.application.Application;
import javafx.stage.Stage;
import javafx.scene.Scene;
import javafx.scene.paint.Color;
import javafx.scene.shape.Line;
import javafx.scene.layout.Pane;
import javafx.scene.shape.StrokeLineCap;
public class App14_1 extends Application{
  @Override
  public void start(Stage stage){
    Pane pane=new Pane();
    Line rL=new Line(10,20,20,20);
    rL.setStroke(Color.RED);
    rL.setStrokeWidth(10);                         //设置直线的宽度为 10 像素
    rL.setStrokeLineCap(StrokeLineCap.BUTT);       //设置线条两端平直
    //设置各虚线段的长度，依次为不透明和透明段的长度
    rL.getStrokeDashArray().addAll(10d,5d,15d);
    rL.setStrokeDashOffset(0);                     //设置虚线的后移距离
    rL.endXProperty().bind(pane.widthProperty().subtract(10));
    Line gL=new Line(10,50,10,10);                 //创建直线
    gL.setStroke(Color.GREEN);                     //设置用绿色画线
    gL.setStrokeWidth(5);                          //设置直线的宽度为 5 像素
    gL.endXProperty().bind(pane.widthProperty().subtract(10));
    gL.endYProperty().bind(pane.heightProperty().multiply(4).divide(5));
    Line bL=new Line(10,50,10,10);
    bL.setStroke(Color.BLUE);
    bL.setStrokeWidth(10);
    bL.setStrokeLineCap(StrokeLineCap.ROUND);      //设置线条两端具有圆形线帽
    bL.startXProperty().bind(pane.widthProperty().subtract(10));
    bL.endYProperty().bind(pane.heightProperty().multiply(4).divide(5));
    pane.getChildren().addAll(rL,gL,bL);
    Scene scene=new Scene(pane,230,120);
    stage.setTitle("绘制直线");
```

```
35      stage.setScene(scene);
36      stage.show();
37    }
38 }
```

例 14.1 程序第 13 ～ 20 行创建一条红色虚线，线宽为 10 像素，第 18 行是将虚线的黑白相间的距离依次设置为 10 像素、5 像素和 15 像素，当直线很长时，虚线的黑白间隔按这个设置循环执行。第 19 行是设置虚线的后偏移量，本例设置为不后移，第 20 行是将该直线终点的 x 坐标绑定在面板宽度减 10 像素上。第 21 ～ 25 行创建一条线宽为 5 像素的绿色直线，第 24 行是将该直线的终点 x 坐标绑定在面板宽度减 10 像素上，第 25 行是将终点的 y 坐标绑定在面板高度的 4/5 处，这样直线是从左上方向右下方画出。同理，第 26 ～ 31 行创建了一条线宽为 10 像素的蓝色直线，且线的两端具有圆形线帽，第 30 行是将直线起点的 x 坐标与面板的宽度减 10 像素绑定，第 31 行是将终点的 y 坐标绑定在面板高度的 4/5 处，这样直线从右上方到左下方画出，当改变窗口大小时，直线的相对位置始终保持不变。程序运行结果如图 14.3 所示。

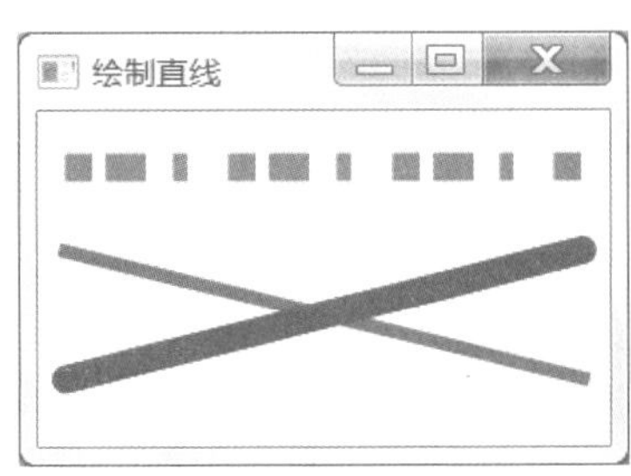

图 14.3　直线的类型

14.1.2　矩形类 Rectangle

在 JavaFX 中矩形是通过 javafx.scene.shape.Rectangle 类实现的，表 14.4 和表 14.5 分别给出了 Rectangle 类的构造方法和常用方法。

表 14.4　javafx.scene.shape.Rectangle 类的构造方法

构造方法	功能说明
public Rectangle(double width, double height)	创建宽为 width 像素、高为 height 像素的矩形
public Rectangle(double width,double height, Paint fill)	创建宽为 width 像素、高为 height 像素、填充色为 fill 的矩形
public Rectangle(double x,double y, double width, double height)	创建一个以 (x,y) 为左上角，宽为 width 像素、高为 height 像素的矩形

表 14.5　javafx.scene.shape.Rectangle 类的常用方法

常用方法	功能说明
public final void setX(double value)	设置矩形左上角的 x 坐标为 value
public final void setY(double value)	设置矩形左上角的 y 坐标为 value
public final void setWidth(double value)	设置矩形的宽度为 value 像素
public final void setHeight(double value)	设置矩形的高度为 value 像素
public final void setArcWidth(double value)	设置矩形圆角弧的水平直径为 value 像素
public final void setArcHeight(double value)	设置矩形圆角弧的垂直直径为 value 像素

【例 14.2】用循环在面板上添加四个矩形，每个矩形都进行旋转，且画笔颜色是随机的。

```
1  //FileName: App14_2.java      矩形程序设计
2  import javafx.application.Application;
3  import javafx.stage.Stage;
4  import javafx.scene.Scene;
5  import javafx.scene.paint.Color;
6  import javafx.scene.shape.Rectangle;
7  import javafx.scene.Group;
8  import javafx.scene.layout.BorderPane;
9  public class App14_2 extends Application{
10   @Override
11   public void start(Stage stage){
12     Group gro=new Group();          //创建组对象 gro 用于存放节点
13     for(int i=0;i < 4;i++){
14       Rectangle r=new Rectangle(80,50,80,20);  //创建矩形
15       r.setArcWidth(10);            //设置圆角弧水平直径为 10 像素
16       r.setArcHeight(6);            //设置圆角弧垂直直径为 6 像素
17       r.setRotate(i*360/8);         //设置每次旋转 45°
18       r.setStroke(Color.color(Math.random(),Math.random(),Math.random()));
19       r.setFill(null);              //不填充颜色
20       gro.getChildren().add(r);
21     }
22     Scene scene=new Scene(new BorderPane(gro),200,120,Color.WHITE);
23     stage.setTitle("矩形程序设计");
24     stage.setScene(scene);
25     stage.show();
26   }
27 }
```

例 14.2 程序的第 12 行创建一个组面板对象 gro，用于存放节点。第 13～21 行用 for 循环向面板上添加四个矩形，每个矩形的圆角弧水平直径设置为 10 像素，垂直直径设置为 6 像素。第 17 行是将每个矩形旋转 45° 角的倍数。第 18 行调用随机数生成方法 random() 产生的随机数设置画笔颜色。第 19 行不进行颜色填充，这样每个矩形都是透明的。第 22 行创建场景 scene 时，创建了边界面板对象，并将组面板 gro 放入中央区域，其目的是在缩放窗口时矩形始终居中显示。但若使用 Pane 面板存放节点，当缩放窗口时节点不会居中。使用组面板的另一个好处是可以将变换应用到组中的所有节点。程序运行结果如图 14.4 所示。

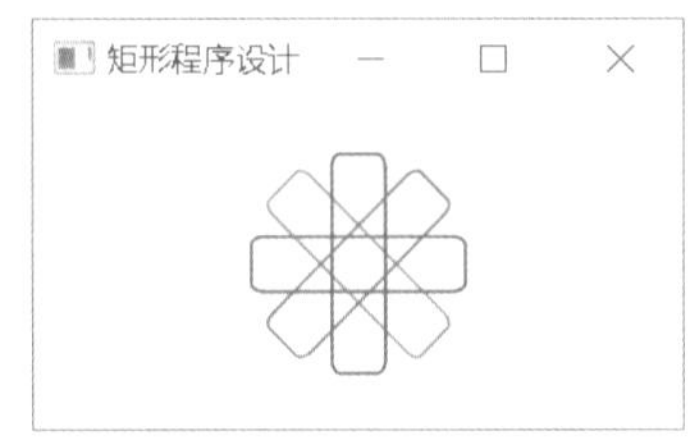

图 14.4　矩形程序设计

14.1.3 圆类 Circle

在 JavaFX 中圆是由 javafx.scene.shape.Circle 类实现的，表 14.6 和表 14.7 分别给出了 Circle 类的构造方法和常用方法。

表 14.6 javafx.scene.shape.Circle 类的构造方法

构造方法	功能说明
public Circle(double radius)	创建半径为 radius 的圆
public Circle(double centerX,double centerY,double radius)	创建圆心为 (centerX,centerY)、半径为 radius 的圆
public Circle(double centerX,double centerY, double radius,Paint fill)	创建以 (centerX,centerY) 为圆心、以 radius 为半径、以 fill 为填充色的圆

表 14.7 javafx.scene.shape.Circle 类的常用方法

常用方法	功能说明
public final void setCenterX(double value)	设置圆心的 x 坐标为 value
public final void setCenterY(double value)	设置圆心的 y 坐标为 value
public final void setRadius(double value)	设置圆的半径为 value

【例 14.3】通过单击命令按钮，或单击、右击又或按键盘的上、下箭头键控制圆的放大与缩小。

```
//FileName: App14_3.java      圆程序设计
import javafx.application.Application;
import javafx.stage.Stage;
import javafx.scene.Scene;
import javafx.scene.control.Button;
import javafx.scene.input.KeyCode;
import javafx.scene.input.MouseButton;
import javafx.geometry.Pos;
import javafx.scene.paint.Color;
import javafx.scene.shape.Circle;
import javafx.scene.layout.StackPane;
import javafx.scene.layout.HBox;
import javafx.scene.layout.BorderPane;
public class App14_3 extends Application{
  private MyPane cPane =new MyPane();
  @Override
  public void start(Stage primaryStage){
    HBox hb=new HBox();
    hb.setSpacing(10);                   //设置水平面板上控件间距为 10 像素
    hb.setAlignment(Pos.CENTER);         //设置水平面板上的控件居中对齐
    Button btI=new Button("增大");       //创建命令按钮对象 btI
```

```
22     Button btD=new Button("缩小");
23     hb.getChildren().addAll(btI,btD);     //将两个命令按钮添加到水平面板中
24     btI.setOnAction(e->cPane.inc());      //Lambda 表达式作为监听者
25     btD.setOnAction(e->cPane.dec());
26     BorderPane bp=new BorderPane();
27     bp.setCenter(cPane);                  //将定义面板放入边界面板的中央区域
28     bp.setBottom(hb);                     //将单行面板放入边界面板的底部区域
29     BorderPane.setAlignment(hb,Pos.CENTER);
30     Scene scene=new Scene(bp,200,150);
31     primaryStage.setTitle("圆的缩放");
32     primaryStage.setScene(scene);
33     primaryStage.show();
34     cPane.setOnMouseClicked(e->{          //为面板注册单击事件监听者
35       if(e.getButton()==MouseButton.PRIMARY) cPane.inc();//单击放大圆
36       else if(e.getButton()==MouseButton.SECONDARY) cPane.dec();//右击缩小
37     });
38     scene.setOnKeyPressed(e->{            //为窗口注册键盘按键被按下事件监听者
39       if(e.getCode()==KeyCode.UP) cPane.inc();         //按上箭头键放大
40       else if(e.getCode()==KeyCode.DOWN) cPane.dec(); //按下箭头键缩小
41     });
42   }
43 }
44 class MyPane extends StackPane{           //自定义面板类
45   private Circle c=new Circle(50);        //创建半径为 50 像素的圆
46   public MyPane(){                        //自定义面板的构造方法
47     getChildren().add(c);                 //将圆添加到面板中
48     c.setStroke(Color.RED);               //设置画笔为红色
49     c.setFill(Color.WHITE);               //将圆填充为白色
50   }
51   public void inc(){
52     c.setRadius(c.getRadius()+3);         //圆半径加 3 像素
53   }
54   public void dec(){
55     c.setRadius(c.getRadius()>3 ? c.getRadius()-3:c.getRadius());
56   }
57 }
```

例 14.3 程序第 44 ～ 57 行定义一个以栈面板为父类的面板类 MyPane。第 45 行创建一个半径为 50 像素的圆。第 48 行将其画笔设置为红色，第 49 行将圆填充为白色。第 51 ～ 53 行定义的 inc() 方法增加圆的半径，第 54 ～ 56 行定义的 dec() 方法减小圆的半径。第 15 行创建了一个自定义面板对象 cPane，第 24、25 行分别用 Lambda 表达式为“放大”和“缩小”按钮注册监听者，第 34 ～ 37 行用 Lambda 表达式为面板对象 cPane 注册单击事件监听者。同理，第 38 ～ 41 行用 Lambda 表达式为窗口对象 scene 注册键盘按钮被按

下事件监听者。这样当单击“放大”按钮、单击或按键盘上的上箭头键三种情况时圆就变大，若单击“缩小”按钮、右击或按键盘上的下箭头键三种情况时则圆就变小。程序运行结果如图 14.5 所示。

图 14.5　圆的程序设计

14.1.4　弧类 Arc

在 JavaFX 中弧是由 javafx.scene.shape.Arc 类实现的，表 14.8 和表 14.9 分别给出了 Arc 类的构造方法和常用方法。

表 14.8　javafx.scene.shape.Arc 类的构造方法

构造方法	功能说明
public Arc()	创建一条空的弧
public Arc(double centerX,double centerY,double radiusX, double radiusY,double startAngle,double length)	以 (centerX,centerY) 为弧中心、radiusX 为水平半径、radiusY 为垂直半径、startAngle 为起始角度、length 为转过的角度为参数创建一条弧

表 14.9　javafx.scene.shape.Arc 类的常用方法

常用方法	功能说明
public final void setCenterX(double value)	设置弧中心点的 x 坐标
public final void setCenterY(double value)	设置弧中心点的 y 坐标
public final void setRadiusX(double value)	设置弧所在椭圆的水平半径
public final void setRadiusY(double value)	设置弧所在椭圆的垂直半径
public final void setStartAngle(double value)	设置弧的起始角，以度为单位，正角度为逆时针旋转
public final double getStartAngle()	返回弧的起始角
public final void setLength(double value)	设置弧转过的角度，以度为单位，正角度为逆时针旋转
public final double getLength()	返回弧转过的角度
public final void setType(ArcType value)	设置弧的类型，参数 value 取值如下： ArcType.CHORD：闭合弧，弧的端点之间有连线； ArcType.ROUND：扇形弧； ArcType OPEN：开弧，弧的端点之间没有连线
public final ArcType getType()	返回弧的类型

弧的各参数的说明如图 14.6 所示。其中，角的单位为度。0° 是向右的 x 轴方向，正角度表示逆时针方向旋转。角度可以为负数，一个负的起始角是从 x 轴方向顺时针旋转一个角度；一个负的跨度角是从起始角开始顺时针旋转一个角度。

【例 14.4】画弧并设置相应弧的类型。

```
1  //FileName: App14_4.java      画弧程序设计
2  import javafx.application.Application;
3  import javafx.stage.Stage;
4  import javafx.scene.Scene;
5  import javafx.scene.Group;
6  import javafx.scene.layout.BorderPane;
7  import javafx.scene.shape.Arc;
8  import javafx.scene.shape.ArcType;
9  import javafx.scene.paint.Color;
10 import javafx.scene.text.Text;
11 public class App14_4 extends Application{
12   @Override
13   public void start(Stage stage){
14     Group gro=new Group();                        // 创建组面板 gro
15     Arc arc1=new Arc(150,100,80,50,0,110);        // 创建弧
16     arc1.setFill(Color.BLUE);
17     arc1.setType(ArcType.ROUND);                  // 设置为扇形
18     Text t1=new Text(210,60," 扇形弧 ");
19     Arc arc2=new Arc(150,100,80,50,120,110);
20     arc2.setFill(Color.GREEN);
21     arc2.setType(ArcType.OPEN);                   // 设置为开弧
22     arc2.setStroke(Color.BLACK);
23     arc2.setStrokeWidth(3);                       // 设置画笔宽度
24     Text t2=new Text(40,80," 开弧 ");
25     Arc arc3=new Arc(150,100,80,50,240,100);
26     arc3.setFill(Color.RED);
27     arc3.setType(ArcType.CHORD);                  // 设置为闭弧
28     arc3.setStroke(Color.BLACK);
29     arc3.setStrokeWidth(3);                       // 设置画笔宽度
30     Text t3=new Text(200,160," 闭弧 ");
31     gro.getChildren().addAll(arc1,arc2,arc3,t1,t2,t3);// 将节点添加到组中
32     Scene scene=new Scene(new BorderPane(gro),300,200);
33     stage.setTitle(" 圆弧及类型 ");
34     stage.setScene(scene);
35     stage.show();
36   }
37 }
```

例 14.4 程序绘制了三条弧，第 14 行创建一个组面板 gro，用于存放节点。第 15 ～ 17 行创建了弧 arc1，其类型设置为扇形；第 19 ～ 23 行创建了弧 arc2，其类型设置为开弧，

如果第20行采用白色填充，则arc2显示为一个弧段；第25～29行创建了弧arc3，其类型设置为闭弧。读者可将arc2和arc3的填充色均设置为白色，可看出它们之间的明显区别。第32行创建了一个BorderPane对象，然后将组面板gro放入边界面板的中央区域，这样拖动窗口缩放时节点总是居中。程序运行结果如图14.7所示。

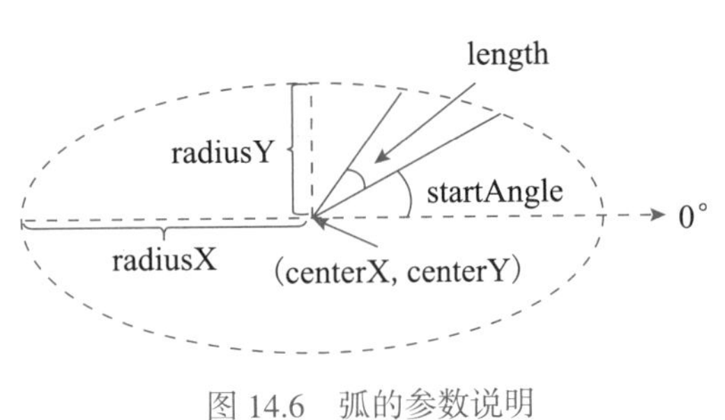

图14.6　弧的参数说明

图14.7　绘制弧和弧的类型

14.1.5　多边形类Polygon与折线类Polyline

多边形是由javafx.scene.shape.Polygon类实现的，它定义了一个连接点序列的闭合多边形。折线是由javafx.scene.shape.Polyline类实现的，它定义了一个连接点序列的折线。与多边形不同的是折线不会自动闭合。表14.10和表14.11分别给出了多边形类Polygon的构造方法和常用方法。折线类Polyline的构造方法和常用方法与多边形类Polygon的构造方法和常用方法基本相同。

表14.10　javafx.scene.shape.Polygon类的构造方法

构造方法	功能说明
public Polygon()	创建一个空的多边形对象
public Polygon(double... points)	以点集points作为顶点坐标创建一个多边形

表14.11　javafx.scene.shape.Polygon类的常用方法

常用方法	功能说明
public final ObservableList<Double> getPoints()	返回一个双精度值列表作为顶点集的x坐标和y坐标

【例14.5】在面板上绘制一个六边形和一个具有若干段的折线。

```
//FileName: App14_5.java        多边形及折线程序设计
import javafx.application.Application;
import javafx.stage.Stage;
import javafx.scene.Scene;
import javafx.scene.layout.Pane;
import javafx.scene.shape.Polygon;
import javafx.scene.shape.Polyline;
import javafx.collections.ObservableList;
import javafx.scene.paint.Color;
```

```
10 public class App14_5 extends Application{
11   @Override
12   public void start(Stage stage){
13     Scene scene=new Scene(new Ploy(),230,130);
14     stage.setTitle("多边形和折线");
15     stage.setScene(scene);
16     stage.show();
17   }
18 }
19 class Ploy extends Pane{                           //以 Pane 为父类创建 Ploy 类
20   private void paint(){
21     getChildren().clear();                          //清除面板中的内容
22     Polygon pg=new Polygon();                       //创建一个空的多边形对象
23     pg.setFill(null);                               //设置不填充颜色
24     pg.setStroke(Color.RED);                        //设置画笔为红色
25     ObservableList<Double> myList=pg.getPoints();//返回以坐标为顶点的列表
26     double cX=getWidth()/2,cY=getHeight()/2;//设置圆心坐标在窗口的中心点
27     double r=Math.min(getWidth(),getHeight())*0.4;//设置圆的半径 r
28     for(int i=0;i<6;i++){                           //画六边形
29       myList.add(cX+r*Math.cos(2*i*Math.PI/6));//计算正六边形的 x 坐标
30       myList.add(cY-r*Math.sin(2*i*Math.PI/6));//计算正六边形的 y 坐标
31     }
32     //以给定的坐标为顶点创建折线
33     Polyline pl=new Polyline(new double[]{45,30,10,110,70,100,20,30,60,15});
34     pl.setStroke(Color.BLUE);
35     getChildren().addAll(pg,pl);                    //将折线添加到面板中
36   }
37   @Override
38   public void setWidth(double w){
39     super.setWidth(w);
40     paint();
41   }
42   @Override
43   public void setHeight(double h){
44     super.setHeight(h);
45     paint();
46   }
47 }
```

例 14.5 程序的第 19 ～ 47 行定义的 Ploy 类继承自 Pane 类，并在第 37 ～ 46 行分别重写了 setWidth() 和 setHeight() 方法。这样当缩放窗口时，通过调用 setWidth() 和 setHeight() 方法，六边形的宽度和高度将自动调整。第 20 ～ 36 行定义的 paint() 方法用来显示六边形和折线，其中第 21 行清除面板中的内容。第 22 行创建了一个空的多边形对象 pg，第 23 行设置为不填充颜色。第 25 行调用了 pg.getPoints() 方法返回一个可观察列表

对象 myList，并在第 28 ～ 31 行的 for 循环中向该对象中添加了六边形顶点的 x 和 y 坐标（顶点坐标的计算原理见图 14.8），其中 add() 方法的参数类型必须是 double 型，如果传入的是一个 int 型的值，则该 int 值将被自动装箱成 Integer 型值，这将触发一个错误。第 33 行利用有参的构造方法创建一个折线对象。程序运行结果如图 14.9 所示。

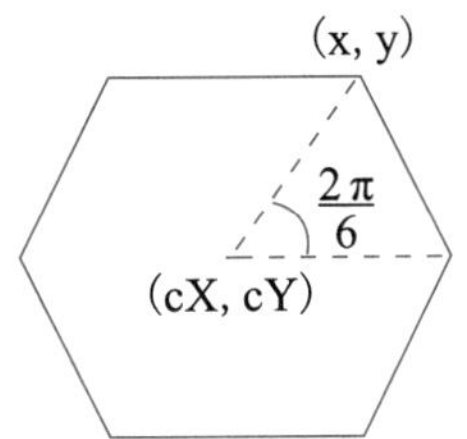

图 14.8　六边形顶点坐标计算

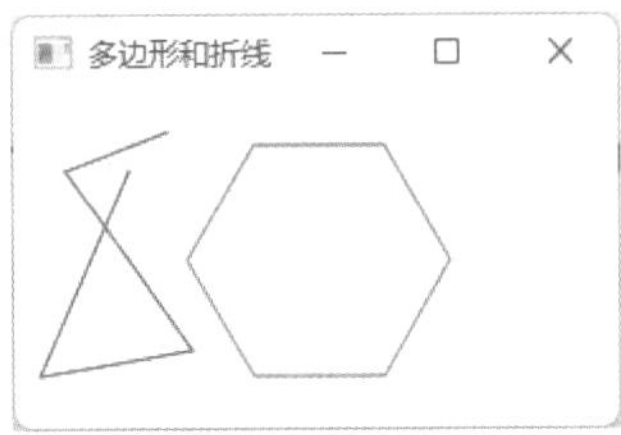

图 14.9　多边形和折线

14.1.6　绘图板程序设计

绘图板就是用鼠标在面板上随意画图，下面通过一个例子来说明绘图板程序设计及在绘图板中绘画的原理。

【例 14.6】编制一个绘图板程序，进行交互式作图

```
//FileName: App14_6.java        鼠标拖动绘图程序设计
import javafx.application.Application;
import javafx.stage.Stage;
import javafx.scene.Scene;
import javafx.scene.shape.Line;
import javafx.scene.layout.Pane;
import javafx.scene.input.MouseEvent;
import javafx.event.EventHandler;
public class App14_6 extends Application{
  double x1,y1,x2,y2;
  Pane pane=new Pane();
  @Override
  public void start(Stage stage){
    pane.setOnMousePressed(e-> handleMousePressed(e));// 为面板添加监听者
    pane.setOnMouseDragged(e-> handleMouseDragged(e));// 为面板添加监听者
    Scene scene=new Scene(pane,300,200);
    stage.setTitle(" 鼠标拖动绘图 ");
    stage.setScene(scene);
    stage.show();
  }
  protected void handleMousePressed(MouseEvent e){
    x1=e.getX();        // 获取鼠标按下时的 x 坐标
    y1=e.getY();        // 获取鼠标按下时的 y 坐标
  }
  protected void handleMouseDragged(MouseEvent e){
```

```
26       x2=e.getSceneX();                          // 获取鼠标拖动过程中鼠标指针的 x 坐标
27       y2=e.getSceneY();                          // 获取鼠标拖动过程中鼠标指针的 y 坐标
28       Line line=new Line(x1,y1,x2,y2);           // 画直线
29       pane.getChildren().add(line);              // 将直线添加到面板中
30       x1=x2; y1=y2;                              // 更新直线起点的 x 和 y 坐标
31     }
32 }
```

例 14.6 程序第 14、15 行分别用 Lambda 表达式作为面板对象的监听者，同时向面板对象 pane 注册。第 21 ～ 24 行是处理鼠标按下时获取鼠标指针位置坐标的事件处理方法。第 25 ～ 31 行是处理鼠标拖动时的事件处理方法。鼠标拖动绘图的基本思想是用很多短直线段依次相连来代替曲线。按下鼠标左键来绘制图形，当鼠标左键被按下时，利用第 21 ～ 24 行定义的 handleMousePressed() 方法将画线的起点坐标分别保存在 x1 和 y1 两个变量中，然后当拖动鼠标时第 25 ～ 31 行定义的 handleMouseDragged() 方法被执行，此时第 26、27 行取得鼠标拖动时的坐标 x2 和 y2，第 28 行把点 (x1,y1) 和 (x2,y2) 连成直线，然后第 30 行更改线段的起点坐标。这样当鼠标拖动时就产生了手工绘图的效果。图 14.10 是程序运行所绘制的一幅图画。

图 14.10　鼠标拖动绘图

14.2　动画程序设计

在 JavaFX 中动画被分为过渡动画和时间轴动画。过渡动画类 javafx.animation.Transition 和时间轴动画类 javafx.animation.Timeline 都是动画类 javafx.animation.Animation 的子类。常用动画类的继承关系如图 14.11 所示。

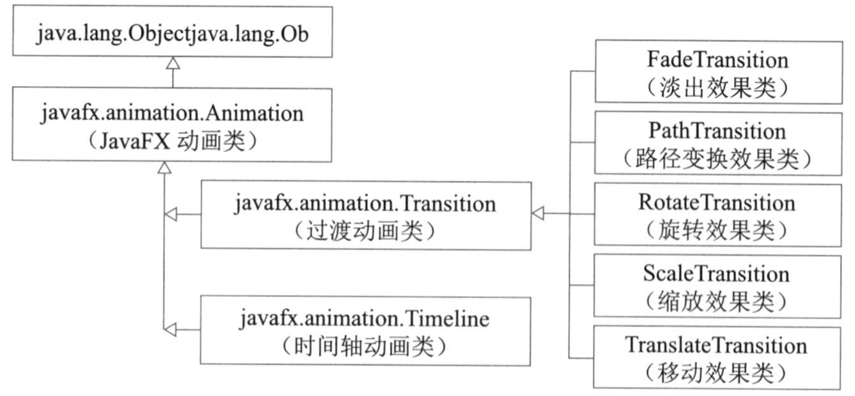

图 14.11　JavaFX 常用动画类的继承关系

Animation 类中提供了一些通用方法可供其子类使用，表 14.12 给出了 Animation 类的常用方法。

表 14.12 javafx.animation.Animation 类的常用方法

常用方法	功能说明
public void play()	从当前位置播放动画
public void pause()	暂停动画播放
public void playFromStart()	从头播放动画
public void stop()	停止动画并重置动画
protected final void setStatus(Animation.Status value)	设置动画的状态为 value，value 取值如下： Animation.Status.PAUSED：暂停； Animation.Status.RUNNING：播放； Animation.Status.STOPPED：停止
public final Animation.Status getStatus()	返回动画的状态
public final void setRate(double value)	设置动画播放的方向和速度
public final double getCurrentRate()	返回动画播放的当前方向和速度
public final void setCycleCount(int value)	设置动画循环播放的次数
public final void setAutoReverse(boolean value)	设置在下一个周期中动画是否需要倒转方向

动画播放必然要持续一段时间。JavaFX 提供的 javafx.util.Duration 类用来定义动画事件持续的时间即时长。事件持续时间类 Duration 是一个不可更改类，即时长对象一旦创建就不能再改变。表 14.13 和表 14.14 分别给出了 Duration 类的构造方法和常用方法。

表 14.13 javafx.util.Duration 类的构造方法

构造方法	功能说明
public Duration(double millis)	创建持续 millis 毫秒的持续时间对象

表 14.14 javafx.util.Duration 类的常用方法

常用方法	功能说明
public static Duration millis(double ms)	返回指定 ms 毫秒数的持续时间
public static Duration minutes(double m)	返回指定 m 分钟数的持续时间
public double toHours()	返回持续时间值的小时数
public double toMinutes()	返回持续时间值的分钟数
public double toSeconds()	返回持续时间值的秒数
public double toMillis()	返回持续时间值的毫秒数

14.2.1 过渡动画

最简单的动画可以通过过渡效果实现，使用特定的过渡类，定义有关的属性，然后把它应用到某种节点，最后播放动画即可。下面介绍一个具有移动效果的过渡动画。

移动效果是通过 javafx.animation.PathTransition 类实现的，使用 PathTransition 类可

以制作一个在给定时间内，节点沿着一条路径从一个端点到另一端点的移动动画。路径通过形状对象给出。表 14.15 和表 14.16 分别给出了 PathTransition 类的构造方法和常用方法。

表 14.15　javafx.animation.PathTransition 类的构造方法

构造方法	功能说明
public PathTransition()	创建一个空的移动效果对象
public PathTransition(Duration duration,Shape path)	创建持续时间为 duration、路径为 path 的移动效果对象
public PathTransition(Duration duration,Shape path, Node node)	功能同上，移动效果应用在 node 节点上

表 14.16　javafx.animation.PathTransition 类的常用方法

常用方法	功能说明
public final void setDuration(Duration value)	设置转换持续的时间为 value
public final void setNode(Node value)	设置动画应用在节点 value 上，即转换的目标节点
public final void setOrientation(PathTransition.OrientationType value)	设置节点沿路径的移动方式，参数 value 的取值是枚举。PathTransition.OrientationType 中的枚举常量，含义如下： NONE：移动路径保持不变，保持与路径切线平行 ORTHOGONAL_TO_TANGENT：与路径的切线垂直
public final void setPath(Shape value)	设置形状 value 为节点移动的路径

【例 14.7】编写程序实现将一个文本对象设置在椭圆轨道上移动的动画。

```
//FileName: App14_7.java      路径移动动画程序设计
import javafx.application.Application;
import javafx.stage.Stage;
import javafx.scene.Scene;
import javafx.animation.Animation;
import javafx.animation.PathTransition;
import javafx.scene.shape.Ellipse;
import javafx.scene.paint.Color;
import javafx.scene.text.Text;
import javafx.scene.text.Font;
import javafx.scene.layout.Pane;
import javafx.util.Duration;
public class App14_7 extends Application{
  @Override
  public void start(Stage stage){
    Pane pane=new Pane();
    Text t=new Text("您好");
    t.setFont(Font.font(20));
```

```
19     t.setFill(Color.RED);
20     Ellipse elli=new Ellipse(120,60,70,40);
21     elli.setFill(Color.WHITE);
22     elli.setStroke(Color.BLUE);
23     pane.getChildren().addAll(elli,t);
24     PathTransition pt=new PathTransition();// 创建动画移动路径对象 pt
25     pt.setDuration(Duration.millis(4000));  // 设置播放持续时间为 4s
26     pt.setPath(elli);                        // 设置椭圆 elli 为路径
27     pt.setNode(t);                           // 设置 t 为动画节点
28     pt.setOrientation(PathTransition.OrientationType.ORTHOGONAL_TO_TANGENT);
29     pt.setCycleCount(Animation.INDEFINITE); // 设置无限次播放
30     pt.setAutoReverse(false);                // 设置不反转
31     pt.play();
32     elli.setOnMousePressed(e->pt.pause());// 当在椭圆上按下鼠标时暂停动画
33     elli.setOnMouseReleased(e->pt.play());// 当在椭圆上释放鼠标时继续播放
34     Scene scene=new Scene(pane,240,120);
35     stage.setTitle(" 移动路径动画 ");
36     stage.setScene(scene);
37     stage.show();
38   }
39 }
```

例 14.7 程序第 17 ～ 23 行分别创建了文本对象 t 和椭圆对象 elli，并将它们添加到面板对象 pane 中。第 24 行创建了一个动画移动的路径对象 pt，第 25 行设置移动路径的持续时间为 4 s。第 27 行设置移动对象为 t，移动路径是第 26 行设置的椭圆。第 28 行设置移动对象 t 与路径的切线保持垂直。第 32、33 行设置了椭圆对象 elli 的监听者分别为 Lambda 表达式，当在椭圆上按住鼠标时暂停播放，释放鼠标时则动画从暂停的地方继续播放。程序运行结果如图 14.12 所示。

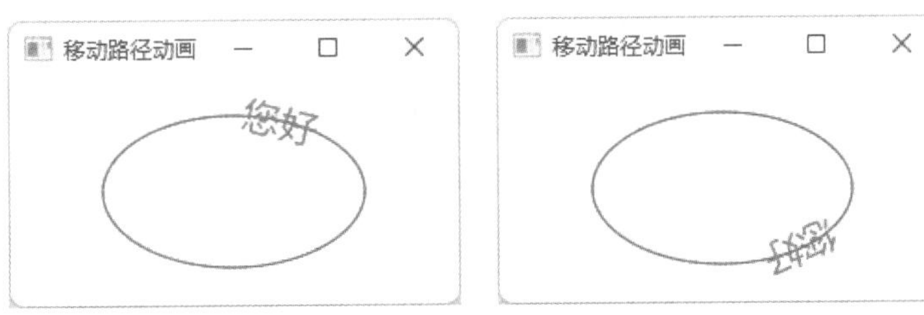

图 14.12　移动路径动画程序设计

除了上面介绍的移动效果外，JavaFX 还提供了一些其他过渡动画类。如具有缩放效果的动画类 javafx.animation.ScaleTransition，通过调用 setByX(value) 和 setByY(value) 等方法可以设置节点的缩放倍数；具有旋转效果的动画类 javafx.animation.RotateTransition，通过调用 setByAngle(value) 方法可以设置节点的旋转角度等。因篇幅所限其他过渡动画类不做介绍。

14.2.2 时间轴动画

为了更好地理解和掌握时间轴动画，先介绍帧的概念。所谓帧就是动画中最小单位的单幅图像或影像画面，相当于电影胶片上的每一个镜头。在动画的时间轴上帧表现为一个节点、一格或一个标记。“关键帧”是节点运动或变化中关键动作所处的那一帧。关键帧与关键帧之间可以插入一些称为过渡帧的中间帧。这些过渡帧由数学算法来调整其位置、不透明度、颜色以及动画所需的其他参数。由系统决定在两个关键帧的持续时间内需要插入多少过渡帧。在两个关键帧之间插入过渡帧的过程称为内插。

动画的主要属性就是时间，因此 JavaFX 具有时间轴来支持动画序列的时间段。用来表示动画动作贯穿整个时间段的类是 javafx.animation.Timeline。关键帧在时间轴上在给定的持续时间（时间间隔）内依次执行。这些关键帧 KeyFrame 中可能包含关键值 KeyValue，关键值 KeyValue 表示的是特定程序值的最终状态，程序值包括位置、不透明度、颜色或在关键时间点执行的动作等。关键值中包含一个用来说明在插入过渡帧的过程中所使用的算法，这个算法称为插值器。

在动画制作过程中，在第一个关键帧中设置动画初始节点相关的属性，例如尺寸、位置、旋转角度、颜色等属性值，接下来在另一个关键帧中设置这些属性的不同的值，对于中间帧属性值的改变，由插值器自动设置。

总结一下，所谓关键帧就是在某一帧当中，设置某些关键性的属性值。若这一属性值和其他帧的属性值不同，则系统自动算出中间的每一帧相关属性值的变化，所以关键帧是用来定义动画变化的帧。从一个关键帧过渡到另一个关键帧的过程中使用插值器来计算中间过渡帧。

时间轴 Timeline 对象是一个包含多个关键帧 KeyFrame 对象的动画序列，这些 KeyFrame 按照它们在时间轴内的相对时间排序。时间轴允许在一段时间之后使用插值器将动画属性修改为新的目标值，即通过更改节点的属性创建动画。动画在图形场景中的转换状态由开始和结束关键帧来描述特定时间的画面状态。JavaFX 提供了一系列的事件用来在时间轴运行期间触发，如停止、暂停、恢复、反向或重复运动等。时间轴在时间方向上既可以向前移动，又可以向后移动。此外，也可以循环播放一次或多次，甚至是无限循环播放。可指定每次循环时改变方向，这样它就能够先向前播放再向后播放。还可以加快或减慢播放的速度。

Timeline 类是 Animation 类的子类，所以 Animation 类中的方法在 Timeline 类中都可使用。表 14.17 ～表 14.22 分别给出了 Timeline 类、KeyFrame 类和 KeyValue 类的构造方法和常用方法。

表 14.17 javafx.animation.Timeline 类的构造方法

构造方法	功能说明
public Timeline()	创建一个空的时间轴对象
public Timeline(double targetFramerate)	以 targetFramerate 为帧速率（每秒刷新图片的帧数）创建时间轴对象
public Timeline(KeyFrame... keyFrames)	以参数指定的多个关键帧来创建时间轴对象
public Timeline(double targetFramerate, KeyFrame... keyFrames)	以 targetFramerate 为帧速率，以参数指定的多个关键帧来创建时间轴对象

表 14.18 javafx.animation.Timeline 类的常用方法

常用方法	功能说明
public final ObservableList<KeyFrame> getKeyFrames()	返回时间轴上的关键帧列表

表 14.19 javafx.animation.KeyFrame 类的构造方法

构造方法	功能说明
public KeyFrame(Duration time,KeyValue...values)	以 time 为持续时间，以给定的多个参数为关键值创建关键帧对象
public KeyFrame(Duration time,String name, KeyValue... values)	以 time 为持续时间，以 name 为名字并以给定的多个关键值创建关键帧对象
public KeyFrame(Duration time, EventHandler <ActionEvent> onFinished,KeyValue... values)	创建关键帧对象，参数同上，但 onFinished 是关键帧持续时间结束后被调用的事件处理方法

表 14.20 javafx.animation.KeyFrame 类的常用方法

常用方法	功能说明
public String getName()	返回关键帧的名称
public Set<KeyValue> getValues()	返回关键值实例集
public Duration getTime()	返回关键帧的时间偏移量

表 14.21 javafx.animation.KeyValue 类的构造方法

构造方法	功能说明
public KeyValue(WritableValue<T> target,T endValue)	创建以 target 为目标、以 endValue 为结束的关键值对象，使用默认插值器 Interpolator.LINEAR
public KeyValue(WritableValue<T> target,T endValue, Interpolator interpolator)	功能同上，使用的插值器为 interpolator，取值如下： Interpolator.LINEAR：线性； Interpolator.DISCRETE：离散； Interpolator.EASE_IN：渐快； Interpolator.EASE_OUT：减速； Interpolator.EASE_BOTH：增减速交替

表 14.22　javafx.animation.KeyValue 类的常用方法

常用方法	功能说明
public WritableValue<?> getTarget()	返回关键值中的目标
public Object getEndValue()	返回关键值中的结束值
public Interpolator getInterpolator()	返回关键值中的插值器

【例 14.8】利用时间轴动画，编写一个字幕滚动程序。

```
//FileName: App14_8.java      字幕滚动程序设计
import javafx.animation.KeyFrame;
import javafx.animation.KeyValue;
import javafx.animation.Timeline;
import javafx.application.Application;
import javafx.geometry.VPos;
import javafx.scene.Scene;
import javafx.scene.layout.Pane;
import javafx.scene.text.Font;
import javafx.scene.text.Text;
import javafx.stage.Stage;
import javafx.util.Duration;
public class App14_8 extends Application{
  @Override
  public void start(Stage stage){
    Text t=new Text("滚动字幕");
    t.setTextOrigin(VPos.TOP);              //垂直方向显示整个文本
    t.setFont(Font.font(20));
    Pane root=new Pane(t);
    root.setPrefSize(300,50);
    Scene scene=new Scene(root);
    stage.setScene(scene);
    stage.setTitle("时间轴动画程序设计");
    stage.show();
    double sceneWidth=scene.getWidth();
    double tWidth=t.getLayoutBounds().getWidth();
    KeyValue sKeyValue=new KeyValue(t.translateXProperty(),sceneWidth);
    KeyFrame sFrame=new KeyFrame(Duration.ZERO,sKeyValue);
    KeyValue eKeyValue=new KeyValue(t.translateXProperty(),-1.0*tWidth);
    KeyFrame eFrame=new KeyFrame(Duration.seconds(5),eKeyValue);
    Timeline timeline=new Timeline(sFrame,eFrame);    //创建时间轴对象
    timeline.setCycleCount(Timeline.INDEFINITE);      //动画无限次循环
    timeline.play();                                  //播放动画
    //实现接口 ChangeListener 的 changed() 方法用于
    //更新关键帧并重新设置动画的场景宽度
    scene.widthProperty().addListener((prop,oldValue,newValue)->{
```

```
37        KeyValue kv=new KeyValue(t.translateXProperty(),scene.getWidth());
38        KeyFrame kf=new KeyFrame(Duration.ZERO,kv);
39        timeline.stop();
40        timeline.getKeyFrames().clear();
41        timeline.getKeyFrames().addAll(kf,eFrame);
42        timeline.play();
43      });
44    }
45 }
```

例 14.8 程序运行结果如图 14.13 所示。该程序第 16 ～ 20 行创建了文本对象 t，设置了对齐方式和字体属性，然后将 t 放入面板 root 中，其中第 17 行的方法是设置在垂直方向上以什么位置作为原点开始显示整个文本。第 21 行将面板添加到场景中。第 25 行获取了场景的宽度，第 26 行是通过 Node 类中的 getLayoutBounds() 方法返回的对象调用 getWidth() 方法获取了文本对象的宽度赋值给 tWidth。第 27 行创建了起始关键值对象 sKeyValue，其目标是文本 t 的绑定属性，结束值为场景的宽度；第 28 行创建了起始关键帧对象 sFrame。同理，第 29 ～ 30 行创建了结束关键值和结束关键帧。第 31 行用起、止关键帧创建了时间轴对象，第 33 行设置播放。为了能在滚动文本时更新其初始水平位置随场景的宽度而改变，第 36 ～ 43 行为窗口宽度的绑定属性添加了监听者，用 Lambda 表达式实现了函数式接口 ChangeListener<T> 中的 changed() 方法。这样就可通过随时更新初始关键帧来让文字的位置随着拉伸窗口宽度而出现在窗口的右边。

图 14.13　时间轴动画程序设计

说明： 该程序中用到的方法 getLayoutBounds()和 translateXProperty()均是 Node 类中的方法。

本章小结

1. JavaFX 的绘图面板中，原点在左上角，向右为 x 轴方向，向下为 y 轴方向。

2. 关键帧 KayFrame 是设置某些关键性属性值的帧。

3. 关键值 KeyValue 是包含在 KeyFrame 对象中的某些参数值。

4. 从一个关键帧过渡到另一个关键帧的过程中用于计算中间过渡帧的算法称为插值器。

习题

14.1　编程题。画一个圆角矩形，宽度为 200 像素，高度为 100 像素，左上角位于

(20,20)，圆角处的水平直径为 30 像素，垂直直径为 20 像素，并用红色填充。

14.2　编程题。画一个椭圆，中心在 (140,100)，水平半径为 100 像素，垂直半径为 50 像素，画笔颜色随机产生，不填充颜色，生成 16 个椭圆，每个椭圆旋转一个角度后添加到面板中。

14.3　编程题。画一个半径为 50 像素的下半圆，并用蓝色填充。

14.4　编程题。窗口中放置“顺转”和“逆转”两个按钮，当单击按钮时，将椭圆每次旋转 30°。

14.5　编程题。画一个以 (20,40)、(30,50)、(40,90)、(90,10)和 (10,30)为顶点的多边形。

14.6　编程题。用动画实现一个钟摆，即一条直线上端固定，下端连接一个小球，小球来回摆动。

14.7　利用时间轴动画，编程实现在窗口中显示一个闪烁的文本。

14.8　利用时间轴动画，编程实现一个小球在窗口中跳动，并可用上、下箭头键增减小球的速度。当鼠标按下时动画暂停，当鼠标释放时动画恢复运行。

14.9　利用时间轴动画，编程实现一个文本在屏幕上左右来回滚动。

第15章

多线程程序设计

本章主要内容

- ★ 程序、进程、多任务、线程的概念与区别；
- ★ 创建线程的两种方法；
- ★ 多线程的同步控制；
- ★ 线程间的通信。

在 Java 语言中用线程对象来表示一个代码段，各个线程之间的并发执行意味着一个 Java 程序的各个代码段的并发执行。并发执行与并行执行不同，并行执行通常表示同一时刻有多个代码在处理器上运行，这往往需要多个处理器，如 CPU 等硬件的支持。而并发执行通常表示在单处理器上同一时刻只能执行一段代码，但在一个时间段内，这些代码交替执行，即所谓“微观串行，宏观并行”。

15.1 线程的概念

以往开发的程序大多都是单线程的，即一个程序只从头到尾一条执行路径。而多线程（multithread）是指在同一个进程中同时存在几个执行体，按几条不同的执行路径同时工作的情况。所以，多线程编程的含义就是可将一个程序任务分成几个可以同时并发执行的子任务。特别是在网络编程中，会发现许多功能是可以并发执行的。程序、进程、多任务和线程等是非常容易混淆的概念。为了更好地理解多线程机制，有必要搞清楚这些概念。

（1）程序（program）。程序是含有指令和数据的文件，被存储在磁盘或其他的数据存储设备中，程序是静态的代码。

（2）进程（process）。进程是程序的一次执行过程，是系统运行程序的基本单位，因此进程是动态的。一个进程就是一个运行中的程序，它在计算机中一个指令接着一个指令地执行。同时，每个进程还占有某些系统资源，如 CPU 时间、内存空间、文件、输入输出设备的使用权等。如每一个正在 Windows 操作系统上运行的程序，都可以视为一个进程。

（3）多任务（multi task）。多任务是指在一个系统中可以同时运行多个进程，即有多个独立运行的任务，每个任务对应一个进程。所谓同时运行的进程，其实是指由操作系统将系统资源分配给各个进程，每个进程在 CPU 上交替运行。

（4）线程（thread）。线程与进程相似，也是一个执行中的程序，但线程是一个比进程更小的执行单位，线程也是一个动态的概念。但是与进程不同的是，线程不能独立存在，必须存在于进程中。因为同一进程的各个线程之间可以共享相同的各项资源，如程序区段、数据区段、已打开的文件等，并利用共享的内存来完成数据交换、实时通信及必要的同步工作，所以各线程之间的通信速度很快，线程之间进行切换所占用的系统资源也较少。

线程和进程最大的不同在于基本上各进程是独立的，而各线程则不一定，因为同一进程中的线程极有可能会互相影响。从另一个角度说，进程属于操作系统的范畴，主要是在同一段时间内可以同时执行一个以上的程序，而线程则是在同一程序内同时执行一个以上的程序段。

综上可知，所谓多线程就是同时执行一个以上的线程，一个线程的执行不必等待另一个线程执行完后才进行，所有线程都可以发生在同一时刻。但操作系统并没有将多个线程看作多个独立的应用去实现线程的调度和管理以及资源分配。

注意： 多任务与多线程是两个不同的概念，多任务是针对操作系统而言的，表示操作系统可以同时运行多个应用程序；而多线程是针对一个进程而言的，表示在一个进程内部可以同时执行多个线程。

15.2 Java 的 Thread 线程类与 Runnable接口

Java 语言中实现多线程的方法有两种：一种是继承 java.lang 包中的 Thread 类；另一种是用户在定义自己的类中实现 Runnable 接口。但不管采用哪种方法，都要用到 Java 语言类库中的 Thread 类以及相关的方法。

15.2.1 利用 Thread 类的子类创建线程

Java 语言的类库中已定义了 Thread 类，并内置了一组方法，使程序利用该类提供的方法去产生一个新的线程、执行一个线程、终止一个线程的工作或是查看线程的运行状态。

继承 Thread 类是实现线程的一种方法。Thread 类的构造方法如表 15.1 所示，其常用方法如表 15.2 所示。

表 15.1 java.lang.Thread 类的构造方法

构造方法	功能说明
public Thread()	创建一个线程对象，此线程对象的名称是 Thread-n 的形式，其中 n 是一个整数。使用这个构造方法，必须创建 Thread 类的一个子类并覆盖其 run() 方法
public Thread(String name)	创建一个线程对象，参数 name 指定了线程的名称
public Thread(Runnable target)	创建一个线程对象，此线程对象的名称是 Thread-n 的形式，其中 n 是一个整数。以参数 target 作为可运行对象，其中的 run() 方法将被线程对象调用，作为其执行代码
public Thread(Runnable target,String name)	功能同上，参数 name 指定了新创建线程的名称

表 15.2 java.lang.Thread 类的常用方法

常用方法	功能说明
public static Thread currentThread()	返回当前正在运行的线程对象
public final String getName()	返回线程的名称
public void start()	使该线程由新建状态变为就绪状态。如果该线程已经是就绪状态，则产生 IllegalStateException 异常
public void run()	线程应执行的任务
public final boolean isAlive()	如果线程处于就绪、阻塞或运行状态，则返回 true；如果线程处于新建且没有启动的状态，或已经结束，则返回 false
public void interrupt()	当线程处于就绪状态或运行状态时，给该线程设置中断标志；一个正在运行的线程让睡眠线程调用该方法，则可导致睡眠线程发生 InterruptedException 异常而唤醒自己，从而进入就绪状态
public static boolean isInterrupted()	判断该线程是否被中断，若是则返回 true，否则返回 false
public final void join()	暂停当前线程的执行，等待调用该方法的线程结束后再继续执行本线程
public final int getPriority()	返回线程的优先级
public final void setPriority(int newPriority)	设置线程优先级。如果当前线程不能修改这个线程，则产生 SecurityException 异常；如果参数不在所要求的优先级范围内，则产生 IllegalArgumentException 异常
public static void sleep(long millis)	为当前执行的线程指定睡眠时间。参数 millis 是线程睡眠的毫秒数。如果这个线程已经被别的线程中断，则产生 InterruptedException 异常
public static void yield()	暂停当前线程的执行，但该线程仍处于就绪状态，不转为阻塞状态。该方法只给同优先级线程以运行的机会

要在一个 Thread 的子类中激活线程，必须先准备好下列两件事情：

（1）此类必须继承自 Thread 类；

（2）线程所要执行的代码必须写在 run() 方法内。

线程执行时，从它的 run() 方法开始执行。run() 方法是线程执行的起点，就像 main() 方法是应用程序运行的起点一样。所以，必须通过定义 run() 方法来为线程提供代码。run() 是定义在 Thread 类中的方法，因此把线程的程序代码编写在 run() 方法内，实际上所做的就是覆盖的操作，因此要使一个类可激活线程，必须使用下列语法来编写。

```
class 类名 extends Thread{        //从 Thread 类派生子类
  类里的成员变量;
  类里的成员方法;
  修饰符 run(){                   //覆盖父类 Thread 中的 run() 方法
    线程的代码
  }
}
```

说明： run() 方法规定了线程要执行的任务，但一般不是直接调用 run() 方法，而是通过线程的 start() 方法来启动线程。

【例 15.1】利用 Thread 类的子类来创建线程。

说明： 由于 Thread 类位于 java.lang 包中，因此程序的开头不用 import 导入任何包就可直接使用。

```
//FileName: App15_1.java          创建 Thread 类的子类来创建线程
class MyThread extends Thread{    //创建 Thread 类的子类 MyThread
  private String who;
  public MyThread(String str){    //构造方法，用于设置成员变量 who
    who=str;
  }
  public void run(){              //覆盖 Thread 类中的 run() 方法
    for(int i=0;i<5;i++){
      try{
        sleep((int)(1000*Math.random()));
      }
      catch(InterruptedException e){}
      System.out.println(who+"正在运行！！");
    }
  }
}
public class App15_1{
  public static void main(String[] args){
    MyThread you=new MyThread("你");
    MyThread she=new MyThread("她");
    you.start();      //注意，调用的是 start() 方法而不是 run() 方法
    she.start();      //注意，调用的是 start() 方法而不是 run() 方法
    System.out.println("主方法 main() 运行结束！");
  }
}
```

程序运行结果：

```
主方法 main() 运行结束!
你正在运行！！
她正在运行！！
你正在运行！！
你正在运行！！
她正在运行！！
她正在运行！！
你正在运行！！
她正在运行！！
她正在运行！！
你正在运行！！
```

从例 15.1 程序的运行结果可以看出，其中的两个线程几乎是同时激活的，第 21 行激活 you 线程之后，第 22 行的 she 线程也随之激活。第 9 ~ 12 行用来控制线程的睡眠时间。因为 sleep() 会抛出 InterruptedException 类型的异常，所以必须将 sleep() 写在 try-catch 块内，且 catch 接收了 InterruptedException 类型的异常。另外，sleep() 方法中的参数 Math.random() 将产生 0 ~ 1 的浮点型随机数，乘以 1000 后变成 0 ~ 1000 的浮点型随机数，最后再把它强制转换为整数（因 sleep() 方法的参数必须是整型）。因此利用该语句可控制线程睡眠时间为 0 ~ 1 s 的随机数，所以该程序的运行结果每次可能都不相同，至于谁先运行全看谁睡的时间短而定。但需注意的是第 23 行的输出语句，我们预期它会最后运行，但运行结果却在第一行就输出了。事实上，由于 main() 方法本身也是一个线程，因此执行完第 21、22 行之后，接着会往下执行第 23 行语句，因而会输出“主方法 main() 运行结束！”字符串。至于会先执行第 23 行语句，还是先跳到 you 或 she 线程中去执行，视谁先抢到 CPU 资源而定。通常是第 23 行语句会先执行，因为它不用经过线程激活的过程。

15.2.2 用实现 Runnable 接口的类创建线程

15.2.1 节介绍了如何用 Thread 类的子类来创建线程，但是如果类本身已经继承了某个父类，就无法再继承 Thread 类，这种情况下可以使用 Runnable 接口。Runnable 接口是 Java 语言中实现线程的接口，定义在 java.lang 包中，其中只提供了一个抽象方法 run() 的声明。从本质上说，任何实现线程的类都必须实现该接口。其实 Thread 类就是直接继承了 Object 类，并实现了 Runnable 接口，所以其子类才具有线程的功能。因此，用户可以声明一个类并实现 Runnable 接口，并定义 run() 方法，将线程代码写入其中，就完成了这一部分的任务。但是 Runnable 接口并没有任何对线程的支持，还必须创建 Thread 类的实例，这一点通过 Thread(Runnable target) 类的构造方法来实现。所以除了利用 Thread 类的子类创建线程外，另一种就是直接利用接口 Runnable 和线程的构造方法 Thread(Runnable target) 来创建线程。具体方法就是自己定义一个类，并实现 Runnable 接口，然后将这个类所创建的对象作为参数传递给线程的构造方法，传递给线程类构造方法的这个对象称为线程的可运行对象（runnable object），当线程调用 start() 方法激活线程后，轮到它来享用 CPU 资源时，可运行对象就会自动调用接口中的 run() 方法，这一过程是自动实现的，用户程序只需让线程调用 start() 方法即可。

使用 Runnable 接口的好处不仅在于间接地解决了多重继承问题，与 Thread 类相比，Runnable 接口更适合于多个线程处理同一资源。事实上，几乎所有的多线程应用都可以用实现 Runnable 接口的方式来实现。

【例 15.2】利用 Runnable 接口来创建线程。

```
1  //FileName: App15_2.java          利用 Runnable 接口来创建线程
2  class MyThread implements Runnable{       // 由 Runnable 接口实现 MyThread 类
3    private String who;
4    public MyThread(String str){            // 构造方法，用于设置成员变量 who
5      who=str;
6    }
7    public void run(){                      // 实现 run() 方法
8      for(int i=0;i < 5;i++){
9        try{
10         Thread.sleep((int)(1000*Math.random()));
11       }
12       catch(InterruptedException e){
13         System.out.println(e.toString());
14       }
15       System.out.println(who+" 正在运行！！ ");
16     }
17   }
18 }
19 public class App15_2{
20   public static void main(String[] args){
21     MyThread you=new MyThread(" 你 ");    // 创建可运行对象 you
22     MyThread she=new MyThread(" 她 ");    // 创建可运行对象 she
23     Thread t1=new Thread(you);            // 利用可运行对象 you 创建线程对象 t1
24     Thread t2=new Thread(she);            // 利用可运行对象 she 创建线程对象 t2
25     t1.start();                           // 注意，用 t1 激活线程
26     t2.start();                           // 注意，用 t2 激活线程
27   }
28 }
```

例 15.2 程序的功能与例 15.1 的功能基本相同。需要说明的是，由于本例的 MyThread 类是由 Runnable 接口来实现的，所以第 10 行的 sleep() 方法前要加前缀 Thread。

在前面的例子中，可以看出程序中被同时激活的多个线程将同时执行，但有时需要有序地执行，这时可以使用 Thread 类中的 join() 方法。当某一线程调用 join() 方法时，其他

线程会等到该线程结束后才开始执行。也就是说，语句 t.join() 将使 t 线程“加塞”到当前线程之前获得 CPU，当前线程则进入阻塞状态，直到线程 t 结束为止，当前线程恢复为就绪状态，等待线程调度。将例 15.1 稍加修改，使得 you 线程先执行完后再执行 she 线程，待 she 线程结束后，再输出字符串“主方法 main() 运行结束！”。

【例 15.3】多线程中 join() 方法的使用。

```
1  //FileName: App15_3.java          多线程中 join() 方法的使用
2  //将 App15_1 的 MyThread 类放在此处
3  public class App15_3{
4    public static void main(String[] args){
5      MyThread you=new MyThread("你");
6      MyThread she=new MyThread("她");
7      you.start();     //激活 you 线程
8      try{
9        you.join();    //限制 you 线程结束后才能往下执行
10     }
11     catch(InterruptedException e){}
12     she.start();
13     try{
14       she.join();    //限制 she 线程结束后才能往下执行
15     }
16     catch(InterruptedException e){}
17     System.out.println("主方法 main() 运行结束！");
18   }
19 }
```

例 15.3 程序的运行结果是先输出五个“你正在运行！！”，然后输出“她正在运行！！”，最后输出“主方法 main() 运行结束！”。

该程序的第 7 行激活线程 you 后继续往下执行，但因第 9 行是 you.join() 语句，所以它会使程序的流程先停在此处，直到 you 线程结束之后，才会执行第 12 行的 she 线程。同理，因为 she 线程也调用了 join() 方法，所以要等到 she 线程结束后，才会执行第 17 行的输出语句，输出“主方法 main() 运行结束！”字符串。

注意：因为 join() 方法也会抛出 InterruptedException 类型的异常，所以必须将 join() 方法放在 try-catch 块内。

通过上面的介绍可知有两种创建线程对象的方式，这两种方式各有特点。

直接继承 Thread 类的特点是：编写简单，可以直接操纵线程；缺点是若继承 Thread 类，就不能再继承其他类。使用 Runnable 接口的特点是可以将 Thread 类与所要处理的任务的类分开，形成清晰的模型，还可以继承其他类，从而实现多重继承的功能。

在程序运行过程中，经常需要通过线程的引用或名字来操作线程，那么如何才能获得当前正在运行的线程呢？分两种情况来说明：第一种情况是若直接使用继承 Thread 类的子类，则在类中 this 即指当前线程；第二种情况是使用实现 Runnable 接口的类，要在此类中获得当前线程的引用，必须使用 Thread.currentThread() 方法。具体地说，①当可运行对象包含线程对象时，即线程对象是可运行对象的成员时，则在 run() 方法中可以通过调用 Thread.currentThread() 方法来获得正在运行的线程的引用。②当可运行对象不包含线程对象时，在可运行对象 run() 方法中需要使用语句 Thread.currentThread().getName() 来返回当前正在运行线程的名字。

15.2.3 线程间的数据共享

已知同一进程的多个线程间是可以共享相同的内存单元，并可利用这些共享单元来实现数据交换、实时通信和必要的同步操作。对于利用构造方法 Thread（Runnable target）这种方式创建的线程，当轮到它来享用 CPU 资源时，可运行对象 target 就会自动调用接口中的 run() 方法，因此，对于同一可运行对象的多个线程，可运行对象的成员变量自然就是这些线程共享的数据单元。另外，创建可运行对象的类在需要时还可以是某个特定类的子类，因此，使用 Runnable 接口比使用 Thread 的子类更具有灵活性。

通过前面的介绍可知，建立 Thread 子类和实现 Runnable 接口都可以创建多线程，但它们的主要区别就在于对数据的共享上。使用 Runnable 接口可以轻松实现多个线程共享相同数据，只要用同一可运行对象作为参数创建多个线程就可以了。下面通过例子来比较这两种实现多线程方式的不同。

【例 15.4】用 Thread 子类程序来模拟航班售票系统，实现三个售票窗口发售某次航班的 10 张机票，一个售票窗口用一个线程来表示。

```
//FileName: App15_4.java
class ThreadSale extends Thread{  //创建一个 Thread 子类，模拟航班售票窗口
  private int tickets=10;         //私有变量 tickets 代表机票数，是共享数据
  public void run(){
    while(true){
      if(tickets > 0)             //如果有票可售
        System.out.println(this.getName()+" 售机票第 "+tickets--+" 号 ");
      else
        System.exit(0);
    }
  }
}
public class App15_4{//创建另一个类，在它的 main() 方法中创建并启动 3 个线程对象
  public static void main(String[] args){
    ThreadSale t1=new ThreadSale();      //创建三个 Thread 类的子类的对象
    ThreadSale t2=new ThreadSale();
    ThreadSale t3=new ThreadSale();
    t1.start();                          //分别用这三个对象调用自己的线程
    t2.start();
```

```
20      t3.start();
21    }
22 }
```

从例 15.4 程序的运行结果可看到，虽然每次运行的结果可能不同，但每张机票均被卖了 3 次，即三个线程各自卖了 10 张机票，而不是去卖共同的 10 张机票。为什么会这样呢？由于需要的是多个线程去处理同一资源——机票（tickets），一个资源只能对应一个对象，在上面程序中的第 15 ～ 17 行分别创建了三个 ThreadSale 线程对象，而每个线程都拥有各自的方法和变量，且每个线程对象均可以独立地从 CPU 那里得到可执行的时间片，其结果虽然是相同的，但变量 tickets 却不是共享的，而是各有 10 张机票，每个线程都在独立地处理各自的资源，因而结果是各卖出 10 张机票，与原意相悖。例 15.5 就改正了这个错误。

【例 15.5】用 Runnable 接口程序来模拟航班售票系统，利用同一可运行对象实现三个售票窗口发售某次航班的 10 张机票，一个售票窗口用一个线程来表示。

```
//FileName: App15_5.java
class ThreadSale implements Runnable{// 创建 Runnable 接口类，模拟航班售票窗口
  private int tickets=10;          // 私有变量 tickets 代表机票数，是共享数据
  public void run(){
    while(true){
      if(tickets > 0)
System.out.println(Thread.currentThread().getName()+" 售机票第 "+tickets--+" 号 ");
      else
        System.exit(0);
    }
  }
}
public class App15_5{// 构造另一个类，在它的 main() 方法中创建并启动三个线程对象
  public static void main(String[] args){
    ThreadSale t=new ThreadSale();         // 创建可运行对象 t
    Thread t1=new Thread(t," 第 1 售票窗口 ");// 用同一可运行对象 t 作为参数创建三个
    Thread t2=new Thread(t," 第 2 售票窗口 ");// 线程，第二个参数为线程名
    Thread t3=new Thread(t," 第 3 售票窗口 ");
    t1.start();
    t2.start();
    t3.start();
  }
}
```

程序的某次运行结果：

```
第 3 售票窗口售机票第 8 号
第 1 售票窗口售机票第 10 号
第 2 售票窗口售机票第 9 号
```

```
第 1 售票窗口售机票第 6 号
第 3 售票窗口售机票第 7 号
第 1 售票窗口售机票第 4 号
第 2 售票窗口售机票第 5 号
第 1 售票窗口售机票第 2 号
第 3 售票窗口售机票第 3 号
第 2 售票窗口售机票第 1 号
```

例 15.5 程序的第 16 ～ 18 行创建了三个线程，虽然这三个线程都可以独立地从 CPU 那里获得可执行的时间片，但它们各自的执行部分却是同一个可运行对象 t 中的内容，即每个线程调用的是同一个 ThreadSale 对象中的 run() 方法，访问的是同一个对象中的变量 tickets，这种情况下变量 tickets 才是共享的资源。尽管每次运行的结果可能不同，但每张票只售出一次，即三个窗口共同售这 10 张票，因此，这个程序满足要求。

通过比较例 15.4 和例 15.5 可知，Runnable 接口适合处理多线程访问同一资源的情况，并且可以避免由于 Java 语言的单继承性带来的局限。

15.3 多线程的同步控制

在前面所介绍的线程中，线程功能简单，每个线程都包含了运行时所需要的数据和方法。这样的线程在运行时，因不需要外部的数据和方法，就不必关心其他线程的状态和行为，称这样的线程为独立的、不同步的或是异步执行的。当应用问题的功能增强、关系复杂，存在多个线程之间共享数据时，若线程仍以异步方式访问共享数据，有时是不安全或不符合逻辑的。此时，当一个线程对共享的数据进行操作时，应使之成为一个“原子操作”，即在没有完成相关操作之前，不允许其他线程打断它，否则就会破坏数据的完整性，必然会得到错误的处理结果，这就是线程的同步。

同步与共享数据是有区别的，共享是指线程之间对内存数据的共享，因为线程共同拥有对内存空间中数据的处理权力，这样会导致因为多个线程同时处理数据而使数据出现不一致，所以提出同步解决此问题，即同步是在共享的基础上，针对多个线程共享会导致数据不一致而提出来的。那么是否可以像例 15.5 那样利用 Runnable 接口解决同步问题？也不行，因为线程可能处于阻塞状态，一旦出现阻塞，CPU 就会交给其他线程，其他线程就会对内存数据进行修改。如果将例 15.5 中的 if 语句中的第 7 行修改为如下两条语句，运行时都会出问题。

```
System.out.println(Thread.currentThread().getName()+" 售机票第 "+tickets+" 号 ");
tickets--;
```

所以说被多个线程共享的数据在同一时刻只允许一个线程处于操作之中，这就是同步控制中的“线程间互斥”问题。而同步的目的在于协调线程之间的制约关系，保证多线程活动步调一致，主要是针对在多线程中存在竞争共享资源的情况下，某一时间段两个或多个线程都想使用同一资源，从而造成资源冲突的问题。线程同步可以用互斥控制方式来解决，互斥意味着一个线程访问共享资源时，其他线程不允许访问。

下面是模拟两个用户从银行取款的操作而造成数据混乱的一个例子。

【例 15.6】设计一个模拟用户从银行取款的应用程序。设某银行账户存款额的初值是 2000 元，用线程模拟两个用户分别从银行取款的情况。两个用户分 4 次分别从银行的同一账户取款，每次取 100 元。

```
//FileName: App15_6.java
class Mbank{                          //模拟银行账户类
  private static int sum=2000;        //初始存款额为 2000 元
  public static void take(int k){
    int temp=sum;
    temp-=k;                          //变量 temp 中保存的是每个线程处理的值
    try{
      Thread.sleep((int)(1000*Math.random()));
    }
    catch(InterruptedException e){}
    sum=temp;
    System.out.println("sum="+sum);
  }
}
class Customer extends Thread{        //模拟用户取款的线程类
  public void run(){
    for(int i=1;i<=4;i++)
      Mbank.take(100);
  }
}
public class App15_6{                 //调用线程的主类
  public static void main(String[] args){
    Customer c1=new Customer();
    Customer c2=new Customer();
    c1.start();
    c2.start();
  }
}
```

程序的某次运行结果：

```
sum=1900
sum=1800
sum=1900
sum=1700
sum=1800
sum=1600
sum=1700
sum=1600
```

例 15.6 程序的本意是通过两个线程分多次从一个共享变量中减去一定数值，以模拟两个用户从银行取款的操作。第 2 ～ 14 行定义的类 Mbank 用来模拟银行账户，其中第 3 行定义的私有静态变量 sum 表示账户现有存款额，表示要从中取款，第 4 行定义的静态方法 take() 中的参数 k 表示每次的取款数。为了模拟银行取款过程中的网络阻塞，第 8 行让系统睡眠一个随机时间段，再来显示最新存款额。第 15 ～ 20 行定义的类 Customer 是模拟用户取款的线程类，在 run() 方法中，通过循环 4 次调用 Mbank 类的静态方法 take()，从而实现分 4 次从存款额中取出 400 元的功能。第 21 ～ 28 行定义的 App15_6 类创建且启动两个 Customer 类的线程对象，模拟两个用户从同一账户中取款。

账户现有存款额 sum 的初值是 2000 元，如果每个用户各取出 400 元，存款额的最后余额应该是 1200 元。但程序的运行结果却并非如此，并且运行结果是随机的，每次可能互不相同。

之所以会出现这种结果，是由于线程 c1 和 c2 的并发运行引起的。例如，当 c1 从存款额 sum 中取出 100 元，c1 中的临时变量 temp 的初始值是 2000 元，则将 temp 的值改变为 1900，在将 temp 的新值写回 sum 之前，c1 休眠了一段时间。正在 c1 休眠的这段时间内，c2 来读取 sum 的值，其值仍然是 2000，然后将 temp 的值改变为 1900，在将 temp 的新值写回 sum 之前，c2 休眠了一段时间。这时，c1 休眠结束，将 sum 更改为其 temp 的值 1900，并输出 1900。接着进行下一轮循环，将 sum 的值改为 1800，并输出后再继续循环，在将 temp 的值改变为 1700 之后，还未来得及将 temp 的新值写回 sum 之前，c1 进入休眠状态。这时，c2 休眠结束，将它的 temp 的值 1900 写入 sum 中，并输出 sum 的现在值 1900。如此继续，直到每个线程结束，出现了和原来设想不相符的结果。

该程序出现错误结果是两个并发线程共享同一内存变量所引起的。后一线程对变量的更改结果覆盖了前一线程对变量的更改结果，造成数据混乱。通过分析上面的例子，发现上述错误是因为在线程执行过程中，在执行有关的若干动作时，没有能够保证独占相关的资源，而是在对该资源进行处理时又被其他线程的操作打断或干扰而引起的。因此，要防止这样的情况发生，就必须保证线程在一个完整的操作所有动作的执行过程中，都占有相关资源而不被打断，这就是线程同步的概念。

在并发程序设计中，被多线程共享的资源或数据称为临界资源或同步资源，而把每个线程中访问临界资源的那一段代码称为临界代码或临界区。简单地说，在一个时刻只能被一个线程访问的资源就是临界资源，而访问临界资源的那段代码就是临界区。临界区必须互斥地使用，即一个线程执行临界区中的代码时，其他线程不准进入临界区，直至该线程退出为止。为了使临界代码对临界资源的访问成为一个不可被中断的原子操作，Java 技术利用对象“互斥锁”机制来实现线程间的互斥操作。在 Java 语言中每个对象都有一个“互斥锁”与之相连。当线程 A 获得了一个对象的互斥锁后，线程 B 若也想获得该对象的互斥锁，就必须等待线程 A 完成规定的操作并释放互斥锁后，才能获得该对象的互斥锁，并执行线程 B 中的操作。一个对象的互斥锁只有一个，所以利用对一个对象互斥锁的争夺，可以实现不同线程的互斥效果。当一个线程获得互斥锁后，则需要该互斥锁的其他线程只能处于等待状态。在编写多线程的程序时，利用这种互斥锁机制就可以实现不同线程间的互斥操作。

为了保证互斥，Java 语言使用 synchronized 关键字来标识同步的资源，这里的资源可以是一种类型的数据，也就是对象，也可以是一个方法，还可以是一段代码。synchronized 直译为同步，但实际指的是互斥。synchronized 的用法如下：

格式一：同步语句。

```
synchronized(对象){
  临界代码段
}
```

其中，“对象”是多个线程共同操作的公共对象，即需要锁定的临界资源，它将被互斥地使用。

格式二：同步方法。

```
public synchronized 返回类型 方法名(){
  方法体
}
```

同步方法的等效方式如下：

```
public 返回类型 方法名(){
  synchronized(this){
      方法体
  }
}
```

synchronized 的功能：首先判断对象或方法的互斥锁是否在，若在就获得互斥锁，然后就可以执行紧随其后的临界代码段或方法体；如果对象或方法的互斥锁不在（已被其他线程拿走），就进入等待状态，直到获得互斥锁。

注意： 当被 synchronized 限定的代码段执行完，就自动释放互斥锁。

现在修改例 15.6，用线程同步的方法设计用户从银行取款的应用程序。只需将例 15.6 中的第 4 行改成如下语句即可。

```
public synchronized static void take(int k)
```

即将 take() 方法用 synchronized 关键字修饰成线程同步方法。因为对 take() 方法增加了同步限制，所以在线程 c1 结束 take() 方法运行之前，线程 c2 无法进入 take() 方法。同理，在线程 c2 结束 take() 方法运行之前，线程 c1 无法进入 take() 方法，从而避免了一个线程对 sum 变量的修改结果覆盖另一线程对 sum 变量的修改结果。

下面对 synchronized做进一步说明。

（1）synchronized 锁定的通常是临界代码。由于所有锁定同一个临界代码的线程之间，在 synchronized 代码块上是互斥的，也就是说，这些线程的 synchronized 代码块之间是串行执行的，不再是互相交替穿插并发执行，因而保证了 synchronized 代码块操作的原子性。

（2）synchronized 代码块中的代码数量越少越好，包含的范围越小越好，否则就会失去多线程并发执行的很多优势。

（3）若两个或多个线程锁定的不是同一个对象，则它们的 synchronized 代码块可以互相交替穿插并发执行。

（4）所有的非 synchronized 代码块或方法，都可自由调用。如线程 A 获得了对象的互斥锁，调用对象的 synchronized 代码块，其他线程仍然可以自由调用该对象的所有非 synchronized 方法和代码。

（5）任何时刻，一个对象的互斥锁只能被一个线程所拥有。

（6）只有当一个线程执行完它所调用对象的所有 synchronized 代码块或方法后，该线程才会释放这个对象的互斥锁。

（7）临界代码中的共享变量应定义为 private 型，否则，其他类的方法可能直接访问和操作该共享变量，这样 synchronized 的保护就失去了意义。

（8）由于（7）的原因，只能用临界代码中的方法访问共享变量。故锁定的对象通常是 this，即通常格式都是 synchronized(this){…}。

（9）一定要保证所有对临界代码中共享变量的访问与操作均在 synchronized 代码块中进行。

（10）对于一个 static 型的方法，即类方法，要么整个方法是 synchronized 的，要么整个方法不是 synchronized 的。

（11）如果 synchronized 用在类声明中，则表示该类中的所有方法都是 synchronized 的。

15.4　线程之间的通信

多线程的执行往往需要相互之间的配合。为了更有效地协调不同线程的工作，需要在线程间建立沟通渠道，通过线程间的“对话”来解决线程间的同步问题，而不仅仅是依靠互斥机制。例如，当一个人在排队买面包时，若她给售卖员的不是零钱，而售卖员又没有零钱找给她，那她就必须等待，并允许她后面的人先买，以便售卖员获得零钱找给她。如果她后面的这个人仍没零钱，那么她俩都必须等待，并允许后面的人先买。

Object 类中的 wait()、notify() 和 notifyAll() 等方法为线程间的通信提供了有效手段。表 15.3 给出了 Object 类中用于线程间进行通信的常用方法。

表 15.3 java.lang.Object 类中用于线程通信的常用方法

常用方法	功能说明
public final void wait()	如果一个正在执行同步代码（synchronized）的线程 A 执行了 wait() 调用（在对象 x 上），该线程暂停执行而进入对象 x 的等待队列，并释放已获得的对象 x 的互斥锁。线程 A 要一直等到其他线程在对象 x 上调用 notify() 或 notifyAll() 方法，才能够在重新获得对象 x 的互斥锁后继续执行（从 wait() 语句后继续执行）
public void notify()	唤醒正在等待该对象互斥锁的第一个线程
public void notifyAll()	唤醒正在等待该对象互斥锁的所有线程，具有最高优先级的线程首先被唤醒并执行

注意： 对于一个线程，若基于对象 x 调用 wait()、notify() 或 notifyAll() 方法，则该线程必须已经获得对象 x 的互斥锁。换句话说，wait()、notify() 和 notifyAll() 只能在同步代码块里调用。

需要说明的是，sleep() 方法和 wait() 方法一样，都能使得线程阻塞，但这两个方法是有区别的，wait() 方法在放弃 CPU 资源的同时交出了资源的控制权，而 sleep() 方法则无法做到这一点。

如果一个线程使用的同步方法中用到某个变量，而该变量又需要其他线程修改后才能符合本线程的需要，那么可以在同步方法中使用 wait() 方法。wait() 方法将中断线程的执行，暂时让出 CPU 的使用权，使本线程转入阻塞状态，并允许其他线程使用这个同步方法。当调用 wait() 方法的线程所需的条件满足后，应确保其他线程会调用 notify() 或 notifyAll() 方法通知一个或所有由于使用这个同步方法而处于阻塞状态的线程结束等待，进入就绪状态，曾中断的线程就会从刚才的中断处继续执行这个同步方法。下面通过一个例子说明 wait() 和 notify() 方法的应用。

【例 15.7】用两个线程模拟存票、售票过程。但要求每存入一张票，就售出一张票，售出后，再存入，直至售完为止。

```
//FileName: App15_7.java
public class App15_7{
  public static void main(String[] args){
    Tickets t=new Tickets(10);// 新建一个票类对象 t，总票数作为参数
    new Producer(t).start();// 以票类对象 t 为参数创建存票线程对象，并启动
    new Consumer(t).start();// 以同一票类对象 t 为参数创建售票线程对象，并启动
  }
}
class Tickets{                  // 票类
  protected int size;           // 总票数
  int number=0;                 // 票号
  boolean available=false;           // 表示当前是否有票可售
```

```
  public Tickets(int size){          // 构造方法，传入总票数参数
    this.size=size;
  }
  public synchronized void put(){ // 同步方法，实现存票功能
    if(available)                  // 如果还有存票待售，则存票线程等待
      try{wait();}
      catch(Exception e){}
    System.out.println("存入第【"+(++number)+ "】号票");
    available=true;
    notify();                      // 存票后唤醒售票线程开始售票
  }
  public synchronized void sell(){ // 同步方法，实现售票功能
    if(!available)                 // 如果没有存票，则售票线程等待
      try{wait();}
      catch(Exception e){}
    System.out.println("售出第【"+(number) + "】号票");
    available=false;
    notify();                      // 售票后唤醒存票线程开始存票
    if(number==size) number=size+1; // 在售完最后一张票后，设置一个结束标志
    //number > size 表示售票结束
  }
}
class Producer extends Thread{     // 存票线程类
  Tickets t=null;
  public Producer(Tickets t){      // 构造方法，使两线程共享票类对象
    this.t=t;
  }
  public void run(){
    while(t.number < t.size)
      t.put();
  }
}
class Consumer extends Thread{     // 售票线程类
  Tickets t=null;
  public Consumer(Tickets t){
    this.t=t;
  }
  public void run(){
    while(t.number <=t.size)
      t.sell();
  }
}
```

程序运行结果：

存入第【1】号票

```
售出第【1】号票
        ⋮                    //省略了输出的中间部分
存入第【10】号票
售出第【10】号票
```

例 15.7 程序的第 11 行定义的变量 number 表示当前是第几号票；第 12 行定义的 boolean 型变量 available 用于表示当前是否有票可售。当 Consumer 线程售出票后，available 值变为 false；当 Producer 线程放入票后，available 值变为 true。只有 available 值为 true 时，Consumer 线程才能售票，否则就必须等待 Producer 线程放入新的票后的通知；反之，只有 available 为 false 时，Producer 线程才能放票，否则必须等待 Consumer 线程售出票后的通知。

本章小结

1. 线程（thread）是指程序的运行流程。多线程是指一个程序可以同时运行多个程序块。

2. 多任务与多线程是两个不同的概念，多任务是针对操作系统而言的，表示操作系统可以同时运行多个应用程序；而多线程是针对一个程序而言的，表示在一个程序内部可以同时运行多个线程。

3. 创建线程有两种方法：一种是继承 java.lang 包中的 Thread 类；另一种是用户在定义自己的类中实现 Runnable 接口。

4. 如果在类中要激活线程，必须先准备好下列两件事情：（1）此类必须是派生自 Thread 类或实现 Runnable 接口；（2）线程的任务必须写在 run() 方法内。

5. 线程在运行时，因不需要外部的数据或方法，就不必关心其他线程的状态或行为，这样的线程称为独立、不同步的或是异步执行的。

6. 当一个线程对共享的数据进行操作时，在没有完成相关操作之前，应使之成为一个“原子操作”，即不允许其他线程打断它，否则可能会破坏数据的完整性而得到错误的处理结果。

7. 只有当一个线程执行完它所调用对象的所有 synchronized 代码块或方法时，该线程才会自动释放这个对象的互斥锁。

习题

15.1 简述线程的基本概念。程序、进程、线程的关系是什么？

15.2 什么是多线程？为什么程序的多线程功能是必要的？

15.3 多线程与多任务的差异是什么？

15.4 Java 程序实现多线程有哪两个途径？

15.5　在什么情况下，必须以类实现 Runnable 接口来创建线程？

15.6　什么是线程的同步？程序中为什么要实现线程的同步？是如何实现同步的？

15.7　假设某家银行可接受顾客的存款，每进行一次存款，便可计算出存款的总额。现有两名顾客，每人分三次、每次存入 100 元钱。试编程来模拟顾客的存款操作。

15.8　某航空公司的机票销售，每天出售有限的机票数量，很多售票点同时销售这些机票。利用多线程技术模拟销售机票系统。要求利用同步语句 synchronized（对象）对同步对象加锁。

第16章

Java 网络程序设计

本章主要内容

- ★ 端口与套接字的概念；
- ★ 基于连接的 Socket 通信程序设计。

Java 语言的网络功能非常强大，其网络类库不仅使用户可以开发、访问 Internet 应用层程序，而且还可以实现网络底层的通信。

16.1 网络基础

一般情况下，在进行网络编程之前，程序员应该掌握与网络有关的知识，甚至对细节也应非常熟悉。由于篇幅所限，本节只介绍必备的网络基础知识，详细内容请参看相关的文献。

16.1.1 TCP/IP

网络通信协议是计算机间进行通信所遵守的各种规则的集合。Internet 的主要协议有网络层的网际互联协议（Internet Protocol，IP）；传输层的传输控制协议（Transport Control Protocol，TCP）和用户数据报协议（User Datagram Protocol，UDP）；应用层的 FTP、HTTP、SMTP 等协议。其中 TCP 和 IP 是 Internet 的主要协议，它们定义了计算机与外设进行通信所使用的规则。TCP/IP 网络参考模型包括四个层次：应用层、传输层、网络层、链路层，每一层负责不同的功能，下面分别进行介绍。

（1）链路层。链路层也称为数据链路层或网络接口层，通常包括操作系统中的设备驱动程序和计算机中对应的网络接口卡。它们一起处理与电缆（或其他任何传输媒介）有关的物理接口细节。

（2）网络层。网络层对 TCP/IP 网络中的硬件资源进行标识。连接到 TCP/IP 网络中的每台计算机（或其他设备）都有唯一的地址，这就是 IP 地址。

（3）传输层。在 TCP/IP 网络中，不同的机器之间进行通信时，数据的传输是由传输层控制的，这包括数据要发往的目的主机及应用程序、数据的质量控制等。TCP/IP 网络中最常用的 TCP 和 UDP 就属于这一层。传输层通常以 TCP 或 UDP 来控制端点到端点的通信。用于通信的端点是由 Socket 来定义的，而 Socket 是由 IP 地址和端口号组成的。

TCP 是通过在端点与端点之间建立持续的连接而进行通信的。建立连接后，发送端对要发送的数据标记序列号和错误检测代码，并以字节流的方式发送出去；接收端则对数据进行错误检查并按序列顺序将数据整理好，在需要时可以要求发送端重新发送数据，因此，整个字节流到达接收端时完好无缺。这与两个人打电话进行通信的情形类似。

UDP 是一种无连接的传输协议。利用 UDP 进行数据传输时，首先需要将要传输的数据定义成数据报（datagram），在数据报中指明数据所要到达的 Socket（主机地址和端口号），然后再将数据报发送出去。这种传输方式是无序的，也不能确保绝对安全可靠，但它非常简单，也具有比较高的效率，这与通过邮局投递信件进行通信的情形非常相似。

TCP 和 UDP 各有各的用处。当对所传输的数据有时序性和可靠性等要求时，应使用 TCP；当传输的数据比较简单、对时序等无要求时，UDP 能发挥更好的作用。

（4）应用层。大多数基于 Internet 的应用程序都被看作 TCP/IP 网络的最上层协议——应用层协议，例如 FTP、HTTP、SMTP、POP3、Telnet 等协议。

16.1.2 通信端口

一台机器只能通过一条链路连接到网络上，但一台机器中往往有很多应用程序需要进行网络通信。网络端口号（port）就是用于区分一台主机中的不同应用程序。端口号不是物理实体，而是一个标记计算机逻辑通信信道的正整数。端口号是用一个 16 位的二进制数来表示的，转换为十进制数来表示，其范围为 0 ~ 65 535，其中,0 ~ 1023 被系统保留，专门用于那些通用的服务（well-known service），所以这类端口又被称为熟知端口。例如，HTTP 服务的端口号为 80，Telnet 服务的端口号为 21，FTP 服务的端口号为 23，等等。因此，当用户编写通信程序时，应选择一个大于 1023 的数作为端口号，以免发生冲突。IP 协议使用 IP 地址把数据投递到正确的计算机上，TCP 和 UDP 使用端口号将数据投递给正确的应用程序。IP 地址和端口号组成了所谓的 Socket。Socket 是网络上运行的程序之间双向通信链路的终结点，是 TCP 和 UDP 的基础。

16.1.3 URL概念

URL（Uniform Resource Locator，统一资源定位器）表示 Internet 上某一资源的地址。

Internet 上的资源包括 HTML 文件、图像文件、音频文件、视频文件以及其他任何内容（并不完全是文件，也可以是对数据库的一个查询等）。只要按 URL 规则定义某个资源，那么网络上其他程序就可以通过 URL 来访问它。通过 URL 访问 Internet 时，浏览器或其他程序通过解析给定的 URL 就可以在网络上查找到相应的文件或资源。实际上，用户上网时在浏览器的地址栏中输入的网络地址就是一个 URL。

URL 的基本结构由五部分组成，其格式如下：

传输协议：// 主机名：端口号 / 文件名 # 引用

传输协议（protocol）：传输协议是指所使用的协议名，如 HTTP、FTP 等。

主机名（hostname）：主机名是指资源所在的计算机。可以是 IP 地址，也可以是计算机的名称或域名。

端口号（portnumber）：一个计算机中可能有多种服务，如 Web 服务、FTP 服务或自己建立的服务等。为了区分这些服务，就需要使用端口号，每一种服务用一个端口号。

文件名（filename）：包括该文件的完整路径。在 HTTP 中，有一个默认的文件名是 index.html，因此，http://java.sun.com 等价于 http://java.sun.com/index.html。

引用（reference）：就是资源内部的某个参考点，如 http://java.sun.com/index.html#chapter1。

说明：对于一个 URL，并不要求它必须包含所有的这五部分内容。

16.1.4 Java 语言网络编程所用的类

Java 语言的网络编程主要利用 java.net 包中提供的类直接在程序中实现网络通信，Java 语言提供的网络功能分四类：URL、InetAddress、Socket、Datagram。

URL：面向的是应用层。通过 URL，Java 程序可以直接输出或读取网络上的数据。

InetAddress：面向的是 IP 层。用于标识网络上的硬件资源。

Socket 和 Datagram：面向的是传输层。Socket 使用 TCP，这是传统网络程序最常用的方式，可以想象为两个不同的程序通过网络的通信信道进行通信；Datagram 则使用 UDP，这是另一种网络传输方式，它把数据的目的地址记录在数据报中，然后直接放在网络上。

Java 语言网络编程中主要使用 java.net 包中的类包括：

面向 IP 层的类：InetAddress。

面向应用层的类：URL，URLConnection。

TCP 协议相关类：Socket，ServerSocket。

UDP 协议相关类：DatagramPacket，DatagramSocket，MulticastSocket。

在使用 java.net 包中的这些类时，可能产生的异常包括 BindExceptio、ConnectException、MalformedURLException、NoRouteToHostException、ProtocolException、SocketException、UnknownHostException、UnknownServiceException。

16.2 URL 程序设计

Java 语言 java.net 包中的 URL 类和 URLConnection 类使程序员能很方便地利用 URL 在 Internet 上进行网络通信。URL 类定义了 WWW 的一个统一资源定位器和可以进行的一些操作。由 URL 类生成的对象指向 WWW资源（如 Web 页、文本文件、图形图像文件、音频、视频文件等）。

Java 语言利用 URL 类来访问网络上的资源，java.net.URL 类是 java.lang.Object 类的直接子类。表 16.1 给出了创建 URL 类的构造方法。

表 16.1 java.net.URL 类的构造方法

构造方法	功能说明
public URL(String spec)	使用 URL 形式的字符串 spec 创建一个 URL 对象
public URL(String protocol, String host,int port, String file)	创建一个协议为 protocol、主机名为 host、端口号为 port、待访问的文件名为 file 的 URL 对象
public URL(String protocol, String host, String file)	创建一个 URL 对象，参数的含义同上，但使用默认端口号

在创建 URL 对象时，若发生错误，系统会产生 MalformedURLException 异常，这是非运行时异常，必须在程序中捕获处理。

例如：

```
URL url1,url2,url3;
try{
  url1=new URL("file:/D:/image/test.gif");
  url2=new URL("http://www.tutupost.com/map/");
  url3=new URL(urt2,"test.gif");
}
catch(MalformedURLException e){
  displayErrorMessage();
}
```

除了最基本的构造方法外，URL 类中还有一些简单实用的方法，利用这些方法可以得到 URL 位置本身的数据，或是将 URL 对象转换为表示 URL 位置的字符串。表 16.2 给出了 URL 类的常用方法。

表 16.2 java.net.URL 类的常用方法

常用方法	功能说明
public final Object getContent()	获取 URL连接的内容
public String getProtocol()	返回 URL 对象的协议名称
public String getHost()	返回 URL 对象访问的计算机名称
public int getPort()	返回 URL 对象访问的端口号

续表

常用方法	功能说明
public String getFile()	返回 URL 指向的文件名
public String getPath()	返回 URL 对象所使用的文件路径
public String getRef()	返回 URL 对象的引用字符串，即获取参考点
public URLConnection openConnection()	打开 URL 指向的连接
public final InputStream openStream()	打开输入流
protected void set(String protocol, String host,int port,String file,String ref)	用给定参数设置 URL 中各字段的内容
public String toString()	返回整个 URL 字符串

【例 16.1】通过 URL 直接读取网上服务器中文件的内容。本例是利用 URL 访问 http://www.tutupost.com/index.html 文件，即访问“兔兔发布”网上的 index.html 文件。读取网络上文件内容一般分三个步骤：一是创建 URL 类的对象；二是利用 URL 类的 openStream() 方法获得对应的 InputStream 类的对象；三是通过 InputStream 对象来读取文件内容。

```
//FileName: App16_1.java        利用 URL 获取网上文件的内容
import java.net.*;
import java.io.*;
public class App16_1{
  public static void main(String[] args){
    String urlName="http://www.tutupost.com/index.html";// “兔兔发布”网站
    if(args.length > 0) urlName=args[0];
    new App16_1().display(urlName);
  }
  public void display(String urlName){
    try{
      URL url=new URL(urlName);                    // 创建 URL 类对象 url
      InputStreamReader in=new InputStreamReader(url.openStream());
      BufferedReader br=new BufferedReader(in); // 创建输入流对象
      String aLine;
      while((aLine=br.readLine())!=null)         // 从流中读取一行显示
        System.out.println(aLine);
    }
    catch(MalformedURLException murle){
      System.out.println(murle);
    }
    catch(IOException ioe){
      System.out.println(ioe);
    }
  }
}
```

例 16.1 程序的第 13 行调用 url 的 openStream() 方法创建输入流对象 in。第 14 行利用输入流对象 in 创建了一个缓冲字符输入流 BufferedReader 的对象 br，用来读取缓冲区中的数据；第 16、17 两行利用循环从流中按行读取数据，然后显示在屏幕上。程序运行结果如图 16.1 所示。

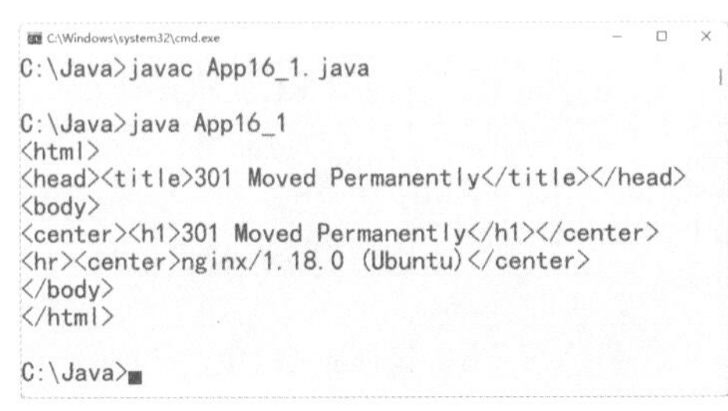

图 16.1　通过 URL 读取网络上文件的内容

16.3　InetAddress 程序设计

InetAddress 程序设计属于网络底层通信的一部分内容。用 Java 语言实现计算机网络的底层通信，就是用 Java 程序实现网络通信协议所规定的功能的操作。

Internet 上主机的地址有两种表示方式，即域名和 IP 地址。java.net 包中的 InetAddress 类的对象包含一个 Internet 主机的域名和 IP 地址，如 www.tom.com/221.204.162.240（域名 / IP 地址）。那么在已知一个 InetAddress 对象时，就可以通过相应的方法从中获取 Internet 上主机的地址（域名或 IP 地址）。由于每个 InetAddress 对象中包括了 IP 地址、主机名等信息，所以使用 InetAddress 类可以在程序中用主机名代替 IP 地址，从而使程序更加灵活，可读性更好。

InetAddress 类没有构造方法，因此不能用 new 运算符来创建 InetAddress 对象，通常用它提供的静态方法来获取，表 16.3 给出了 InetAddress 类的常用方法。

表 16.3　java.net.InetAddress 类的常用方法

常用方法	功能说明
public static InetAddress getByName(String host)	通过给定的主机名 host，获取 InetAddress 对象的 IP 地址
public static InetAddress getByAddress(byte[] addr)	通过存放在字节数组中的 IP 地址，返回一个 InetAddress 对象
public static InetAddress getLocalHost()	获取本地主机的 IP 地址
public byte[] getAddress()	获取本对象的 IP 地址，并存放在字节数组中
public String getHostAddress()	利用 InetAddress 对象，获取该对象的 IP 地址
public String getHostName()	利用 InetAddress 对象，获取该对象的主机名
public String toString()	将 IP 地址转换为字符串形式的域名

该表中给的 static 方法通常会产生 UnknownHostException 异常，应在程序中捕获处理。

【例 16.2】编写一个 Java 应用程序，直接查询自己主机的 IP 地址和 Internet 上 WWW 服务器的 IP 地址。

```
1 //FileName: App16_2.java      利用 InetAddress 编程
2 import java.net.*;
3 public class App16_2{
4   InetAddress myIPAddress=null;
5   InetAddress myServer=null;
6   public static void main(String[] args){
7     App16_2 search=new App16_2();
8     System.out.println(" 您主机的 IP 地址为: "+ search.myIP());
9     System.out.println(" 服务器的 IP 地址为: "+ search.serverIP());
10  }
11  public InetAddress myIP(){       // 获取本地主机 IP 地址的方法
12    try{                           // 获取本机的 IP 地址
13      myIPAddress=InetAddress.getLocalHost();
14    }
15    catch(UnknownHostException e){}
16    return (myIPAddress);
17  }
18  public InetAddress serverIP(){  // 获取本机所联服务器 IP 地址的方法
19    try{                          // 获取服务器的 IP 地址
20      myServer=InetAddress.getByName("www.tom.com");
21    }
22    catch(UnknownHostException e){}
23    return (myServer);
24  }
25 }
```

例 16.2 程序的代码很简单，主方法中，第 8、9 两行分别调用自定义方法 myIP() 和 serverIP() 来输出本主机的 IP 地址和 Internet 上 WWW 服务器的 IP 地址。第 11 行定义的 myIP() 方法用于获取本地主机的 IP 地址，其中第 13 行利用 InetAddress 的 getLocalHost() 方法返回本主机的 IP 地址，赋给 InetAddress 类型的变量 myIPAddress；同理，第 18 行定义的 serverIP() 方法用于获取并返回所给 Internet 上 WWW 服务器的 IP 地址。程序运行结果如图 16.2 所示。

```
C:\Java>javac App16_2.java

C:\Java>java App16_2
您主机的IP地址为: YVRHP30L/100.66.203.4
服务器的IP地址为: www.tom.com/221.204.162.240

C:\Java>
```

图 16.2　利用 InetAddress 类获取 IP 地址

16.4 基于连接的 Socket 通信程序设计

Socket 通信属于网络底层通信，它是网络上运行的两个程序间双向通信的一端，它既可以接受请求，也可以发送请求，利用它可以较方便地进行网络上的数据传输。Socket 是实现客户 / 服务器（C/S）模式的通信方式，它首先需要建立稳定的连接，然后以流的方式传输数据，实现网络通信。Socket 原意为“插座”，在通信领域中译为“套接字”，意思是将两个物件套在一起，在网络通信中的含义就是建立一个连接。

1. Socket 通信机制的基本概念

（1）建立连接。当两台计算机进行通信时，首先要在两者之间建立一个连接，也就是两者分别运行不同的程序，由一端发出连接请求，另一端等候连接请求。当等候端收到请求并接受请求后，两个程序就建立起一个连接，之后通过这个连接就可以进行数据交换。此时，请求方称为客户端，接收方称为服务器，这是计算机通信的一个基本机制，称为客户 / 服务器模式。实际上，这个机制和电话系统是类似的，即必须有一方拨打电话，而另一方等候铃响并决定是否接听，当接听后就可以进行电话交流，呼叫的一方称为“客户”，负责监听的一方称为“服务器”。应用在这两端的 TCP Socket 分别称为客户 Socket 和服务器 Socket。

（2）连接地址。为了建立连接，需要由一个程序向另一台计算机上的程序发出请求，其中，能够唯一识别对方机器的就是计算机的名称或 IP 地址。在 Internet 网络中，能唯一标识计算机的 IP 地址称为连接地址，IP 地址类似于电话系统中的电话号码。

仅仅有连接地址是不够的，还必须有端口号。因为一台机器上可能会启动很多程序，必须为每个程序分配一个唯一的端口号，通过端口号指定要连接的那个程序。所以，一个完整的连接地址应该是计算机的 IP 地址加上连接程序的端口号。

在两个程序进行连接之前要约定好端口号。由服务器端分配端口号并等候请求，客户端利用这个端口号发出连接请求，当两个程序所设定的端口号一致时连接建立成功。

（3）TCP/IP Socket 通信。Socket 在 TCP/IP 中定义，针对一个特定的连接。每台机器上都有一个“套接字”，可以想象它们之间有一条虚拟的“线缆”，线缆的每一端都插到一个“套接字”或“插座”中。在 Java 语言中，服务器端套接字使用的是 ServerSocket 类对象，客户端套接字使用的是 Socket 类对象，由此区分服务器端和客户端。

2. Socket 类与 ServerSocket 类

（1）Socket 类。Socket 类在 java.net 包中，Socket 类继承自 Object 类。Socket 类用在客户端，用户通过创建一个 Socket 对象来建立与服务器的连接。Socket 连接可以是流连接，也可以是数据报连接，这取决于创建 Socket 对象时所使用的构造方法。要求可靠性高的通信一般使用流连接。流连接的优点是所有数据都能准确、有序地发送到对方，缺点是速度较慢。流式 Socket 所完成的通信是基于连接的通信，即在通信开始之前先由通信双方确认身份并建立一条专用的虚拟连接通道，然后它们通过这条通道传送数据信息进行通信，当通信结束时再将原先所建立的连接拆除。表 16.4 和表 16.5 分别给出了 Socket 类的构造方法和常用方法。

表 16.4　java.net.Socket 类的构造方法

构造方法	功能说明
public Socket(String host, int port)	在客户端以指定的服务器地址 host 和端口号 port 创建一个 Socket 对象，并向服务器端发出连接请求
public Socket(InetAddress address, int port)	同上，但 IP 地址由 address 指定
public Socket(String host, int port, boolean stream)	同上，但若 stream 为真，则创建流 Socket 对象，否则创建数据报 Socket 对象
public Socket(InetAddress host, int port, boolean stream)	同上，但 IP 地址由 host 指定

表 16.5　java.net.Socket 类的常用方法

常用方法	功能说明
public InetAddress getInetAddress()	返回与调用 Socket 关联的 InetAddress 对象，若没套接字被连接则返回 null
public InetAddress getLocalAddress()	返回创建 Socket 对象时客户计算机的 IP 地址
public InputStream getInputStream()	为当前的 Socket 对象创建输入流
public OutputStream getOutputStream()	为当前的 Socket 对象创建输出流
public int getPort()	返回创建 Socket 时指定远程主机的端口号，若套接字没有被连接则返回 0
public int getLocalPort()	返回绑定到调用 Socket 对象的本地端口，若套接字没有被连接则返回 -1
public void setReceiveBufferSize(int size)	设置接收缓冲区的大小
public int getReceiveBufferSize()	返回接收缓冲区的大小
public void setSendBufferSize(int size)	设置发送缓冲区的大小
public int getSendBufferSize()	返回发送缓冲区的大小
public void close()	关闭建立的 Socket 连接

（2）ServerSocket 类。在 Socket 编程中，服务器端使用 ServerSocket 类。ServerSocket 类在 java.net 包中，ServerSocket 继承自 Object 类。ServerSocket 类的作用是实现客户 / 服务器模式通信方式下服务器端的套接字。表 16.6 和表 16.7 分别给出了 ServerSocket 类的构造方法和常用方法。

表 16.6　java.net.ServerSocket 类的构造方法

构造方法	功能说明
public ServerSocket(int port)	以指定的端口 port 创建 ServerSocket 对象，并等候客户端的连接请求。端口号必须与客户端呼叫用的端口号相同
public ServerSocket(int port, int backlog)	同上，但以 backlog 指定最大的连接数，即可同时连接的客户端数量

表 16.7　java.net.ServerSocket 类的常用方法

常用方法	功能说明
public Socket accept()	在服务器端的指定端口监听客户端发来的连接请求，并返回一个与客户端 Socket 对象相连接的 Socket 对象
public InetAddress getInetAddress()	返回此服务器套接字的本地地址
public int getLocalPort()	返回此套接字正在监听的端口号
public void close()	关闭服务器端建立的套接字

3. Socket 通信模式

前面已经介绍过，当两个程序进行通信时，可以通过使用 Socket 类建立套接字连接。

（1）客户建立到服务器的套接字对象：客户端的程序使用 Socket 类建立与服务器的套接字连接。因为在使用 Socket 构造方法创建 Socket 对象时会产生 IOException 异常，所以在创建 Socket 对象时应处理 IOException 异常。例如：

```
try{
  Socket mySocket=new Socket(http://www.gduf.edu.cn,1880);
}
catch(IOException e){}
```

当套接字连接建立后，一条通信线路就建立起来了。mySocket 对象可以使用 getInputStream() 方法获得输入流，然后用这个输入流读取服务器放入线路的信息（但不能读取自己放入线路的信息）；同理，mySocket 对象还可以使用方法 getOutputStream() 方法获得输出流，然后用这个输出流将信息写入线路。

在实际编写程序时，把 mySocket 对象使用 getInputStream() 方法获得的输入流连接到另一个数据流 DataInputStream 上，然后就可以从这个数据流中读取来自服务器的信息，这样做的原因是数据流 DataInputStream 有更好的从流中读取信息的方法。同样，把 mySocket 对象使用 getOutputStream() 方法获得的输出流连接到 DataOutputStream 流上，然后向这个数据流写入信息，发送给服务器端。

（2）建立接收客户套接字的服务器套接字。已经知道客户负责建立客户到服务器的套接字连接，即客户负责呼叫。因此，服务器必须建立一个等待接收客户套接字的服务器套接字。服务器端的程序使用 ServerSocket 类建立接收客户套接字的服务器套接字。同样在使用 ServerSocket 类的构造方法创建 ServerSocket 对象时也会产生 IOException 异常，所以在创建 ServerSocket 对象时也应处理 IOException 异常。例如：

```
try{
  ServerSocket serSocket=new ServerSocket(1880);
}
catch(IOException e){}
```

当服务器的套接字连接 serSocket 建立后，就可以利用 accept() 方法接收客户的套接字 mySocket。接收过程如下：

```
try{
  Socket sc= serSocket.accept();
}
catch(IOException e){}
```

将收到的客户端的 mySocket 放到一个已声明的 Socket 对象 sc 中。这样服务器端的 sc 就可以使用 getOutputStream() 方法获得输出流，然后用这个输出流向线路写信息，发送到客户端。同样，可以使用 getInputStream() 方法获得一个输入流，用这个输入流读取客户放入线路的信息。

综上，在 Java 语言中，TCP/IP 协议下的 Socket 网络通信模式如图 16.3 所示。

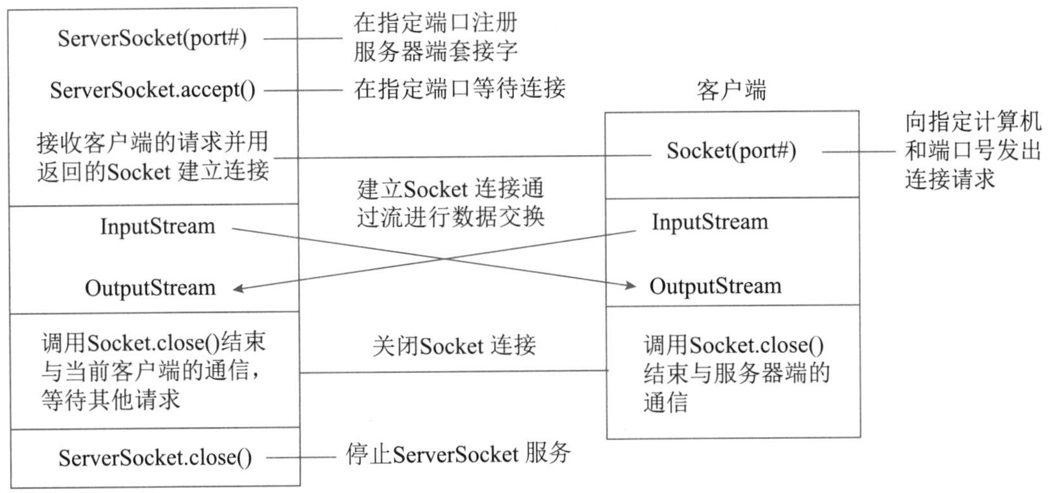

图 16.3 TCP/IP 下的 Socket 网络通信模式

由图 16.3 可以看出，Socket 通信的步骤如下：

（1）在服务器端创建一个 ServerSocket 对象，并指定端口号；

（2）运行 ServerSocket 的 accept() 方法，等候客户端请求；

（3）客户端创建一个 Socket 对象，指定服务器的 IP 地址和端口号，向服务器端发出连接请求；

（4）服务器端接收到客户端请求后，创建 Socket 对象与客户端建立连接；

（5）服务器端和客户端分别建立输入输出数据流，进行数据传输；

（6）通信结束后，服务器端和客户端分别关闭相应的 Socket 连接；

（7）服务器端程序运行结束后，调用 ServerSocket 对象的 close() 方法停止等候客户端请求。

由此可以看出，对于一个网络通信程序来说，需要编写服务器端和客户端两个程序才能实现相互通信。为了能实现服务器端同时对多个客户进行服务，需要用多线程，在服务器端创建客户请求的监听线程，一旦客户发起连接请求，则在服务器端创建用于服务的 Socket 对象，利用该 Socket 完成与客户的通信，即每个线程针对一个客户进行服务。数据传输结束后，终止运行该 Socket 通信线程，继续在服务器端指定的端口进行监听。

【例 16.3】编写一个点对点的聊天程序，说明 Socket 通信中服务器端和客户端的程序设计方法。

服务器端程序在 8080 端口创建一个 ServerSocket 对象，然后调用该对象的 accept() 方法等待客户端的请求；当有客户端发来请求时，则创建一个 Socket 对象与客户端建立连接；之后用 Socket 对象创建输入流对象 sin 和输出流对象 sout，然后用约定的格式进行数据传输；数据传输时启动线程，使用输入流对象 sin 按行显示从客户端发来的字符串，用输出流对象 sout 将从键盘输入的一行字符串发送到客户端；当客户端或服务器端发出“bye”字符串时，表示数据传输结束，关闭相应的流和 Socket 连接，等待下一次连接。

服务器端的程序代码如下：

```
//FileName: MyServer.java     Socket 通信的服务器端程序
import java.net.*;
import java.io.*;
import java.awt.*;
import java.awt.event.*;
public class MyServer implements Runnable{
  ServerSocket server=null;
  Socket clientSocket;              // 负责当前线程中 C/S 通信中的 Socket 对象
  boolean flag=true;                // 标记是否结束
  Thread connenThread;              // 向客户端发送信息的线程
  BufferedReader sin=null;          // 输入流对象
  DataOutputStream sout=null;       // 输出流对象
  public static void main(String[] args){
    MyServer MS=new MyServer();
    MS.serverStart();
  }
  public void serverStart(){
    try{
      server=new ServerSocket(8080); // 建立监听服务
      System.out.println("端口号 :"+server.getLocalPort());
```

```
      while(flag){
        clientSocket=server.accept();    // 等待接收客户的连接请求
        System.out.println("连接已经建立完毕！");
        InputStream is=clientSocket.getInputStream(); // 创建输入流对象
        sin=new BufferedReader(new InputStreamReader(is));
        OutputStream os=clientSocket.getOutputStream();  // 创建输出流对象
        sout=new DataOutputStream(os);
        connenThread=new Thread(this);          // 创建向客户端发送信息的线程
        connenThread.start();                   // 启动线程，向客户端发送信息
        String aLine;
        while((aLine=sin.readLine())!=null){    // 从客户端的输入流读入信息
          System.out.println(aLine);
          if(aLine.equals("bye")){
            flag=false;
            connenThread.interrupt();           // 线程中断
            break;
          }
        }
        sout.close();                           // 关闭流
        os.close();
        sin.close();
        is.close();
        clientSocket.close();                   // 关闭 Socket 连接
        System.exit(0);                         // 程序运行结束
      }
    }
    catch(Exception e){
      System.out.println(e);
    }
  }
  public void run(){
    while(true){
      try{
        int ch;
        while((ch=System.in.read())!=-1){// 当读到流的结尾 -1 时结束循环
          sout.write((byte)ch);             // 从键盘接收字符并向客户端发送
          if(ch=='\n')
            sout.flush();                   // 将缓冲区内容向客户端输出
        }
      }
      catch(Exception e){
        System.out.println(e);
      }
    }
  }
}
```

例 16.3 程序的功能是由服务器端提供实时的信息服务。首先第 19 行在服务器端的 8080 端口建立监听服务，然后在服务器端调用 accept() 在 8080 端口等待客户的连接请求。当客户端连接到指定的 8080 端口时，服务器端就建立线程来专门处理与这个客户间的通信，即向客户端写入一系列的字符串信息，并从客户端读取一段信息显示在服务器端。所以该程序中有两个线程：一个是接收客户端的数据；另一个是向客户端发送数据。因为这是两个并发的线程，所以当连接建立后立即启动线程向客户端发送数据；需要注意的是，在接收到客户端发送的 bye 信息后，应及时关闭流和 Socket 连接，否则会产生异常错误。

因为服务器端程序运行时，要等待客户端程序的连接请求，所以必须与客户端程序同时运行，才能看见结果。

客户端程序代码如下：

```
//FileName: MyClient.java    Socket 通信的客户端程序
import java.net.*;
import java.io.*;
public class MyClient implements Runnable{
  Socket clientSocket;
  boolean flag=true;                //标记是否结束
  Thread connenThread;              //用于向服务器端发送信息
  BufferedReader cin;
  DataOutputStream cout;
  public static void main(String[] args){
    new MyClient().clientStart();
  }
  public void clientStart(){
    try{  //连接服务器端，这里使用本机向服务器 8080 端口发送链接请求
    clientSocket=new Socket("localhost",8080);
      System.out.println("已建立连接！");
      while(flag){                  //获取流对象
        InputStream is=clientSocket.getInputStream();
        cin=new BufferedReader(new InputStreamReader(is));//创建输入流对象
        OutputStream os=clientSocket.getOutputStream();
        cout=new DataOutputStream(os);   //创建输出流对象
        connenThread=new Thread(this);   //创建用于向服务器端发送信息的线程
        connenThread.start();            //启动线程，向服务器端发送信息
        String aLine;
        while((aLine=cin.readLine())!=null){     //接收服务器端的数据
          System.out.println(aLine);
          if(aLine.equals("bye")){
            flag=false;
            connenThread.interrupt();          //中断线程
            break;
          }
        }
```

```
          cout.close();
          os.close();
          cin.close();
          is.close();
          clientSocket.close();           //关闭 Socket 连接
          System.exit(0);
        }
      }
      catch(Exception e){
        System.out.println(e);
      }
    }
    public void run(){
      while(true){
        try{                              //从键盘接收字符并向服务器端发送
          int ch;
          while((ch=System.in.read())!=-1){//当读取到 -1 时表示流的结尾
            cout.write((byte)ch);         //将数据写入输出流中
            if(ch=='\n')
              cout.flush();               //将缓冲区内容向输出流发送
          }
        }
        catch(Exception e){
          System.out.println(e);
        }
      }
    }
}
```

在客户端首先要指定服务器端地址（本机）和 8080 端口号，创建一个 Socket 对象，向服务器端发出连接请求，当服务器端获得请求并建立连接后，即可进行数据通信；当连接建立完后，使用 Socket 对象创建输入流对象 cin 和输出流对象 cout，然后按约定的格式进行数据传输；在进行通信时首先要启动线程，使用输出流对象 cout 将从键盘输入的一行字符串向服务器端发送，同时使用输入流对象 cin，按行显示从服务器端发送来的字符串；当服务器端或客户端发出 bye 字符串时表示数据传输结束，关闭相应的流和 Socket 连接，程序运行结束。程序运行结果如图 16.4 所示。

```
C:\Windows\system32\cmd.exe - java MyServer
C:\Java>javac MyServer.java

C:\Java>java MyServer
端口号:8080
连接已经建立完毕!
你好，我是客户，我想与你聊天，可以吗?
客户你好，我是为你服务的，与我聊天当然可以了。
那太好了!
```

（a）服务器端的运行画面

```
C:\Windows\system32\cmd.exe - java MyClient
C:\Java>javac MyClient.java

C:\Java>java MyClient
已建立连接!
你好，我是客户，我想与你聊天，可以吗?
客户你好，我是为你服务的，与我聊天当然可以了。
那太好了!
```

（b）客户端的运行画面

图 16.4　Socket 通信的服务器端与客户端

注意：如果要在同一台计算机上运行服务器端和客户端两个程序，需要启动两个命令行窗口，分别模拟服务器端和客户端，但要首先运行服务器端程序。如果是在两台计算机上分别运行服务器端程序和客户端程序，则应修改客户端程序的服务器地址。

说明：客户端的操作与服务器端的操作基本相同，区别在于建立连接的方式不同。服务器端创建 ServerSocket 对象，并调用 accept() 方法等候客户端的请求，而客户端是创建 Socket 对象发送请求。

本章小结

1. 通信端口是一个标记计算机逻辑通信信道的正整数，用于区分一台主机中的不同应用程序，端口号不是物理实体。

2. IP 地址和端口号组成了所谓的 Socket。Socket 是实现客户与服务器（C/S）模式的通信方式，Socket 原意为“插座”，在通信领域中译为“套接字”，在网络通信里的含义就是建立一个连接。

3. URL 是统一资源定位器（Uniform Resource Locator），它表示 Internet 上某一资源的地址。URL 的基本结构由五部分组成。

4. 针对不同层次的网络通信，Java 语言提供的网络功能有四大类：URL、InetAddress、Socket、Datagram。

（1）URL：面向的是应用层。通过 URL，Java 程序可以直接输出或读取网络上的数据。

（2）InetAddress：面向的是 IP 层。用于标识网络上的硬件资源。

（3）Socket 和 Datagram：面向的是传输层。Socket 使用 TCP，这是传统网络程序最常用的方式，可以想象为两个不同的程序通过网络的通信信道进行通信；Datagram 则使用 UDP，是另一种网络传输方式，它把数据的目的地址记录在数据报中，然后直接放在网络上。

习题

16.1 什么是 URL？ URL 地址由哪几部分组成？

16.2 什么是 Socket？它与 TCP/IP 有何关系？

16.3 简述流式 Socket 的通信机制。它的最大特点是什么？为什么可以实现无差错通信？

16.4 什么是端口号？服务器端和客户端分别如何使用端口号？

16.5 什么是套接字？其作用是什么？

16.6 编写 Java 程序，使用 InetAddress 类实现根据域名自动到 DNS（域名服务器）上查找 IP 地址的功能。

16.7 用 Java 程序实现流式 Socket 通信，需要使用哪两个类？它们是如何定义的？应怎样使用？

16.8 与流式 Socket 相比，数据报通信有何特点？

16.9 基于 TCP/IP 的网络程序设计，利用 Socket 和 ServerSocket 实现多窗口的聊天程序设计。

第 17 章

Java 数据库程序设计

本章主要内容

★ 数据库、数据库管理系统和数据库系统的概念；

★ 关系数据模型的三要素；

★ 利用 Docker 部署 MySQL 及 phpMyAdmin

★ 使用 SQL 对表中的数据进行增、删、改、查操作；

★ 使用 JDBC 加载驱动程序、连接数据库、执行 SQL 语句和处理结果集；

★ 使用处理预编译语句接口 PreparedStatement 执行带参数的动态 SQL 语句；

★ 利用图形窗口及事件处理方式访问数据库。

数据库系统无处不在，例如，如果在网上购物，用户的购物信息就存储在网上商店的数据库中；如果上大学，学生的学籍信息就存储在学校的数据库中等。数据库系统不仅存储数据，还提供访问、更新、处理和分析数据的方法，所以数据库系统在社会的各个领域中都起着重要的作用。

17.1 关系数据库系统

数据库可以理解为按照一定的数据结构来组织、存储和管理数据的仓库；数据库管理系统（Data Base Management System，DBMS）是一种操纵和管理数据库的大型软件，用于建立、使用和维护数据库；而数据库系统由数据库、数据库管理系统以及应用程序组成。为了能够使用户访问和更新数据库，需要在 DBMS 上建立应用程序。因此，可以把应用程序视为用户与数据库之间的接口。应用程序可以是单机上的应用程序，也可以是

Web 应用程序，并且可以在网络上访问多个不同的数据库系统，如图 17.1 所示。

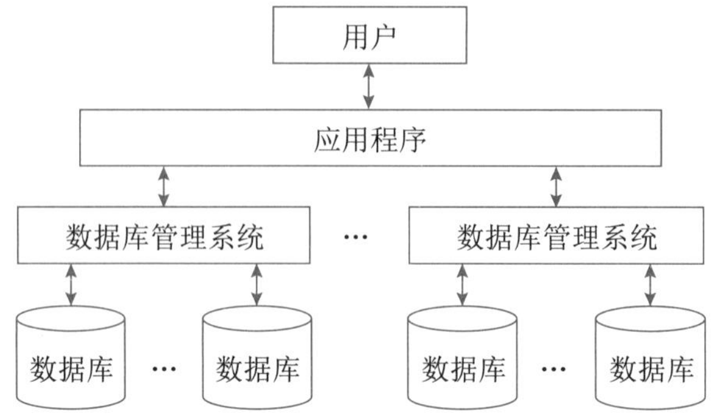

图 17.1　应用程序与数据库之间的关系

目前，大多数数据库系统都是关系数据库系统。它们都是基于关系数据模型的，这种模型有三个要素：结构、完整性和语言。结构定义了数据的表示；完整性是一些对数据的约束，所谓约束就是当向数据库中输入数据时所必须遵守的规则，所以约束也称为限制条件；语言则提供了访问和操纵数据的手段。

17.1.1　数据库与数据库表

一个关系数据库通常是由一个或多个二维表组成，数据库中的二维表简称表。数据库中的所有数据和信息都被保存在这些表中。数据库中的每个表都具有唯一的表名称，表中的行称为记录，列称为字段。表中的每列都包括字段名称、数据类型、宽度以及列的其他属性等信息，而每行则是包含这些字段的具体数据的记录。

本章为了讲解方便，表 17.1 ～表 17.3 分别给出了学生表 Student、课程表 Course 和成绩表 Score 三个表，表的栏目相当于表的结构。本章的数据库编程就是基于这三个表。

说明：这三个表在后面的举例中，表名和表栏目中的字段名采用英文，其中括号里的中文是为了帮助读者理解而注释的。

表 17.1　Student（学生表）

id（序号）	sNo（学号）	sName（姓名）	gender（性别）	age（年龄）	dept（系别）	create_at（创建时间）	update_at（更新时间）	deleted（逻辑删除）
1	202301001	钱静	女	19	计算机			
2	202301002	刘韵	女	18	会计			
3	202301003	周武	男	19	计算机			
4	202301004	王小华	男	18	金融			
5	202301005	李俊	男	20	计算机			
6	202301006	刘小健	男	19	金融			

表 17.2 Course（课程表）

id （序号）	cNo （课程号）	cName （课程名）	credit （学分）	create_at （创建时间）	update_at （更新时间）	deleted （逻辑删除）
1	c001	大学英语	4			
2	c002	高等数学	6			
3	c003	线性代数	3			
4	c004	概率论	3			
5	c005	大学语文	2			
6	c006	Java 程序设计	4			

表 17.3 Score（成绩表）

id （序号）	sNo （学号）	cNo （课程号）	grade （成绩）	create_at （创建时间）	update_at （更新时间）	deleted （逻辑删除）
1	202301001	c001	90			
2	202301001	c002	85			
3	202301002	c002	68			
4	202301002	c004	80			
5	202301002	c005	68			
6	202301002	c006	92			
7	202301003	c001	85			
8	202301003	c006	88			
9	202301003	c004	85			
10	202301004	c001	93			
11	202301004	c002	85			
12	202301005	c006	90			

17.1.2 完整性约束

完整性约束是对表强加了一个限制条件，表中的所有合法值都必须满足该条件。例如，在表 17.3 中成绩字段 grade 中的每个值都必须大于或等于 0 且小于或等于 100，而学号字段 sNo 和课程号字段 cNo 中的每个值都必须与表 17.1 中的学号字段 sNo 和表 17.2 中的课程号字段 cNo 相匹配。

一般来说，完整性约束有三种类型：域约束、主码约束和外码约束。域约束和主码约束只涉及一个表，而外码约束则涉及多个表。

（1）域约束。域就是字段的取值范围，域约束就是规定一个表的字段的允许取值。域可以使用基本数据类型来指定，例如，整数、浮点数、字符串等。当基本数据类型所指定的取值范围较大时，就可以指定附加的约束来缩小这个范围。例如，可以指定表 17.3 中的成绩字段 grade 的值必须大于或等于 0 且小于或等于 100；也可以指定一个字段的值能否为 NULL（空值），空值是数据库中的特殊值，表示未知或不可用。例如，表 17.1 中的系别字段 dept 的值可以为 NULL。

（2）主码约束。主码也称为主健，是表中用于唯一确定一条记录的一个字段或最小的字段组。主码可以由一个字段组成，也可以由多个字段共同组成，由多个字段共同组成的主码称为复合主码。若一个表中存在多个可以作为主码的字段，则称这些字段为候选码或候选键。主码是由数据库设计者指定的候选码之一，通常用来标识表中的记录的唯一性。如在表 17.1 中，学号字段 sNo 是学生表 Student 的主码。

说明： 主码的值不能为 NULL，否则无法区分和识别表中的记录。

（3）外码约束。若一个表的某个字段（或字段组合）不是该表的主码，却是另一个表的主码，则称这样的字段为该表的外码或外键。外码是表与表之间的纽带。例如，在成绩表 Score 中，学号字段 sNo 不是成绩表 Score 的主码，却是学生表 Student 的主码，因此学号字段 sNo 是成绩表 Score 的一个外码，通过 sNo 可以使成绩表 Score 和学生表 Student 建立联系。

注意： 所有关系数据库系统都支持主码约束和外码约束，但不是所有数据库系统都支持域约束。

17.2　MySQL 数据库及数据库客户端 phpMyAdmin 的部署

本书使用 Docker 部署 MySQL 数据库并使用数据库客户端管理软件 phpMyAdmin 对数据库进行设计，下面介绍如何在 Docker 中部署及配置 MySQL 和 phpMyAdmin。

17.2.1　Docker 简介

Docker 是一个非常有应用前景的平台，它是一个用于简化开发、交付和运行应用程序的开放平台，是一种新兴的虚拟化方式，被称为划时代的开源项目。IT 软件中所说的 Docker，是指容器化技术。Docker 对进程进行封装隔离，属于操作系统层面的虚拟化技术。下面介绍 Docker 的一些基本概念。

（1）镜像（image）。Docker 镜像是用于创建 Docker 容器的模板。是一个特殊的 root 文件系统。

（2）容器（container）。镜像和容器的关系，就像是面向对象程序设计中的类和实例一样，镜像是静态的定义，容器是镜像运行时的实体。简单地说，容器是与系统其他部分隔离开的一系列进程。它们可共享同一个操作系统内核，将应用进程与系统其他部分隔离开。所以，可以认为容器是下一代虚拟机。

（3）仓库（repository）。仓库是集中存放镜像的地方。每个仓库可以包含多个标签

（tag），每个标签对应一个镜像。标签常用于对应该软件的各个版本。可以通过 < 镜像名 >:< 标签 > 的格式来指定具体是这个软件哪个版本的镜像。如果不给出标签，则将以 latest 作为默认标签。Docker Hub 是 Docker 的默认公共仓库，任何人都是可以使用，默认情况下，Docker 会在这里寻找镜像。

下面给出在终端窗口（即命令行窗口）常用的几个 Docker 命令：

docker --help：查看 docker 命令。

docker info：查看 docker 详细信息。

docker images：显示镜像列表。

docker ps：显示正在运行的容器列表。

docker exec：执行（进入）容器命令。

docker run [选项] IMAGE_ID：指定镜像，运行一个容器，镜像名必须放在最后。该命令的选项及功能如下：

-d, --detach=false/true：指定容器运行于前台还是后台。

-e, --env=[]：指定环境变量，容器中可以使用该环境变量。

-p, --publish=[主机端口 : 容器端口]：指定容器暴露的端口，即进行端口映射。

-v, --volume=[]：给容器挂载存储卷，挂载到容器的某个目录。

--name=”容器名”：指定容器名字，后续可以通过名字进行容器管理。

-i, --interactive=false：打开 STDIN（即标准输入设备键盘），用于控制台交互。

-t, --tty=false：分配命令行窗口（即 tty 设备），该参数支持终端登录。

--rm=false：指定容器停止后自动删除容器（不支持以 docker run -d 启动的容器）。

docker stop：停止后台运行的容器。

docker rm CONTAINER_ID：删除容器。

docker rmi IMAGE_ID：删除镜像。

docker inspect CONTAINER_ID/IMAGE_ID：查看细节信息。

若要停止前台运行的容器，可以关闭终端窗口或按 Ctrl+C、Ctrl+P 或 Ctrl+Q 组合键。

说明： Docker 的对象是指 Images、Containers、Networks、Volumes、Plugins 等。

17.2.2 Docker 的安装

Docker 必须部署在 Linux 内核的系统上。如果其他系统想部署 Docker 就必须安装一个虚拟 Linux 环境，所以在 Windows 上部署 Docker 的方法都是先安装一个虚拟机，并在安装 Linux 系统的虚拟机中运行 Docker。因此，先要安装一个 Linux 的 Windows 子系统的软件 WSL（Windows Subsystem for Linux）。现在的版本是 WSL2，需要运行在 Windows10 及以上版本。安装的方法是到官方网站 https://wslstorestorage.blob.core.windows.net/wslblob/wsl_update_x64.msi 上下载安装文件。下载得到 WSL2 的安装文件是 wsl_update_x64.msi，安装过程非常简单。双击安装文件，出现安装界面，按提示进行安装。

安装完 WSL2 后，就可以安装 Docker。Docker Desktop 是 Docker 在 Windows 和 macOS 操作系统上的官方安装方式，Docker Desktop 官方下载地址为

https://hub.docker.com/editions/community/docker-ce-desktop-windows

下载得到 Docker 安装文件 Docker Desktop Installer.exe。双击该安装文件进入安装界面，然后使用默认设置进行安装即可。

安装完成后，从“开始”菜单或双击桌面上 Docker 图标启动 Docker Desktop。当显示在任务栏上的鲸鱼图标静止时，说明 Docker 启动成功。第一次启动 Docker 时会出现服务许可协议界面，勾选 I accept the terms 复选框，然后单击 Accept 按钮。

之后出现的界面是 2 分钟的教学过程，若要学习就单击 Start 按钮，若不学习就单击 Skip tutorial 按钮跳过。然后出现 Docker 安装完成并启动成功界面。

17.2.3 拉取数据库 MySQL 和数据库客户端 phpMyAdmin 的镜像

安装完 Docker 并启动成功后，就可以在 Docker 中拉取 MySQL 和 phpMyAdmin 的镜像。先拉取 MySQL 镜像。通过 Docker 官方网站 https://hub.docker.com/ 进入 Docker Hub，其首页如图 17.2 所示。

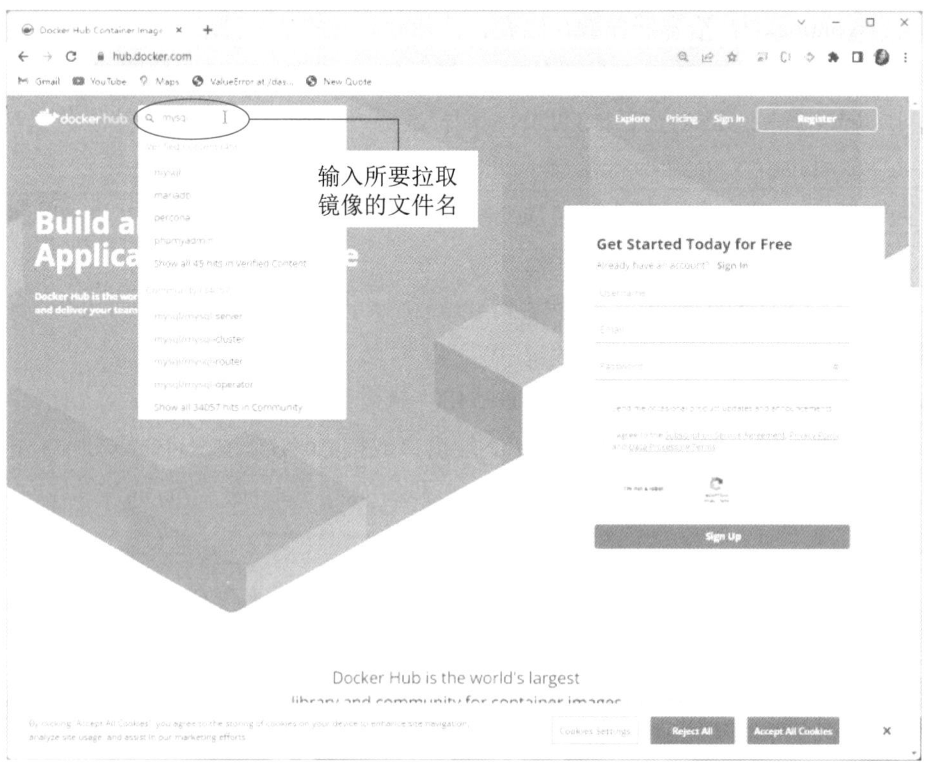

图 17.2　Docker Hub 网站首页

然后在图 17.2 所示页面的搜索栏中输入所需的软件名 mysql 后按 Enter 键，弹出与 MySQL 有关的镜像页面，如图 17.3 所示。

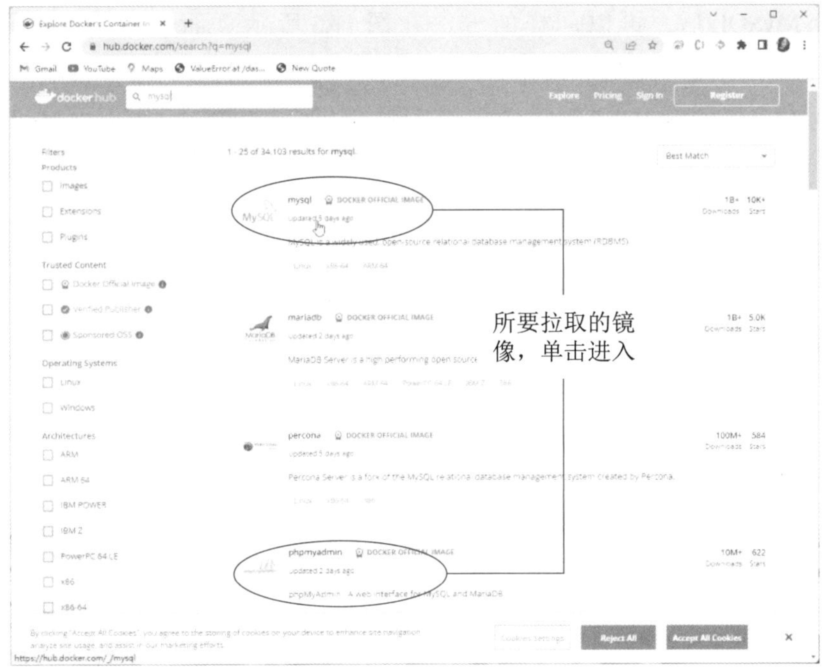

图 17.3 Docker Hub 中所要拉取镜像的软件所在页面

在图 17.3 中单击 mysql 项后，进入到如图 17.4 所示的 mysql 镜像页面，这里有该镜像的使用方法和相关参数的配置说明。单击页面中的命令复制按钮则将拉取命令 docker pull mysql 复制到剪贴板中，然后打开命令行窗口，将该命令粘贴到其中或在命令行窗口直接输入该命令也可以，按 Enter 键后即可开始拉取操作。

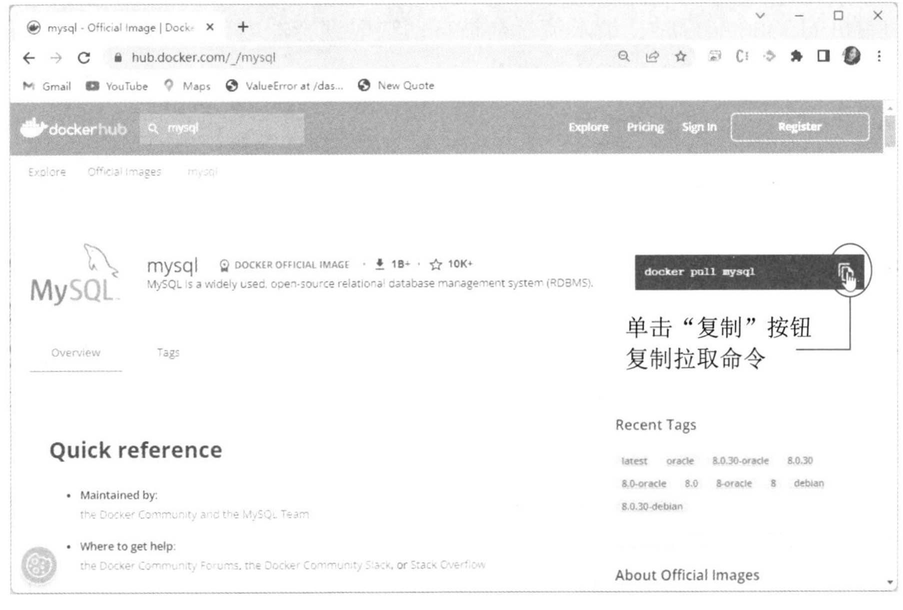

图 17.4 Docker Hub 中 MySQL 所在页面

拉取完 MySQL 后，再以同样的方法在图 17.3 所示页面中单击 phpMyAdmin 项，在弹出的页面中单击“复制”按钮，然后在命令行窗口中粘贴或直接输入 docker pull phpmyadmin 命令进行 phpMyAdmin 镜像的拉取，拉取完这两个镜像后就会在 Docker 引擎中看到两个镜像。

17.2.4 创建 MySQL 和 phpMyAdmin 容器

创建容器的方法也非常简单，只需几个命令即可。首先在本机内创建一个 Docker 内部的虚拟网络，其目的是 phpMyAdmin 需要这个网络连接到 MySQL，确保 MySQL 和 phpMyAdmin 在一个网段网络 IP 可达。为此可以在命令行窗口中输入 Docker 命令：

```
docker network create dbnet          //其中 dbnet 是网名，由用户自己命名
```

创建完网络，然后先创建 MySQL 容器再创建 phpMyAdmin 容器，注意这个顺序不能变。创建 MySQL 容器只需在命令行窗口中输入如下命令即可完成。

```
docker run --name CGJ_mysql -v c:\Users\chenl\mysqldata:/var/lib/mysql
-e MYSQL_ROOT_PASSWORD=654321 -it -p 3306:3306 --network dbnet mysql:latest
```

其中各选项的含义如下：

--name CGJ_mysql：将 MySQL 容器命名为 CGJ_mysql。

-v c:\Users\chenl\mysqldata:/var/lib/mysql：将用户创建的用于存放自己数据库的目录 c:\Users\chenl\mysqldata 挂载到 Docker 内部的目录 /var/lib/mysql 上。

-e MYSQL_ROOT_PASSWORD=654321：设置登录 MySQL 时的密码，设置方法可以在图 17.4 所在的页面中下拉后即可找到设置的方法和所使用的关键字。

-p 3306:3306：暴露端口，冒号前是主机的端口号，冒号后是容器的端口号，表示当请求访问主机的 3306 端口时，请求流量会被自动映射到容器内部的 3306 端口。

--network dbnet：容器所使用的网络名。

mysql:latest：mysql 的镜像和标签名。

创建完 mysql 的容器后，它所在的命令行窗口就被占用。所以要创建 phpmyadmin 的容器，就需要再开一个命令行窗口，然后在该命令行窗口中再创建 phpmyadmin 的容器。创建 phpmyadmin 的容器命令如下：

```
docker run --name myadmin -it --link CGJ_mysql:db --network dbnet -p
8080:80 phpmyadmin
```

其中各选项的含义如下：

--name myadmin：将 phpMyAdmin 容器命名为 myadmin。

--link CGJ_mysql:db：选项表示将名为 CGJ_mysql 的 MySQL 容器，链接到正在创建的 phpMyAdmin 的容器 myadmin 上，即选项 --link 是用来链接两个容器的，使这两个容器之间可以互相通信。

--network dbnet：表示这两个容器链接所使用的网络名为 dbnet。

-p 8080:80：是暴露端口，冒号前是主机的端口号，冒号后是容器的端口号，表示当请求访问主机的 8080 端口时，请求流量会被自动映射到容器内部的 80 端口。

phpmyadmin：镜像名。

创建完成 phyMyAdmin 容器后，这个命令行窗口也被占用。此时若想要使用 Docker 命令，可以再打开一个命令行窗口，然后在这个命令行窗口中利用 Docker 命令进行相应的操作。此时也可在 Docker 引擎看到创建的容器。

17.3　利用客户端 phpMyAdmin 创建数据库及表

当用户使用容器时（不用打开命令行窗口）必须首先要打开 Docker 引擎，然后在图 17.5 所示的左窗格中选择容器项 Containers，就可看到用户所创建的容器，单击“容器启动”按钮，启动成功后即可利用这两个容器进行数据库操作。

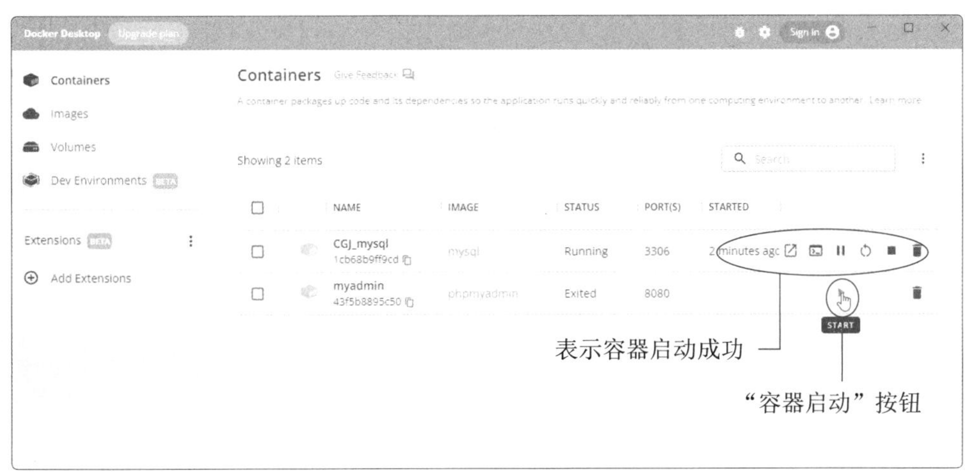

图 17.5　在 Docker 引擎中启动容器

启动 CGJ_mysql 和 myadmin 这两个容器后，在浏览器的地址栏中输入 http://127.0.0.1:8080/ 后按 Enter 键，弹出如图 17.6 所示的登录页面，在该页面中可以通过语言下拉列表选择用户所使用的语言，输入用户名 root 和密码 654321 后即可登录到 phpMyAdmin，然后弹出如图 17.7 所示的数据库操作窗口。用户可以在其中创建数据库和表，并可以对表进行增、删、改、查等操作。因为在创建容器时，phpMyAdmin 与 MySQL 就已经链接，所以登录到 phpMyAdmin 就可直接操作数据库。

图 17.6　登录界面

创建一个名为 StudentScore 的数据库，然后在该数据库中创建如表 17.1 ～表 17.3 所示的三个表，图 17.8 给出

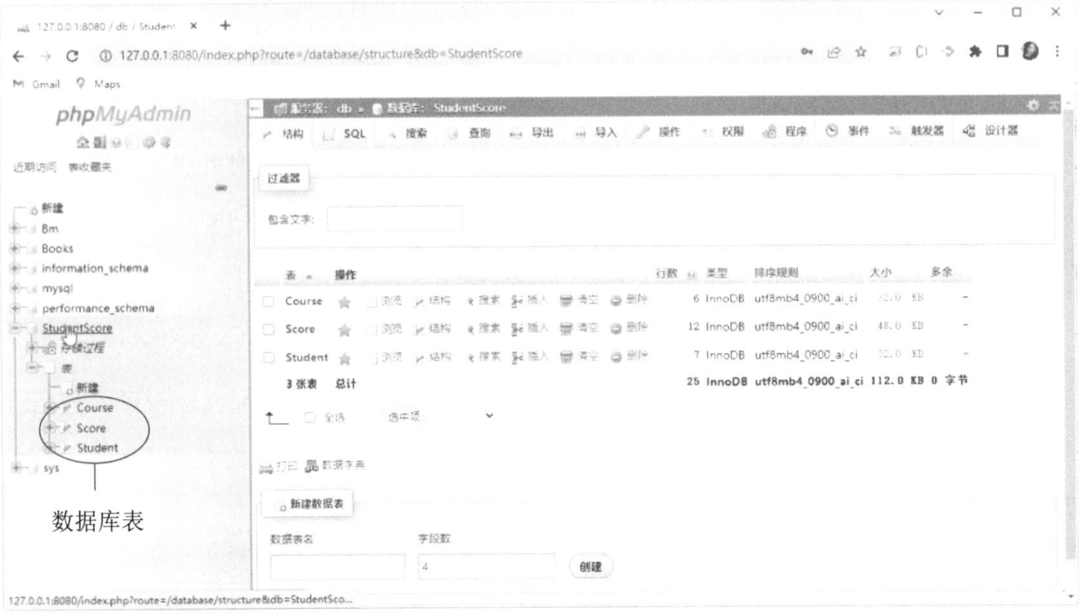

图 17.7　数据库操作窗口

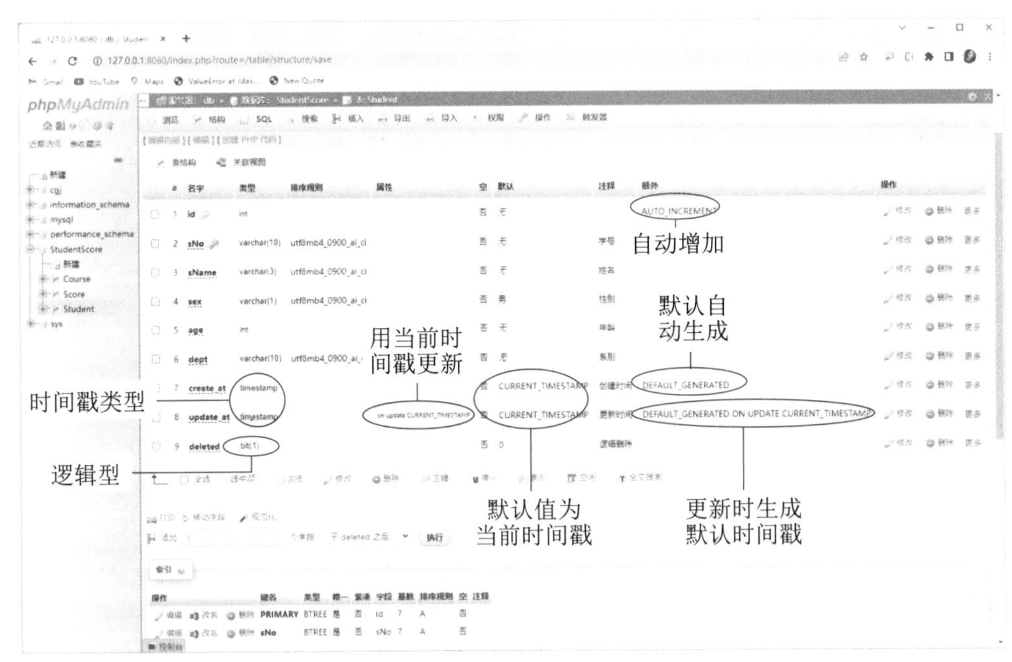

图 17.8　数据表 Student 的结构

了数据库表 Student 的结构，表中的字段 id 是 INT 型表示序号，设置为自动增加；create_at 是时间戳类型 TIMESTAMP 字段，表示记录的创建时间，其默认取值设置为 CURRENT_TIMESTAMP，表示当前时间戳；update_at 也是时间戳 TIMESTAMP 类型字段，表示记录更新时间，其默认取值设置也为 CURRENT_TIMESTAMP，表示当前时间戳，在更新记录时使用当前默认的时间戳；deleted 设置为 BIT 型，即逻辑型字段，表示记录是否被逻辑删除，其默认取值自定义为 0（false）。时间戳类型字段的值由系统自动填充。其他两个的结构与表 Student 的结构相似。图 17.9 给出了表 Student 的记录。其他两个表中的内容见表 17.2 和表 17.3。对数据库和表的一切操作，phpMyAdmin 中都有相应的“预览”按钮，点击相应按钮后，就可查看对应的 SQL 语句。为了节省篇幅，对数据库客户端 phpMyAdmin 的使用不做过多介绍，读者可以自己进行上机操作。

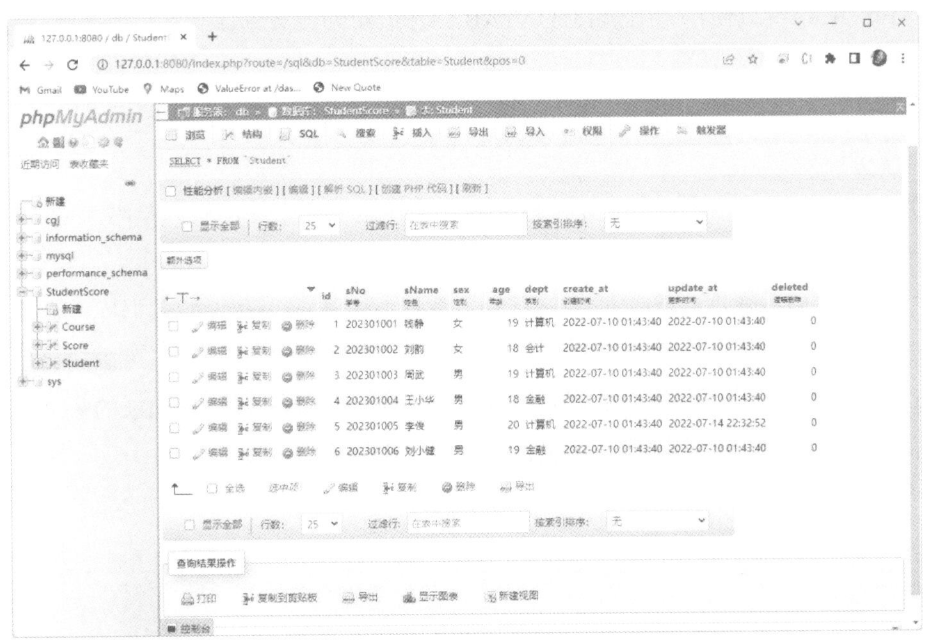

图 17.9 数据库表 Student 中的记录

说明： 安装了 Docker、拉取 MySQL 镜像并创建的相应的容器之后，只要是对 MySQL 进行操作，都需要启动 Docker 和 MySQL 容器，然后才可对数据库进行操作。若使用数据库客户端对数据库进行操作还需启动 phpMyAdmin 容器。

17.4 SQL 常用命令

结构化查询语言（structured query language，SQL）是用来定义表和完整性约束以及访问和操纵数据库的语言，它是访问关系数据库的通用语言。SQL 可以用于 MySQL、SQL Server、Oracle 或者任何其他关系数据库管理系统。本节介绍的一些基本 SQL 命令是所有数据库系统都支持的标准 SQL，所以也适用于 MySQL 进行 JDBC 程序设计。虽然可以在 phpMyAdmin 中对数据库进行各种操作，但在程序代码中会直接使用 SQL 语句，所以本节介绍一些常用的 SQL 命令。

注意： 因为关系数据库管理系统有很多种，它们共享相同的 SQL，但是不一定支持 SQL 的每个特征，因为有些数据库管理系统对 SQL 进行了扩展。

说明：SQL 的关键字不区分大小写。但本书中采用如下的命名规则：SQL 的关键字均采用大写；数据库和表的命名方式与 Java 类的命名方式相同；字段的命名与 Java 变量的命名方式相同。另外 SQL 中不区分字符型和字符串型量，而统一定义为字符串型量，字符串型常量的定界符既可使用单引号又可使用双引号。

17.4.1 创建数据库和对表的操作

1. 创建数据库

在 MySQL 中可以使用 CREATE DATABASE 语句创建数据库。

命令格式：

```
CREATE DATABASE <数据库名>;
```

参数说明：

<数据库名>：新数据库的名称，数据库名称在数据库系统中必须是唯一的。

2. 创建表

创建数据库后，数据库是空的，只有放入数据后，才成为真正的数据库。数据库中用于存储数据的是表，所以需要在数据库中先创建表。表是数据库中必不可少的对象。表的数据组织形式是行、列结构。表中每一行代表一条记录，每一列代表记录的一个字段。没有记录的表称为空表。SQL 提供创建表的语句为 CREATE TABLE。

命令格式：

```
CREATE TABLE <表名>(<字段名><数据类型> [<字段级完整性约束>]
[,<字段名><数据类型>[<字段级完整性约束>]]...[,<表级完整性约束>]);
```

参数说明：

<表名>：要创建的表的名字，表名在同一数据库中不允许重名。

<字段名>：字段名字。

<数据类型>：指定字段的数据类型，对有些数据类型还需同时给出其长度、小数位数。

<字段级完整性约束>：字段完整性约束条件。主要有：

NULL 和 NOT NULL：限制字段可以为 NULL，或者不能为 NULL。

PRIMARY KEY：设置字段为主码。

UNIQUE：设置字段值具有唯一性。

<表级完整性约束>：表完整性约束条件所使用的关键字与字段级完整性约束相似。

3. 删除表

命令格式：

```
DROP TABLE <表名>;
```

参数说明：

<表名>：要删除的表的名字。

说明： 数据库中的表一旦被删除，表中的一切数据均不能再恢复，因此执行删除表操作时要特别小心。

4. 修改表结构

命令格式：

```
ALTER TABLE <表名 >[ALTER COLUMN <字段名 ><数据类型 >]|
[ADD COLUMN <字段名 ><数据类型 > [<字段级完整性约束 >]|
[DROP COLUMN <字段名 >]|[DROP CONSTRAINT <完整性约束 >];
```

参数说明：

ALTER COLUMN 子句：修改表中已有字段的定义。

ADD COLUMN 子句：增加新字段及相应的完整性约束条件。

DROP COLUMN 子句：删除该子句中给出的字段。

DROP CONSTRAINT 子句：删除指定的完整性约束条件。

17.4.2 表数据操作

操作数据库中数据实际上就是使用表来管理数据的过程，这是创建表的根本目的。操作数据需要使用 SQL 的数据操作语言（data manipulation language，DML）功能，包括向表中插入数据、修改数据、删除数据和查询数据等，对应操作所使用的命令为 INSERT（插入）、UPDATE（修改）、DELETE（删除）和 SELECT（查询）等。

1. 插入数据

使用 CREATE TABLE 命令所创建的数据表是一个只有结构的空表，因此向表中插入数据是在表结构创建之后首先需要执行的操作。SQL 提供向表中插入数据的语句为 INSERT。

命令格式：

```
INSERT INTO <表名 > [(<字段名 > [,<字段名 >]…)]VALUES (<值 >[,<值 >]…);
```

参数说明：

<表名>：要添加新记录的表。

<字段名>：可选项，指定待添加数据的字段。

VALUES 子句：指定待添加数据的具体值，若指定字段名，VALUES 子句中值的排列顺序必须和字段名的排列顺序一致；若不指定字段时，则 VALUES 子句中值的排列顺序必须与创建表字段时的排列顺序一致。

注意： 在表定义时指定了 NOT NULL 约束的字段不能取空值，否则会出错。

【例 17.1】在学生表 Student 中插入一条学生记录，学号为 202301009，姓名为王林，性别为男，年龄为 18，系别为外语。其命令如下：

```
INSERT INTO Student(sNo,sName,gender,age,dept) VALUES('202301009', '王
```

```
林 ', '男 ', 18, '外语 ');
```

2. 修改数据

UPDATE 语句用于更新表中的记录。

命令格式：

```
UPDATE <表名 > SET <字段名 >=<表达式 >[,<字段名 >=<表达式 >[WHERE <条件 >];
```

参数说明：

< 表名 >：要修改记录的表。

SET 子句：给出要修改的字段及其修改后的值。

WHERE 子句：指定待修改的记录应当满足的条件，WHERE 子句省略时，则修改表中所有记录。

【例 17.2】将学生表 Student 中的学号为 202301009 的学生的系别改为“金融”，然后再对其进行逻辑删除。

```
UPDATE Student SET dept='金融 ' WHERE sNo='202301009';
UPDATE Student SET deleted=true WHERE sNo='202301009';   //逻辑删除操作
```

3. 删除数据

DELETE 语句用来从表中物理删除一条或多条记录。

命令格式：

```
DELETE FROM <表名 > [WHERE <条件 >];
```

参数说明：

< 表名 >：要物理删除记录的表。

WHERE 子句：指定待物理删除的记录应当满足的条件，WHERE 子句省略时，则删除表中所有记录。

【例 17.3】在学生表 Student 中删除学号为 202301009 的学生记录。

```
DELETE FROM Student WHERE sNo='202301009';          //物理删除记录
```

4. 查询数据

查询数据是指把数据库中存储的数据根据用户的需要提取出来，所提取出来的数据称为结果集。因为数据库查询语句 SELECT 是 SQL 的核心，所以在 SQL 命令中用的最多的就是 SELECT 语句。

命令格式：

```
SELECT [ALL|DISTINCT][TOP n [PERCENT]]{*|{<字段名 >|<表达式 >}
[[AS]<别名 >]|<字段名 >[[AS]<别名 >]}[ ,…n]}
FROM <表名 >[WHERE <查询条件表达式 >]
[GROUP BY <字段名表 >[HAVING <分组条件 >]]
[ORDER BY <次序表达式 >[ASC|DESC]];
```

参数说明：

ALL：指定在结果集中显示所有记录，包括重复行。ALL 是默认设置。

DISTINCT：指定在结果集中显示所有记录，但不包括重复行。

TOP n [PERCENT]：指定从结果集中输出前 n 行，如果指定了 PERCENT，则表示从结果集中输出前百分之 n 行。

*：指定返回查询表中的所有字段。

< 字段名 >：指定要返回的字段。

< 表达式 >：返回由字段名、常量、函数以及运算符连接起来的表达式的值。

< 别名 >：指定在结果集中用“别名”来替换字段名或表达式进行显示。

FROM 子句：用于指定查询的表或视图。

WHERE 子句：用于设置查询条件。

GROUP BY 子句：指明按照 <字段名表 >中的值进行分组，该字段的值相同的记录为一个组。分组后每个组只返回一行结果。如果 GROUP 子句带 HAVING 子句，则只有满足 HAVING 指定条件的组才会输出。如果 GROUP BY 后有多个字段名，则先按第一个字段分组，再按第二个字段分组，以此类推。

HAVING 子句：用来指定每一个分组内应该满足的条件，即对每个分组内的记录进行再筛选，它通常与 GROUP BY 子句一起使用。HAVING 子句中的分组条件格式与 WHERE 子句中的条件格式类似。

说明： HAVING 与 WHERE 子句的区别是，WHERE 子句是对整个表中的数据筛选出满足条件的记录；而 HAVING 子句是对 GROUP BY 分组查询后产生的组设置的条件，所以是筛选出满足条件的组。另外在 HAVING 子句中可以使用统计函数，而在 WHERE 子句则不能。

ORDER BY 子句：将查询结果按指定的次序表达式的值升序或降序排列。次序表达式可以是字段名、字段的别名或表达式。ASC 指定升序排列，DESC 指定降序排列，默认排序方式为 ASC。

注意： ORDER BY 子句需放在 SQL 命令的最后。

1）简单查询

使用 SELECT 语句可以选择查询表中的任意字段，其中 <字段名 >指出要查询字段的名字，可以是一个或多个。当字段名为多个时，中间要用逗号分隔。如果要查询表中的所有字段，则用“*”替代字段名。

【例 17.4】在学生表 Student 中只查询学生的学号 sNo 和姓名 sName 两个字段，并且字段名分别以别名“学号”和“姓名”进行显示。

```
SELECT sNo AS 学号 ,sName AS 姓名 FROM Student WHERE deleted=false;
```

2）条件查询及多重条件查询

当要在表中找出满足某些条件的记录时，则需要使用 WHERE 子句设置查询条件。

WHERE 子句的查询条件是一个逻辑表达式，它由各种运算符连接构成，表 17.4 给出 WHERE 常用的运算符。当查询需要指定一个以上的查询条件时，这种条件称为多重条件或复合条件，此时需要使用逻辑运算符 NOT、AND 或 OR 将其连接成复合的逻辑表达式。逻辑运算符的优先级由高到低为 NOT、AND、OR，当然可以使用括号改变其优先级。

表 17.4　WHERE 常用的运算符

运 算 符	功 能 说 明
=、>、<、>=、<=、!=、<>	比较大小
BETWEEN AND、NOT BETWEEN AND	确定范围
IN、NOT IN	确定集合
LIKE、NOT LIKE	字符匹配
IS NULL、IS NOT NULL	判断空值
NOT、AND、OR	逻辑运算（多重条件查询）

其中确定范围运算符的使用格式如下：

```
v BETWEEN v1 AND v2          // 等价于 v1 ≤ v AND v ≤ v2
v NOT BETWEEN v1 AND v2      // 等价于 v<v1 OR v>v2
```

【例 17.5】在学生表 Student 中查找计算机系的所有同学。

```
SELECT * FROM Student WHERE dept='计算机' AND deleted=false;
```

【例 17.6】在学生表 Student 中查找计算机系所有男同学。

```
SELECT * FROM Student WHERE dept='计算机' AND gender='男' AND deleted=false;
```

3）模糊查询

当查询条件不知道完全精确的值时，还可以使用 LIKE 或 NOT LIKE 进行模糊查询，模糊查询也称为部分匹配查询。模糊查询的一般格式为：

```
<字段名> [NOT] LIKE <匹配串>
```

其中，<字段名>必须是字符型的字段；<匹配串>可以是一个完整的字符串，也可以包含通配符的字符串，字符串中的通配符如表 17.5 所示。

表 17.5　模糊查询时<匹配串>中的通配符

通 配 符	功 能 说 明	实　　例
%	代表 0 个或多个字符	'ab%' 表示 'ab' 后可接任意字符串
_（下画线）	代表一个字符	'a_b' 表示 'a' 与 'b' 之间可为任意单个字符
[]	表示在某一范围的字符	[0-9] 表示 0 ～ 9 的字符
[^]	表示不在某一范围的字符	[^0-9] 表示不在 0 ～ 9 的字符

【例 17.7】在学生表 Student 中查找所有姓“刘”的同学。

```
SELECT * FROM Student WHERE sName LIKE '刘%' AND deleted=false;
```

4）常用的统计函数及统计汇总查询

在 SQL 中除了可以使用算术运算符 +（加法）、-（减法）、*（乘法）和 /（除法）外，SQL 还提供了一系列统计函数。通过使用这些函数可以实现对表中的数据进行汇总或求平均值等各种运算。常用的统计函数如表 17.6 所示。

表 17.6　SQL 常用的统计函数

常用的统计函数	功 能 说 明
AVG(< 字段名 >)	求字段名所在列的平均值（必须是数值型列）
SUM(< 字段名 >)	求字段名所在列的总和（必须是数值型列）
MAX(< 字段名 >)	求字段名所在列的最大值
MIN(< 字段名 >)	求字段名所在列的最小值
COUNT(*)	统计表中记录的个数
COUNT([DISTINCT] < 字段名 >)	统计字段名所在列非空值的个数，DISTINCT 表示不包括字段的重复值

说明： 在表 17.6 的函数中除 COUNT(*) 外，其他函数在计算过程中均忽略 NULL 值。

【例 17.8】在成绩表 Score 中统计所有成绩 grade 的平均值。并以“平均成绩”为其别名。

```
SELECT AVG(grade) AS 平均成绩 FROM Score WHERE deleted=false;
```

5）ORDER BY 子句

ORDER BY 是一个可选的子句，它允许根据指定字段的值按照升序或者降序的顺序显示查询结果。其中默认值为升序排列，用 ASC 表示，降序排列用 DESC 表示。

【例 17.9】在成绩表 Score 中查询课程号 cNo 为 c001 的学生的学号 sNo 和成绩 grade，并按成绩降序排列。

```
SELECT sNo,grade FROM Score WHERE cNo='c001' AND deleted=false ORDER BY grade DESC
```

6）分组数据

统计函数只能产生单一的汇总数据，使用 GROUP BY 子句，则可以生成分组的汇总数据。GROUP BY 子句可以按关键字段的值来组织数据，关键字段值相同的为一组。一般情况下，可以根据表中的某一字段进行分组，并且要求使用统计函数，这样每一个组只能产生一个记录。

【例 17.10】在成绩表 Score 中查询每门课程的课程号 cNo 和学生人数。

```
SELECT cNo,COUNT(*) AS 人数 FROM Score WHERE deleted=false GROUP BY cNo;
```

17.5　JDBC 程序设计

JDBC 是为在 Java 程序中访问数据库而设计的一组 Java API，是 Java 数据库应用程序开发中的一项核心技术。

17.5.1 JDBC 概述

JDBC 的含义是 Java Database Connectivity，它是 Java 程序中访问数据库的标准 API。JDBC 给 Java 程序员提供访问和操纵众多关系数据库的一个统一接口。通过 JDBC API，用 Java 语言编写的应用程序能够执行 SQL 语句、获取结果、显示数据等，并且可以将所做的修改传回数据库。一般来说，JDBC 做三件事：与数据库建立连接；发送 SQL 语句；处理 SQL 语句执行的结果。

图 17.10 显示了 Java 程序、JDBC API、JDBC 驱动程序和数据库之间的关系。JDBC API 是一个 Java 接口和类的集合，用于编写访问和操纵关系数据库的 Java 程序。JDBC 驱动程序起着一个接口的作用，但对不同的数据库需使用不同的 JDBC 驱动程序。例如，访问 MySQL 数据库需要使用 MySQL JDBC 驱动程序等。

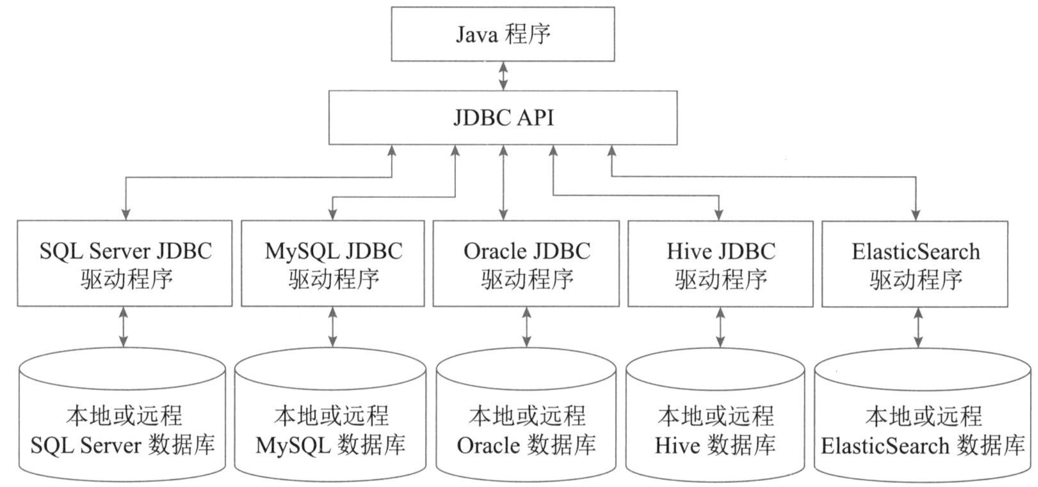

图 17.10 Java 程序通过 JDBC 驱动程序访问和操纵数据库

17.5.2 使用 JDBC 开发数据库应用程序

JDBC API 主要位于 Java 的 java.sql 包与 javax.sql 包中，表 17.7 给出了其主要的类与接口。

表 17.7 JDBC 中主要的类与接口（斜体表示接口）

类或接口	功能说明
DriverManager	负责加载各种不同驱动程序（driver），并根据不同的请求，向调用者返回相应的数据库连接（connection）
Connection	数据库连接，负责与数据库间进行通信，SQL 语句的执行以及事务处理都是在某个特定 Connection 环境中进行的，并可以产生用以执行 SQL 的 Statement 对象
Statement	用以执行不含参数的静态 SQL 查询和更新，并返回执行结果
PreparedStatement	用以执行包含参数的动态 SQL 查询和更新（在服务器端编译，允许重复执行以提高效率）

续表

类或接口	功能说明
CallableStatement	用以调用数据库中的存储过程
ResultSet	用以获得 SQL 查询结果
DatabaseMetaData	用以获得数据库信息
ResultSetMetaData	用以获得结果集的结构信息
SQLException	代表在数据库连接的建立、关闭或 SQL 语句的执行过程中发生了异常

说明： JDBC 驱动程序开发商已提供了对这些接口的实现类，所以在使用时实际上是调用这些接口实现类中的方法。

使用 JDBC 访问数据库的基本步骤为：加载驱动程序、建立与数据库的连接、创建 Stalement 对象、执行 SQL 语句、处理返回结果和关闭创建的各种对象。

1. 加载驱动程序

在与某一特定数据库建立连接前，首先应加载一种可用的 JDBC 驱动程序。加载驱动程序的一种简单方法是使用 Class.forName() 方法显式加载，语句如下：

```
java.lang.Class.forName(String JDBCDriverClass);
```

该方法是 Class 类的静态方法，参数 JDBCDriverClass 是要加载的 JDBC 驱动程序类的名称，它是以字符串形式表达的包括所属包及类的长名。该方法可能抛出 ClassNotFoundException 异常，所以在调用该方法时要注意进行异常处理。表 17.8 给出了 MySQL、SQLServer、Oracle、Hive 和 ElasticSearch 五种目前较常用的数据库驱动程序类。

表 17.8 常用数据库的驱动程序类

数 据 库	驱动程序类
MySQL	com.mysql.cj.jdbc.Driver
SQL Server	com.microsoft.sqlserver.jdbc.SQLServerDriver
Oracle	oracle.jdbc.driver.OracleDriver
Hive	org.apache.hadoop.hive.jdbc.HiveDriver
ElasticSearch	org.elasticsearch.xpack.sql.jdbc.EsDriver

MySQL 的 JDBC 驱动程序是 mysql-connector-java-8.0.30.jar 文件中的一个类；SQL Server 的 JDBC 驱动程序是 mssql-jdbc-11.2.0.jre18.jar 文件中的一个类；Oracle 的 JDBC 驱动程序是 ojdbc11.jar 文件中的一个类；Hive 的 JDBC 驱动程序是 hive-jdbc-3.1.3.jar 文件中的一个类；ElasticSearch 的 JDBC 驱动程序是 x-pack-sql-jdbc-8.3.2.jar 文件中的一个类。这些 jar 文件可以到各个数据库的官方网站上下载。为了使用 MySQL、SQL Server、Oracle、Hive 和 ElasticSearch 的驱动程序，还必须将它们所在的 jar 文件添加到类路径 ClassPath 中。

MySQL 的 JDBC 驱动程序的下载地址为 https://dev.mysql.com/downloads/file/?id=

512698。在该页上点击 No thanks, just start my download 即可开始下载。下载得到的 JDBC 驱动程序（JDBC Driver for MySQL）的安装文件为 mysql-installer-community-8.0.30.0.msi。双击该文件名，弹出如图 17.11 所示的安装窗口。在该窗口中安装类型选择自定义项 Custom。然后单击窗口中的 Next 按钮出现图 17.12 所示窗口，然后按照图中所示在左窗格中选中 Connector/J 8.0.30-X86 选项添加到右边窗格中。之后单击 Next 按钮进入下一页，在该页中单击 Execute 按钮即安装完成。

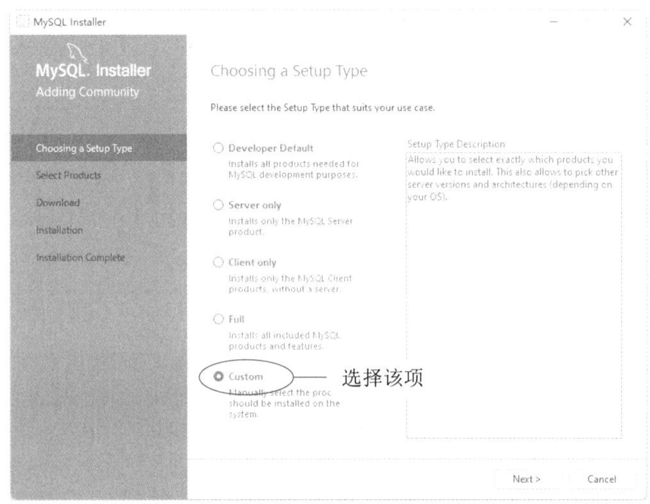

图 17.11　JDBC 驱动程序安装过程窗口

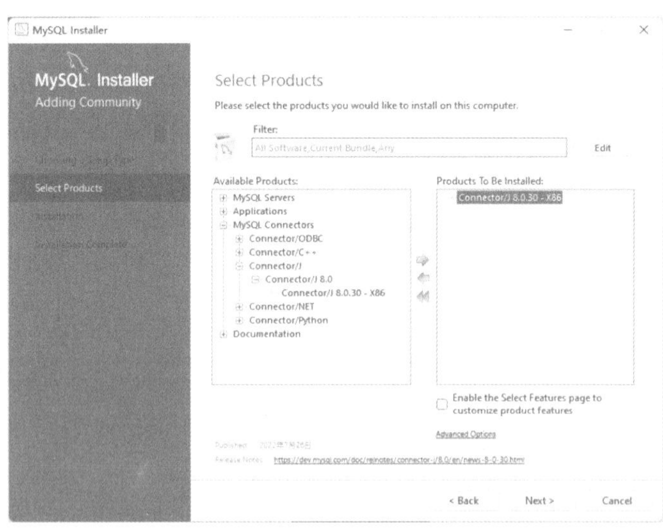

图 17.12　选择 JDBC 驱动程序窗口

最后将 MySQL 的 JDBC 驱动程序所在的 .jar 文件添加到类路径中，即将 C:\Program Files (x86)\MySQL\Connector J 8.0\mysql-connector-java-8.0.30.jar 添加到 ClassPath 中。注意，在 ClassPath 中要用分号“;”将该路径与其他路径分隔开。

注意： 自 JDK 6 开始 Java 支持驱动程序的自动加载，因此不需要显式地加载它们。但是，并不是所有的驱动程序都有这个特性，为安全起见，本书使用显式方式加载驱动程序。

2. 创建与数据库的连接

因为 JDBC 驱动程序与数据库的连接是以对象的形式表示的，所以创建数据库连接也称创建数据库连接对象。要想将 JDBC 驱动程序连接到一个数据库，需要使用 DriverManager 类中的静态方法来创建连接。表 17.9 给出了 DriverManager 类的常用方法。

表 17.9　java.sql.DriverManager 类的常用方法

常用方法	功能说明
public static Connection getConnection(String url, String user,String password)	建立 JDBC 驱动程序到指定数据库 URL 的连接。其中 url 提供了一种标识数据库的方法，user 为用户名，password 为密码
public static Driver getDriver(String url)	返回 url 所指定的数据库连接的驱动程序

DriverManager 类的 getConnection() 是实现建立 JDBC 驱动程序到数据库连接的方法。其一般的使用格式如下：

```
Connection conn = DriverManager.getConnection(String url,String user,String password);
```

这里的 url 提供了一种标识数据库位置的方式。JDBC URL 由三个部分组成，各个部分之间用冒号分隔，格式如下：

```
jdbc:<subprotocol>:<subname>
```

其中，<subprotocol> 是子协议，指数据库连接的方式；<subname> 是子名称，是一种标识数据库的方法。表 17.10 给出了数据库 MySQL、SQL Server、Oracle、Hive 和 ElasticSearch 的 URL 模式。

表 17.10　JDBC 的 URL模式

数据库	URL 模式
MySQL	jdbc:mysql://hostname:port#/dbname
SQL Server	jdbc:sqlserver://hostname:port#;DatabaseName=dbname
Oracle	jdbc:oracle:thin:@hostname:port#:oracleDBSID
Hive	jdbc:hive://localhost:10000/default
ElasticSearch	jdbc:es://http://server:3456/?timezone=UTC&page.size=250

MySQL 数据库的 URL 指定包含数据库的主机名（hostname）、数据库监听输入连接请求的端口号（port#）和数据库名（dbname）。例如，下面的语句以主机名为 localhost，用户名为 root 和密码为 654321，并以数据库的默认端口号 3306 为本地 MySQL 数据库 StudentScore 创建一个 Connection 对象：

```
String url="jdbc:mysql://localhost:3306/StudentScore";
Connection conn=DriverManager.getConnection(url,"root","654321");
```

说明：当主机和数据库通过互联网进行传输时，可以使用 SSL 进行连接。MySQL 的 SSL 连接方式主要是用来加密主机与数据库的通信，但是通常可以用防火墙来对 IP 进行限制，因此 SSL 的连接方式并不是必需的，可以根据部署情况酌情处理。另外，当使用 MySQL 数据库的某些版本时，利用 JDBC 的 API 与数据库服务器建立联系时，需要显式地设置时区（serverTimezone），serverTimezone=UTC 表示为全球标准时间，serverTimezone=Asia/Shanghai 则使用中国标准时间。

SQL Server 数据库的 URL 指定包含数据库的主机名（hostname）、数据库监听输入连接请求的端口号（port#）和数据库名（dbname）。例如，下面的语句以主机名为 localhost、用户名为 root、密码为 654321，并以数据库的默认端口号 1433 为本地 SQL Server 数据库 StudentScore 创建一个 Connection 对象：

```
Connection conn=DriverManager.getConnection ("jdbc:sqlserver://localhost:
1433;DatabaseName=StudentScore","root","654321");
```

Oracle 数据库的 URL 指定主机名（hostname）、数据库监听输入连接请求的端口号（port#），以及数据库名（oracleDBSID）。下面的语句为 Oracle 数据库 StudentScore 创建一个 Connection 对象，主机为 localhost，数据库的端口号为 1521，数据库 SID 为 StudentScore，用户名为 root，口令为 654321：

```
Connection conn=DriverManager.getConnection("jdbc:oracle:thin:@localhost:
1521:StudentScore","root","654321");
```

Hive 和 ElasticSearch 两种数据库的 URL 指定方式，与前几种数据库 URL 的指定基本相同。

DriverManager 类的 getConnection() 方法返回一个 Connection 对象。Connection 是一个接口，表示与数据库的连接，并拥有创建 SQL 语句的方法，以完成对表的 SQL 操作，同时还为数据库事务处理提供提交和回滚的方法。一个应用程序可以与单个数据库建立一个或多个连接，也可以与多个数据库建立连接。表 17.11 给出了 Connection 接口的常用方法。

表 17.11　java.sql.Connection 接口的常用方法

常用方法	功能说明
public Statement createStatement()	创建一个 Statement 对象用来将 SQL 语句发送到数据库
public PreparedStatement prepareStatement (String sql)	创建一个 PreparedStatement 对象来将具有参数的动态 SQL 语句发送到数据库
public DatabaseMetaData getMetaData()	返回此连接对象的数据库元数据 DatabaseMetaData 的对象
public void close()	断开连接，释放此 Connection 对象的数据库和 JDBC 资源
public void setAutoCommit(boolean auto Commit)	设置是否关闭自动提交模式

续表

常用方法	功能说明
public void commit()	提交 SQL 语句，使从上一次提交 / 回滚以来进行的所有更改生效
public void rollback()	取消 SQL 语句的执行，撤销在当前事务中进行的所有更改

3. 创建 Statement 对象

创建完连接之后，在所建立的数据库连接上，必须创建一个 Statement 接口对象，该对象将各种 SQL 语句发送到所连接的数据库中执行。如果把一个 Connection 对象想象成一条连接程序和数据库的索道，那么 Statement 对象或它的子类就可以看作是索道上的一辆缆车，它为数据库传输 SQL 语句，并把执行结果返回。对于已创建的数据库连接对象，调用 createStatement() 方法就可以得到一个 Statement 对象。例如，对已创建的连接对象 conn，则可使用下列语句创建一个 conn 上的 Statement 对象。

```
Statement stmt=conn.createStatement();
```

4. 执行 SQL 语句

创建了 Statement 对象后，就可以通过该对象发送 SQL 语句。如果 SQL 语句运行后产生结果集，Statement 对象会将结果集封装成 ResultSet 对象并返回。表 17.12 给出了 Statement 接口的常用方法。

表 17.12　java.sql.Statement 接口的常用方法

常用方法	功能说明
public ResultSet executeQuery(String sql)	执行给定的 SQL 语句，并将结果封装在结果集 ResultSet 对象中返回
public int executeUpdate(String sql)	执行给定 SQL 语句，该语句可能是 INSERT、UPDATE 或 DELETE，或是不返回任何内容的 SQL 语句（如 DDL 语句）。该语句的返回值是一个整数，表示受影响的行数（即更新计数）
public boolean execute(String sql)	执行给定的 SQL 语句。如果执行的是 SELECT 语句，则返回 true，调用 getResultSet() 方法获得执行 SQL 语句的返回结果；如果执行的是 INSERT、UPDATE 或 DELETE，或者不返回任何内容的 SQL 语句，则返回 false，调用 getUpdateCount() 方法获得执行 SQL 语句的返回结果
public ResultSet getResultSet()	以 ResultSet 对象的形式返回当前结果。如果结果是更新计数（即执行 executeUpdate() 方法）或没有结果，则返回 null
public int getUpdateCount()	以更新计数的形式返回当前结果；如果结果为 ResultSet 对象或没有更多结果，则返回 -1。每个结果应只调用一次该方法
public void close()	释放此 Statement 对象的数据库和 JDBC 资源

说明： 在 executeQuery() 与 executeUpdate() 方法中的字符串参数 sql 如果超出一行将出现编译错误，所以在构造 sql 参数时，需要将表达多行的字符串加上双引号并将各行用加号“+”连接起来。

例如，执行下面的代码进行 SQL 查询操作。

```
String sqlStr="SELECT sNo,sName,gender,age FROM Student"+
   " WHERE dept='计算机' AND deleted=false";
ResultSet rs=stmt.executeQuery(sqlStr);//执行查询操作并将查询结果存放到对象rs中
```

而下面的代码是执行插入操作。

```
String sqlStr="INSERT INTO Student(sNo,sName,gender,age,dept)"+
   " VALUES('202301009','王林','男',18,'外语')";
int count=stmt.executeUpdate(sqlStr);
```

5. 处理返回结果

结果集是包含 SQL 的 SELECT 语句中符合条件的所有行，这些行的全体称为结果集，返回的结果集是一个表，而这个表就是 ResultSet 接口的对象。在结果集中通过记录指针（也称为游标）控制具体记录的访问，记录指针指向结果集的当前记录。在结果集中可以使用 getXXX() 方法从当前行获取值。ResultSet 接口的常用方法如表 17.13 所示。

表 17.13　java.sql.ResultSet 接口的常用方法

常用方法	功能说明
public boolean absolute(int row)	将记录指针移动到结果集的第 row 条记录
public boolean relative(int row)	按相对行数（或正或负）移动记录指针
public void beforFirst()	将记录指针移动到结果集的头（第一条记录之前）
public boolean first()	将记录指针移动到结果集的第一条记录
public boolean previous()	将记录指针从结果集的当前位置移到上一条记录
public boolean next()	将记录指针从结果集的当前位置移到下一条记录
public boolean last()	将记录指针移动到结果集的最后一条记录
public void afterLast()	将记录指针移动到结果集的尾（最后一条记录之后）
public boolean isAfterLast()	判断记录指针是否位于结果集的尾（最后一条记录之后）
public boolean isBeforeFirst()	判断记录指针是否位于结果集的头（第一条记录之前）
public boolean isFirst()	判断记录指针是否位于结果集的第一条记录
public boolean isLast()	判断记录指针是否位于结果集的最后一条记录
public int getRow()	返回当前记录的行号
public String getString(String columnLabel)	返回当前记录字段名为 columnLabel 的值
public String getString(int columnIndex)	返回当前行第 columnIndex 列的值，类型为 String
public int getInt(int columnIndex)	返回当前行第 columnIndex 列的值，类型为 int
public Statement getStatement()	返回生成结果集的 Statement 对象
public void close()	释放此 ResultSet 对象的数据库和 JDBC 资源
public ResdtSetMetaData getMetaData()	返回结果集的列的编号、类型和属性

记录指针的最初始位置位于第一条记录之前，即结果集的头。第 1 次调用 next() 方法使记录指针移到第 1 条记录，当记录指针移动到结果集的尾时其返回 false。在使用 ResultSet 对象的 getXXX() 方法对结果集中的数据进行访问时，一定要使数据库中字段的数据类型与 Java 的数据类型相匹配。例如，对于数据库中的 CHAR 或者 VARCHAR 类型的字段，对应的 Java 的数据类型是 String，因此在 ResultSet 对象中应该使用 getString() 方法读取。

需要强调指出的是，使用“Statement stmt=conn.createStatement();”语句虽然可以得到 Statement 类的对象 stmt，通过语句“ResultSet rs=stmt.executeQuert("SELECT * FROM Student");”也可以得到相应的结果集 rs，但这种类型的结果集 rs 不能来回移动记录指针读取记录。例如，现在记录指针指向到第 10 条记录，不能使用 rs.absolute（5）语句再回去读取第 5 条记录。如果需要来回移动记录指针读取结果集，则创建 Statement 语句时需要使用如下带参数的方法定义：

```
Statement createStatement(int resultSetType, int resultSetConcurrency);
```

例如：

```
Statement stmt=conn.createStatement(ResultSet.TYPE_SCROLL_INSENSITIVE,
          ResultSet.CONCUR_READ_ONLY);
```

常用的 SQL 数据类型与 Java 数据类型之间的对应关系如表 17.14 所示。

表 17.14　常用的 MySQL 某些数据类型与 Java 数据类型之间的对应关系

MySQL 数据类型	Java 数据类型	结果集中对应的方法
integer	int	getInt()
tinyint	byte	getByte()
smallint	short	getShort()
bigint	long	getLong()
float/double	double	getDouble()
real	float	getFloat()
char/varchar/longvarchar	String	getString()
bit	boolean	getBoolean()
date	java.sql.Date	getDate()
time	java.sql.Time	getTime()
timestamp	java.sql.Timestamp	getTimestamp()
numeric/decimal	java.math.BigDecimal	getBigDecimal()

例如，下面给出的代码显示前面 SQL 语句查询的所有结果。

```
while(rs.next()){
  String no=rs.getString("sNo");
  String name=rs.getString("sName");
```

```
  String gender=rs.getString("gender");
  int age=rs.getInt("age");
  System.out.println(no+" "+name+" "+gender" "+age);
}
```

在使用 getXXX() 方法进行取值时，可以通过字段名或列号来标识要获取数据的列。例如，下面两条语句的作用是一样的，都是读取当前行中 sNo 字段的内容。

```
String no=rs.getString("sNo");
String no=rs.getString(2);
```

说明： 在 ResultSet 中，字段是从左至右编号的，并且从 1 开始。

6. 关闭创建的各种对象

当对数据库的操作执行完毕或退出应用程序前，需将数据库访问过程中建立的各个对象按顺序关闭，防止系统资源浪费。关闭的次序是：关闭结果集对象；关闭 Statement 对象；关闭连接对象。但若是使用自动关闭资源语句中创建的对象，则在完成对数据库操作后会自动关闭这些对象。

注意： 在任一时间内，一个给定的 Statement 对象只能打开一个结果集。当重新使用同一个 Statement 对象时，将会关闭先前生成的任何结果集。这意味着如果想对先前的结果集继续进行处理，其他的查询语句就必须使用另外的 Statement 对象，否则，第二个查询语句将会使尚在继续处理的结果集丢失。也就是说，执行 SQL 语句时将关闭所调用的 Statement 对象当前打开的结果集，所以，在重新执行 Statement 对象之前，需要完成对当前 ResultSet 对象的处理。

例如，下面给出的代码关闭前面所创建的对象。

```
try{
  if(rs!=null) rs.close();              //关闭结果集对象
  if(stmt!=null) stmt.close();          //关闭 Statement 对象
  if(conn!=null) conn.close();          //关闭 JDBC 与数据库的连接
}
catch(Exception e){
  e.printStackTrace();
}
```

【例 17.11】编程实现与本地数据库 StudentScore 连接，然后显示 Student 表中计算机系的全部学生的学号、姓名、性别和年龄。

```
//FileName: App17_11.java                    数据库编程实现对表的查询
import java.sql.Connection;
import java.sql.DriverManager;
import java.sql.ResultSet;
import java.sql.Statement;
import java.sql.SQLException;
import java.lang.ClassNotFoundException;
public class App17_11{
```

```
9   private static String driver="com.mysql.cj.jdbc.Driver";
10  private static String url="jdbc:mysql://localhost:3306/StudentScore";
11  private static String user="root";
12  private static String password="654321";
13  public static void main(String[] args)
14        throws SQLException,ClassNotFoundException{
15    Class.forName(driver);                  // 加载 MySQL 的 JDBC 驱动程序
16    String sql="SELECT sNo,sName,gender,age FROM "+
17          "Student WHERE dept='计算机' AND deleted=false";
18    try(   // 下面语句建立驱动程序与数据库之间的连接
19      Connection conn=DriverManager.getConnection(url,user,password);
20      Statement stmt=conn.createStatement();// 利 conn 创建 Statement 接口对象
21      ResultSet rs=stmt.executeQuery(sql);      // 执行 SQL 查询语句
22    ){
23      while(rs.next()){              // 利用循环语句对结果集 rs 中的记录进行访问
24        String no=rs.getString("sNo");
25        String name=rs.getString("sName");
26        String gender=rs.getString("gender");
27        int age=rs.getInt("age");
28        System.out.println(no+" "+name+" "+gender+" "+age);
29      }
30    }
31    catch(Exception e){
32      e.printStackTrace();           // 输出当前异常对象的堆栈使用轨迹
33    }
34  }
35 }
```

程序运行结果：

```
202301001  钱静  女  19
202301003  周武  男  19
202301005  李俊  男  20
```

例 17.11 程序完整地演示了连接数据库、执行 SQL 查询语句以及处理查询结果的过程。在第 15 行使用 Class.forName() 方法加载 MySQL 的 JDBC 驱动程序，JDBC 驱动程序类的名称由第 9 行的字符串变量 driver 定义。第 19 行使用 DriverManager 类的 getConnection() 方法在数据库和相应驱动程序之间建立连接，并获得 Connection 接口的对象 conn。第 20 行由连接对象 conn 创建一个 Statement 接口对象 stmt，该对象负责将 SQL 语句发送给数据库。第 21 行调用 Statement 对象的 executeQuery() 方法来执行 SQL 查询语句，SQL 语句作为该方法的参数传入，查询结果以 ResultSet 的对象 rs 返回。第 23 ～ 29 行是一个 while 循环语句，每次循环调用 rs 对象的 next() 方法一次，使 rs 对象中的记录指针向下移动一行，从而按照从上往下的次序获取 ResultSet 数据行，当 rs 对象的记录指针指向表尾时，循环结束。第 24 ～ 28 行分别获得 rs 对象记录指针所指向记录的各个字段的内容并输出。

17.5.3 数据库的进一步操作

JDBC 中执行 SQL 对表的查询有不含参数的静态查询（静态 SQL 语句）、含有参数的动态查询（动态 SQL 语句）和存储过程三种方式。这三种方式分别对应 Statement、PreparedStatement 和 CallableStatement 接口。

1. Statement 接口

关于 Statement 接口前面介绍过，已知 Statement 对象用于将 SQL 语句发送到数据库中去执行，并从数据库中读取结果。但 Statement 接口用于执行不带参数的静态 SQL 语句。所谓静态 SQL 语句是指在执行 executeQuery()、executeUpdate() 等方法时，作为参数的 SQL 语句的内容固定不变，也就是 SQL 语句中没有参数。

【例 17.12】使用 Statement 接口，实现对数据库 StudentScore 中 Student 表的查询、添加、修改和删除操作。

```
//FileName: App17_12.java 使用Statement 接口，实现对表的查询、添加、修改和删除操作
import java.sql.Connection;
import java.sql.DriverManager;
import java.sql.ResultSet;
import java.sql.Statement;
import java.sql.SQLException;
import java.lang.ClassNotFoundException;
public class App17_12{
  private static String driver="com.mysql.cj.jdbc.Driver";
  private static String url="jdbc:mysql://localhost:3306/StudentScore";
  private static String user="root";
  private static String password="654321";
  public static void main(String[] args)
       throws SQLException,ClassNotFoundException{
    Class.forName(driver);
    String selectSql="SELECT * FROM Student WHERE dept='计算机' AND deleted=false";
    String insertSql="INSERT INTO Student(sNo,sName,gender, age,dept)"+
          "VALUES('202301018', '王林','男',18,'外语');";
    String updateSql="UPDATE Student SET dept='金融' "+
          "WHERE sNo='202301018' AND deleted=false";
    String deleteSql="DELETE FROM Student WHERE sNo='202301018'";
    try(Connection conn=DriverManager.getConnection(url,user,password);
      Statement stmt=conn.createStatement();
      ResultSet rs=stmt.executeQuery(selectSql);
    ){
```

```
26          while(rs.next()){
27            String no=rs.getString("sNo");
28            String name=rs.getString("sName");
29            String gender=rs.getString("gender");
30            int age=rs.getInt("age");
31            String dept=rs.getString("dept");
32            System.out.println(no+" "+name+" "+gender+" "+age+" "+dept);
33          }
34          int count=stmt.executeUpdate(insertSql); // 执行 SQL 插入操作
35          System.out.println(" 添加 "+ count+" 条记录到 Student 表中 ");
36          count=stmt.executeUpdate(updateSql);     // 执行修改记录操作
37          System.out.println(" 修改了 Student 表的 "+count+" 条记录 ");
38          count=stmt.executeUpdate(deleteSql);     // 执行删除记录操作
39          System.out.println(" 删除了 Student 表的 "+count+" 条记录 ");
40        }
41        catch (Exception e){
42          e.printStackTrace();
43        }
44      }
45 }
```

程序运行结果：

```
202301001   钱静   女   19   计算机
202301003   周武   男   19   计算机
202301005   李俊   男   20   计算机
添加 1 条记录到 Student 表中
修改了 Student 表的 1 条记录
删除了 Student 表的 1 条记录
```

例 17.12 程序在第 15 行加载 JDBC 驱动程序。第 22、23 两行分别是获得 Connection 接口的对象 conn 和创建 Statement 接口的对象 stmt，第 24 行使用 stmt 对象的 executeQuery() 方法查询 Student 表中系别为计算机的所有学生，结果保存在 ResultSet 对象 rs 中。第 26 ～ 33 行利用循环将 rs 对象中的数据逐行显示出来。第 34 行使用 stmt 对象的 executeUpdate() 方法向学生表 Student 中添加一条记录。第 36 行使用 stmt 对象的 executeUpdate() 方法对表 Student 中的一条记录进行修改。第 38 行使用 stmt 对象的 executeUpdate() 方法从表 Student 中删除一条记录。

2. PreparedStatement 接口

PreparedStatement 是处理预编译语句的一个接口。PreparedStatement 接口的特点是可用于执行动态的 SQL 语句。所谓动态 SQL 语句，就是可以在 SQL 语句中提供参数，这使得可以对相同的 SQL 语句替换参数从而多次使用。因此，当一个 SQL 语句需要执行多次时，使用预编译语句可以减少执行时间。如果不采用预编译机制，则数据库管理系统每次执行这些 SQL 语句时都需要将它编译成内部指令然后执行。预编译语句的机制就是先让数据库管理系统在内部通过预先编译，形成带参数的内部指令，并保存在接口 PreparedStatement 的对象中。这样在以后执行这类 SQL 语句时，只需修改该对象中的参数值，再由数据库管理系统直接修改内部指令并执行，这样就可节省数据库管理系统编译 SQL 语句的时间，从而提高程序的执行效率。一般在需要反复使用一个 SQL 语句时，使用预编译语句，因此预编译语句常常被放在循环语句中使用，通过反复设置参数从而多次使用该 SQL 语句。因为 SQL 语句是预编译的，所以其执行速度要快于 Statement 对象，因此使用该功能时必须利用 PreparedStatement 接口对象，而不能使用 Statement 对象。因为 PreparedStatement 是 Statement 的子接口，所以 PreparedStatement 对象也可用于执行不带参数的预编译的 SQL 语句。PreparedStatement 接口的常用方法如表 17.15 所示。

表 17.15　java.sql.PreparedStatement 接口的常用方法

常用方法	功能说明
public boolean execute()	执行任何种类的 SQL 的语句，可能会产生多个结果集
public ResultSet executeQuery()	执行 SQL 查询命令 SELECT 并返回结果集
public int executeUpdate()	执行修改的 SQL 指令，如 INSERT、DELETE、UPDATE 等
public ResultSetMetaData getMetaData()	返回结果集 ResultSet 的有关字段的信息
public void setBoolean(int parameterIndex,boolean x)	给第 parameterIndex 个参数设置 boolean 型值 x
public void setInt(int parameterIndex,int x)	给第 parameterIndex 个参数设置 int 型值 x
public void setDouble(int parameterIndex,double x)	给第 parameterIndex 个参数设置 double 型值 x
public void setString(int parameterIndex,String x)	给第 parameterIndex 个参数设置 String 型值 x
public void setDate(im parameterIndex,Date x)	给第 parameterIndex 个参数设置 Date 型值 x
public void setObject(int parameterIndex,Object x)	给第 parameterIndex 个参数设置 Object 型值 x

从表 17.15 中可以看出，PreparedStatement 中三个方法 execute()、executeQuery() 和 executeUpdate() 已被更改为不再需要参数，这是因为在创建 PreparedStatement 对象时，已经在 prepareStatement() 方法中指定了 SQL 语句。

可通过 Connection 的 prepareStatement() 方法创建 PreparedStatement 对象。在创建用于 PreparedStatement 对象的动态 SQL 语句时，可使用"?"作为动态参数的占位符。如：

```
String insertSql="INSERT INTO Student(sNo,sName,gender,age,dept) VALUES(?,?,?,?,?);";
PreparedStatement ps = conn.prepareStatement(insertSql);
```

上面的 INSERT 语句中有 5 个问号用作参数的占位符，它们分别表示 Student 表中一条记录的 sNo、sName、gender、age 和 dept 字段的值。

在执行带参数的 SQL 语句前，必须对“?”进行赋值。这可以通过使用 setXXX() 方法，通过占位符的下标完成对输入参数的赋值（下标是从 1 开始的），XXX 根据不同的数据类型选择。

【例 17.13】使用 PreparedStatement 接口实现对数据库 StudentScore 中的 Student 表进行动态地查询、插入、修改和删除操作。

```
1  //FileName: App17_13.java 使用 PreparedStatement 接口，对表进行操作
2  import java.sql.Connection;
3  import java.sql.DriverManager;
4  import java.sql.PreparedStatement;
5  import java.sql.ResultSet;
6  import java.sql.SQLException;
7  import java.lang.ClassNotFoundException;
8  import java.lang.Exception;
9  public class App17_13{
10   private static String driver="com.mysql.cj.jdbc.Driver";
11   private static String url="jdbc:mysql://localhost:3306/StudentScore";
12   private static String user="root";
13   private static String password="654321";
14   public static void main(String[] args){
15     Connection conn=null;
16     PreparedStatement ps=null;
17     ResultSet rs=null;
18     String selectSql="SELECT * FROM Student WHERE dept=? AND deleted=false";
19     String insertSql="INSERT INTO Student(sNo,sName,gender,age,dept)VALUES(?,?,?,?,?);";
20     String updateSql="UPDATE Student SET dept=' 金融 ' WHERE sNo=? AND deleted=false";
21     String deleteSql="DELETE FROM Student WHERE sNo=?";
22     try{
23       Class.forName(driver);
24       conn=DriverManager.getConnection(url,user,password);
25       ps=conn.prepareStatement(selectSql);// 创建 PreparedStatement 对象 ps
26       ps.setString(1," 计算机 ");// 将字符串 " 计算机 " 传递给第 18 行 dept 参数的占位符
27       rs=ps.executeQuery();          // 执行 SQL 语句的查询操作
28       while(rs.next()){
29         String no=rs.getString("sNo");
30         String name=rs.getString("sName");
31         String gender=rs.getString("gender");
32         int age=rs.getInt("age");
33         String dept=rs.getString("dept");
34         System.out.println(no+" "+name+" "+gender+" "+age+" "+dept);
35       }
36       ps=conn.prepareStatement(insertSql);// 创建 PreparedStatement 对象 ps
37       ps.setString(1,"202301009");// 将字符串传递给第 19 行定义的第 1 个参数的占位符
```

```
38          ps.setString(2,"王林");
39          ps.setString(3,"男");
40          ps.setInt(4,18);//将整型数 18 传递给第 19 行定义的第 4 个参数的占位符
41          ps.setString(5,"外语");
42          int count=ps.executeUpdate(); //执行 SQL 语句的插入操作
43          System.out.println("添加"+ count+"条记录到 Student 表中");
44          ps=conn.prepareStatement(updateSql);//创建 PreparedStatement 对象 ps
45          ps.setString(1,"202301009");    //将字符串传递给第 20 行定义的参数占位符
46          count=ps.executeUpdate();       //执行 SQL 语句的修改操作
47          System.out.println("修改了 Student 表的"+count+"条记录");
48          ps=conn.prepareStatement(deleteSql);//创建 PreparedStatement 对象 ps
49          ps.setString(1,"202301009");    //将字符串传递给第 21 行定义的参数占位符
50          count=ps.executeUpdate();       //执行 SQL 语句的删除操作
51          System.out.println("删除了 Student 表的"+count+"条记录");
52        }
53        catch(Exception e){
54          e.printStackTrace();
55        }
56        finally{
57          try{
58            if(rs!=null) rs.close();
59            if(ps!=null) ps.close();
60            if(conn!=null) conn.close();
61          }
62          catch(Exception e){
63            e.printStackTrace();
64          }
65        }
66      }
67  }
```

例 17.13 程序运行结果与例 17.12 完全一样。在程序第 18 ～ 21 行定义 SQL 语句时使用了“？”作为参数的占位符。在第 25、36、44 和 48 行使用 Connection 对象的 prepareStatement() 方法分别创建用于执行 SELECT、INSERT、UPDATE 和 DELETE 语句的 PreparedStatement 对象 ps。并且在第 26、37 ～ 41、45 和 49 行，分别使用的 setXXX() 方法对动态参数进行了赋值。

17.5.4 获取元数据

所谓元数据（meta data）就是有关数据库和表结构的信息，如数据库中的表、表的字段、表的索引、数据类型、对 SQL 的支持程度等信息。JDBC 提供 DatabaseMetaData 接口用于获取数据库信息，还提供 ResultSetMetaData 接口用于获取特定结果集 ResultSet 的信息，如字段名和字段个数等。

1. DatabaseMetaData 接口

DatabaseMetaData 接口主要是用来得到关于数据库的信息，如数据库中所有表名、系统函数、关键字、数据库产品名和数据库支持的 JDBC 驱动程序名等。DatabaseMetaData 对象是通过 Connection 接口的 getMetaData() 方法创建的。例如：

```
DatabaseMetaData dmd=conn.getMetaData();
```

DatabaseMetaData 接口提供了大量获取信息的方法，这些方法可分为两大类：一类返回值为 boolean 型，多用于判断数据库或驱动程序是否支持某项功能；另一类则用以获取数据库或驱动程序本身的某些特征值。表 17.16 给出了 DatabaseMetaData 接口的常用方法。

表 17.16　java.sql.DatabaseMetaData 接口的常用方法

常用方法	功能说明
public String getURL()	返回用于连接数据库的 URL 地址
public String getUserName()	返回当前用户名
public String getDatabaseProductName()	返回使用的数据库产品名
public String getDatabaseProductVersion()	返回使用的数据库版本号
public String getDriverName()	返回用以连接的驱动程序名称
public String getDriverVersion()	返回用以连接的驱动程序版本号

【例 17.14】使用 DatabaseMetaData 接口获取当前数据库 StudentScore 连接的相关信息。

```
//FileName: App17_14.java
import java.sql.DriverManager;
import java.sql.Connection;
import java.sql.DatabaseMetaData;
import java.sql.SQLException;
import java.lang.ClassNotFoundException;
public class App17_14{
  private static String driver="com.mysql.cj.jdbc.Driver";
  private static String url="jdbc:mysql://localhost:3306/StudentScore";
  private static String user="root";
  private static String password="654321";
  public static void main(String[] args)
        throws SQLException,ClassNotFoundException{
    Class.forName(driver);
    try(Connection conn=DriverManager.getConnection(url,user,password);)
    {  //下面语句创建所连接的数据库的元数据对象 dmd
      DatabaseMetaData dmd=conn.getMetaData();
      System.out.println("数据库名: "+dmd.getDatabaseProductName());
      System.out.println("数据库版本: "+dmd.getDatabaseProductVersion());
```

```
        System.out.println(" 驱动程序名: "+dmd.getDriverName());
        System.out.println(" 数据库 URL: "+dmd.getURL());
      }
      catch (Exception e){
        e.printStackTrace();
      }
    }
}
```

程序运行结果：

```
数据库名: MySQL
数据库版本: 8.0.30
驱动程序名: MySQL Connector/J
数据库 URL: jdbc:mysql://localhost:3306/StudentScore
```

程序功能在代码的语句注释中明确说明。

2. ResultSetMetaData 接口

ResultSetMetaData 接口主要用来获取结果集的结构信息。例如，结果集字段的数量、字段的名字等。可以通过 ResultSet 的 getMetaData() 方法来获得对应的 ResultSetMetaData 对象。例如：

```
ResultSetMetaData rsMetaData=rs.getMetaData();
```

ResultSetMetaData 接口的常用方法如表 17.17 所示。

表 17.17　java.sql.ResultSetMetaData 接口的常用方法

常用方法	功能说明
public int getColumnCount()	返回此 ResultSet 对象中的字段数
public String getColumnName(int column)	返回指定列的字段名
public int getColumnType(int column)	返回指定列的声明在 java.sql.Types 类中的数据类型
public String getColumnTypeName(int column)	返回指定列的 SQL 数据类型名称
public int getColumnDisplaySize(int column)	以字符为单位返回指定字段的最大宽度
public String getTableName(int column)	返回指定列的表名
public boolean isAutoIncrement(int column)	判断是否自动为指定字段进行编号
public boolean isReadOnly(int column)	判断指定的字段是否为只读

【例 17.15】对当前数据库 StudentScore 中的表 Student 进行查询后，使用 ResultSetMetaData 获取当前结果集的相关信息。

```
//FileName: App17_15.java 使用 ResultSetMetaData 接口获取当前结果集相关信息
import java.sql.Connection;
import java.sql.Statement;
import java.sql.ResultSet;
```

```
import java.sql.DriverManager;
import java.sql.ResultSetMetaData;
public class App17_15{
  private static String driver="com.mysql.cj.jdbc.Driver";
  private static String url="jdbc:mysql://localhost:3306/StudentScore";
  private static String user="root";
  private static String password="654321";
  public static void main(String[] args){
    Connection conn=null;
    Statement stmt=null;
    ResultSet rs=null;
    try{
      Class.forName(driver);
      conn=DriverManager.getConnection(url,user,password);
      String sql="SELECT * FROM Student WHERE dept='计算机' AND deleted=false";
      stmt=conn.createStatement();
      rs=stmt.executeQuery(sql);                    //执行SQL语句
      ResultSetMetaData rsMetaData=rs.getMetaData(); //创建结果集结构对象
      System.out.println("共有"+rsMetaData.getColumnCount()+"列");
      for(int i=1;i<=rsMetaData.getColumnCount();i++){
        System.out.println("列"+i+": "+rsMetaData.getColumnName(i)+","+
                     rsMetaData.getColumnTypeName(i)+"("+
                     rsMetaData.getColumnDisplaySize(i)+")");
      }
    }
    catch(Exception e){
      e.printStackTrace();
    }
    finally{
      try{
        if(rs!=null) rs.close();
        if(stmt!=null) stmt.close();
        if(conn!=null) conn.close();
      }
      catch(Exception e){
        e.printStackTrace();
      }
    }
  }
}
```

程序运行结果：

```
共有9列
列1: id,INT(10)
```

```
列 2: sNo,VARCHAR(10)
列 3: sName,VARCHAR(3)
列 4: gender,VARCHAR(1)
列 5: age,INT(10)
列 6: dept,VARCHAR(10)
列 7: create_at,TIMESTAMP(19)
列 8: update_at,TIMESTAMP(19)
列 9: deleted,BIT(1)
```

例 17.15 程序的第 21 行利用 stmt 对象调用 executeQuery() 方法返回查询结果集对象 rs。第 22 行利用 rs 调用 getMetaData() 方法生成结果集结构对象 rsMetaData。第 24 ～ 28 行利用循环输出结果集的结构信息。

17.5.5 事务回滚操作

事务是保证数据库中数据完整性与一致性的重要机制。事务由一组 SQL 语句组成，这组语句要么都执行，要么都不执行，因此事务具有原子性。已提交事务是指成功执行完毕的事务，未能成功执行完成的事务称为中止事务，对中止事务造成的变更需要进行撤销处理称为事务回滚。

JDBC 中实现事务操作，关键是 Connection 接口中的三个方法，下面具体介绍。

（1）setAutoCommit() 方法。在 JDBC 中，事务操作默认是自动提交的，也就是说，一个连接被创建后就采用一种默认提交模式。即每一条 SQL 语句都被看作一个事务，对数据库的更新操作成功后，系统将自动调用 commit() 方法提交。若把多条 SQL 语句作为一个事务就要关闭这种自动提交模式，这是通过调用当前连接的 setAutoCommit(flase) 方法来实现的。

（2）commit() 方法。当连接的自动提交模式被关闭后，SQL 语句的执行结果将不被提交，直到用户显式调用连接的 commit() 方法，从上一次 commit() 方法调用后到本次 commit() 方法调用之间的 SQL 语句被作为一个事务进行提交。

（3）rollback() 方法。当调用 commit() 方法进行事务处理时，只要事务中的任何一条 SQL 语句没有生效，就会抛出 SQLException 异常。也就是说，当一个事务执行过程中出现异常而失败时，为了保证数据的一致性，在处理 SQLExecption 异常时，必须将该事务回滚。JDBC 中事务的回滚是调用连接的 rollback() 方法完成的。这个方法将取消事务，并将该事务已执行部分对数据的修改恢复到事务执行前的值。如果一个事务中包含多条 SQL 语句，则在事务执行过程中一旦出现 SQLException 异常，就应调用 rollback() 方法，将事务取消并对数据进行恢复。

【例 17.16】通过对数据库 StudentScore 中学生表 Student 的更新操作演示在 JDBC 中的事务控制。

JDBC中的事务控制

```
//FileName: App17_16.java
import java.sql.Connection;
import java.sql.Statement;
import java.sql.ResultSet;
import java.sql.DriverManager;
import java.sql.SQLException;
public class App17_16{
  private static String driver="com.mysql.cj.jdbc.Driver";
  private static String url="jdbc:mysql://localhost:3306/StudentScore";
  private static String user="root";
  private static String password="654321";
  public static void main(String[] args){
    Connection conn=null;
    Statement stmt=null;
    ResultSet rs=null;
    String selectSql1="INSERT INTO Student(sNo,sName,gender,age,dept)"+
                 "VALUES('202301010','张三','男',18,'计算机');";
    String selectSql2="INSERT INTO Student(sNo,sName,gender,age,dept)"+
                 "VALUES('202301011','李四','男',19,'会计');";
    String selectSql3="INSERT INTO Student(sNo,sName,gender,age,dept)"+
                 "VALUES('202301001','王五','男',20,'金融');";
    try{
      Class.forName(driver);
      conn=DriverManager.getConnection(url,user,password);
      stmt=conn.createStatement();
      boolean autoCommit=conn.getAutoCommit(); //获得是否为自动提交模式
      conn.setAutoCommit(false);               //设置取消自动提交模式
      stmt.executeUpdate(selectSql1);
      stmt.executeUpdate(selectSql2);
      stmt.executeUpdate(selectSql3);
      conn.commit();                           //执行提交操作
      conn.setAutoCommit(autoCommit);          //还原自动提交模式
    }
    catch(Exception e){
      e.printStackTrace();
      if(conn!=null){
        try{
          conn.rollback();                     //执行回滚操作
        }
        catch(SQLException e1){
          e1.printStackTrace();
        }
      }
    }
```

```
45     finally{
46       try{
47         if(stmt!=null) stmt.close();
48         if(conn!=null) conn.close();
49       }
50       catch(Exception e){
51         e.printStackTrace();
52       }
53     }
54   }
55 }
```

例 17.16 代码执行到第 30 行时，由于添加记录的 sNo 字段内容与已存在记录的 sNo 字段内容相同，受表 Student 的 sNo 字段值唯一性约束限制，此时抛出异常，从而使程序转到 catch 子句中。通过执行 catch 子句中第 38 行语句，撤销所有操作，即程序向 Student 表中添加记录未成功。对于运行结果，可以在数据库中查询 Student 表的记录进行验证。

17.5.6 在窗口中访问数据库

本节给出一个在窗口中访问数据库的例子。通过输入学生的学号 sNo 和课程号 cNo，查询学生成绩。

【例 17.17】在窗口事件程序中连接数据库查询学生成绩。

```
//FileName: App17_17.java
import javafx.application.Application;
import javafx.stage.Stage;
import javafx.scene.Scene;
import java.sql.Connection;
import java.sql.DriverManager;
import javafx.scene.control.Alert;
import javafx.scene.control.Alert.AlertType;
import javafx.scene.control.Button;
import javafx.scene.control.Label;
import javafx.scene.control.TextField;
import javafx.scene.layout.HBox;
import java.sql.ResultSet;
import java.sql.Statement;
public class App17_17 extends Application{
  private TextField txtSno=new TextField();
  private TextField txtCno=new TextField();
  private Button but=new Button("查看");
  private String driver="com.mysql.cj.jdbc.Driver";
  private String url="jdbc:mysql://localhost:3306/StudentScore";
  private String user="root";
  private String password="654321";
```

```
Statement stmt=null;
@Override
public void start(Stage Stage){
  HBox content=new HBox(10);
  final Label lab1=new Label("学号");
  final Label lab2=new Label("课程号");
  txtSno.setPromptText("输入学号");
  txtCno.setPromptText("输入课程号");
  content.getChildren().addAll(lab1,txtSno,lab2,txtCno,but);
  try{
    Class.forName(driver);                        //加载数据库驱动程序
    Connection conn=DriverManager.getConnection(url,user,password);
    stmt=conn.createStatement();                  //创建 Statement 对象
  }
  catch(Exception e){
    e.printStackTrace();
  }
  but.setOnAction(e->search());                   //Lambda 表达式作为监听者
  Scene scene=new Scene(content,450,40);
  Stage.setTitle("数据库查询");
  Stage.setScene(scene);
  Stage.show();
}
private void search(){                            //查找满足条件的方法
  String sNo=txtSno.getText();                    //获取输入的学号
  String cNo=txtCno.getText();                    //获取输入的课程号
  String sql="SELECT a.sName,b.cName,c.grade "
            +"FROM Student a,Course b,Score c "
            +"WHERE a.sNo=c.sNo AND b.cNo=c.cNo AND a.deleted=false "
            +"AND c.sNo='"+sNo+"' AND c.cNo='"+cNo+"'";
  try(ResultSet rs=stmt.executeQuery(sql);)       //创建数据库查询对象
  {
    if(rs.next()){
      String sname=rs.getString("sName");         //获取学生的姓名
      String cname=rs.getString("cName");         //获取课程名
      String grade=rs.getString("grade");         //获取成绩
      Alert alert=new Alert(AlertType.INFORMATION); //创建信息对话框
      alert.setTitle("查询结果");
      alert.setHeaderText(null);
      alert.setContentText(sname+" "+cname+" "+grade);
      alert.showAndWait();
    }
  }
  catch (Exception ex){
```

```
67         ex.printStackTrace();
68     }
69   }
70 }
```

首先要启动 Docker 中的 MySQL 容器，然后执行编译命令：

```
javac --module-path %JavaFX_Path% --add-modules javafx.controls App17_17.java↙
```

例 17.17 程序第 33 行加载数据库驱动程序，第 34 行创建用于连接到本地主机数据库的对象 conn，第 35 行创建 Statement 对象 stmt，第 40 行用 Lambda 表达式作为按钮 but 的事件监听者。第 46 ～ 69 行定义的 search() 方法用于查找满足条件的记录，其中第 53 行创建了数据库查询结果对象 rs。程序运行结果如图 17.13 所示。

图 17.13　在图形界面中访问数据库

本章小结

1. 数据库、数据库管理系统和数据库系统是三个不同的概念。

2. 一个关系数据库是由一个或多个二维表构成的。表的行称为记录，列称为字段。

3. 数据库中的表有三种约束：域约束、主码约束和外码约束。

4. Docker 是指容器化技术，Docker 对进程进行封装隔离，这种被隔离出的独立进程称为容器。

5. Docker 镜像是用于创建 Docker 容器的模板，镜像和容器的关系，就像是面向对象程序设计中的类和实例一样。

6. SQL（Structured Query Language）是结构化查询语言，是用来定义数据库表和完整性约束以及访问和操纵数据的语言。

7. 使用 Java 开发任何数据库应用程序都需要四个接口：Driver、Connection、Statement 和 ResultSet。这些接口定义了使用 SQL 语句访问数据库的方法。JDBC 驱动程序开发商或第三方已实现了这些接口中的方法。

8. 使用 JDBC 访问数据库的一般步骤为：加载驱动程序、建立与数据库的连接、创建 Statement 对象、执行 SQL 语句、处理返回结果和关闭创建的各种对象。

9. JDBC 中有三种 SQL 查询方式：不含参数的静态查询、含有参数的动态查询和存储过程调用三种方式。这三种方式分别对应 Statement、PreparedStatement 和 CallableStatement 接口。

10. JDBC 通过 Statement 接口实现静态 SQL 查询，通过 PreparedStatement 接口实现动态 SQL 查询，通过 CallableStatement 接口实现存储过程的调用。

11. JDBC 通过 ResultSet 返回查询结果集，并提供记录指针对其记录进行定位。

12. JDBC 通过 DatabaseMetaData 接口获得关于数据库的信息，通过 ResultSetMetaData 接口获取结果集的结构信息。

13. JDBC 默认的事务提交方式是自动提交，可以通过 setAutoCommit()方法控制事务提交方式，使用 rollback()方法可实现事务回滚。

习题

17.1　写出在数据库 StudentScore 的 Student 表中查找所有年龄大于或等于 19 岁的同学的 SQL 语句。

17.2　写出姓名为“刘韵”的学生所学课程名称及成绩的 SQL 语句。

17.3　描述 JDBC 中 Driver、Connection、Statement 和 ResultSet 接口的功能。

17.4　使用 Statement 接口和 PreparedStatement 接口有什么区别?

17.5　归纳一下使用 JDBC 进行数据库访问的完整过程。

17.6　如何在结果集中返回字段的数目？如何在结果集中返回字段名?

17.7　编写一个应用程序，从 StudentScore 数据库的 Student 表中查询 sName 字段的所有信息。

17.8　创建一个名为 Books 的数据库，并在其中建立一个名为 Book 的表，字段包括书名、作者、出版社、出版时间和 ISBN。编写一个应用程序，运用 JDBC 在该数据库中实现增加、删除和修改数据的功能。

17.9　假设在 StudentScore 数据库的 Student 表中存在多个姓氏相同的人，根据这种情况建立查询，要求提供一个合适的图形界面，用户可以滚动查看查询记录。